先进焊接技术系列

窄间隙 GMA 焊接技术

林三宝　蔡笑宇　杨春利　范成磊　编著

机 械 工 业 出 版 社

本书内容源自作者所在的研究团队长期以来从事窄间隙 GMA 焊的研究成果。书中重点介绍了旋转电弧窄间隙 GMA 焊、摆动电弧窄间隙 GMA 焊、双丝窄间隙 GMA 焊及多元保护气体窄间隙 GMA 焊的技术原理、系统设计、焊接电弧特性、熔滴过渡规律与熔池行为等理论研究成果，以及相关海洋工程材料的窄间隙 GMA 焊接工艺开发及组织性能分析的应用实例。

本书作为窄间隙 GMA 焊接技术的专著，内容丰富、图文并茂，理论联系实际，突出了窄间隙 GMA 焊领域的新进展。

本书可供从事窄间隙焊接技术研究和生产工作的人员使用，也可作为大专院校焊接专业师生的参考书。

图书在版编目（CIP）数据

窄间隙 GMA 焊接技术/林三宝等编著. —北京：机械工业出版社，2021.8

（先进焊接技术系列）

ISBN 978-7-111-68629-3

Ⅰ.①窄… Ⅱ.①林… Ⅲ.①焊接工艺 Ⅳ.①TG44

中国版本图书馆 CIP 数据核字（2021）第 133243 号

机械工业出版社（北京市百万庄大街 22 号 邮政编码 100037）
策划编辑：吕德齐 责任编辑：吕德齐 李含杨
责任校对：陈 越 封面设计：鞠 杨
责任印制：张 博
北京玥实印刷有限公司印刷
2021 年 10 月第 1 版第 1 次印刷
169mm×239mm · 16 印张 · 324 千字
0001—1900 册
标准书号：ISBN 978-7-111-68629-3
定价：79.00 元

电话服务 网络服务
客服电话：010-88361066 机 工 官 网：www.cmpbook.com
010-88379833 机 工 官 博：weibo.com/cmp1952
010-68326294 金 书 网：www.golden-book.com
 机工教育服务网：www.cmpedu.com

前　　言

随着制造业的日益发展，厚板在船舶、核电、海洋平台建设等众多领域中得到了广泛的应用。传统开大角度坡口的焊接方法存在填充材料消耗多、焊接道次多、生产率低、焊后变形严重等问题。20世纪60年代，美国巴特尔（Battelle）研究所开发了窄间隙焊接方法，采用窄而深的坡口代替大角度坡口，进而达到提高焊接效率的目的，引发了世界各国的关注。

目前，常用的窄间隙焊接方法可以分为窄间隙TIG焊、窄间隙GMA焊以及窄间隙埋弧焊等。窄间隙GMA焊相比窄间隙TIG焊具有焊接效率高的优点；相比窄间隙埋弧焊具有焊接热输入低、适用于全位置焊接、焊接接头性能优良等优点，在当前的厚板结构焊接中已经体现出了很好的技术优势，也在焊接行业陆续得到了越来越多的应用。

针对窄间隙GMA焊，国内多个高校开展了相关的科研工作，包括武汉大学、江苏科技大学、兰州理工大学及哈尔滨工业大学等。本书作者所在的研究团队自2006年起，在国家自然科学基金（51275109、51775139、51905128）等项目的支持下，先后开发了旋转电弧窄间隙GMA焊、摆动电弧窄间隙GMA焊和双丝窄间隙GMA焊技术，在设备研制和工艺开发等方面进行了较为系统而深入的研究。

本书以团队多年积累的科研成果和项目实践为主要内容，总结了多位已经毕业的博士生和硕士生的研究工作成果。书中重点介绍了旋转电弧窄间隙GMA焊、摆动电弧窄间隙GMA焊、双丝窄间隙GMA焊及多元保护气体窄间隙 GMA 焊的设备、原理、特点与应用，从基础理论的角度着重总结了每种方法的电弧特性、熔滴过渡、熔池行为以及焊缝成形规律等科学问题，并结合海洋工程材料介绍了相应的焊接工艺开发及组织性能分析等项目实践案例。

本书参考了课题组赵博、郭宁、徐望辉的博士学位论文和张良锋、张亚奇、高超、张霖、徐望辉、玉昆、张威、汪琼、王瑶伟、巩金昊、季相儒、刘准、倪志达等的硕士学位论文，以及国内外同行的研究成果，本书的出版也得到了先进焊接与连接国家重点实验室的支持，在此一并致谢。

焊接技术发展迅速，在未来的岁月中会有更多关于窄间隙 GMA 焊技术的理论研究与技术进展，作者所在研究团队也会继续潜心研究，成果会在本书的后续再版中更新。

由于作者的知识水平有限，书中难免存在疏漏与不足之处，恳请广大读者批评指正。

作　者

目　录

第1章　窄间隙焊概述

窄间隙焊（Narrow Gap Welding）技术始于20世纪60年代，由美国巴特尔（Battelle）研究所在《铁时代》杂志上首次提出，其采用窄而深的坡口代替传统大角度坡口进行厚板的焊接，可以在很大程度上提高焊接效率。但由于当时焊接电源与相应设备的限制，导致该项技术没有得到广泛的推广应用。20世纪70年代起，通过改进焊机，提出新的设想，日本众多企业开始积极地进行该项技术的设备、工艺与材料的开发工作，并相继在造船和压力容器等行业得到了应用。本章针对窄间隙焊接技术的原理、特点、方法分类及典型应用进行总结。

1.1　窄间隙焊的原理与特点

1.1.1　窄间隙焊的定义

中国机械工程学会焊接分会主编的《焊接词典》中给出了窄间隙焊的定义：厚板对接接头，焊前不开坡口或只开小角度坡口，并留有窄而深的间隙，采用气体保护焊或埋弧多层焊等完成整条焊缝的高效率焊接方法。

从定义上来看，窄间隙焊并不是一种常规意义上的焊接方法，而是一种特殊的焊接形式。

V. Y. Malin在1983年提出了窄间隙焊的以下特征：

1）窄间隙焊是利用了现有电弧焊方法的一种特别技术。

2）多数采用I形坡口，或角度很小（0.5°~7°）的U、V形坡口，坡口角度大小视焊接变形量而定。

3）多层焊接。

4）自下而上的各层焊道数目基本相同（1或2道）。

5）采用小或中等热输入进行焊接。

6）有全位置焊接的可能。

至于多大的坡口间隙、多深的坡口深度、多小的坡口角度才能定义为窄间隙坡口，长期以来并没有明确的定义。直到20世纪80年代，日本压力容器研究委员会施工分会第八专门委员会曾审议了窄间隙焊的定义，并做了如下规定：窄间隙焊是把厚度为30mm以上的钢板，按小于板厚的间隙相对放置开坡口，再进行机械化或自动化弧焊的方法（板厚小于200mm时，间隙小于20mm；板厚超过200mm时，间隙小于30mm）。目前，对于常规厚板（30~80mm）的窄间隙焊接，坡口间隙一般在15mm以下，甚至出现了坡口间隙仅为5~6mm的超窄间隙焊接技术。

1.1.2 窄间隙焊的优点

窄间隙焊具有以下优点：

（1）生产效率高　由于坡口截面积的大幅度减少，原来大角度坡口的多层多道焊可以改为多层单道或多层双道焊，大幅度缩短焊接时间，提高焊接生产效率。焊接效率的对比如图1-1所示，据统计，板厚大于30mm以上时，窄间隙焊接的生产效率明显高于普通焊接；板厚大于100mm以上时，生产效率是埋弧焊的1.5倍；板厚大于200mm时，生产效率是埋弧焊的2.5倍。

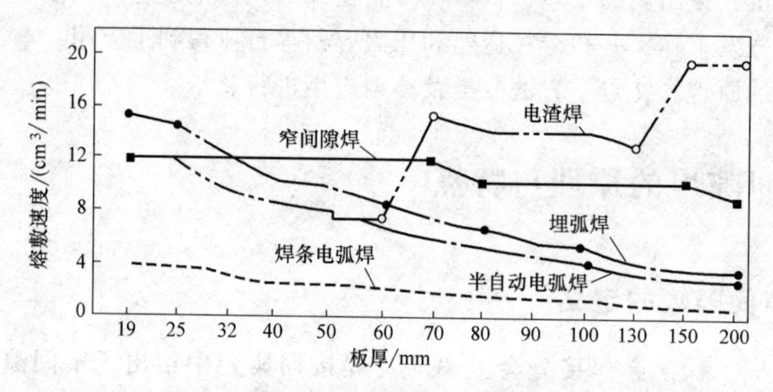

图1-1　焊接效率的对比

（2）节约成本　同样由于坡口截面积的减少，填充金属材料与焊接能耗均大幅度减少，节约了生产成本。坡口横截面对比如图1-2所示，与传统大角度坡口相比，窄间隙坡口截面积减少50%以上。

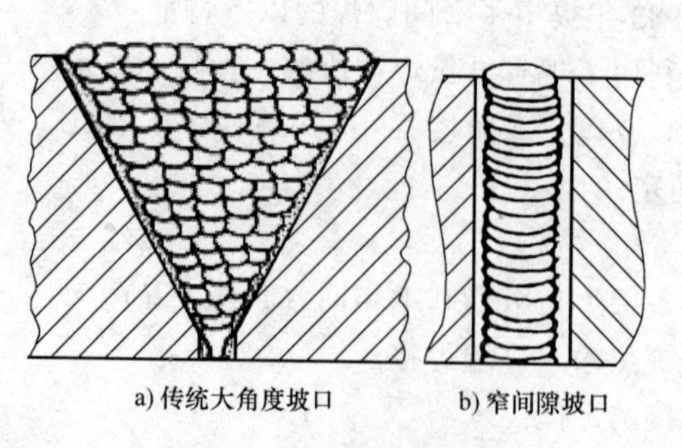

图1-2　坡口横截面对比

（3）焊接变形小　由于焊接总道次的大幅度减少，焊接接头的热输入降低，在一定程度上减少了焊接构件由于多次焊接热循环所产生的变形。

（4）焊接接头组织性能优良　焊接热循环次数的减少和热输入的降低可使焊接热影响区减小，组织细小，接头力学性能提升。对于特殊高强度钢种，可以降低焊前预热温度甚至取消预热环节。

1.1.3　窄间隙焊的不足

虽然窄间隙焊有诸多优点，但作为一种特殊的焊接形式，其中也存在一些不足之处，总结如下：

（1）坡口加工精度与装配精度要求很高　由于焊枪要在狭窄的坡口内部工作，留给焊枪自由活动的空间很少，一条完整的窄间隙焊道必须保证自起弧至熄弧坡口尺寸的一致性，否则在焊枪行进过程中容易造成枪体与坡口内壁的剐蹭。

（2）焊枪结构复杂　在狭窄坡口内气路、冷却水路、电路的导入困难，焊枪需要特殊设计与加工，结构复杂，加工精度要求高。

（3）对中要求高　由于坡口间隙小，焊前需要仔细严格进行钨极或焊丝对中，如若对中不好，容易造成侧壁打弧，电弧熄灭或焊丝回烧，造成焊道产生缺陷、焊枪损坏。

（4）对焊接质量稳定性要求高，返修困难　窄间隙焊采用多层焊接，若某一层出现焊接缺陷，由于坡口狭小，返修困难。因此对焊接过程的质量稳定性要求很高。

（5）对焊接操作者的操作技能要求高　由于坡口形式的改变，焊接工艺完全发生变化，焊接参数与大角度坡口焊接不尽相同，电弧特性与金属熔化行为较为特殊，需要操作者掌握充分的技术理论并储备较多的实践经验，能够在焊接过程中针对某项问题及时采取正确措施以保证焊接的成功。

1.2　窄间隙焊的分类与各自特点

1.2.1　窄间隙焊的分类

窄间隙焊接方法主要包括以下几种：气体保护焊（TIG焊和GMA焊）、埋弧焊（SAW）、焊条电弧焊（SMAW）、自保护电弧焊（FCAW）。由于SMAW与FCAW在焊后焊道表面存在焊渣，在窄间隙坡口中难以清理，易造成多层焊夹渣缺陷，因此常用的窄间隙焊接方法主要集中在窄间隙TIG焊、窄间隙GMA焊和窄间隙SAW三种方法上。表1-1列出了常用窄间隙焊接方法特点对比。可以看到，窄间隙TIG焊质量高，接头性能好，但焊接效率较低；窄间隙SAW焊接效率很高，但由于焊剂的使用，存在清渣工作，而且由于焊接能量高，焊接接头性能较差；窄间隙

GMA 焊生产效率高，接头性能优良，但是由于焊丝与侧壁夹角小，侧壁易产生未熔合缺陷。

表 1-1　常用窄间隙焊接方法特点对比

方法	飞溅	解决侧壁熔合	抗裂性	生产效率	清渣	焊缝稳定性	焊缝性能	间隙尺寸/mm	全位置焊
TIG 焊	无	容易	高	低	无	高	高	6~8	能
GMA 焊	有	有难度	一般	高	无	一般	较高	8~14	能
SAW	无	容易	一般	高	有	高	一般	14~22	不能

表 1-2 列出了窄间隙焊接方法热输入对比，可见窄间隙 GMA 焊适用的热输入范围最广，可达到低热输入，甚至超低热输入，而窄间隙 SAW 与窄间隙 TIG 焊热输入均处于中等以上。

表 1-2　窄间隙焊接方法热输入对比

等级	超低	低	中等	大	特大
热输入范围/(kJ/cm)	<5	5~10	10~20	20~50	>50
窄间隙焊常用热输入范围/(kJ/cm)	窄间隙 GMA 焊 窄间隙 SAW 窄间隙 TIG 焊				

目前，学者们开发出多种方法来完善工艺，根据不同方法的技术延伸，窄间隙焊的分类如图 1-3 所示。

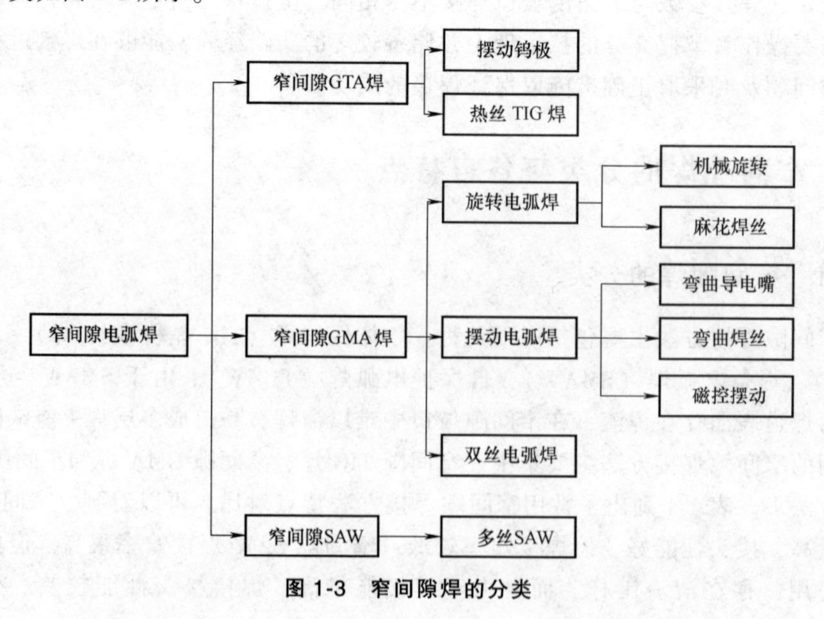

图 1-3　窄间隙焊的分类

1.2.2 窄间隙 TIG 焊的特点

窄间隙 TIG 焊继承了普通 TIG 焊的特点，窄间隙 TIG 焊的优势：

(1) 焊缝质量好　窄间隙 TIG 焊采用纯氩气保护，惰性气体与金属不发生化学反应，使得焊缝金属纯净无污染。另外 TIG 焊采用钨极作为电极，电极不熔化，焊接钢材时电源极性采用直流正接，电弧形态稳定，有利于熔池稳定存在，使得最终焊缝成形优良。

(2) 电弧能量易控制　窄间隙 TIG 焊电源采用陡降/恒流特性，焊接电压由弧长调控，由于采用非熔化极，自动焊过程中弧长较为稳定，所以焊接电弧能量易于调控。生产中可采用脉冲焊接来更好地控制焊接能量。

(3) 适用材料广　窄间隙 TIG 焊几乎适用于所有厚板金属材料。

(4) 适合多位置焊接　由于电弧能量易于控制，焊接过程稳定，熔池体积小，窄间隙 TIG 焊适用于更多非平焊的空间多位置的焊接，甚至可以实现空间全位置的焊接。

窄间隙 TIG 焊的优点使得其常用于一些重要合金结构件，如压力容器、核电站主回路管道、超高临界锅炉管道等的焊接。为保证侧壁熔合良好，常采用磁控电弧或钨极机械摆动的方式使焊接电弧在侧壁之间来回摆动，进而对侧壁充分加热。但是，窄间隙 TIG 焊同样也继承了传统 TIG 焊的一些缺点，窄间隙 TIG 焊的主要不足之处在于效率低、熔敷速度慢。目前针对这一问题，窄间隙热丝 TIG 焊得到了开发与应用。

1.2.3 窄间隙 GMA 焊的特点

窄间隙 GMA 焊在焊接保护气体的保护下，电弧热量熔化电极（焊丝）使其形成熔滴过渡到熔池中与熔化的母材金属共同形成焊缝。

窄间隙 GMA 焊的优点：

(1) 焊接效率高，熔敷率大　窄间隙 GMA 焊采用的坡口尺寸与窄间隙 TIG 焊的坡口尺寸相近，小于窄间隙 SAW，焊接生产效率为窄间隙 TIG 焊的 4~5 倍，为窄间隙 SAW 的 1.2 倍。

(2) 热输入低　窄间隙 GMA 焊常用热输入为 10~12kJ/cm，而窄间隙 SAW 热输入为 20~40kJ/cm，这将使得焊接接头组织性能更好，降低焊接接头残余应力和变形，而且利用气体保护可实现空间多位置的焊接。

据统计，日本窄间隙 GMA 焊的应用占窄间隙焊的 78%，对于其理论研究与应用，日本走在了世界前列。

窄间隙 GMA 焊的不足之处：

(1) 焊接过程复杂，对稳定性要求高　GMA 焊存在焊丝熔化和熔滴过渡过程，熔滴过渡的稳定与否将在很大程度上影响电弧的稳定性和熔池的流动。因此需要兼顾电弧特性、熔滴过渡与熔池流动，协调好三者方能保证最终焊缝质量。

（2）侧壁未熔合缺陷倾向大　由于窄间隙 GMA 焊中使用细焊丝，电弧体积小，电弧形态没有埋弧焊电弧发散，加以焊丝与侧壁之间夹角较小，电弧对侧壁加热不充分，易造成侧壁熔合不良，出现未熔合缺陷。目前，旋转电弧、摆动电弧、双丝窄间隙 GMA 焊等方法得以充分开发，皆通过扩大电弧作用区域来使电弧充分加热侧壁以保证侧壁熔合。

1.2.4　窄间隙 SAW 的特点

20 世纪 80 年代初，窄间隙 SAW 开始在工业领域应用，这也是我国目前应用最为广泛的一种窄间隙焊接方法。

窄间隙 SAW 主要技术优势：

（1）熔敷效率高　窄间隙 SAW 使用粗焊丝（直径大于 3mm）、大电流，其电弧能量大，焊丝熔覆率高。

（2）焊缝几何尺寸受焊接电压、电流波动影响的敏感性低　埋弧焊电弧功率高，焊接热效率高，同样的电流波动量所引起的焊缝尺寸波动幅度要小得多。

（3）无飞溅　SAW 电弧存在于焊剂之中，不存在焊接飞溅。

（4）焊缝成形美观　较大的焊缝成形系数、渣壁过渡、较长的熔池存在时间、焊剂对熔池的保护作用使得窄间隙 SAW 焊缝外观更平滑、更美观。

（5）电弧扩散角大　焊接过程中无须焊丝侧偏技术即可保证侧壁熔合。

目前窄间隙 SAW 已经开发出双丝甚至多丝的焊接设备，生产效率大幅度提高。但是，SAW 的缺点也同样遗传给了窄间隙 SAW，窄间隙 SAW 技术存在以下不足：

（1）清渣困难　由于埋弧焊中需要用到焊剂，每层焊道焊完后狭窄坡口内的清渣工作困难，若清理不当，多层焊缝易产生夹渣缺陷。

（2）难以实现平焊以外的其他空间位置的焊接　同样由于焊剂的存在使得窄间隙 SAW 无法进行空间多位置的焊接，目前其局限于平焊。

（3）焊接接头组织粗大，性能较差　由于其较大的热输入使得焊接接头组织粗大，接头力学性能难以提升，对于低合金高强度钢的焊态接头，直接承载服役往往不太合适，必须焊后热处理方可满足使用性能要求。

1.3　窄间隙焊的坡口形式

窄间隙焊的坡口形式大体分为 I 形坡口、V 形坡口、U 形坡口以及方形坡口。图 1-4 所示为窄间隙坡口形式。

I 形坡口为侧壁直上直下，没有角度，没有钝边，坡口底部可采用陶瓷衬垫或钢板条作为背部支撑，其坡口尺寸主要为坡口深度与坡口间隙。

V 形坡口是在 I 形坡口的基础上加工出一个坡口角度，所以坡口尺寸包括坡口底部间隙、顶部宽度、坡口深度。

U 形坡口与方形坡口加上了坡口底部钝边，其根据坡口截面底部形状分为 U 形与方形。U 形坡口尺寸包括坡口深度、坡口顶部宽度、坡口底部宽度、坡口角度、坡口底部曲面半径、钝边厚度以及底部间隙。方形坡口底部加工为有拐角的方形，坡口尺寸主要包括坡口深度、坡口顶部宽度、坡口底部宽度、坡口角度、钝边厚度以及底部间隙。

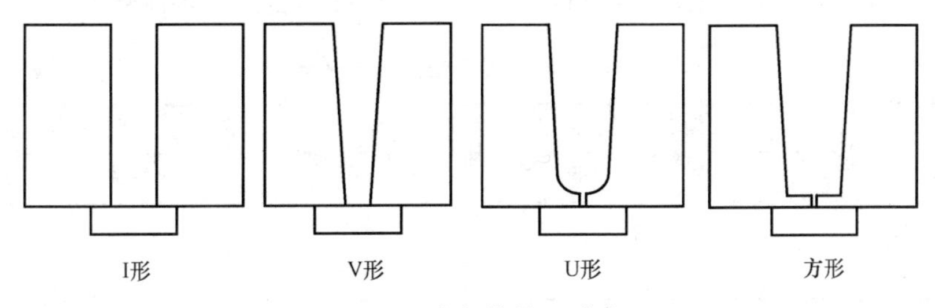

图 1-4 窄间隙坡口形式

经过大量试验及工程实践表明，U 形坡口非常适合窄间隙焊接，其底部下凹形的坡口使得熔池凝固形成焊缝后其表面呈现下凹趋势，有利于窄间隙多层焊接过程中后续焊道的良好成形。但是由于 U 形坡口加工尺寸较多，且底部曲面加工较为困难，加工周期长、成本高，在应用生产中很少被采用。而方形坡口由于底部存在拐角，在第一道填充焊接时，容易造成由于侧壁直角的存在而导致的未熔合缺陷，其相比于无钝边坡口仍存在较多加工尺寸，所以方形坡口也很少应用。因此目前在实际生产中，I 形坡口或 V 形坡口应用最为广泛，I 形坡口用于板厚相对较小的板材焊接（通常 30mm 以下），而对于较大厚度的板材，考虑到焊接过程中的角变形而导致的坡口宽度收缩，通常要将坡口加上一定角度而形成 V 形坡口。由于 I 形坡口与 V 形坡口没有钝边，焊接时常常在背部加陶瓷衬垫或钢板条作为衬垫。若底部间隙过大，由于陶瓷绝缘，焊接时不利于形成电路回路，电弧容易熄灭，所以目前更多的是利用钢板条作为衬垫，在焊接工序完成后将衬垫切除。

针对不同的焊接工况与焊接对象，需要根据实际要求修改坡口形式。例如针对大型罐体环缝的焊接，可采用如图 1-5 所示的坡口形式，在背部开一凹槽，用于背部封底焊。目前，已有部分生产采用复合型坡口，复合型窄间隙坡口如图 1-6 所示。采用下部角度较大的坡口，利用窄间隙 TIG 焊或 GMA 焊打底焊，大角度的坡口能够保证侧壁熔合；当焊缝达到一定厚度，坡口宽度达到一定值以后，坡口角度减小，利用窄间隙埋弧焊进行焊接，此时坡口宽度能够保证埋弧焊枪进入坡口，同时利用埋弧焊较大的电弧扩散角能够保证侧壁熔合，这样可以提升整体焊接效率，同时保证焊接接头的熔合质量。

坡口根部宽度一般为 8~10mm，坡口顶部宽度根据板厚与变形确定，不同板厚常用坡口尺寸见表 1-3。

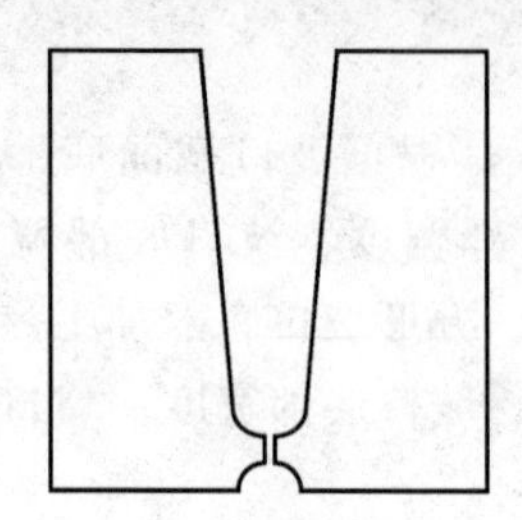
图 1-5 背部开槽窄间隙坡口

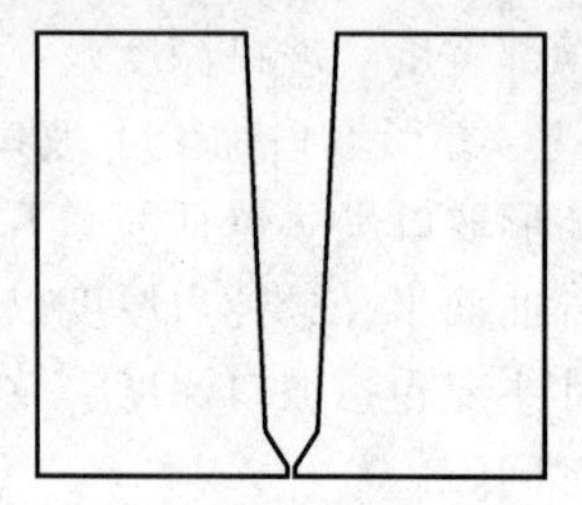
图 1-6 复合型窄间隙坡口

表 1-3 不同板厚常用坡口尺寸

板厚/mm	顶部宽度/mm		板厚/mm	顶部宽度/mm	
	长纵缝	管接头		长纵缝	管接头
≤30	10	10	75~150	13	11
30~75	11	10	≥150	15	12

对于较厚板材，为了尽量减少焊接角变形，可以采用双面开对称坡口进行双面焊接，但由于厚板装夹与翻面较为困难，这种方法一般用于横焊或立焊。

1.4 窄间隙焊中的保护气体

窄间隙焊目前主要用于低碳钢和低合金高强度钢厚板的焊接，其保护气选择与传统气体保护电弧焊相近。窄间隙 TIG 焊采用纯氩气进行保护，窄间隙 GMA 焊采用 Ar 气中加入 CO_2 或 O_2 气体，起到稳定电弧、促进液态熔池铺展的作用。表 1-4 列出了保护气体对焊缝成形和飞溅的影响，总结了 GMA 焊中使用不同保护气体时的焊缝成形与飞溅程度。单纯 CO_2 焊由于飞溅较大而不在窄间隙 GMA 焊中使用。由于窄间隙焊的坡口狭小，一旦产生较大颗粒的飞溅，无论是送丝稳定性、保护的有效性，还是窄间隙焊枪的相对移动可靠性都将难以保证。焊接飞溅直接迸溅到侧壁会影响坡口质量，焊枪喷嘴深入窄间隙坡口内部，过多的飞溅将使得喷嘴内部积累大量飞溅颗粒，焊枪需要频繁地清理。

Ar 气中加入氧化性气体会加大保护气体的氧化作用，若调控不好比例容易造成焊道表面氧化严重，起氧化皮。对于特殊钢种，氧化作用会导致焊接接头的力学性能下降，目前最常用的保护气体为 Ar-CO_2 二元混合气体，CO_2 的含量在 8%~20%（体积分数）之间。

表 1-4 保护气体对焊缝成形和飞溅的影响

对比项目	气体类型				
	CO_2	Ar-CO_2	Ar	Ar-O_2	Ar-CO_2-O_2
焊缝外观	良好	良好	不良	起氧化皮	较好
熔透程度	深	较小	较小	较小	较浅

（续）

对比项目	气体类型				
	CO_2	$Ar\text{-}CO_2$	Ar	$Ar\text{-}O_2$	$Ar\text{-}CO_2\text{-}O_2$
焊缝宽度	正常	较大	最大	较大	较大
焊缝高度	正常	较低	较低	较低	较低
熔化率	高	较小	最小	不变	较小
飞溅程度	高	较小	最小	较大	较大

1.5 窄间隙焊中的常见问题与解决措施

由于窄间隙坡口的特殊性，导致其工艺也具有特殊性，其焊接工艺不同于传统电弧焊工艺，焊接流程稍有不适，将会造成焊接过程出现问题，影响焊缝质量。

1. 侧壁熔合不良

窄间隙焊由于坡口角度大幅度减小，导致钨极/焊丝与侧壁夹角很小，在焊接过程中，电弧对侧壁的加热不充分，容易造成侧壁未熔合缺陷。侧壁熔合不良是窄间隙 GMA 焊中最常见也是最关键的问题，侧壁熔合的好坏将直接影响焊接接头的力学性能。图 1-7 所示为窄间隙焊侧壁未熔合缺陷实例。

针对这一问题，目前最直接的解决办法就是对设备和焊接工艺进行改进，扩大电弧的作用区域，让电弧有更多时间熔化侧壁。目前采用的方法有旋转电弧、摆动电弧。通过使电弧在坡口内部两侧壁之间周期性地往复运动，辅以合理的参数设定，电弧热量充分地用来熔化侧壁。另外也可以采用双电弧/多电弧方式，使电弧指向侧壁，部分电弧能量直接作用在侧壁上，熔化侧壁金属。

2. 层间未熔合

如果一味地追求电弧热量向侧壁传输，作用在坡口底部的热量就会减少，在多层焊接过程中容易造成层间未熔合缺陷，如图 1-8 所示。

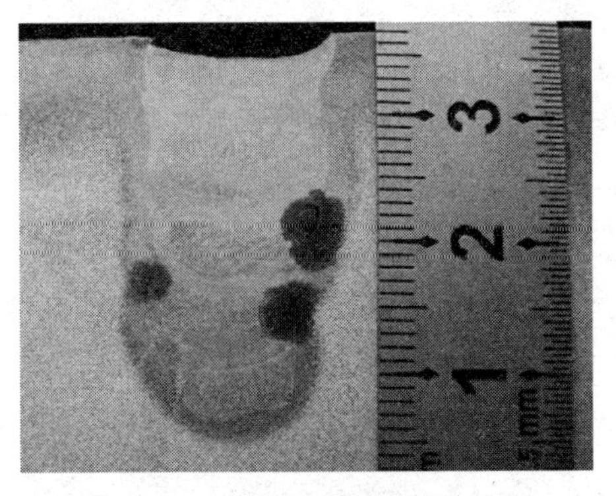

图 1-7 窄间隙焊侧壁未熔合缺陷

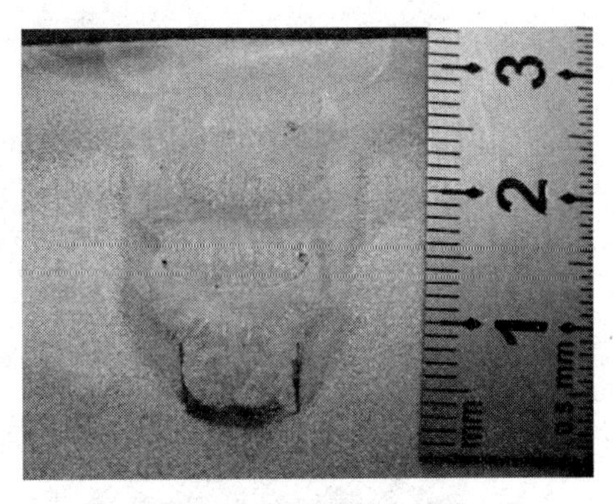

图 1-8 层间未熔合缺陷

所以，在制定焊接参数时，要注意合理分配电弧在侧壁与坡口底部上的作用时间，使得侧壁熔深与层间熔深都能得到充分的保障。

3. 侧壁咬边

同样，若电弧在侧壁上作用时间过长，导致侧壁金属熔化过多，而填充金属不充分则容易形成侧壁咬边缺陷，如图 1-9 所示。在多层焊时，上一道在焊脚处产生的咬边缺陷极易造成下一道焊缝产生侧壁未熔合的缺陷；而且在窄间隙多层焊接中，侧壁咬边缺陷会产生遗传效应，上一层产生的咬边缺陷会遗传到下一层焊缝，使得焊接质量稳定性较差。

图 1-9　侧壁咬边缺陷

针对这一问题，可从以下三方面考虑解决：

1）降低焊接速度。

2）增加填丝速度。

3）减少电弧侧壁作用时间。

总之，使更多的液态金属有更充足的时间去填充侧壁上的弧坑，才能消除咬边缺陷。

4. 侧壁打弧与焊丝回烧

窄间隙坡口比较狭窄，焊接时焊枪在坡口中移动，如果坡口加工精度不好，或对中不良，会导致焊接过程中焊枪电极与侧壁距离过近，甚至发生接触。TIG 焊时将导致电弧熄灭，钨极污染；GMA 焊时将导致电弧完全在侧壁上燃烧，且电弧沿焊丝上爬，烧损导电嘴，甚至可能造成焊枪损坏。

针对这类问题，需要考虑增加电极与侧壁之间的距离。

5. 焊接飞溅

窄间隙坡口内部如果产生大量飞溅将会导致坡口内保护气流紊乱，保护效果变差，焊道表面粗糙；飞溅影响 GMA 焊过程送丝的顺畅性，喷嘴内如果沉积大量金属飞溅颗粒也将影响气流的稳定性；若较大飞溅颗粒附着在侧壁上，容易造成焊枪移动时与侧壁剐蹭，影响焊接过程，甚至焊枪受损。

产生焊接飞溅的原因主要是由于焊接参数或保护气体选择不当引起的，可以考虑增加焊接电压，拉长电弧，同时降低保护气中 CO_2 等氧化性气体的含量。

6. 电弧紊乱

窄间隙焊的电弧紊乱主要是保护效果不良引起的，电弧紊乱将直接导致焊缝表面成形差，如图 1-10 所示。容易产生大量氧化熔渣和密集型气孔。

改善保护效果可以采取以下措施：

1）适当增加保护气体流量。

2）减小喷嘴与焊道之间距离。

3）GMA 焊时，在保护气中加入氧化性气体稳弧。

7. 焊道上凸

窄间隙焊接的理想成形为焊缝表面下凹，这样有利于焊接下一道焊缝时电弧热量均匀分布在坡口内，同时有利于下一道焊缝的良好成形。如果焊道在坡口内上凸，如图 1-11 所示，则焊缝与侧壁之间将会存在一个尖锐的夹角，这将使得电弧在此处燃烧时电弧形态出现突变或电弧抖动，而且金属不易于在此处铺展填充，极易产生缺陷。一般在立焊与仰焊位置熔池由于受到重力作用易产生焊道上凸缺陷。

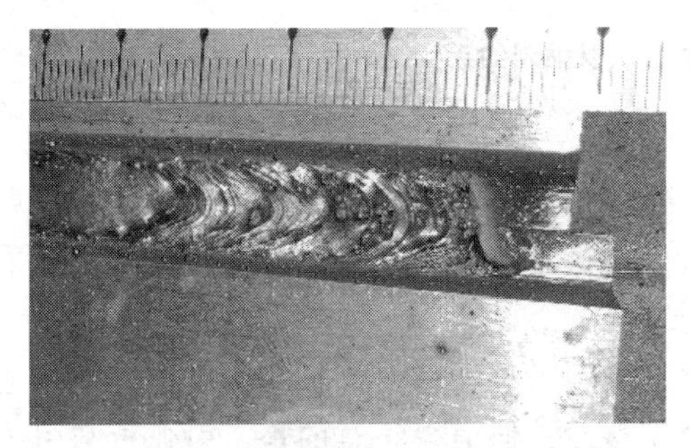

图 1-10　电弧紊乱引起的焊缝表面成形差

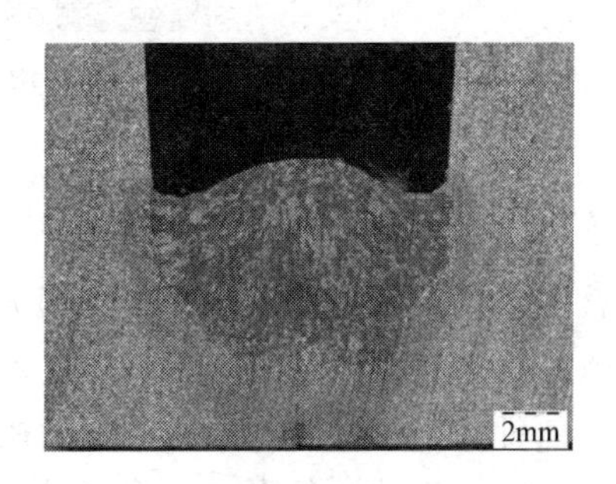

图 1-11　焊道上凸

可考虑以下几种措施来减缓上凸缺陷：

1）减小坡口尺寸，使熔化金属足够横向填充。

2）加大电弧作用区间，使电弧与熔化的填充金属向侧壁处靠近。

3）保护气中加入氧化性气体以促进熔池铺展。

4）尽量在平焊位置施焊。

8. 焊道厚度过大或过小

合理的窄间隙焊缝形貌近似于月牙形，如果每一道的焊缝厚度过大，如图 1-12 所示，将会导致侧壁熔合线波折幅度大，侧壁熔深不连贯，接头性能存在相对薄弱区，在服役受力时容易产生破坏。如果焊道厚度过小则焊接效率低，焊接热循环次数多，接头热积累增加。因此在焊接时需要合理选择焊接速度与送丝速度。

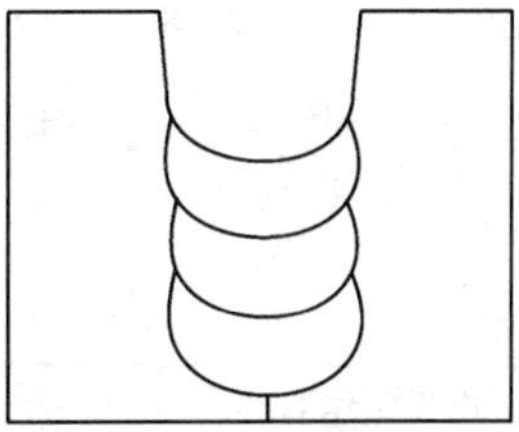

图 1-12　焊道厚度过大

9. 焊接变形

窄间隙狭长的坡口对焊接变形量十分敏感，微弱的角变形都可能会使得坡口间隙大幅度缩小，导致焊枪无法深入到坡口中。

为减少焊接变形，保证坡口宽度足够，可采取：

1）焊接之前对组对厚板刚性固定，必要时焊接肋板加以强制约束，如图 1-13 所示，焊后再用碳弧气刨将其去除。

2）采用反变形方法，对焊接变形进行补偿。

图 1-13　焊接肋板加以强制约束

10. 熔池下淌

窄间隙焊过程中，在起弧点及收弧点处熔池容易向外侧下淌，尤其在大厚板焊接时。焊接的层数越多，流淌问题越严重，这将导致焊道长度越焊越短；如果不采取措施，将导致最终有效焊缝长度很短。

针对这个问题，最有效的解决办法就是采用足够长的引弧板与引出板，使熔池流淌在工件坡口外发生，保证结构焊缝的完整性，但值得注意的是，引弧板与引出板也应同样用窄间隙坡口形式。若采用平板，窄间隙焊枪离开坡口后将无法继续正常稳定地焊接，焊接过程容易中断，产生的飞溅及烟尘会影响已焊好的正常焊道。

1.6　常用窄间隙 GMA 焊方法及其应用

窄间隙 GMA 焊过程中，由于侧壁与焊丝夹角很小，容易造成电弧对坡口侧壁热输入不足，导致侧壁熔合不良，这是窄间隙 GMA 焊非常突出的问题。根据参考文献，窄间隙 GMA 焊主要分为两类，一类是通过控制电弧或焊丝来实现电弧对侧壁的加热，另一类主要通过焊接参数控制实现窄间隙焊接。前者又分为麻花状焊丝旋转、波浪式焊丝、机械摆动式、旋转电弧式等。后者包括大直径焊丝、脉冲控制、药芯焊丝交流焊等。窄间隙 GMA 焊的分类见表 1-5。

表 1-5　窄间隙 GMA 焊的分类

电弧工作形式	焊丝不变形	焊 丝 变 形
电弧不摆动	大焊丝伸出长度方法	双丝窄间隙焊(Tandem wire)
	大直径焊丝交流 GMA 焊	
	双丝窄间隙焊(Twin wire)	
电弧旋转	导电嘴旋转方法	麻花状焊丝方式(多根焊丝)
		螺旋形焊丝方式
电弧摆动	导电嘴机械式摆动方法	BHK 方式
		折曲焊丝方式

1.6.1　旋转电弧窄间隙 GMA 焊

（1）导电杆旋转　焊丝从偏心导电嘴的偏心孔伸出，在电动机和齿轮副带动下旋转，从而增加电弧在侧壁燃烧的时间，导电杆旋转方式如图 1-14 所示。这种方法原理比较简单，但齿轮副传动稳定性较差，并且焊丝与偏心导电嘴之间既有径向磨损又有周向磨损，使导电嘴磨损非常严重。后来又开发出利用空心电动机代替齿轮副的方式，但导电嘴磨损问题没有得到解决。有学者提出利用焊丝锥形旋转的方式，解决了导电嘴磨损问题，具体参见第 2 章内容。

（2）焊丝螺旋送进式旋转电弧　这种方式是让焊丝呈螺旋状弯曲，从而使电弧产生旋转。焊丝螺旋送给的旋转电弧方式如图 1-15 所示。同样采用 1.2mm 直径实心焊丝，旋转频率在 120~150Hz 之间，焊丝端部旋转直径在 2.5~3mm。可以焊接坡口间隙为 9~12mm、厚度达 200mm 的焊缝。

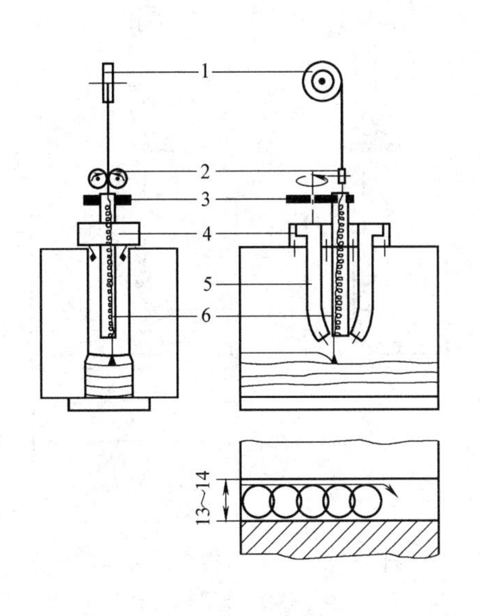

图 1-14　导电杆旋转方式

1—送丝盘　2—送丝轮　3—旋转机构
4—保护气罩　5—保护气管
6—导丝管（导电杆）

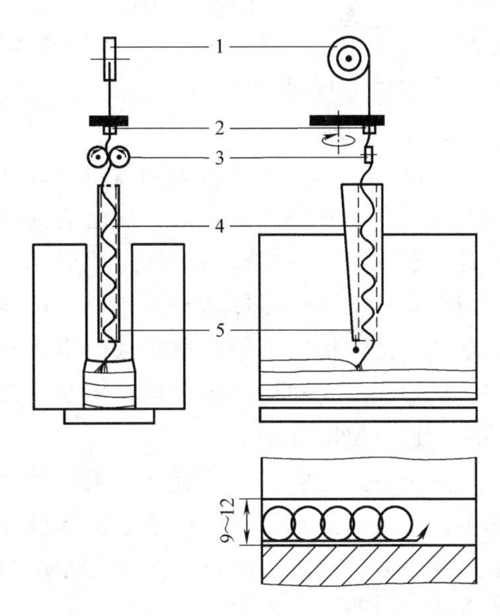

图 1-15　焊丝螺旋送给的旋转电弧方式

1—送丝盘　2—焊丝摆动机构　3—送丝轮
4—导丝管　5—保护气管

（3）麻花状焊丝方式　也叫缆式焊丝焊接方式，如图 1-16 所示，利用两根或多根绕在一起的焊丝纠结成麻花状，深入到坡口间隙中，电弧轮流在焊丝端头燃烧，宏观上呈现旋转的效果，从而增大了对侧壁的热输入。但这种方式需用特制焊丝和导电嘴，并且麻花状焊丝对导电嘴磨损较大，因此这种方法仅在日本少数企业得到应用，并不普及。近年来，江苏科技大学等单位也对该技术开展了研究工作。

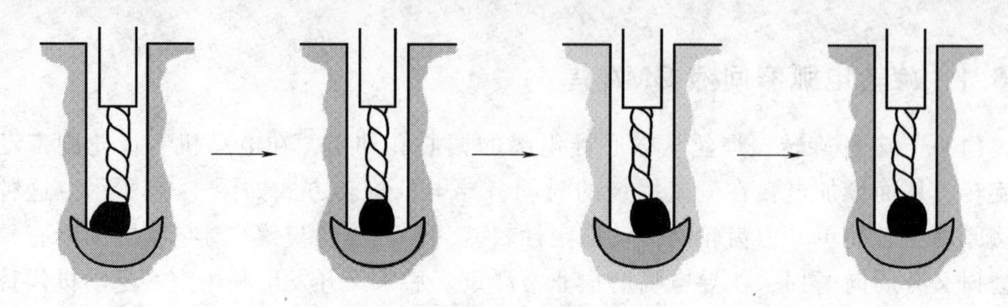

图 1-16　麻花状焊丝方式

1.6.2　摆动电弧窄间隙 GMA 焊

1. 导电嘴摆动式

导电嘴弯曲，与焊枪轴线呈 3°~15°角。在电动机的作用下，沿着焊缝横截面任意摆动。可以设定摆动停留时间、摆动频率和摆动速度。导电嘴摆动式窄间隙 GMA 焊原理如图 1-17 所示。

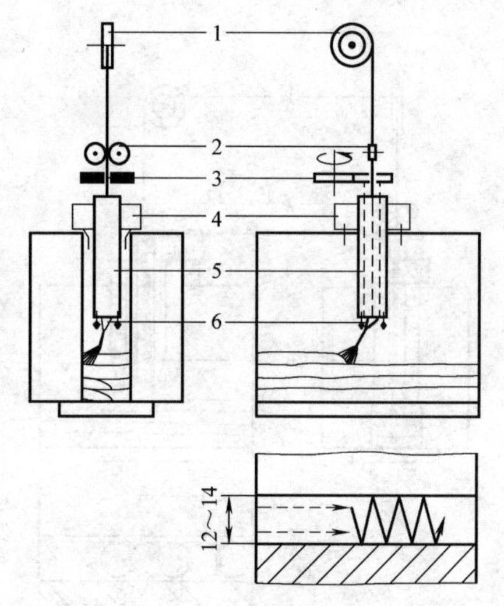

图 1-17　导电嘴摆动式窄间隙 GMA 焊原理

1—送丝盘　2—送丝轮　3—旋转机构　4—保护气罩　5—导丝管和保护气管　6—导电嘴

2. BHK 方式

BHK 方式是利用机械摆动器将焊丝在送入送丝轮之前弯曲成波浪形，从而实现电弧摆动，BHK 方式的原理如图 1-18 所示。在窄间隙坡口中电弧在焊丝端头燃烧，周期性地变换方向，指向不同侧壁，从而增大对侧壁的热输入。同样摆动幅度、频率及速度均独立于送丝速度设定。

这种方式仍然需要特制导电嘴，但由于其不需要特殊焊丝，并且理论上适焊厚度没有限制，是目前应用最为广泛的窄间隙 GMA 焊方式。

也可以利用成形齿轮啮合，将焊丝在送入送丝轮之前形成波浪形，这种方式称为折曲式。同 BHK 方式类似，在焊丝送出导电嘴之后形成摆动电弧，摆动频率在 250~900Hz 之间，适合坡口形式为 V 形窄间隙坡口，角度为 1°~4°。折曲焊丝式的原理如图 1-19 所示。

3. 磁场控制摆动电弧

通过外加磁场的方法也可以达到电弧摆动的效果。横向磁场控制电弧摆动的研究虽然很多，但因为熔滴过渡对焊缝成形影响很大，所以都是应用于窄间隙 TIG 焊。Y. H. Kang 和 J. B. Vishvesh 采用根部间隙 10mm 的坡口，分别对磁控摆动电弧

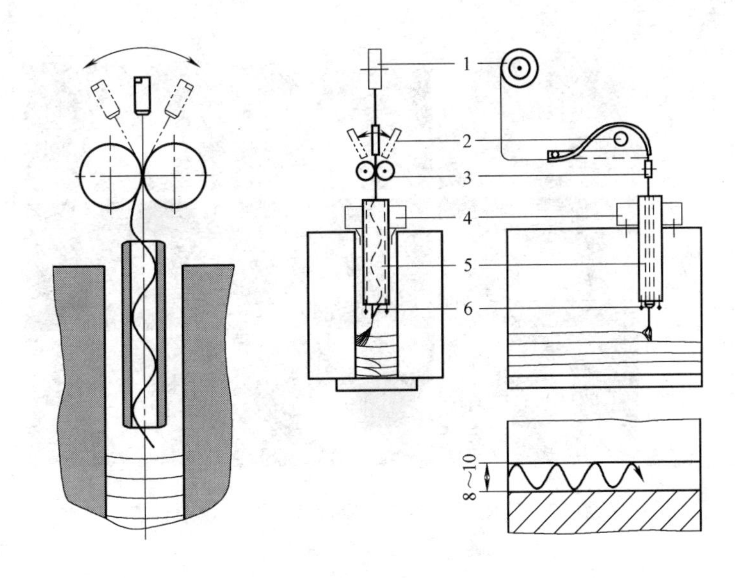

图 1-18　BHK 方式的原理

1—送丝盘　2—焊丝摆动机构　3—送丝轮　4—保护气罩
5—导丝管和保护气管　6—导电嘴

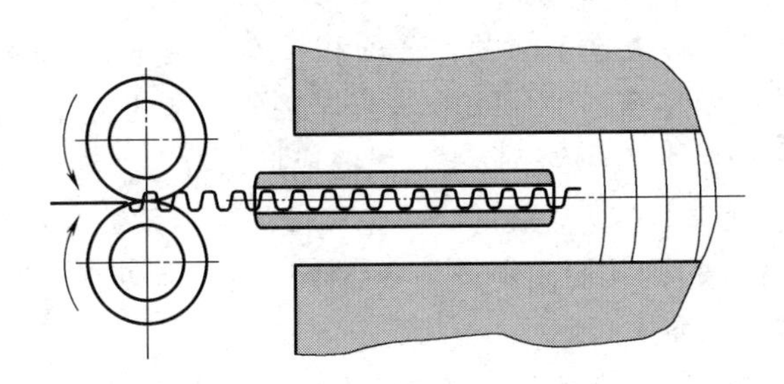

图 1-19　折曲焊丝式的原理

窄间隙 GMA 焊进行了深入的研究。试验结果表明，随着电弧摆动频率的增加，侧壁熔深增加；但在 10Hz 以上继续增加摆动频率对侧壁熔深几乎没有影响。随着磁场强度增加，电弧摆动幅度增加，电弧进一步靠近侧壁，侧壁熔深增加。不同磁场强度时窄间隙中电弧摆动情况如图 1-20 所示。这种方法需要磁场发生装置，且坡口中的磁场受外界条件影响较大。

1.6.3　双丝窄间隙 GMA 焊

双丝窄间隙 GMA 焊中，将导电嘴或焊丝弯曲成一定角度，使两根焊丝分别指向不同的坡口侧壁，从而增加对侧壁的热输入，如图 1-21 所示。通常使用 0.8~1.2mm 直径的焊丝。

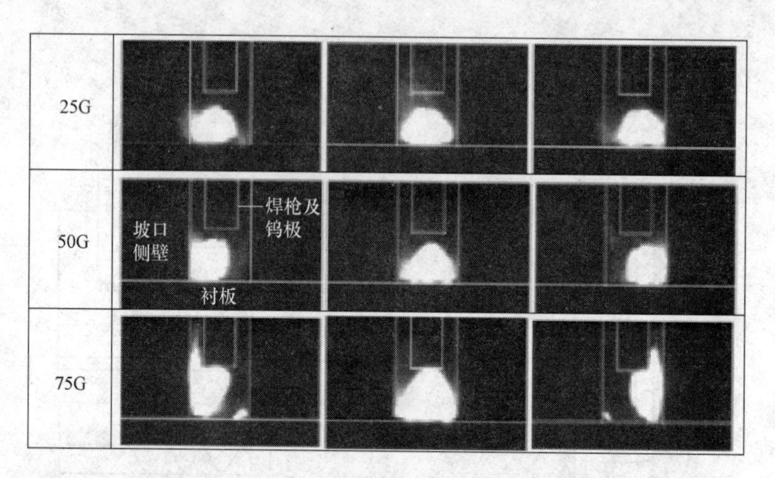

图 1-20　不同磁场强度时窄间隙中电弧摆动情况

注：磁感应强度单位，高斯（G）。

1.6.4　其他窄间隙 GMA 焊形式

1. 直流正极性窄间隙焊

在直流反极性（DCEP）焊接时，特别是在电流较大时容易形成指状熔深，在焊缝中心产生裂纹。为解决这个问题，美国和日本等国家先后提出了直流正极性（DCEN）焊接方法。哈尔滨锅炉厂和哈尔滨焊接研究所也对窄间隙直流正极性焊接进行了研究。正极性时焊接熔深较浅，焊缝成形系数大，结晶裂纹的倾向有所减小。电流为 550A、根部间隙为 13mm 时，正极性的成形系数为 0.9，而反极性时仅为 0.7。并且由于熔化极焊接时阴极产热量高于阳极，所以正极性焊接时焊丝熔化速率比反极性焊接时提高 50%。

直流正极性窄间隙焊接时，电弧张角较大，电弧由底部转移到侧壁燃烧，过渡形式由滴状过渡变为射流过渡。随着间隙的减小，射流现象越明显，过程越稳定。间隙减少，直流正极性时的电弧张角变大，射流过渡时焊丝前端的液锥变长，直流反极性时张角和液锥长度几乎不变。

直流正极性方法对设备几乎没有特殊要求，完全可以利用现有的焊接设备，但最大的缺点就是最佳规范参数区间较窄，各个参数之间必须配合得很好才能保证接头的质量。而且热输入较大，多为 30~40kJ/cm，因此这种方法在重要结构的焊接中未得到广泛应用。

2. 脉冲电流窄间隙焊

这种方法多为粗丝，间隙为 7~11mm 时采用单道焊，脉冲频率为 50~100Hz，可以有效地改善焊缝成形和防止焊接裂纹。但这种方法热输入较大，为保证熔合良好，热输入一般大于 30kJ/cm，不适用于力学性能要求较高的接头。

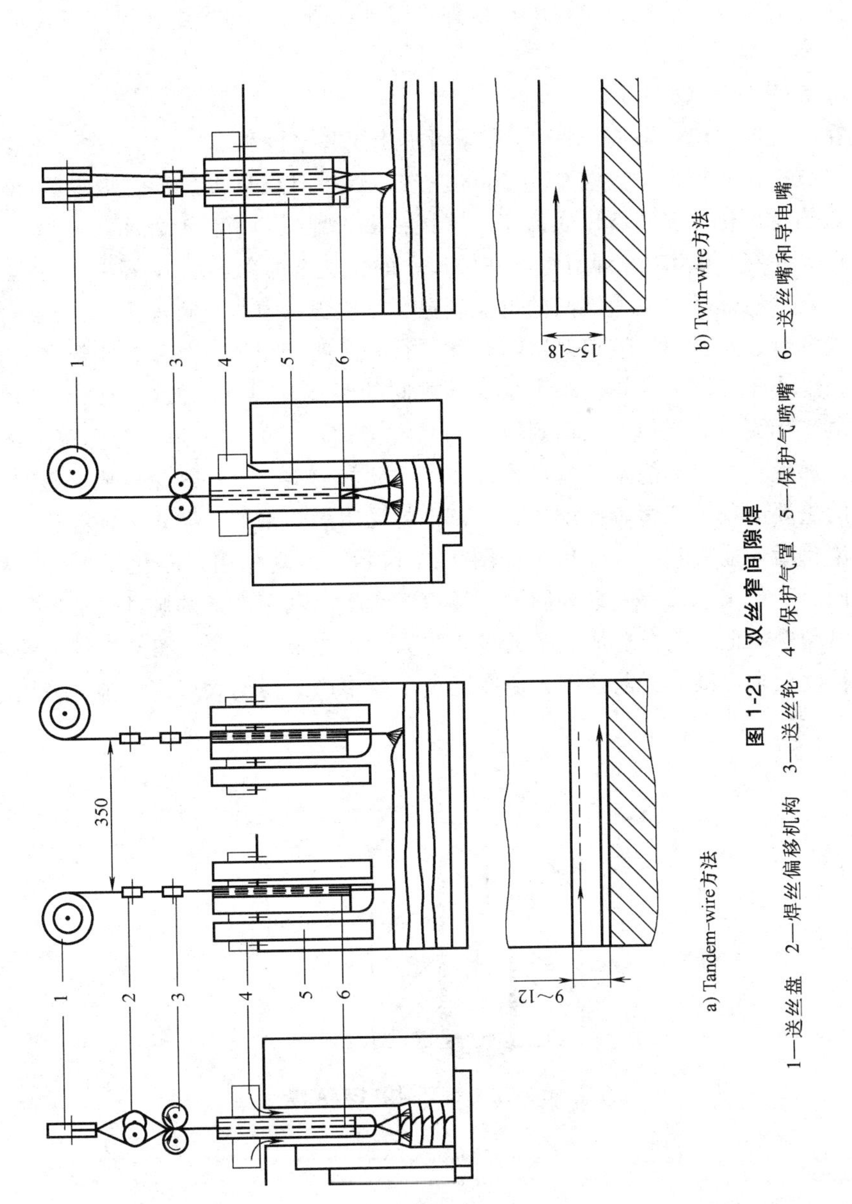

图 1-21 双丝窄间隙焊

1—送丝盘 2—焊丝偏移机构 3—送丝轮 4—保护气罩 5—保护气喷嘴 6—送丝嘴和导电嘴

在此基础上日本学者森垣开发了一种新的窄间隙脉冲焊方法，其特点是脉冲电流变化的同时电压也随之变化。峰值时电压同时升高，电弧拉长，加大了母材的熔化范围；基值时电压随之降低，为短路过渡，热输入降低，促进熔池凝固。因为这种方法热输入较低，基值电流时可以促进熔池的凝固，多用于横焊。但其对电源的要求较高，实际应用不多。

3. 超窄间隙 GMA 焊

在窄间隙 GMA 焊的基础上，有学者提出了超窄间隙 GMA 焊方法，直接采用 I 形焊接坡口，间隙进一步缩窄为 5mm 左右，焊接时仅仅焊丝伸进坡口间隙中，利用电弧热量熔化侧壁和坡口底部完成焊接，极大地提高了生产效率。

但是超窄间隙 GMA 焊对焊丝在坡口中的位置非常敏感，在某些扰动因素作用下，一旦产生焊丝与侧壁之间的打弧现象，则电弧沿着焊丝迅速上爬回烧，焊接过程不能继续。这是由于坡口侧壁与焊丝平行并且距离很近，如果产生侧壁打弧，则电弧长度小于其原来在焊丝端头与底面之间的距离，根据电弧自身调节作用可知，此时电流加大，以期使电弧回到原来的稳定工作点。但由于焊丝与侧壁距离不变，而电流加大，结果只能是焊丝迅速回烧。因此如何避免这一现象就成了超窄间隙焊面临的重要问题。有学者提出在坡口侧壁粘贴阻燃焊剂片，防止电弧上爬，同时焊剂片熔化后还能起到冶金作用，如图 1-22 所示，但副作用是不仅增加了工序和成本，同时又带来脱渣等一系列问题。还有学者提出利用特殊的脉冲电流波形解决侧壁打弧问题，但这又会造成设备的投入加大。加之超窄间隙 GMA 焊对工件坡口的装配精度要求很高，目前这种方法在工业生产中尚未得到大规模的推广应用。

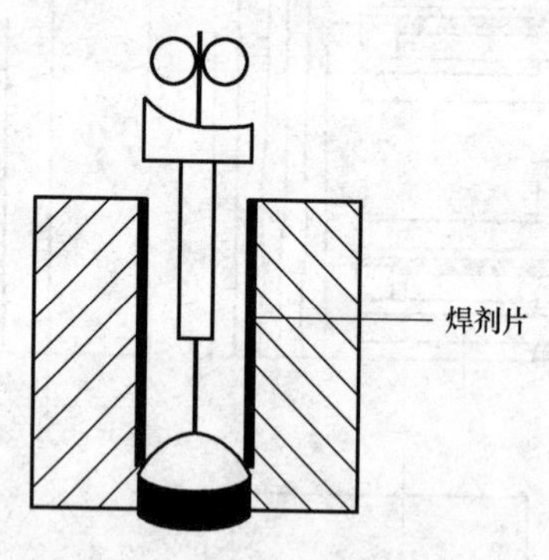

图 1-22　超窄间隙 GMA 焊

第2章 旋转电弧窄间隙GMA焊

旋转电弧是采用特殊的方式使焊丝带动焊接电弧在坡口内部旋转，焊接电弧在旋转过程中呈周期性地靠近窄间隙坡口的两个侧壁，并将电弧热量传导到侧壁上，促进侧壁熔化，保证侧壁熔深。高速旋转的电弧与熔滴使得电弧特性、熔滴受力和熔池流动都将发生变化，呈现出其特有的焊接特点。本章介绍了旋转电弧窄间隙GMA焊枪的设计、平焊和横焊的焊缝成形、电弧和熔池行为以及温度场的数值模拟。

2.1 旋转电弧窄间隙GMA焊枪设计与实现

2.1.1 电弧旋转方案设计

旋转方式采用导电杆锥摆方法，导电杆圆锥摆动结构如图2-1所示。导电杆圆锥摆动方法中导电杆本身并不旋转，而是一端固定在一个球形铰链上作圆锥摆动。导电杆穿过装嵌在齿轮偏心孔内的调心轴承，电动机带动主动齿轮驱动偏心齿轮和导电杆转动。调心轴承只能拨动导电杆而不对导电杆提供其他约束，因此导电杆只是绕圆锥轴线作公转而自身不旋转。这种方式的优点：①导电嘴与焊丝之间几乎没有相对运动，减少了导电嘴的磨损；②导电杆不旋转，可以直接和电缆连接，不会发生缠绕。

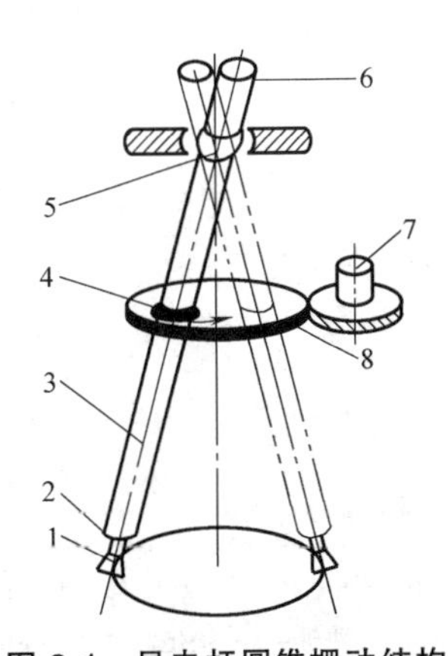

图2-1 导电杆圆锥摆动结构

1—电弧 2—焊丝 3—导电杆 4—轴承 5—球形铰链 6—电缆接头 7—电动机 8—偏心齿轮

导电杆锥摆方法中，如果其固定点和偏心齿轮距离焊丝端部较远，焊丝偏转角度很小，再加上导电杆和导电嘴壁厚的限制，造成电弧旋转幅度较小，电弧不能对侧壁充分加热；则其适用的坡口间隙范围较小，无法充分体现出旋转电弧方法进行窄间隙焊接的优势。旋转方式对电弧旋转半径的影响如图 2-2 所示。

基于此，考虑将摆动的固定点下移到导电杆的中间，在固定点的上方产生偏心量，固定点尽可能靠近坡口并位于坡口外，此时导电杆的旋转示意图如图 2-3 所示，称为双圆锥摆动方法，这样就可以提高电弧旋转半径。

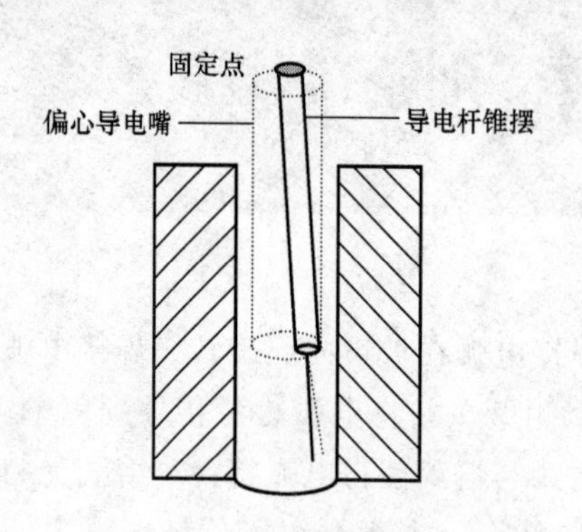

图 2-2 旋转方式对电弧旋转半径的影响

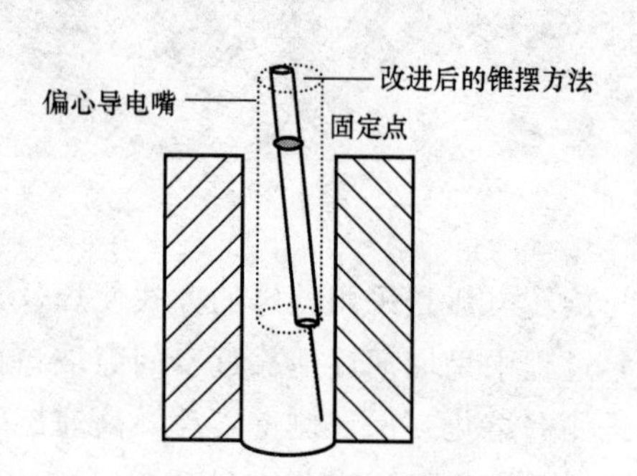

图 2-3 双圆锥摆动方法

2.1.2 焊枪主体设计

焊枪的主体装配如图 2-4 所示，包括旋转部分、固定支撑部分和电气接入部分。旋转半径通过改变偏心套筒内壁的偏心量来调节，图 2-5 所示为偏心套筒的实物。

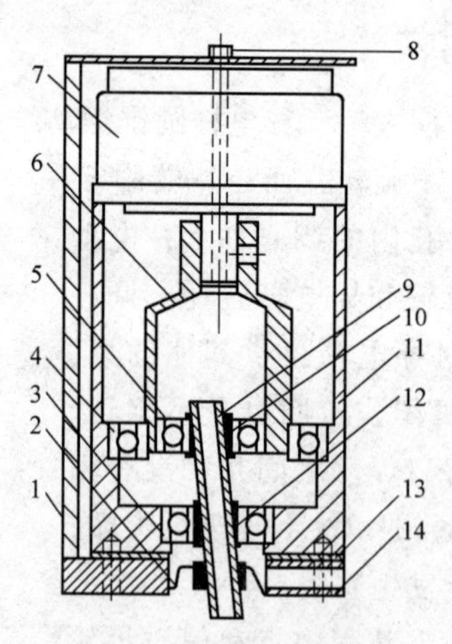

图 2-4 焊枪的主体装配

1、14—导电板 2—软电缆 3—下调心轴承 4—密封轴承 5—上调心轴承 6—偏心套筒 7—空心轴伺服电动机 8—接电柱 9—导电杆 10—上绝缘套 11—焊枪外壳 12—下绝缘套 13—绝缘垫圈

焊枪的工作方式：焊丝从空心轴伺服电动机 7 的空心轴中间通过，进入导电杆 9。空心轴伺服电动机 7 的轴直接与偏心套筒 6 相连，带动其旋转。上调心轴承 5

安装在偏心套筒 6 的内壁，下调心轴承 3 固定在焊枪外壳 11 的内壁，空心轴伺服电动机 7、偏心套筒 6 和下调心轴承 3 同轴安装。导电杆 9 穿过上调心轴承 5 和下调心轴承 3 的内孔，中间用上绝缘套 10 和下绝缘套 12 塞紧隔开。偏心套筒 6 产生偏心量，带动导电杆 9 偏心转动。上调心轴承 5 的作用是使导电杆 9 和与其相连的导电嘴只随偏心套筒 6 绕焊枪的中轴线进行公转而没有自转，从而消除焊丝和导电嘴之间的旋转摩擦。下调心轴承 3 为转动原点，在此处导电杆 9 的偏心量为 0。密封轴承 4 固定在焊枪外壳 11 的内壁。对偏心套筒 6 起动支撑定位的作用，防止偏心套筒 6 因转动而震动。焊接电源电缆通过接电柱 8、导电板 1 与导电板 14 相连，在焊枪内部导电板 14 通过软电缆 2 与导电杆 9 连接，从而实现电源的加载。连接点靠近下调心轴承 3，这样软电缆摆动幅度较小，可以保证电源的良好接入。固定导电板 14 还可以消除因为焊枪外部电缆拉紧等因素造成的对焊枪摆动的影响。保护气从导电板 14 的侧孔通入，经过保护气喷嘴喷出。导电板 14 与焊枪主体之间用绝缘垫圈 13 隔开，焊枪外壳 11 不带电。焊丝通过接电柱 8 的中心孔进入焊枪，接电柱 8 直接与焊机原有的送丝、送电系统相连。

图 2-5 偏心套筒的实物

2.1.3 喷嘴设计

设计了扁长形插入式水冷喷嘴，保护气喷嘴结构如图 2-6 所示。采用一体化设计，水冷部分在喷嘴的中部，喷嘴下部为楔形，可以伸入到窄间隙坡口中，并能够提高水冷保护的效果。喷嘴上部为圆形，便于与焊枪主体相连。为了增大旋转范围，避免导电嘴与喷嘴接触，保证气体保护效果，喷嘴侧壁的下端为弧形。采用外接循环水对喷嘴进行强制水冷，充分确保喷嘴在高温环境下的工作性能。

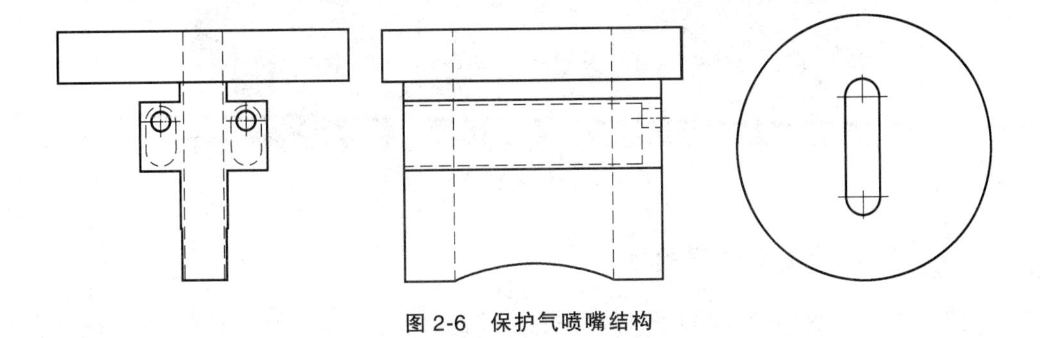

图 2-6 保护气喷嘴结构

喷嘴中气体的流动状态可以分为层流和紊流。层流时气体呈有规则的层状或流束状，质点间无相互干扰；紊流时质点间相互干扰，气体内部出现许多漩涡。因此只有当保护气体从保护气喷嘴以层流状态喷出进入焊接区域时，才能获得较好的保护效果。气体的流动状态可用雷诺数 R_e 来表示

$$R_e = \frac{dv}{\nu} \tag{2-1}$$

式中 d——喷嘴的当量直径；

v——流体的平均流速；

ν——流体的运动黏度。

喷嘴中气体流量 Q 和气体的平均流速 v 的关系为

$$Q = Sv \tag{2-2}$$

式中 S——与气体流动方向垂直的喷嘴通道截面积。

对于设计的扁长形喷嘴，因为喷嘴通道规则，近似为长方形，则其当量直径可近似为

$$d = 4\frac{S}{c} \tag{2-3}$$

式中 c——气体流过通道所润湿的周长。

当雷诺数 $R_e \leqslant 2320$ 时，气体喷出喷嘴时其流态为层流；当雷诺数 $R_e \geqslant 2320$ 时，气流流态为紊流。喷嘴通道的宽度根据坡口的尺寸确定为8mm。窄间隙焊接时焊丝伸出长度较大，为达到更好的保护效果，应适当增加保护气流量到30L/min。氩气的运动黏度为 $20.6\text{m}^2/\text{s}$ 时，根据式（2-1）~式（2-3）得到喷嘴通道截面长度应该大于35mm，所以设计为40mm。保护气喷嘴越长越有利于得到近壁层流。考虑到导电嘴的长度，喷嘴长度定为50mm，可插入坡口部分长度为25mm。同样通过计算确定小于30mm时使用的圆柱形喷嘴导气通道的直径为25mm。图2-7所示为保护气喷嘴实物。

图2-7 保护气喷嘴实物

2.1.4 喷嘴的保护效果验证

为了研究各种喷嘴结构对气体保护有效性的影响，采用烟气染色法进行分析比

较，烟气染色试验装置如图2-8所示。试验时根部间隙为12mm，坡口深60mm，气体流量为15L/min，焊丝旋转频率为50Hz。为便于观察，一侧侧壁采用透明的有机玻璃板，另一个侧壁采用表面贴附黑胶布的铝板。烟气染色的原理是保护气体经过干燥后通入装有 $TiCl_4$ 的烧瓶，气体中的微量水分与 $TiCl_4$ 反应，生成白色的 TiO_2 微粒，把气体染成白色，从而可直接观察喷嘴喷出气体的流动情况，其反应方程为

$$TiCl_4+2H_2O \rightarrow TiO_2+4HCl \tag{2-4}$$

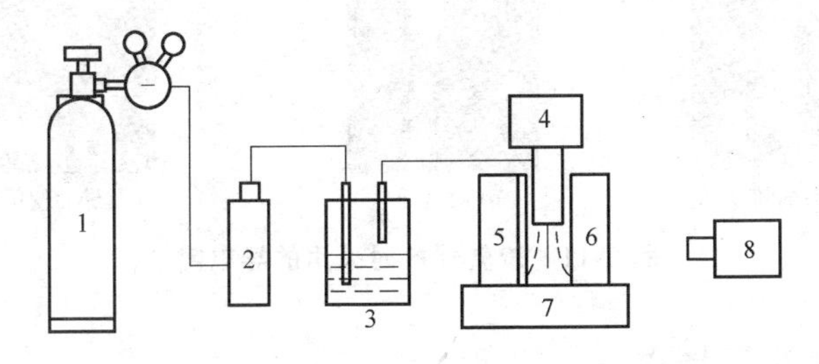

图2-8 烟气染色试验装置

1—Ar气瓶 2—干燥剂 3—$TiCl_4$ 4—窄间隙焊枪 5—铝板（表面贴覆黑胶布） 6—有机玻璃板 7—铝板 8—摄像机

图2-9所示为保护气从扁平喷嘴整体喷出时的流动形态。此时保护气下沉，集中在坡口底部，坡口中的气体只能从坡口两端平稳排出，烟气轮廓清晰，形成较大的层流区域，无涡旋形成，可见当保护气将整个焊接区域完全包围时，焊丝的旋转不会造成气流的紊乱。图2-10所示为扁平喷嘴方式下的焊缝成形，焊缝成形良好，表面光亮，侧壁飞溅很少。说明所设计的扁平喷嘴可以对熔池和焊缝进行有效的保护。

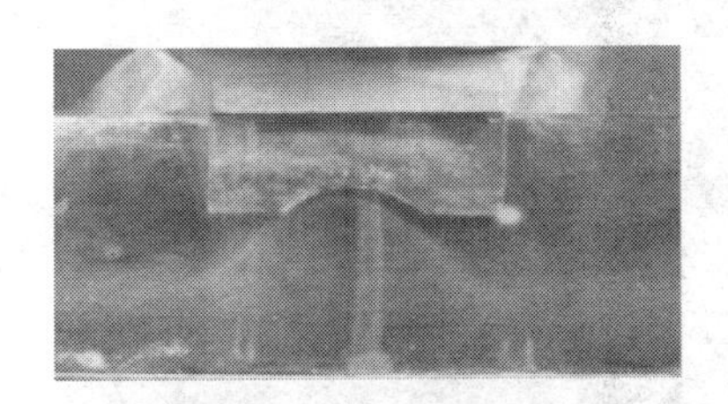

图2-9 保护气从扁平喷嘴整体喷出时的流动形态

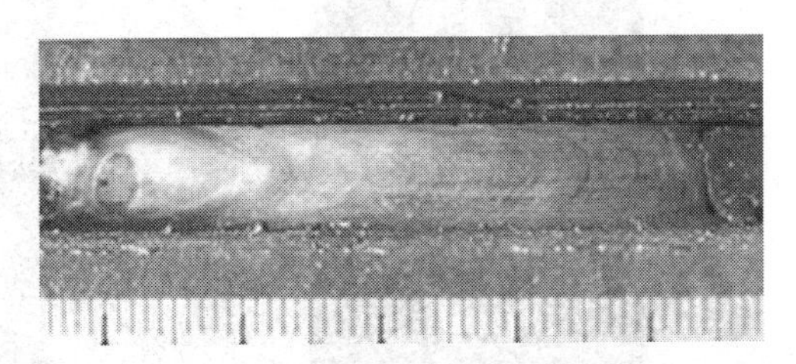

图2-10 扁平喷嘴方式下的焊缝成形

2.1.5 导电嘴设计

由于导电杆以及导电嘴与导电杆连接部尺寸较大，限制了旋转幅度，因此将二者的连接部分设计为位于坡口以外，导电嘴的长度决定了可焊的最大深度。对现有标准 CO_2 焊导电嘴进行了改进，图2-11所示为旋转焊接时采用的导电嘴。采用改

进后的导电嘴在旋转频率为50Hz，累计工作24小时后几乎没有磨损和变形。可见改进后的导电嘴与标准导电嘴相比，不会减少正常的使用寿命，完全可以进行长时间连续作业。

a) 标准

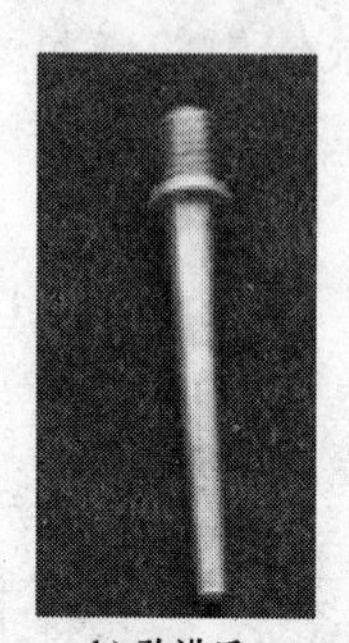

b) 改进后

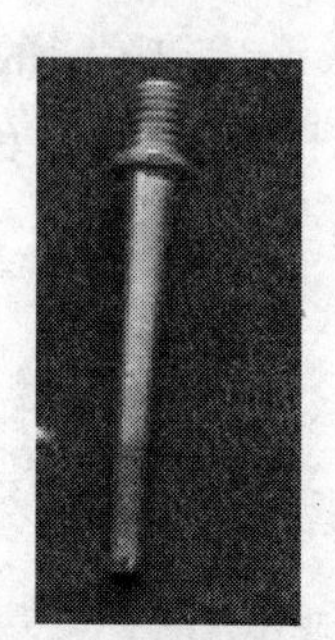

c) 改进后使用24h

图 2-11　旋转焊接时采用的导电嘴

2.1.6　焊枪性能及特点

优化设计后的焊枪整体实物如图2-12所示。焊枪的水、电、气通过预设的通道直接接入焊枪的下端，其整体结构紧凑、性能稳定，尺寸为70mm×70mm×180mm。焊枪的旋转方式如图2-13所示，焊枪的性能见表2-1。采用直流伺服电动机驱动，电动机外接转速采集与显示系统。另外设计了焊丝矫直装置，焊丝矫直以后，可以很大程度减少焊丝对导电嘴的摩擦，提高导电嘴的使用寿命和焊接稳定性。

图 2-12　焊枪整体实物

图 2-13　焊枪的旋转方式

表 2-1　焊枪的性能

项　目	规　格	项　目	规　格
焊接电流	≤450A	旋转频率	0~100Hz
焊丝直径	≤1.6mm	间隙宽度	≥8mm
旋转直径	任意(标准为5mm)	可焊厚度	≤60mm(单面坡口)

该焊枪具有如下特点：

1）导电嘴与焊丝之间几乎没有相对运动，导电嘴磨损小，使用寿命长，可进行长时间连续焊接。电弧摆动幅度大，可以充分地对侧壁加热，焊枪适用的最小坡口间隙为8mm。

2）焊枪旋转部分质量轻，转动惯量小，并通过轴承定位，所以转动稳定。

3）水、电、气接入简单方便，焊枪工作稳定可靠。接头设计合理，焊枪整体拆装方便，易于焊枪的维护，提高工作效率；采用软导线与导电杆直接连接，旋转过程阻力小，避免了电源电缆对转动过程的影响；保护气通过导电板上的导气孔直接通入焊枪下端，先形成紊流，然后经保护气喷嘴形成层流喷出，具有良好的保护效果。

4）焊枪设计简单，结构紧凑，体积较小，主要部件多为标准件，更换方便，实施成本低，适于大规模实际应用。

2.2　旋转电弧窄间隙GMA平焊的电弧行为与熔滴过渡

2.2.1　旋转电弧窄间隙GMA焊电弧行为

1. 旋转电弧的形态

靠近侧壁时旋转电弧形态对比如图2-14所示。靠近侧壁时电弧发生了明显的偏折，电弧与液柱的偏折角几乎一致，电弧随液柱的偏折而偏折。随着旋转频率增加，电弧偏折角增加，电弧旋转半径增加。

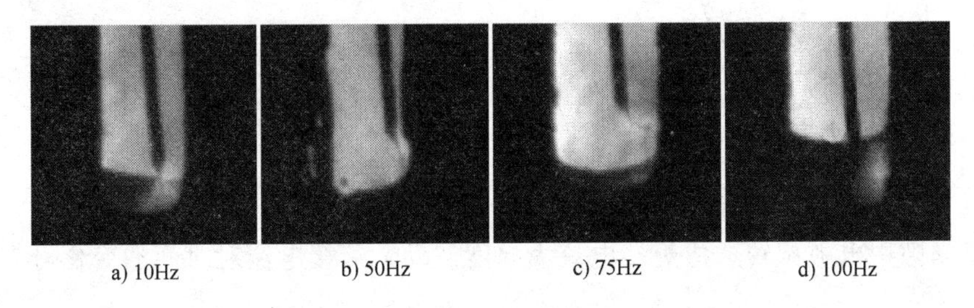

a) 10Hz　　b) 50Hz　　c) 75Hz　　d) 100Hz

图2-14　靠近侧壁时旋转电弧形态对比

电流从焊丝、熔化金属和电弧中流过将会产生电磁场，电弧受到电磁力的作用。电弧顶端附近及电弧内部电流的流向决定了电弧的形态。当熔化金属在离心力的作用下发生偏折时，电弧与熔化金属间的电磁力使电弧跟随液柱产生偏折，另外熔化金属穿过的电弧空间存在着大量电离电位低的金属蒸气，所以弧柱也容易沿着熔化金属穿过的方向形成。

同时，窄间隙中熔化金属摆动，有利于与侧壁间形成更短的导电通道，从而引起阴极斑点移动，电弧产生偏转。由此可见窄间隙焊接时电弧发生偏转，是由于液柱与电弧间电磁力以及液柱与侧壁间的阴极斑点移动共同作用的结果。

2. 旋转电弧的电特性

图 2-15 所示为窄间隙焊接旋转频率对焊接电流的影响，可以看出焊接电流发生了周期性波动。随着旋转频率增加，焊接电流波动幅度增大。当旋转频率为 75Hz 时，电弧在坡口中发生跳动，而且由于电弧在侧壁燃烧位置的差异，导致焊接电流波动较大。

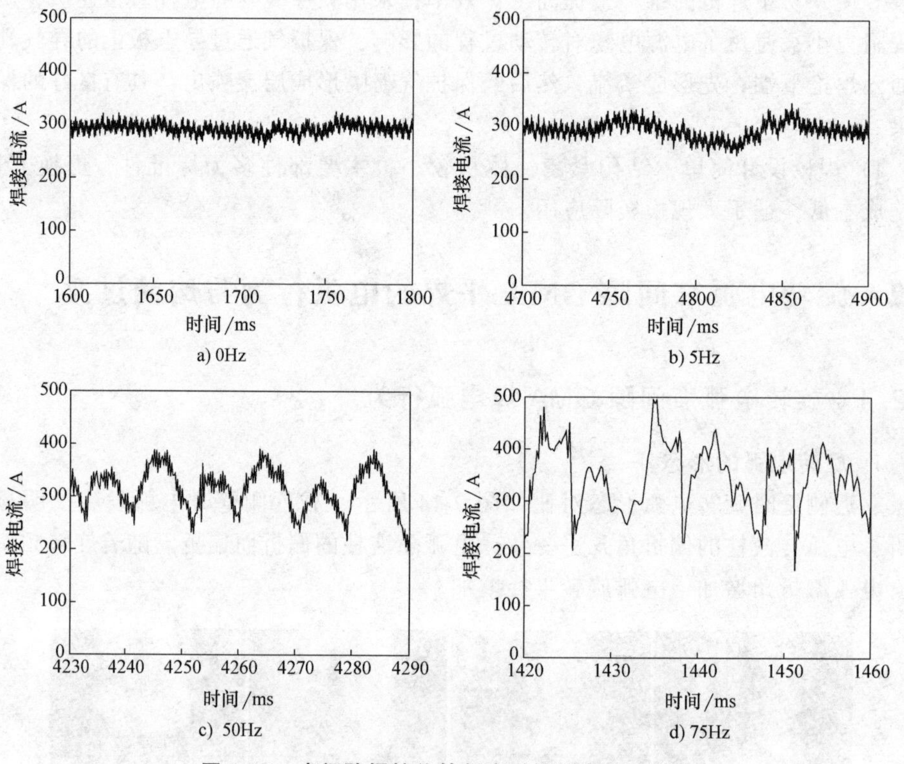

图 2-15　窄间隙焊接旋转频率对焊接电流的影响

窄间隙中电弧旋转造成焊接电流大幅度波动，焊接电流对时间的变化可表示为

$$\frac{\mathrm{d}I}{\mathrm{d}t}=\frac{(U_{\mathrm{oc}}-U_{\mathrm{ao}})}{L_{\mathrm{s}}+L_{\mathrm{p}}}-\frac{\left(R_{\mathrm{s}}+R_{\mathrm{p}}+R_{\mathrm{a}}+\frac{al_{\mathrm{e}}}{S}\right)I}{L_{\mathrm{s}}+L_{\mathrm{p}}}-\frac{El_{\mathrm{a}}}{L_{\mathrm{s}}+L_{\mathrm{p}}}-\frac{bSv_{\mathrm{f}}}{(L_{\mathrm{s}}+L_{\mathrm{p}})I} \tag{2-5}$$

式中　U_{oc}——焊接电源的内部电压；

R_{s}——焊接电源的内部电阻；

L_{s}——焊接电源的内部电感；

R_{p}——焊接电缆的电阻；

L_{p}——焊接电缆的电感；

U_{ao}——阴阳极区压降；

R_a——电源特性曲线斜率；

l_a——电弧弧长；

E——电弧的电场强度；

I——焊接电流；

a——焊丝伸出长度的电阻率；

b——焊丝在室温时单位体积的热容量；

l_e——焊丝伸出长度；

S——焊丝截面积；

v_f——送丝速度；

t——时间。

根据焊丝熔化速度的建模，假定用于焊丝端部加热至熔化温度需要的热量为流过电流的焦耳热和电弧传导至焊丝端部的热量之和，则焊丝伸出长度对时间的导数为

$$\frac{\mathrm{d}l_e}{\mathrm{d}t}=v_f-v_m=v_f-\frac{AI}{1-B(l_e/v_f)I^2} \tag{2-6}$$

式中　$A=\dfrac{U_m}{S(Q+b)}$；

$B=\dfrac{a}{S^2(Q+b)}$；

U_m——用于焊丝熔化的等效电压；

v_m——焊丝熔化速度；

Q——焊丝端部加热至熔化温度所需热量。

由式（2-5）和式（2-6）得到当焊接系统和焊接规范确定时，焊接电流随弧长和焊丝伸出长度的变化而变化，其中弧长变化对焊接电流的影响最为显著。

窄间隙焊接时弧长的变化是导致焊接电流发生变化的根本原因。窄间隙中熔池不能充分铺展，在侧壁约束和表面张力的作用下，熔池表面呈中间低两侧高的下凹状曲线，从而引起了弧长变化。电弧靠近侧壁时弧长变短，焊接电流升高；电弧位于坡口中间时弧长拉长，焊接电流降低，产生了电流的波动。

统计了不同旋转频率下一个旋转周期内焊丝伸出长度和弧长的变化幅值，旋转频率对弧长和焊丝伸出长度的影响如图 2-16 所示。随着旋转频率增加，焊丝伸出长度变化幅度减少，弧长变化幅度增加。当旋转频率大于 25Hz 时，焊丝

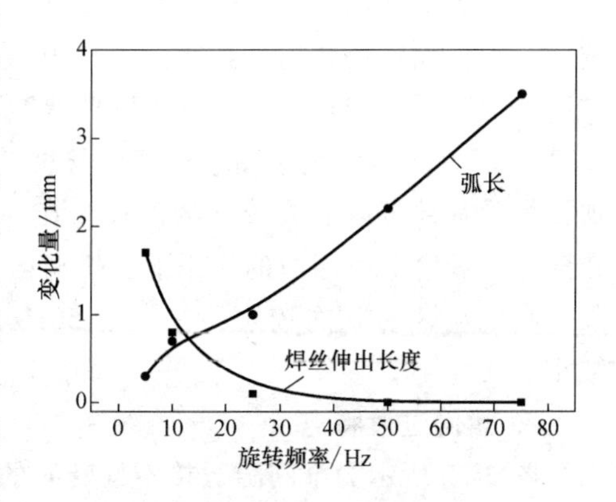

图 2-16　旋转频率对弧长和焊丝伸出长度的影响

伸出长度几乎不变；旋转频率为 5Hz 时，弧长变化很小。随着旋转频率的增加，焊接电流变化幅度增加。

出现这种变化是因为焊接电源的外特性为缓降特性，当旋转频率较低时，弧长变化缓慢，由于焊接电弧自身调节作用，GMA 焊系统处于静态平衡状态。变化最终反映为焊丝伸出长度的变化，而弧长变化较小。但是当旋转频率很高时，弧长的变化速度大于电弧自调节所需要的时间，电弧自调节特性不能充分实现。这时整个系统反映了焊接弧长的变化，而焊丝伸出长度几乎不变，此时 GMA 焊系统处于一种动态平衡状态。

2.2.2 旋转电弧窄间隙 GMA 焊熔滴过渡

1. 焊丝旋转对熔滴的作用

离心力是旋转电弧特有的力，其与旋转角速度（旋转频率）的平方以及旋转半径成正比。旋转电弧焊接过程中离心力的作用可以使熔化金属拉长成金属液柱，金属液柱不仅影响熔滴过渡特性，还引起了电弧偏转，是形成高速旋转电弧特性的关键。旋转过程中离心力引起液柱偏移，旋转频率越高偏折角越大，不同旋转频率下坡口中心处的液柱形态如图 2-17 所示。

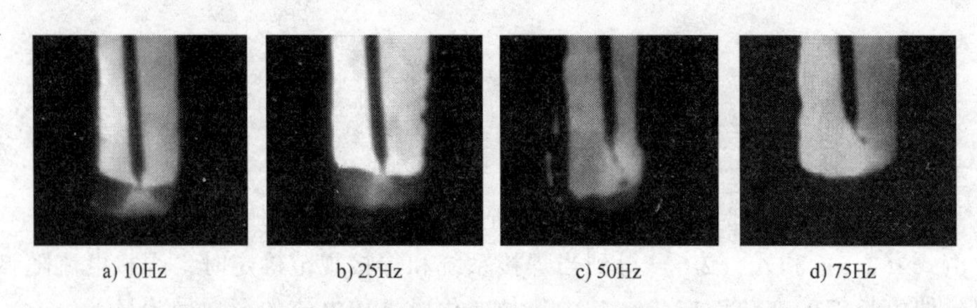

a) 10Hz　　b) 25Hz　　c) 50Hz　　d) 75Hz

图 2-17　旋转频率对坡口中心处液柱形态的影响

不同焊接规范下的液柱形态如图 2-18 所示，偏折角取决于旋转频率。离心力越大，液柱偏转角度越大；增大焊接电流和减小 CO_2 含量都可以显著提高弧根的扩展能力，相同旋转频率下，弧根扩展能力越强，液柱越长。

图 2-19 所示为旋转频率对液柱长度的影响，随着旋转频率增加，焊接电流增加，焊丝端部可以形成较长的液柱，在 50Hz 时达到最大。进一步增加旋转频率，在离心力和电磁收缩力的作用下，扰动增大，液柱容易断裂，并且一个旋转周期内处于高电流区的时间较短，在大于 50Hz 时继续增大旋转频率，则液柱长度有所减小。

2. 熔滴过渡特点

图 2-20 所示为窄间隙焊接不旋转时的熔滴过渡情况。此时熔滴为细颗粒过渡，在焊丝端部形成金属液柱，但长度较小，熔滴以很高的速度从液柱尖端向熔池过渡。

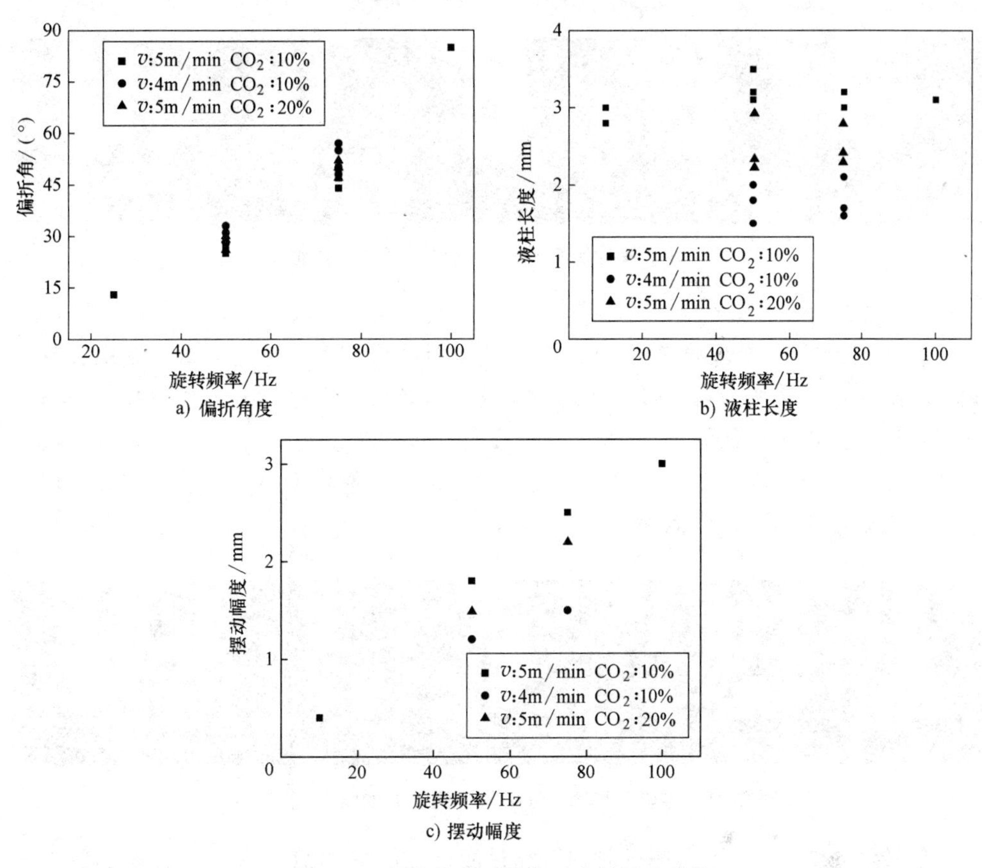

a) 偏折角度　　b) 液柱长度

c) 摆动幅度

图 2-18　焊接规范对液柱形态的影响规律

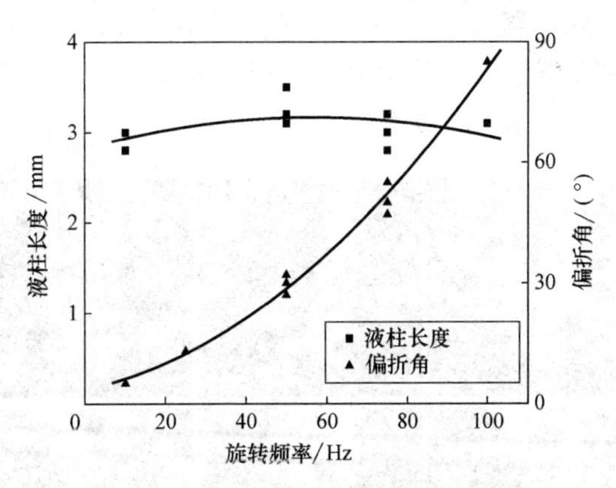

图 2-19　旋转频率对液柱长度的影响

熔滴的熔化速度和过渡形式很大程度上取决于焊接电流。旋转电弧电特性与熔滴过渡形式相对应，电弧旋转在靠近侧壁时焊接电流升高，焊丝熔化速度增加，为细颗粒或喷射过渡；当远离侧壁时焊接电流降低，变为粗颗粒过渡或失稳断裂，焊

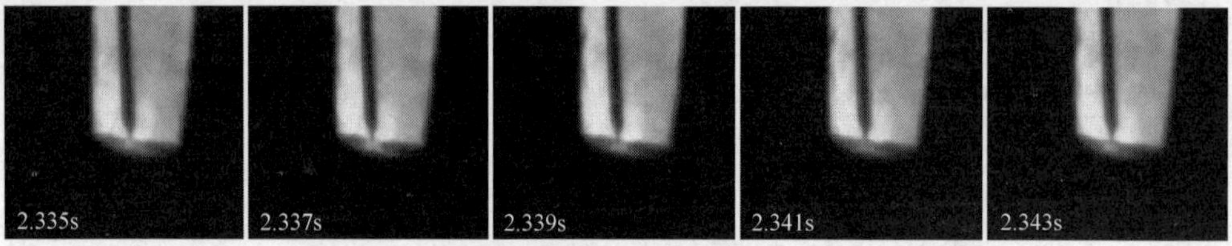

图 2-20　窄间隙焊接不旋转时的熔滴过渡情况

丝熔化速度减小。

图 2-21 所示为旋转频率为 10Hz 靠近侧壁时的熔滴过渡情况。当电弧靠近侧壁时，由滴状过渡转变为射流过渡，焊丝熔化速度增加，焊丝端头形成较长的金属液柱，其长度为焊丝直径的 1~2 倍。由于旋转速度较低，焊丝、金属液柱和电弧三者基本保持同轴，电弧在坡口底部燃烧，没有爬升到侧壁上对侧壁直接加热，熔滴沿电弧轴线过渡到下方熔池中。

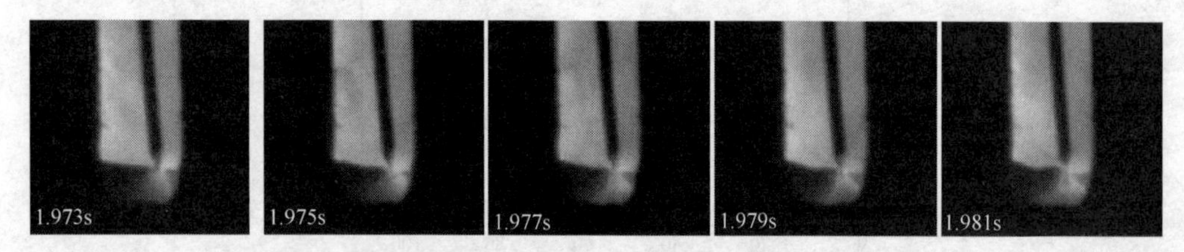

图 2-21　旋转频率为 10Hz 靠近侧壁时的熔滴过渡情况

旋转频率为 10Hz 远离侧壁时的熔滴过渡情况如图 2-22 所示。电弧根部位于焊丝的端部，包围整个熔化金属，由射流过渡转变为大颗粒过渡。此时过渡周期约为 10ms，在两个侧壁之间的路径上过渡 3~4 滴，熔滴的直径与焊丝直径相当。熔滴全部沿电弧轴线过渡在焊丝下方的熔池中。当电弧靠近另一侧侧壁时，过渡形式再次由大颗粒滴状过渡转变为射流过渡。

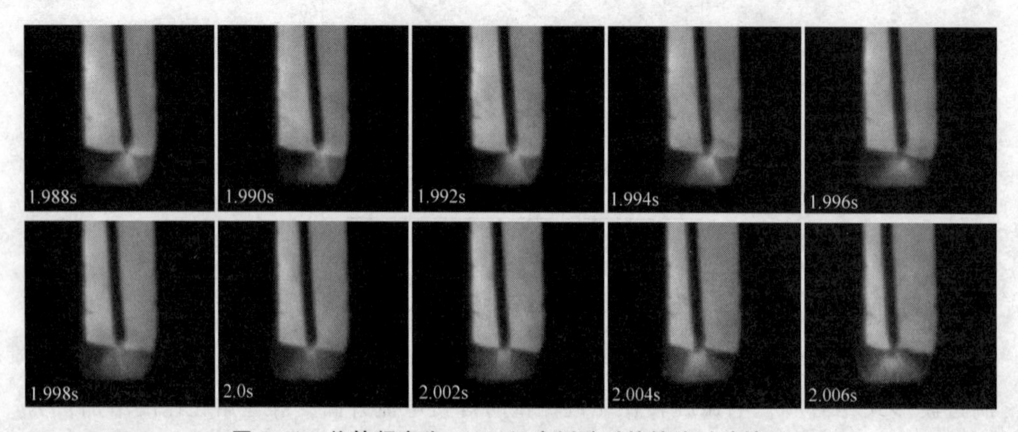

图 2-22　旋转频率为 10Hz 远离侧壁时的熔滴过渡情况

图 2-23 所示为窄间隙焊接旋转频率为 50Hz 时的熔滴过渡情况。靠近侧壁时旋转射流过渡更加明显，可以形成很长的金属液柱，长度为焊丝直径的 2~3 倍，熔滴过渡在侧壁的根部。由于离心力增大，焊丝端部的金属液柱偏折角增加，明显偏离焊丝轴线，此时电弧仍旧在坡口底部燃烧。当电弧远离侧壁向坡口中间运动时，液柱并没有马上缩短反而继续变长并向后方弯曲，液柱端部明显存在一个熔化金属聚集长大的过程，此时过渡形式较为复杂，不能简单地用颗粒过渡来描述。由于液柱较长，虽然发生熔化金属聚集长大，但在离心力和电磁收缩力的作用下，液柱容易产生失稳断裂，一次形成 2~3 个熔滴。随后液柱长度虽然减小，但仍保持在 1.5~2.5mm，由于此时电弧仍然包围液柱和熔滴，电磁力不会阻碍熔滴的过渡；而且液柱的直径很细，表面张力很小，所以熔滴过渡容易。但由于旋转频率较快，且熔化速度较小，这种状态下仅能过渡 1~2 滴。当靠近另一侧侧壁时液柱又变长，重新变为射流过渡。

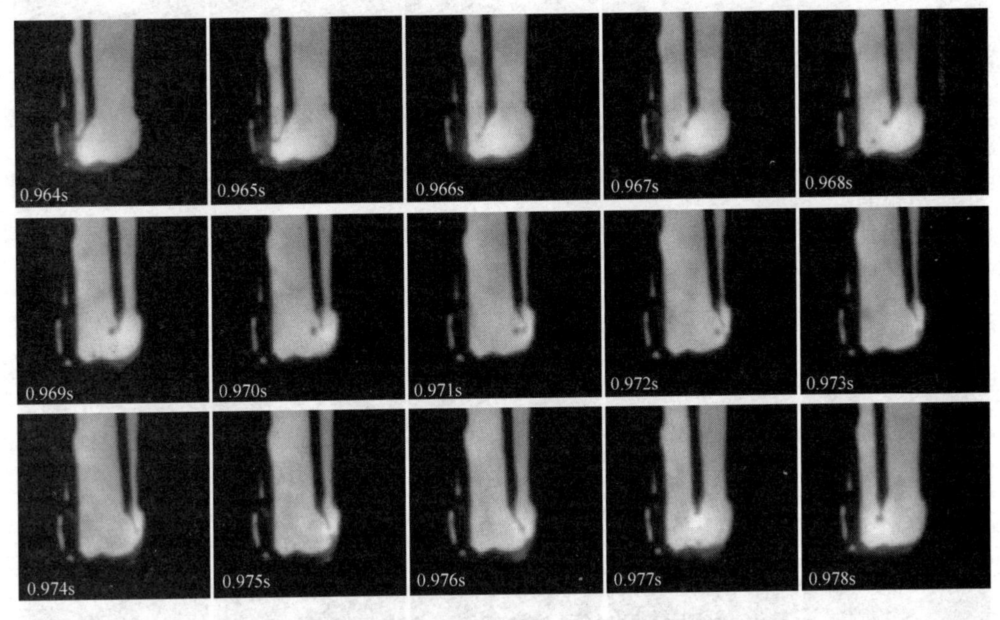

图 2-23　窄间隙焊接旋转频率为 50Hz 时的熔滴过渡情况

图 2-24 所示为窄间隙焊接旋转频率为 75Hz 时的熔滴过渡情况。在侧壁附近仍然呈现出射流过渡的特性，焊丝熔化速度增加。但液柱长度有所减小，液柱偏折角进一步增大。此时电弧完全转移到侧壁上燃烧，部分熔滴过渡在侧壁上。当电弧远离侧壁向坡口中间运动时，虽然也出现了液柱弯曲现象，但由于液柱较短，每次仅能形成一个熔滴。在离心力和电弧力的作用下焊丝端部始终存在着金属液柱，在两个侧壁之间仅能过渡 1~2 个熔滴，过渡周期降低为 3ms。

窄间隙焊接旋转频率为 100Hz 时的熔滴过渡情况如图 2-25 所示，与旋转频率

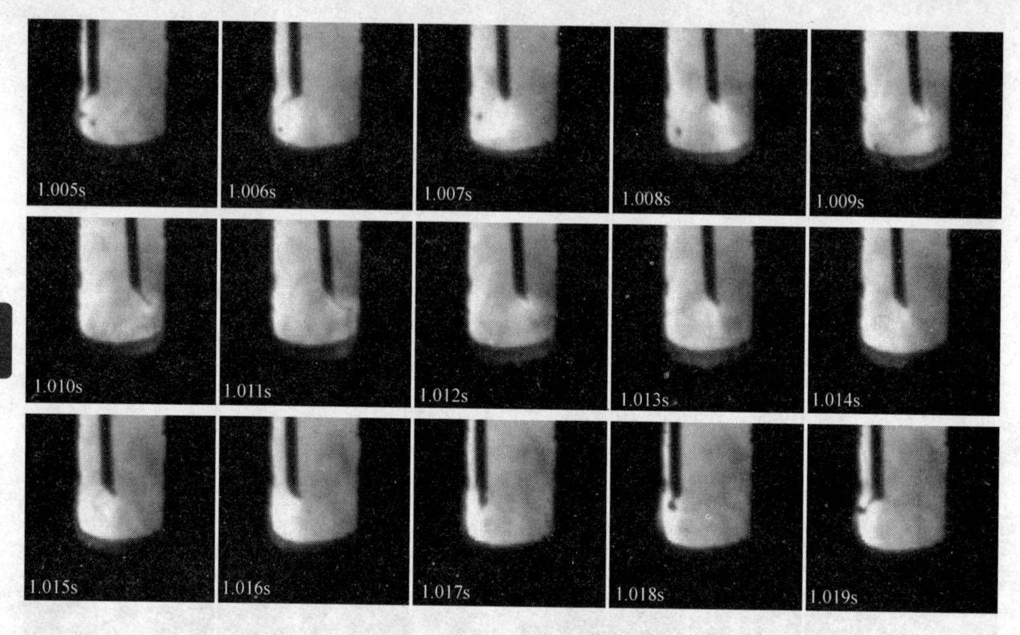

图 2-24　窄间隙焊旋转频率为 75Hz 时的熔滴过渡情况

为 75Hz 时相类似，但金属液柱偏折角几乎达到 90°，与侧壁发生短路，熔滴直接过渡在侧壁上。

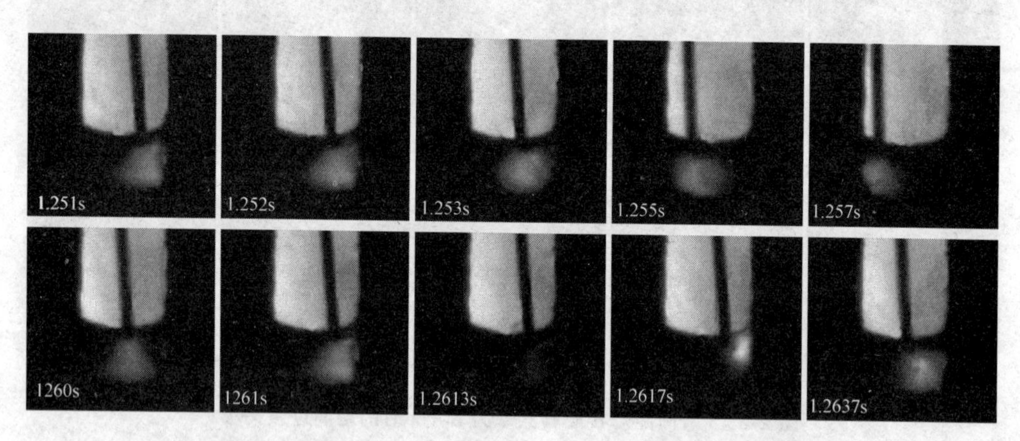

图 2-25　窄间隙焊旋转频率为 100Hz 时的熔滴过渡情况

统计 5 个连续周期内不同旋转频率下靠近侧壁时的熔滴尺寸。随着旋转频率的增加，熔滴直径的平均值略有减小，而且熔滴尺寸比较均匀。旋转频率增加，焊接电流升高，促进熔滴过渡，且旋转引起的离心力也有助于熔滴过渡。靠近侧壁时旋转频率对熔滴尺寸的影响如图 2-26 所示。

焊丝远离侧壁时焊接电流减小，远离侧壁时旋转频率对熔滴尺寸的影响如图 2-27 所示。随着旋转频率增加，熔滴尺寸减小，此时离心力对熔滴尺寸的影响较大，熔滴尺寸不均匀，相差较大。旋转频率较低时，焊丝端部形成典型的滴状过渡，离心力较小，熔滴直径较大。旋转频率为 50Hz 时，由于液柱较长为失稳断裂，一次形成 2~3 个熔滴，往往出现一个直径很小的熔滴和 1~2 个直径较大的熔滴，当液柱弯曲并在弯曲处断裂成较长的一段液柱时，形成的熔滴直径很大。在旋转频率为 75Hz 时，焊接电流较小，液柱较短，更多的是一次过渡一个熔滴。但此时液柱受到的扰动和弯曲程度较大，根据弯曲出现的不同部位导致熔滴的尺寸差异较大。

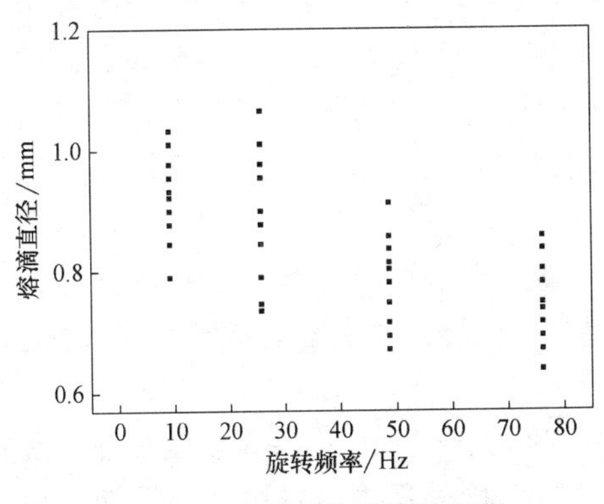

图 2-26 靠近侧壁时旋转频率对熔滴尺寸的影响

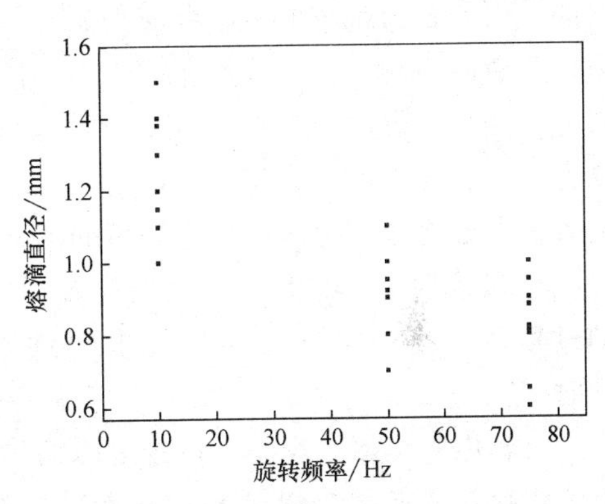

图 2-27 远离侧壁时旋转频率对熔滴尺寸的影响

由上述分析可知，旋转电弧可以促进熔滴过渡，但并不是旋转频率增加熔滴尺寸就一定减小。离心力的作用不是单纯地从力平衡的角度促进熔滴过渡，更重要的是促进焊丝端部液柱的形成；由于液柱上各点离心力不同，引起较大的扰动使液柱断裂，最终形成熔滴。

2.3 旋转电弧窄间隙 GMA 横焊的熔滴过渡

横向焊接是工程应用中常用的焊接位置。在横向焊接过程中，焊丝的轴向与重力方向相垂直，熔滴的受力情况发生了改变，并且由于重力的影响，焊接过程中形成的熔池形态较水平位置焊接时发生了变化，这些均会对熔滴过渡产生影响。

2.3.1 旋转电弧横焊熔滴过渡的特点

图 2-28 所示为旋转电弧横向焊接过程中焊丝向上运动到坡口中间位置时的熔滴受力。由图可以看出，促使熔滴过渡的脱离力包括：沿焊丝轴向的等离子流力 F_d 和电磁力 F_e，沿焊丝端部旋转径向的离心力 F_c。值得一提的是，由于电弧的旋转，离心力的方向是时刻变化的，在此时离心力的方向是沿着图示的 Z 轴方向。而抑制熔滴过渡的阻碍力主要是熔滴的表面张力 F_γ。而垂直向下的重力 F_g 在焊丝

运动到不同区域时所产生的作用是不同的。下面针对旋转电弧横向焊接熔滴所受到的各个力进行分析。

将重力沿着焊丝轴向和径向分解成 F_a 和 F_r，在整个旋转过程中，F_r 始终都是熔滴过渡的脱离力。而焊丝端部在上侧壁附近区域运动时，焊丝是向上倾斜的，由于重力垂直向下，此时熔滴重力在焊丝轴向上的分力方向 F_a 与等离子流力以及电磁力相反，与表面张力方向相同，因此此时 F_a 就成了抑制熔滴过渡的阻碍力。相反，焊丝端部在下侧壁附近区域运动时，F_a 的方向与等离子流力以及电磁力相同，与表面张力相反，此时 F_a 属于熔滴过渡的脱离力。这与在水平位置焊接时重力始终作为熔滴脱离力是不同的。

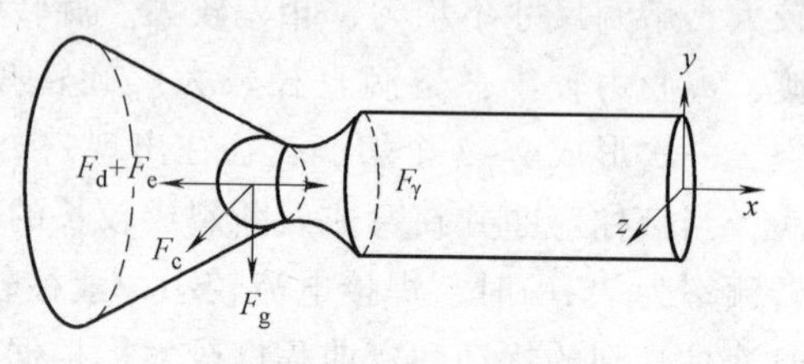

图 2-28 旋转电弧横焊向上运动的熔滴受力

在旋转频率一定时，从一个旋转周期来看，焊丝可以分为向上和向下两个运动过程，焊丝在向下运动过程中的过渡频率以及熔化效率要大于焊丝向上运动时。

旋转电弧焊接过程中，由于电弧的旋转，在焊接过程中存在着重复加热。旋转电弧焊接过程如图 2-29 所示。在旋转电弧横向焊接过程中，左边半个周期对应的是焊丝向上运动的过程，电弧作用在待焊金属表面；右边半个周期对应的是焊丝向下运动的过程，电弧作用在已形成的熔池表面。

图 2-29 旋转电弧焊接过程

在一个旋转周期内，焊丝在向上和向下运动的过程中，所对应的熔池表面高度是不同的，向上运动时的熔池表面要低于向下运动时的熔池表面。当焊枪位置固定时，引起了电弧弧长的变化，熔池表面高度的不同引起了向上运动时电弧的弧长要大于向下运动过程所对应的弧长。由于等速送丝工艺的电弧具有自身调节作用，在其他条件不变的情况下，弧长的增加使得此时的焊接电流下降，导致了焊丝在向上运动的过程中，呈现出了较低的焊丝熔化速度，在较低的旋转频率下出现了滴状过渡形式。

在横向焊接中，由于液态熔池在重力的作用下，在下侧壁堆积的液态金属较多，使得熔池表面倾斜，形成了不对称的下凹表面，所以在单一运动过程中，由于熔池表面形状的影响，使得电弧在坡口两侧壁附近时弧长较短，中间时较长。在旋转电弧横向焊接过程中，由于受到熔池表面高度不同以及电弧位置时时变化的共同影响，使得熔滴过渡过程出现了规律性地变化。

以旋转频率为5Hz为例，在一个旋转周期内熔滴过渡频率以及尺寸随时间变化趋势如图2-30所示。具体的变化过程可以描述如下：在坡口上侧壁区域内，由于此时焊丝距离熔池表面较短，弧长较短，此时过渡形式为射流过渡，过渡频率非常快，熔滴尺寸较小。随着焊丝向下运动，过渡频率略有下降，熔滴尺寸略有增加。当0.06s时，由于液态熔池受到重力的影响，熔池表面呈现出了倾斜，在此区域熔池表面较高，当焊丝运动到此区域时，弧长较短，又呈现出了射流过渡，并在下侧壁附近区域始终保持这一过渡形式。当焊丝向上运动时，此时电弧是在新的待焊金属表面，熔池表面较低，弧长变长，过渡频率明显降低，熔滴尺寸增加明显，过渡形式转变成滴状过渡。然后焊丝运动到上侧壁附近又形成射流过渡，一个旋转周期结束。

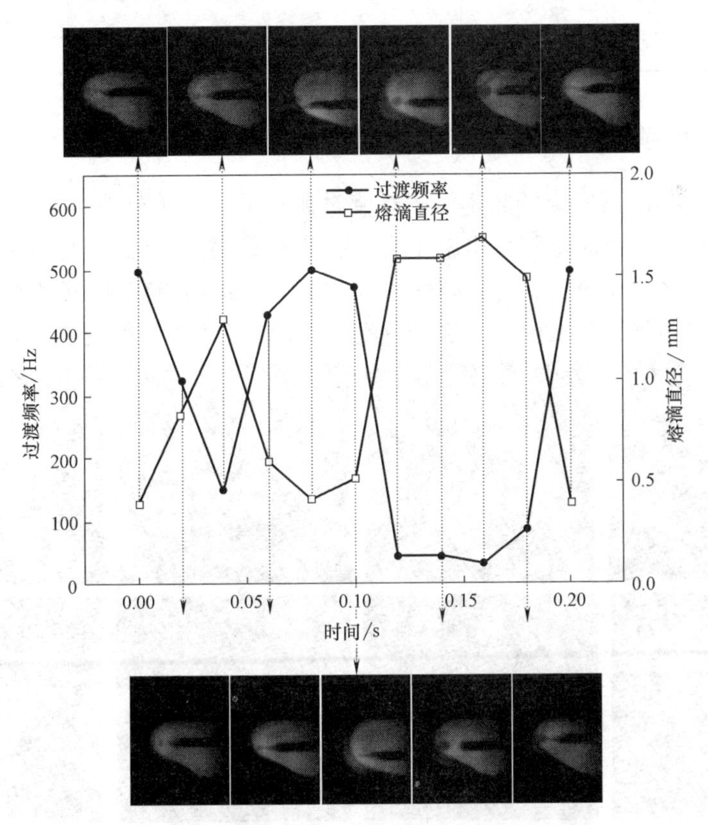

图2-30　一个旋转周期内熔滴过渡频率以及尺寸随时间变化趋势

采用表2-2列出的熔滴过渡试验参数考察焊接参数对熔滴过渡的影响。试验所采用的试件坡口深度为20mm，宽度为9mm，保护气流量为20L/min，焊丝直径为1.6mm，焊接速度为0.23m/min。

表2-2 熔滴过渡试验参数

试验编号	电弧电压/V	送丝速度/(m/min)	旋转频率/Hz	保护气含量(体积分数,%)
1	28	5	0	Ar-5%CO_2
2	28	5	5	Ar-5%CO_2
3	28	5	10	Ar-5%CO_2
4	28	5	20	Ar-5%CO_2
5	28	5	50	Ar-5%CO_2
6	26	5	5	Ar-5%CO_2
7	29	5	5	Ar-5%CO_2
8	28	4	5	Ar-5%CO_2
9	28	6	5	Ar-5%CO_2
10	28	5	5	100%Ar
11	28	5	5	Ar-20%CO_2
12	28	5	5	Ar-50%CO_2

2.3.2 旋转频率对横焊熔滴过渡的影响

考察0~50Hz不同旋转频率下的熔滴过渡行为。图2-31所示为电弧不旋转时的熔滴过渡情况。此时电弧只作用在坡口中心区域，过渡形式始终为喷射过渡，熔滴直径明显小于焊丝直径，过渡频率约为140Hz。可以看到，熔滴基本上是沿着焊丝的轴向方向过渡到熔池中的，这表明此时重力对于熔滴喷射过渡的影响较小。

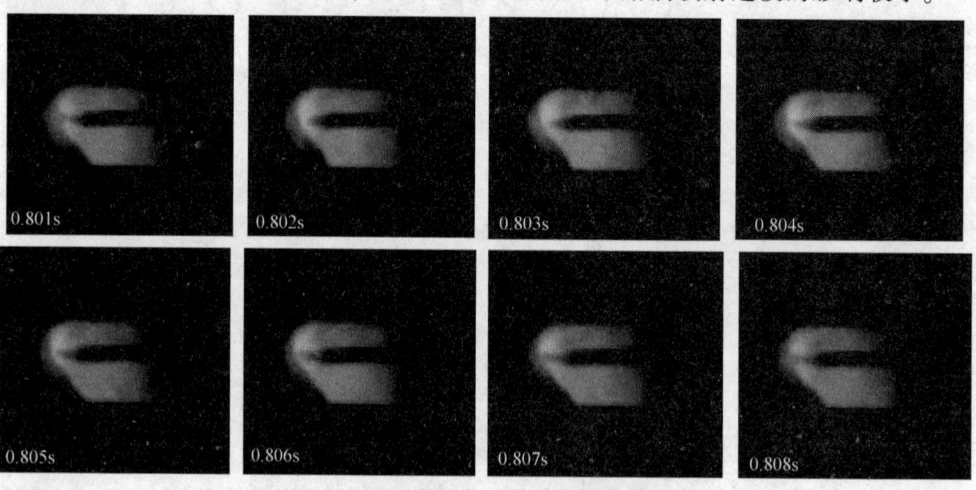

图2-31 电弧不旋转时的熔滴过渡情况

图 2-32 所示为旋转频率为 5Hz 时，一个旋转周期内，焊丝运动到不同位置时所对应的熔滴过渡情况，焊丝的旋转方向为：在坡口上侧附近，焊丝的线速度方向是向图片内的，在下坡口是向外的。在横截面方向显示出焊丝为上下摆动，所以可以将焊丝的运动过程分为向下和向上运动两个阶段。

图 2-32　旋转频率为 5Hz 时的熔滴过渡情况

当焊丝运动到距离上坡口侧壁最近时为一个周期的开始，此时可以看到熔滴过渡形式为射流过渡；然后焊丝向下运动，由于有先前形成的熔池在重力的影响下形成了向下倾斜的熔池表面，此时电弧距熔池表面距离较短，形成的金属液柱与熔池表面发生短路，所以在这个区域，射流过渡与短路过渡同时存在；当焊丝进一步向下运动，在电弧力以及熔滴冲击力的共同作用下，熔池表面发生了明显的变化，熔池表面变为明显的下凹形状，此时短路现象消失，完全为射流过渡，当距离下侧最近时，变化程度最大，至此向下运动过程结束；接下来焊丝向上运动，当运动到中心区域时，由于此时电弧的下方为未填充的焊道或填充金属较少，此时电弧距离熔池表面距离相对较大，过渡形式转变成滴状过渡，并且由于此时距离熔池表面距离较远，并没有发生短路过渡；当运动到上坡口附近时，过渡形式又转变成了射流过渡。滴状过渡的频率大约为30Hz。

在旋转电弧横向焊接过程中，在两侧坡口附近区域内熔滴的过渡形式为射流过渡。在中间区域内，焊丝向下运动时，出现了射流过渡的金属液柱与熔池表面短路；而向上运动时为滴状过渡。并且可以看到，在射流过渡过程中，熔滴基本上是沿着焊丝的轴向方向过渡，这表明此时熔滴受到的重力影响较小，并没有改变熔滴过渡的方向。

图2-33所示为旋转频率为10Hz时，在一个旋转周期内的熔滴过渡情况。可以看到，当焊丝在坡口下侧壁附近时，焊丝端部距离熔池表面较短，此时电弧弧长很短，过渡形式为射流过渡。随着焊丝向上运动，弧长不断增加，射流过渡的频率逐渐降低，最终过渡形式转变为滴状过渡。与旋转频率为5Hz时相比，由于旋转频率的增加，使得长大的熔滴没有过渡到中心区域，而是过渡到了坡口上侧侧壁附近，使得焊丝在上侧壁附近没有形成射流过渡就向下运动了。在此过程中，过渡形式仍为滴状过渡，并且过渡频率较低，甚至与熔池表面接触，形成短路过渡，滴状过渡的频率约为50Hz。

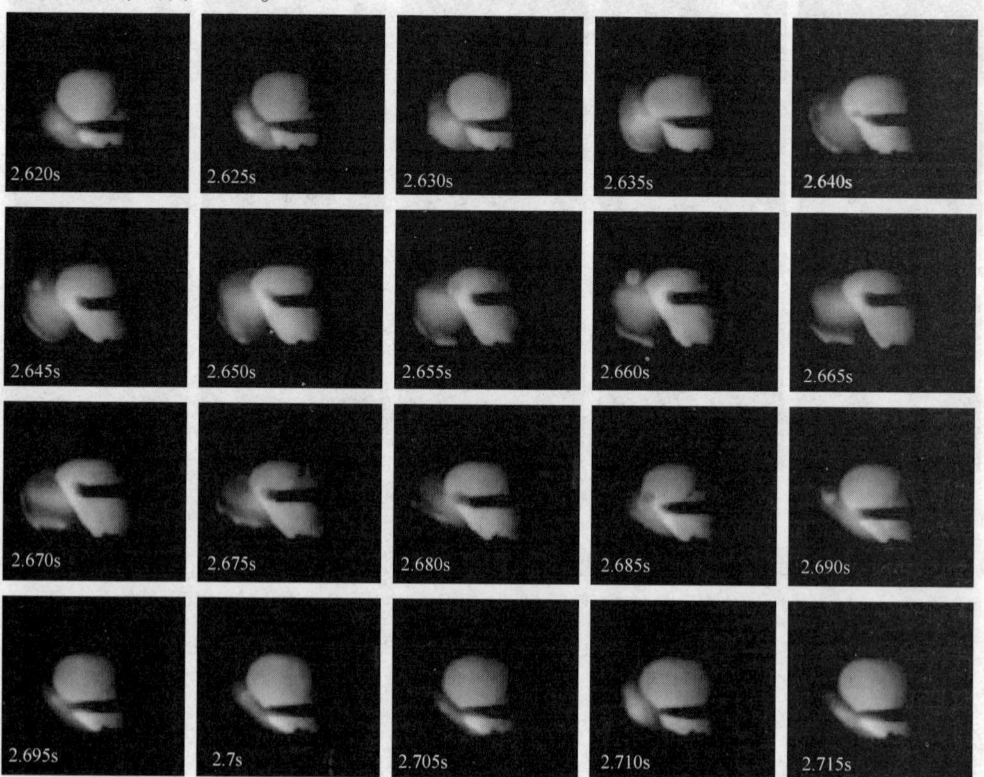

图2-33　旋转频率为10Hz时的熔滴过渡情况

图 2-34 所示为旋转频率为 20Hz 时，在一个旋转周期内的熔滴过渡情况。可以看到在整个周期内，焊丝端部均呈现出“铅笔尖”状，可以表明在此旋转频率下，过渡方式以射流过渡为主。

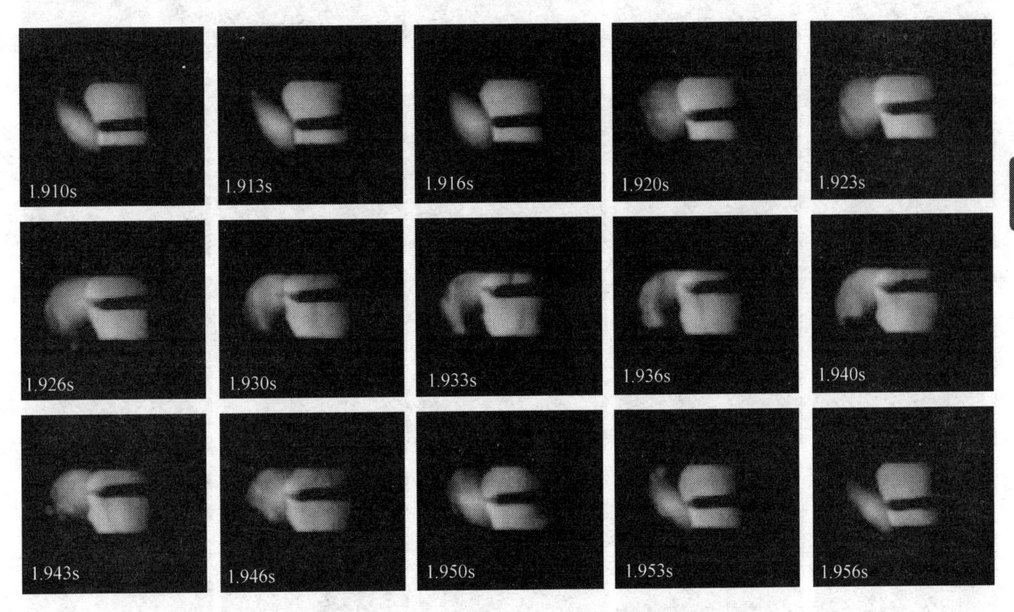

图 2-34 旋转频率为 20Hz 时的熔滴过渡情况

图 2-35 所示为旋转频率为 50Hz 时，在一个旋转周期内的熔滴过渡情况。可以看到当焊丝在坡口下侧壁附近时形成了较长的金属液柱，并且在离心力以及惯性的作用下，在侧壁附近区域发生了失稳过渡，随后形成了较细小的金属液柱向熔池内过渡。当焊丝向中间区域运动时，是金属液柱逐渐形成的过程，当达到上侧壁附近时，同样发生了失稳过渡，随后焊丝向下运动，然后液柱不断长大，到达下侧壁附近时又一次发生失稳过渡。所以在此旋转频率下，由于失稳过渡的发生，使得熔滴过渡位置极不规律，这就使得焊接过程很不稳定，不利于横向焊接。

旋转频率对下侧壁附近的熔滴射流过渡频率以及熔滴尺寸影响不大，但对于过渡频率最慢，熔滴尺寸最大的向上过程中间区域的熔滴过渡影响较大。图 2-36 所示为不同旋转频率时坡口中间区域的熔滴过渡情况。可以看到，在旋转频率小于 10Hz 时，过渡形式为滴状过渡，当旋转频率达到 20Hz 时，过渡频率转变为射流过渡。在坡口中间区域，不同旋转频率坡口中间区域的熔滴过渡频率以及熔滴尺寸如图 2-37 所示。可以看到随着旋转频率的增加，熔滴过渡频率增加，熔滴尺寸减小。

不同旋转频率下产生的离心力不同导致了熔滴长大、脱落过程中的受力情况发生了变化。针对熔滴过渡现象的理论主要是静态力平衡理论和液柱不稳定理论。

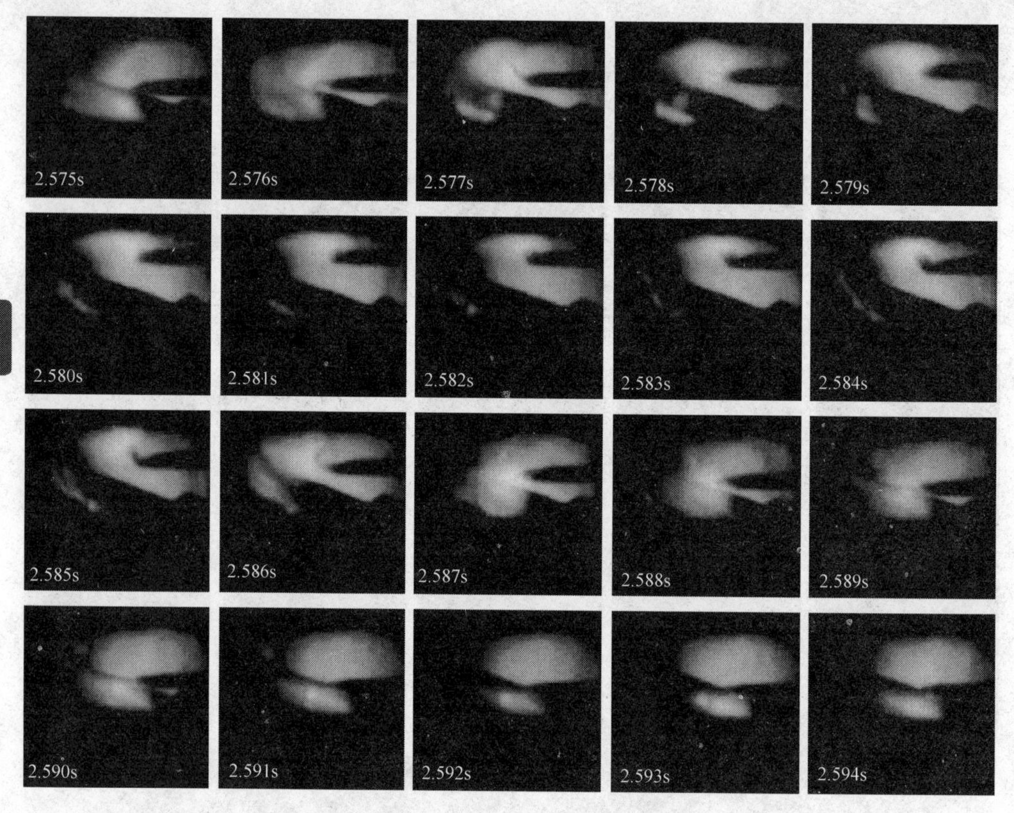

图 2-35 旋转频率为 50Hz 时的熔滴过渡情况

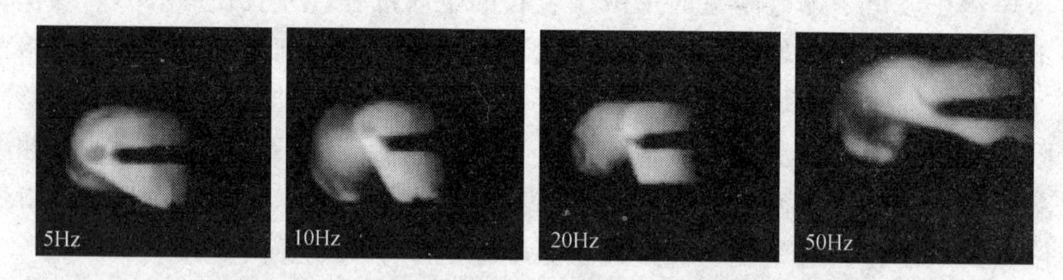

图 2-36 不同旋转频率时坡口中间区域的熔滴过渡情况

熔滴所受的离心力是由于焊丝端部在一固定平面内匀速旋转所产生的力。它与熔滴的尺寸、焊丝端部的旋转频率、旋转半径有关。改变旋转频率，最直接地改变了熔滴所受的离心力作用。因此在 5Hz 时，在中心区域，由于旋转频率较低，此时产生的离心力较小，熔滴尺寸增加较大，最终形成了滴状过渡或射滴过渡，过渡频率为 30Hz；但此时焊丝的运动速度较低，熔滴在焊丝运动到上坡口附近时可以过渡到熔池中去，这样就不会影响在上侧壁附近形成射流过渡。在 10Hz 时，此时由于旋转频率的增加，离心力增大，一定程度上增加了熔滴过渡的频率，熔滴尺寸变小，此时过渡频率为 55Hz；但是此时焊丝的运动速度增加，使得焊丝在达到上侧壁附近时正处于熔滴长大过程，还没来得及脱落，这样就在中心区域以及上侧壁

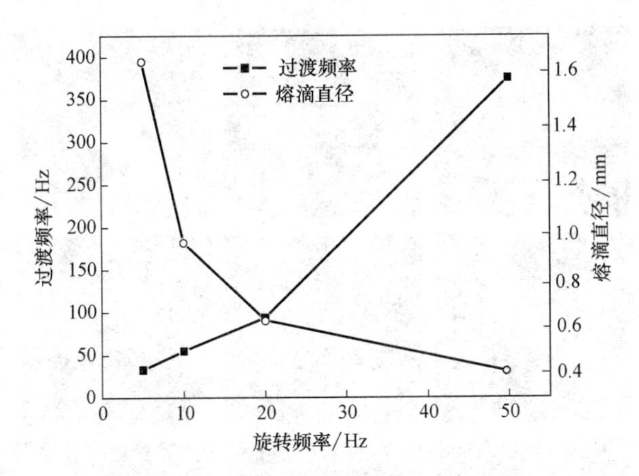

图 2-37　不同旋转频率坡口中间区域的熔滴过渡频率以及熔滴尺寸

区域呈现出了滴状过渡，没有形成射流过渡。当旋转频率达到 20Hz 时，由于旋转频率较高，熔滴在较大的离心力的作用下更加容易脱落，熔滴尺寸进一步减小，呈现射流过渡的形态，过渡频率约为 95Hz，这样就在中心区域和上侧壁区域内形成了过渡频率较快的射流过渡。当旋转频率增加到 50Hz 时，此时离心力作用非常大，使得熔滴尺寸进一步减小，形成了连续的金属液柱，过渡频率进一步增加。所以说，在旋转电弧横向焊接过程中，熔滴过渡方式的变化是与旋转频率密切相关的。由于旋转频率不同，离心力不同，熔滴长大、脱落过程也不尽相同，呈现出了不同的熔滴过渡形式。

2.3.3　电弧电压对横焊熔滴过渡的影响

图 2-38 所示为电弧电压为 26V 时的熔滴过渡情况。可以看到，由于电弧电压较低，电弧弧长较短。当焊丝由上向下运动时，焊丝端部一定程度上呈现出了“铅笔尖”状，出现了喷射过渡的特征，但是由于电弧弧长较短，在整个过程中均是短路过渡。当焊丝由下向上运动时，由于此过程焊丝熔化效率较低，过渡频率较慢，熔滴尺寸增加，在坡口中间区域呈现出了滴状过渡；而在坡口上侧壁附近时又由于弧长较短，出现了短路过渡。因此在电弧电压为 26V 时，整个焊接过程呈现出短路过渡形式，只在焊丝向上运动到坡口中心时形成了滴状过渡。

电弧电压为 29V 时的熔滴过渡情况如图 2-39 所示。可以看到在整个过程中均为射流过渡，除了焊丝向上运动过程中在中心区域的过渡频率略慢外，在其他区域的过渡频率比较稳定，几乎没有短路过渡发生。

图 2-40 所示为电弧电压为 30V 时的熔滴过渡情况，可以发现熔滴过渡形式与电压为 29V 时相似，但熔滴过渡频率更快，熔滴尺寸更加细小。

由于旋转电弧在一个旋转周期内，在不同位置时对应的弧长以及熔滴过渡频率是不同的。所以选取焊丝向上运动到坡口中间位置时熔滴过渡频率进行比较，不同

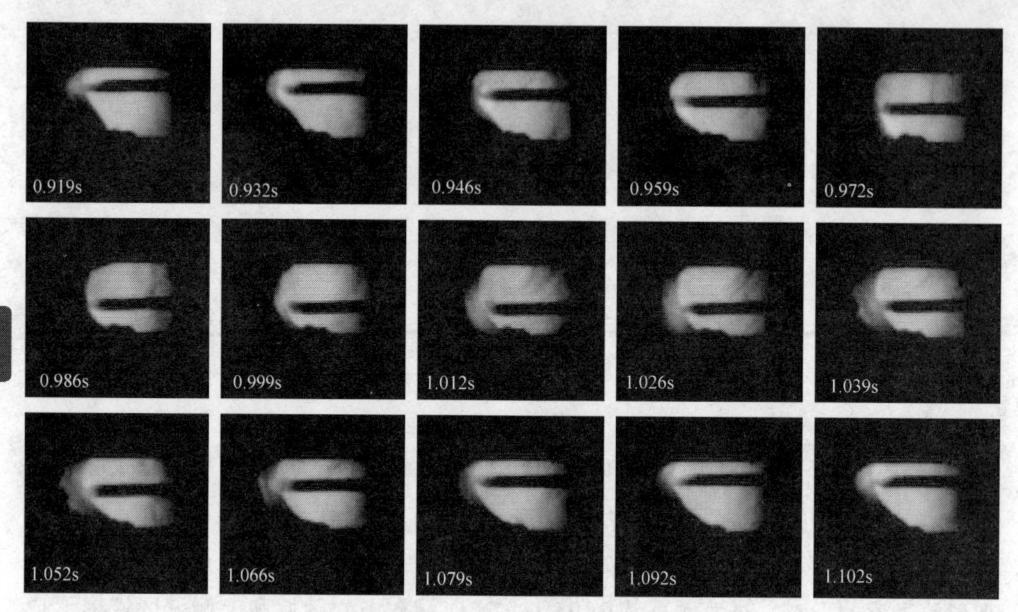

图 2-38　电弧电压为 26V 时的熔滴过渡情况

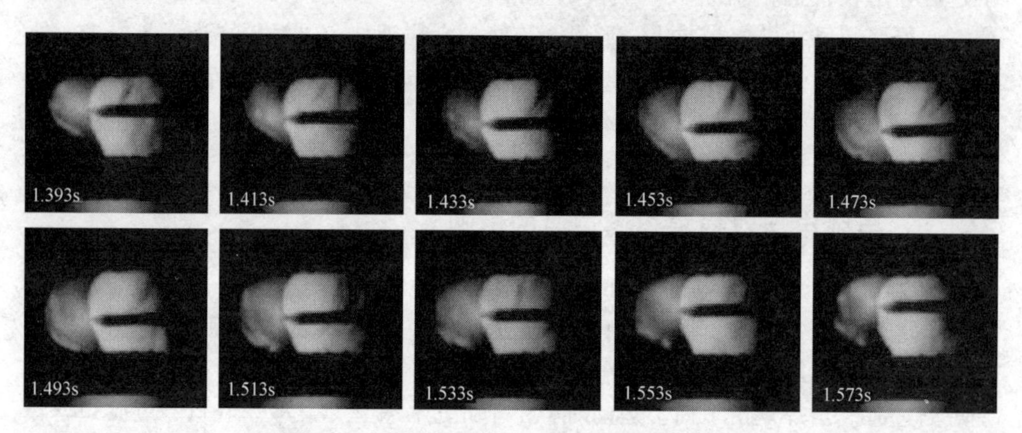

图 2-39　电弧电压为 29V 时的熔滴过渡情况

电弧电压时熔滴过渡频率如图 2-41 所示。在其他参数不变的情况下，熔滴过渡频率随着电弧电压的升高而增加。由于电弧电压的增加，使得焊接电流也相应小幅增加。当电压较小时，电弧弧长较短，虽然焊丝端部呈现出了喷射过渡的一些特征，但是由于距离熔池表面较近，形成了短路过渡。当电压增加到 28V 时，由于焊接电流的增加，在两个侧壁区域出现了明显的射流过渡，滴状和短路过渡只在坡口中间区域发生。当电压增加到 29V 和 30V 时，整个周期内均为喷射过渡，在两侧壁为射流过渡，在中间区域有少量的射滴过渡，并且没有短路发生。随着电弧电压的升高，使得焊接电流以及电弧弧长增大，熔滴过渡形式由滴状和短路混合过渡逐渐向喷射过渡转变，过渡频率也随之增加。

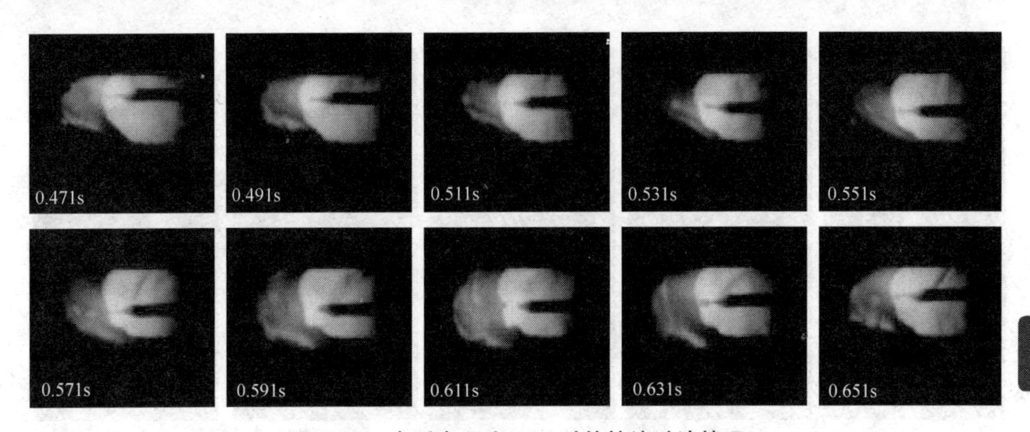

图 2-40　电弧电压为 30V 时的熔滴过渡情况

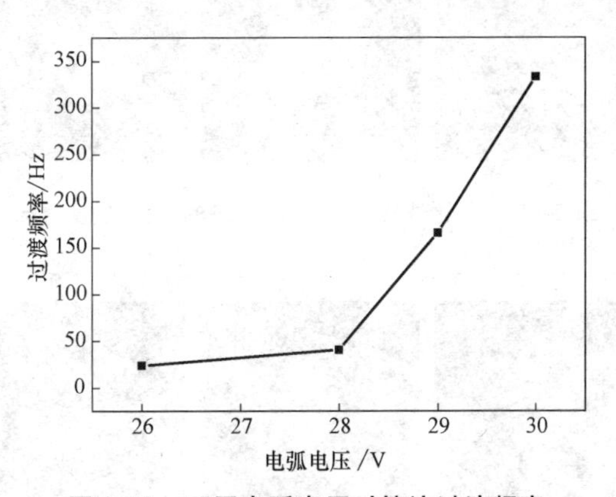

图 2-41　不同电弧电压时熔滴过渡频率

2.3.4　送丝速度对横焊熔滴过渡的影响

图 2-42 所示为送丝速度为 4m/min 时的熔滴过渡情况。在下侧壁附近时为射滴过渡，在向上运动到坡口中间时过渡形式转变成滴状过渡直到运动到上侧壁附近又转变成射滴过渡，在向下运动的过程中，过渡形式没有变化，只是在中间区域时过渡频率较低，熔滴尺寸稍有增大。

图 2-43 所示为送丝速度为 6m/min 时的熔滴过渡情况。可以看到此时由于送丝速度较大，焊丝伸出长度变得很长，使得电弧压得很低，弧长较短。但由于焊接电流的提高，在整个过程中都体现出喷射过渡形式，只是由于焊丝端部距熔池表面较低，短路现象频发。

送丝速度的改变最直接地改变了焊接电流。但是在其他参数不变的情况下，不同送丝速度均对应着各自送丝速率和焊丝熔化速率平衡的位置，所以在不同送丝速度下出现了不同的焊丝伸出长度，这直接导致了电弧弧长的不同。在小送丝速度时，焊接电流较小，此时以射滴和滴状过渡为主，并且由于弧长较长，很少有短路

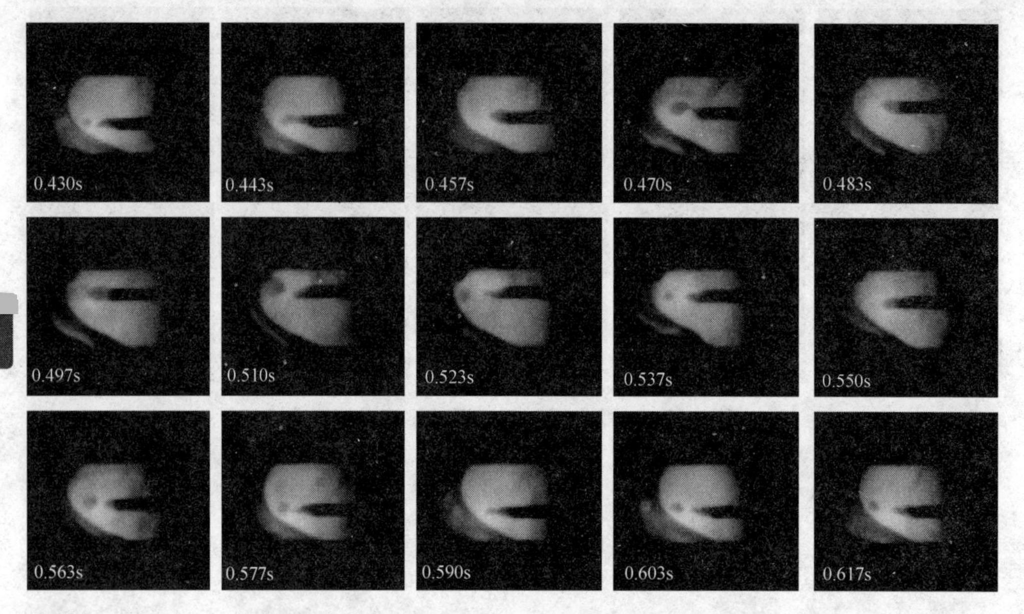

图 2-42　送丝速度为 4m/min 时的熔滴过渡情况

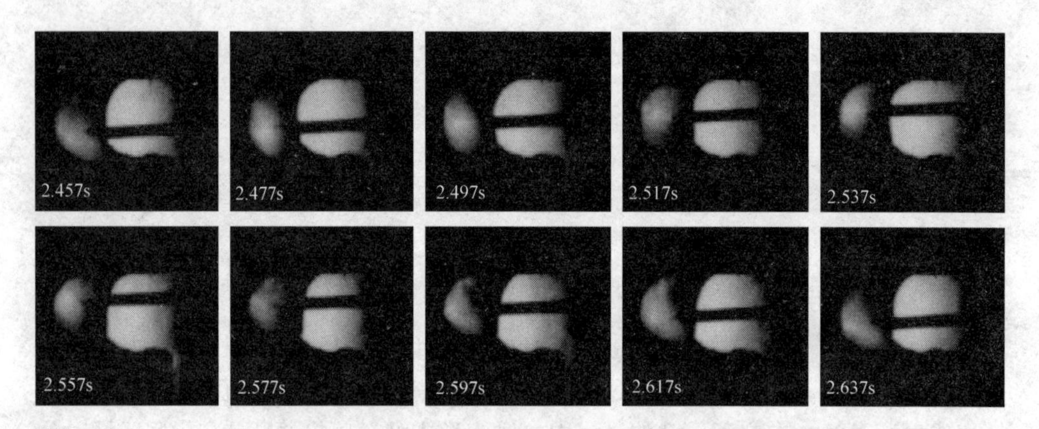

图 2-43　送丝速度为 6m/min 时的熔滴过渡情况

过渡发生；在送丝速度较大时，由于焊接电流的提高，过渡形式为喷射过渡，但是由于焊丝伸出长度较长，使得电弧弧长较短，这就导致了短路过渡的频繁发生。

2.3.5　保护气成分对横焊熔滴过渡的影响

低合金钢材焊接中，若在纯氩气氛下，电弧阴极斑点容易漂移，使得电弧不够稳定，所以焊接保护气中要加入适量的氧化性气体，如 CO_2、O_2。

保护气为 Ar-20% CO_2 时的熔滴过渡情况如图 2-44 所示。可以看到与 Ar-5% CO_2 相比电弧被压低了一些，整个过程看不到明显的射流过渡，以短路过渡为主。

这主要是由于保护气 CO_2 含量的提高，增大了喷射过渡的临界电流值，使得喷射过渡难以发生。另外由于 CO_2 含量增加，电弧电场强度增加，弧根不易扩展，导致弧长减小。

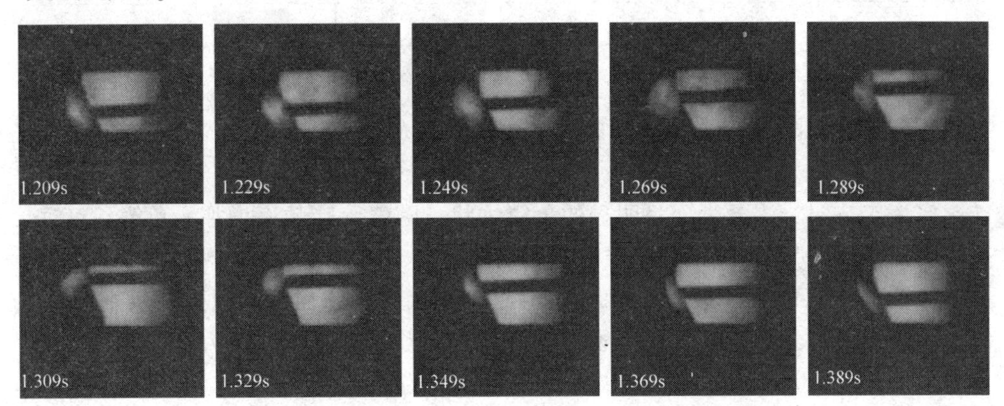

图 2-44　保护气为 Ar-20%CO_2 时的熔滴过渡情况

保护气为 Ar-50%CO_2 时的熔滴过渡情况如图 2-45 所示，可以看到，整个过程中电弧弧长很短，过渡形式为短路过渡，偶尔会出现排斥过渡或熄弧，并且焊接过程中飞溅比较大。

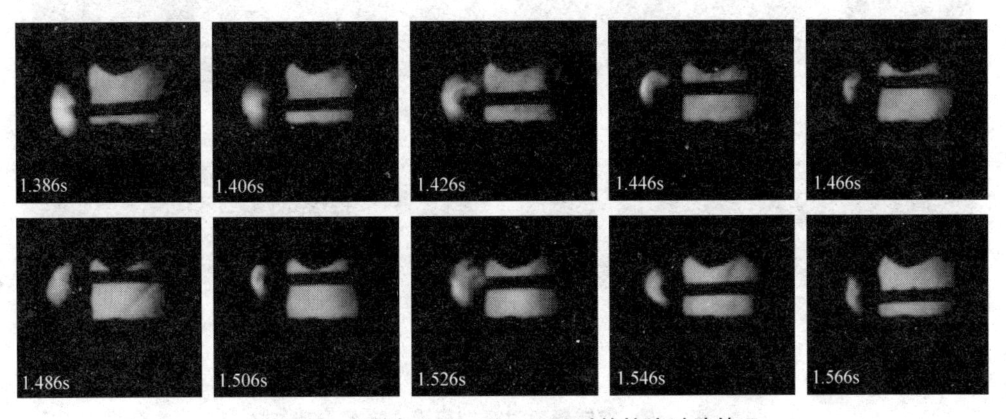

图 2-45　保护气为 Ar-50%CO_2 时的熔滴过渡情况

CO_2 含量在 5%~20%这个区间内可以得到比较稳定的熔滴过渡过程。

2.4　旋转电弧窄间隙 GMA 平焊的焊缝成形

2.4.1　焊接参数对焊缝成形的影响规律

以 80%Ar-20%CO_2 作为保护气，采用 I 形坡口，坡口根部间隙为 8~10mm，其他焊接规范见表 2-3。焊丝为直径 1.6mm 的 H08Mn2Si。

表 2-3　焊接规范

焊接电压/V	送丝速度/(m/min)	焊接速度/(mm/min)	焊丝伸出长度/mm	焊丝旋转直径/mm	保护气流量/(L/min)
28	5	350	32	5	25

1. 旋转频率的影响

采用根部间隙为 8mm，旋转频率对焊缝表面成形的影响如图 2-46 所示。当旋转频率低于 50Hz 时，焊缝表面成形良好，没有咬边和未熔合，飞溅很少。其中旋转频率为 5Hz 时，焊缝表面呈明显的鱼鳞纹状；随着旋转频率增加，鱼鳞纹变密，变浅；频率达到 50Hz 时，鱼鳞纹已经不明显。鱼鳞纹的形成是电弧力作用下熔池波动的结果，焊缝表面鱼鳞纹的变化表明，随着旋转频率增加，电弧在某一点的持续作用时间变短，电弧压力对熔池的作用减弱。当旋转频率达到 75Hz 时根本无法成形，填充金属大部分过渡在侧壁上，并直接在侧壁上凝固形成堆积，焊缝底部的填充金属很少，有的底部母材甚至没有熔化，在侧壁上还出现了严重的咬边，焊接过程中有频繁的爆鸣声，飞溅很大。

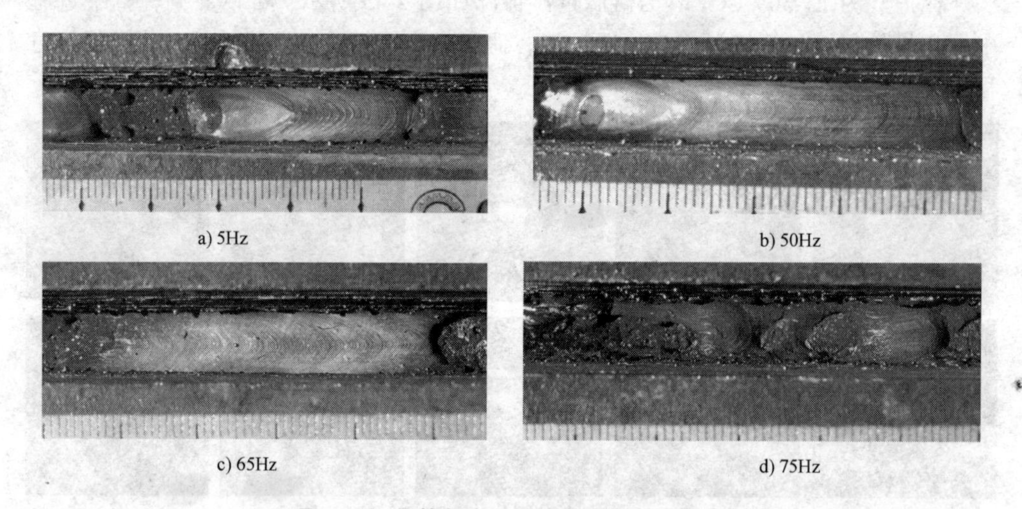

a) 5Hz　b) 50Hz　c) 65Hz　d) 75Hz

图 2-46　旋转频率对焊缝表面成形的影响

图 2-47 所示为旋转频率对电弧电压的影响（根部间隙为 8mm），频率小于 50Hz 时过程稳定，旋转频率大于 50Hz 时有短路发生，而在 75Hz 时短路过渡频繁，有频繁的爆鸣声。

图 2-48 所示为根部间隙为 10mm 时的焊缝成形。此时即便旋转频率达到 100Hz 也可以得到良好的表面成形，但焊接过程中熔滴仍偶尔有短路发生。旋转频率为 100Hz 时侧壁上的飞溅略有增多，在焊缝前方的坡口底部由于离心力的作用有许多飞溅，但由于熔池后部较长，飞溅可以熔化进入熔池，不会对焊接过程造成影响。

图 2-49 所示为不同旋转频率下的焊缝截面（根部间隙为 10mm）。不旋转时由

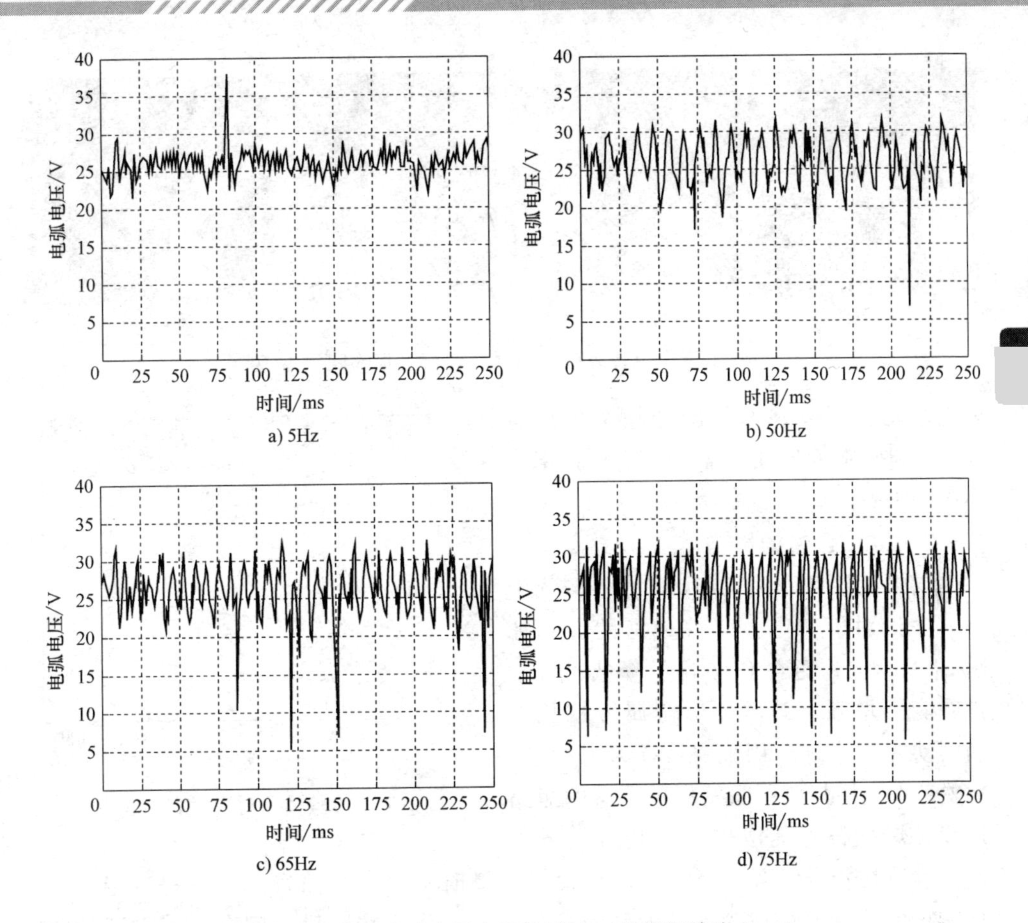

图 2-47 旋转频率对电弧电压的影响（根部间隙为 8mm）

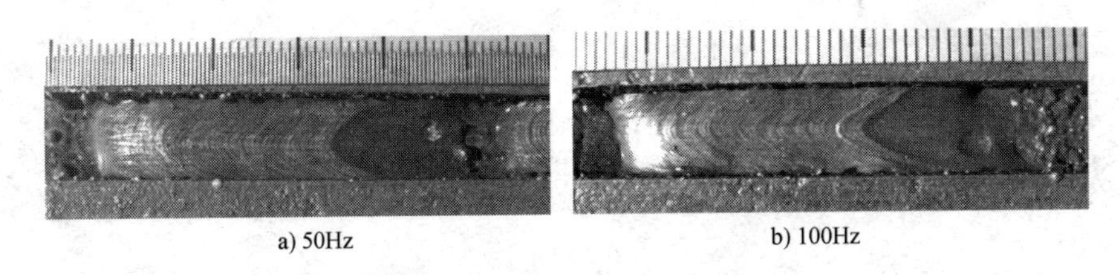

图 2-48 根部间隙为 10mm 时的焊缝成形

于电弧热主要集中在坡口中心区域，因此焊缝底部形成明显的指状熔深，随着旋转频率的增加，焊缝成形明显得到改善，消除了指状熔深。

旋转频率对焊缝成形的影响如图 2-50 所示，随着旋转频率升高，焊缝熔深减少，侧壁熔深（两个侧壁熔深的平均值）和表面下凹度增加。但当旋转频率过快时，反而不利于电弧热量的合理分配，导致侧壁热输入过多，形成咬边；而且此时电弧运动不连续，发生跳动，不能对熔池底部和侧壁进行连续加热，使底部熔池热输入不足，在侧壁与熔池拐角处容易产生未熔合，另外较高的旋转频率容易造成与

a) 0Hz　　b) 5Hz　　c) 50Hz　　d) 100Hz

图 2-49　不同旋转频率下的焊缝截面（根部间隙为 10mm）

侧壁短路，所以并不是旋转频率越高越好。根部间隙小于 10mm 时，旋转频率应小于 50Hz。

2. CO_2 含量的影响

电弧旋转频率为 50Hz 时，保护气中 CO_2 含量对旋转电弧焊缝成形的影响如图 2-51 所示。随着 CO_2 含量降低，弧根扩展能力增强，焊丝端部金属液柱长度和摆动幅度增加。因而在 CO_2 含量小于 15%时，液柱与侧壁间发生了严重的短路过渡，焊缝根本无法成形，此时金属大部分过渡在两个侧壁上。CO_2 含量大于 20%时不再有短路发生，过程稳定，成形良好。可见由于 CO_2 含量影响到液柱形态，其和旋转频率之间存在着一定的匹配关系。为了避免短路过渡，较低 CO_2 含量时应适当降低旋转频率。

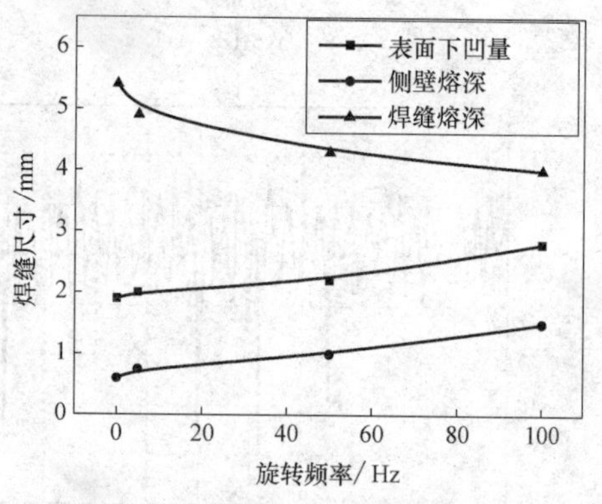

图 2-50　旋转频率对焊缝成形的影响

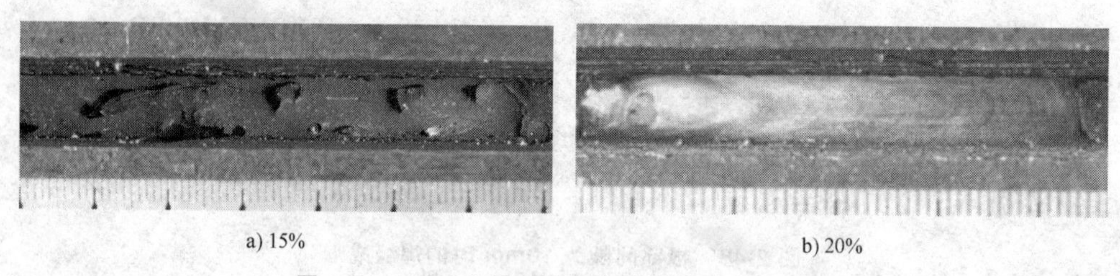

a) 15%　　b) 20%

图 2-51　CO_2 含量对旋转电弧焊缝成形的影响

图 2-52 所示为 CO_2 含量对焊缝截面的影响（根部间隙为 10mm），随着保护气中 CO_2 含量的增加，侧壁熔深减小，表面弯曲量减小。因为高速旋转不会形成指状熔深，所以 CO_2 含量对焊缝熔深的影响不大。

3. 焊接速度的影响

图 2-53 所示为焊接速度对焊缝成形的影响，焊接速度大于 400mm/min 时会产生未熔合和咬边，甚至焊缝不能成形，在 275～375mm/min 时表面成形良好。焊接

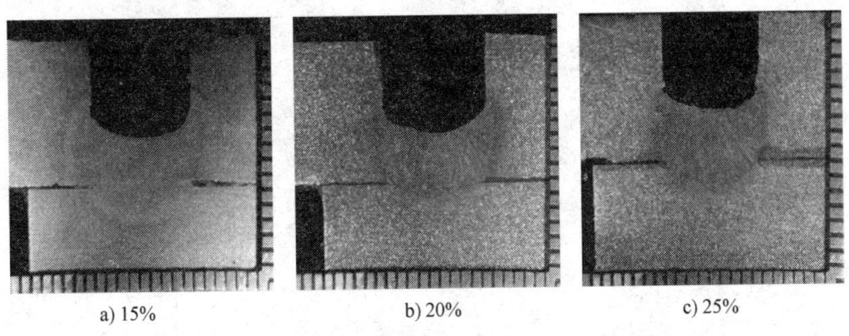

a) 15%　b) 20%　c) 25%

图 2-52　CO_2 含量对焊缝截面的影响（根部间隙为 10mm）

速度为 225mm/min 时虽然成形良好，但收弧处有弧坑裂纹，说明过低的焊接速度将增大焊缝成形系数，增加裂纹产生的概率。

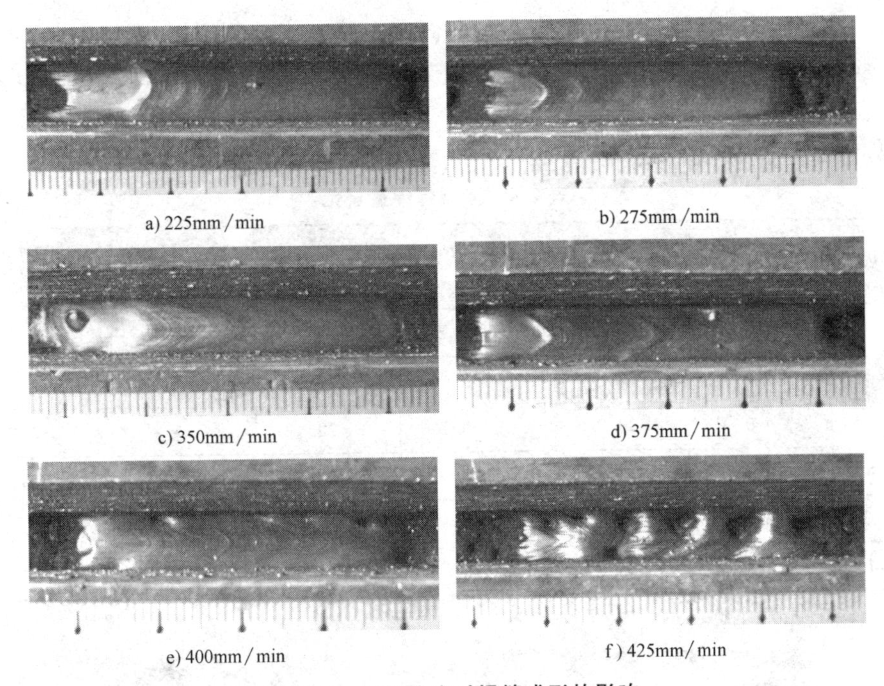

a) 225mm/min　b) 275mm/min　c) 350mm/min　d) 375mm/min　e) 400mm/min　f) 425mm/min

图 2-53　焊接速度对焊缝成形的影响

虽然旋转电弧可以增加侧壁热输入，但由于熔敷金属量并没有增加，过快的焊接速度导致侧壁热输入少，熔敷金属减少，熔化金属流动不充分，出现了未熔合和咬边，可见送丝速度一定时旋转电弧并不能显著提高焊接速度。降低焊接速度还有利于提高表面下凹程度，焊接速度对表面下凹的影响如图 2-54 所示。

4. 多层焊焊缝成形

进行多层焊接试验，坡口尺寸为根部间隙 8mm，坡口顶端 12mm，深 40mm。由于采用陶瓷衬垫，所以打底层规范稍大，以保证电弧和衬垫之间有足够的液态

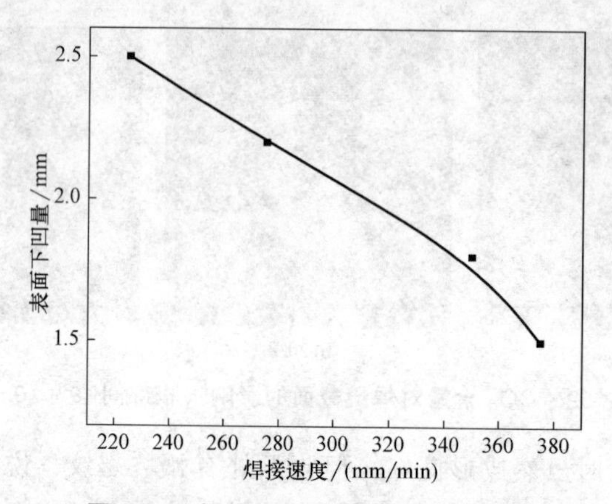

图 2-54　焊接速度对表面下凹的影响

金属；在间隙较小的1、2两层为避免与侧壁短路，旋转频率采用35Hz。多层焊焊接规范见表2-4，多层焊焊缝成形如图2-55所示。焊缝表面弯曲，层间熔合良好；在侧壁形成了足够的熔深，没有出现未熔合等焊接缺陷，焊缝表面成形美观。

表 2-4　多层焊焊接规范

层数	送丝速度/(m/min)	焊接电压/V	旋转频率/Hz	焊丝伸出长/mm	Ar-20%CO_2/(L/min)	焊接速度/(mm/min)
1	5.5	30	35	20	25	350
2	5.0	30	35	20	25	350
3、4	5.0	29.0	50	20	25	350
5~8	5.5	30.5	50	20	25	350
9、10	6.0	31.5	50	20	25	350
11~13	6.5	33.0	50	20	25	350

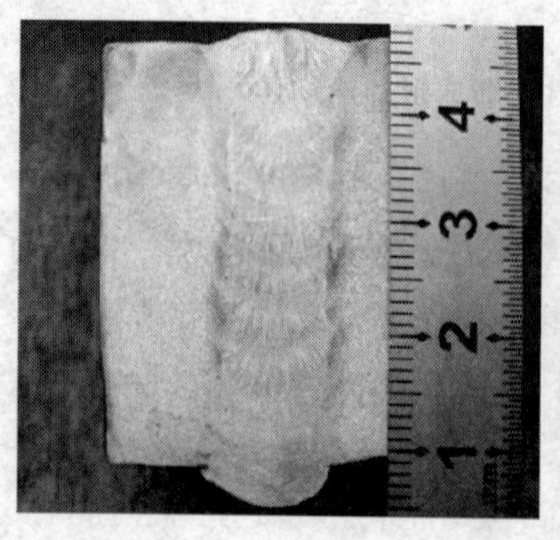

图 2-55　多层焊焊缝成形

2.4.2 旋转电弧对平焊焊缝成形的影响机理

1. 侧壁熔深的增加机理

侧壁熔深取决于电弧对侧壁的热输入。电弧的产热主要分为阴极区、阳极区和弧柱区。熔化母材的热量主要来自于阴极产热，弧柱的热量只有很少的一部分通过等离子流传递给母材，阳极产热对母材的加热主要表现为熔滴的过热。直流反极性，电弧张角较小，电弧不旋转时很难直接对侧壁加热，这时熔化侧壁的热量主要依靠熔池过热。电弧旋转对电弧张角没有影响，分析认为旋转电弧增加侧壁热输入来源于 3 个方面，侧壁热输入增加机理如图 2-56 所示。

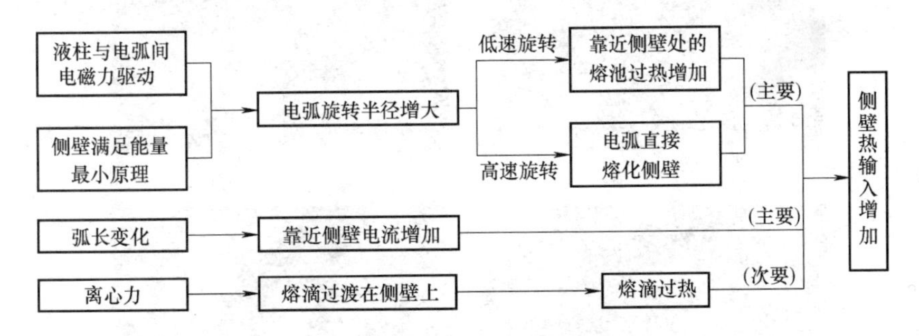

图 2-56 侧壁热输入增加机理

首先，电弧旋转焊接电流呈波浪式变化，靠近侧壁时焊接电流升高，在焊丝端部形成较长的熔化金属液柱，离心力引起金属液柱摆动，金属液柱通过电磁力带动电弧发生偏转。旋转频率越高，金属液柱偏折角越大，电弧旋转半径也就越大。电弧旋转半径变大，可以增加侧壁附近熔池的过热或者电弧转移到侧壁上直接熔化侧壁，从而使侧壁热输入增加。

另一个重要原因就是焊接电流的增加。阴极产热主要取决于阴极压降和焊接电流，大电流焊接时阴极压降变化不大。随着旋转频率增加，靠近侧壁时焊接电流显著增加，阴极区产热增加，并且旋转频率增加，焊接过程中大电流所占的时间比例增加，所以对侧壁的热输入加大。

还有一部分热量就是熔滴的过热，随着旋转频率的增加，部分熔滴在离心力的作用下可以直接过渡在侧壁上或过渡在靠近侧壁的熔池中，同样可以增加对侧壁的热输入。但侧壁热输入增加主要是电弧旋转半径增大和靠近侧壁时焊接电流增加共同作用的结果，熔滴过热并不是主要原因。

另外 CO_2 含量对电弧行为影响较大，随着 CO_2 含量的增加，电弧电场强度提高，弧根不容易扩展，弧长减小。在相同旋转频率下，电弧偏折角变化较小。弧长减小导致电弧旋转半径减小，还导致旋转过程中电弧的变化幅度减小，靠近侧壁时焊接电流升高幅度降低。所以 CO_2 含量增加，对侧壁的热输入减少，侧壁熔深降低。

2. 焊缝表面下凹增加机理

图 2-57 所示为不同旋转频率及 CO_2 含量下焊缝表面下凹情况，提高旋转频率和降低 CO_2 的含量都可以增加焊缝表面下凹程度。表面下凹量取决于电弧力以及熔池和侧壁间润湿程度。侧壁熔深增加，熔池与侧壁间的润湿程度提高，表面下凹量也随之变大。

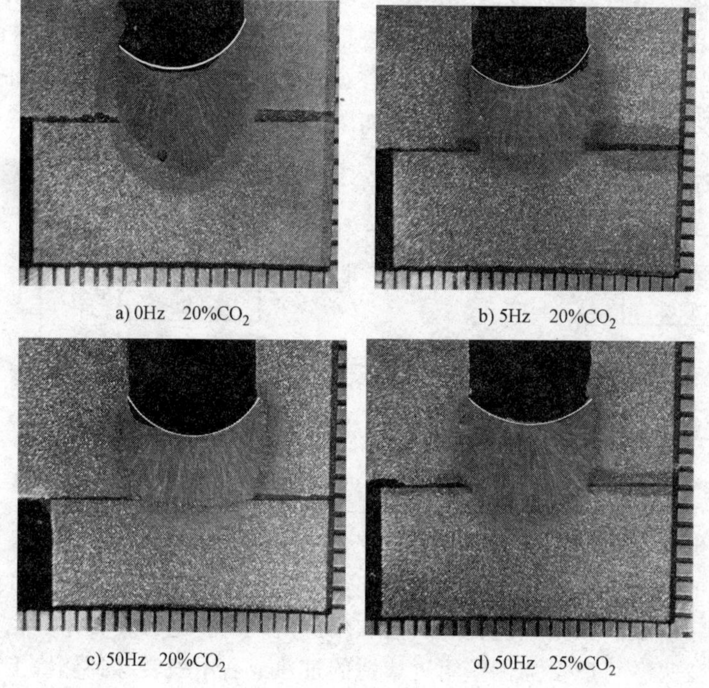

图 2-57 不同旋转频率及 CO_2 含量下焊缝表面下凹情况

图 2-58 所示为旋转电弧表面下凹量与侧壁熔深的关系。随着侧壁熔深增加，表面下凹量明显增加。旋转频率增加导致对侧壁的热输入增大，侧壁熔深增加，表

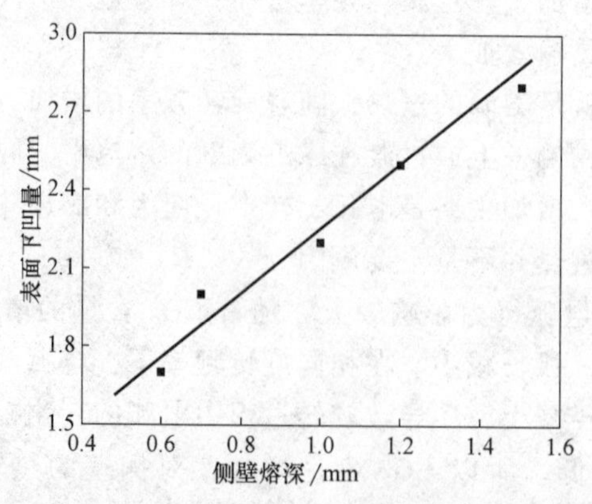

图 2-58 旋转电弧表面下凹量与侧壁熔深的关系

面下凹量也随之变大。而 CO_2 含量增加，对侧壁的热输入减少，侧壁熔深降低，表面下凹量减少。

2.5 旋转电弧焊接温度场的数值模拟

2.5.1 旋转电弧焊接温度场的建立

旋转电弧焊接工艺改变了传统焊接方法时电弧的运动轨迹，这势必会影响电弧在焊接过程中的热传导过程，对母材的熔化区域以及熔池的高温保持时间会产生一定的影响。可利用数值模拟方法对温度场进行计算。

根据焊接过程，建立了三维瞬态、非线性的传热计算模型。计算时遵循以下基本假设：

1）材料各向同性。

2）不考虑熔池中液态金属流动。

3）不考虑旋转电弧在坡口内不同位置电弧长度以及电流变化。

4）不考虑熔化潜热。

由基本假设得到的三维非线性瞬态热传导问题的控制方程为

$$c\rho\frac{\partial T}{\partial t}=\frac{\partial}{\partial x}\left(\lambda\frac{\partial T}{\partial x}\right)+\frac{\partial}{\partial y}\left(\lambda\frac{\partial T}{\partial y}\right)+\frac{\partial}{\partial z}\left(\lambda\frac{\partial T}{\partial z}\right)=\lambda\left(\frac{\partial^2}{\partial x^2}+\frac{\partial^2}{\partial y^2}+\frac{\partial^2}{\partial z^2}\right)T \tag{2-7}$$

式中 ρ——材料密度；

λ——材料的热导率；

c——材料的比热容；

T——温度；

t——时间。

在旋转电弧焊接过程中，焊接电弧不但沿焊接长度方向做匀速直线运动，而且在焊道内作匀速圆周运动，这使得热源的运动轨迹并非是传统的直线型，而是曲线形轨迹，所以在数值分析过程中要结合坐标变换的方法建立旋转电弧的三维热源模型。

热源中心运动情况如图 2-59 所示，在运动过程中，电弧中心点的坐标以及方向是不断变化的。当热源运动到时间 t 时，热源中心运动到 O'点，设此时焊丝的位置在原坐标系下为（x_0，y_0，z_0），以 O'点建立局部坐标系，所以对于原坐标系内任意点（x，y，z）而言其在局域坐标系内坐标设为（x_1，y_1，z_1）。所以根据坐标转换公式可以得到

$$\begin{cases}x_1=[(x-x_0)-(z-z_0)\tan\theta]\cos\theta=(x-x_0)\cos\theta-(z-z_0)\sin\theta\\ y_1=y\\ z_1=(z-z_0)/\cos\theta+[(x-x_0)-(z-z_0)\tan\theta]\sin\theta=(x-x_0)\sin\theta+(z-z_0)\cos\theta\end{cases} \tag{2-8}$$

并且在原坐标系下我们可以计算出焊丝轨迹的运动方程为

$$\begin{cases} x_0 = r - r\cos\omega t + v_w t \\ y_0 = y \\ z_0 = r\sin\omega t \end{cases} \tag{2-9}$$

式中 r——电弧旋转半径；

ω——电弧旋转角速度；

v_w——焊接速度；

t——时间。

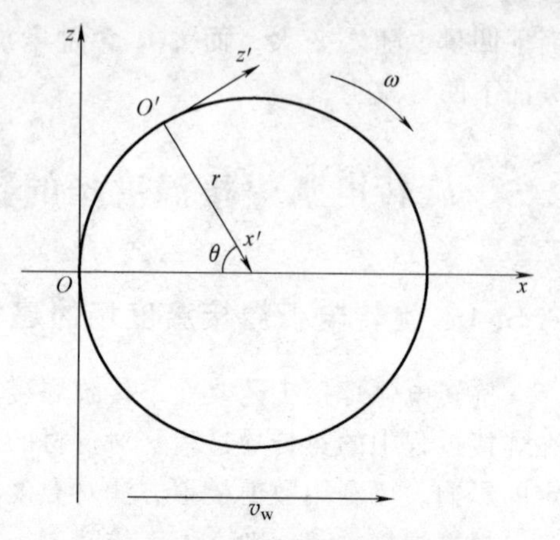

图 2-59 热源中心运动情况

所以将式（2-9）代入式（2-8）中即得到了原坐标系内任意点（x, y, z）在局域坐标系内的坐标（x_1, y_1, z_1）

$$\begin{cases} x_1 = (x - r + r\cos\omega t - v_w t)\cos\theta - (z - r\sin\omega t)\sin\omega t \\ y_1 = y \\ z_1 = (x - r + r\cos\omega t - v_w t)\sin\omega t + (z - r\sin\omega t)\cos\omega t \end{cases} \tag{2-10}$$

采用双椭球热源来模拟焊接电弧，前半部分热流密度分布为

$$q(r) = \frac{6\sqrt{3}f_1 Q}{\pi^{3/2}abc_1}\exp\left(-3\left(\left(\frac{x}{a}\right)^2 + \left(\frac{y}{b}\right)^2 + \left(\frac{z}{c_1}\right)^2\right)\right) \tag{2-11}$$

后半部分热流密度分布为

$$q(r) = \frac{6\sqrt{3}f_2 Q}{\pi^{3/2}abc_2}\exp\left(-3\left(\left(\frac{x}{a}\right)^2 + \left(\frac{y}{b}\right)^2 + \left(\frac{z}{c_2}\right)^2\right)\right) \tag{2-12}$$

$$Q = \eta UI \tag{2-13}$$

式中 U——电弧电压；

I——焊接电流；

η——热源系数；

Q——有效功率；

a、b、c_1、c_2——热源系数。

一般取 $f_1 = 0.6$，$f_2 = 1.4$，表示电弧前端和后端能量分配的比例系数。将式（2-10）代入式（2-11）和式（2-12）即得到旋转电弧热源的数学模型。

由旋转电弧运动轨迹方程式可计算出不同参数下的焊接运动轨迹，不同旋转频率时电弧运动轨迹如图 2-60 所示，可以看出随着旋转频率以及旋转半径的变化，电弧的运动轨迹发生了很大的变化，在温度场计算的过程中，将旋转电弧热源模型以及运动轨迹加载到计算模型中。

为了提高数值计算的精度和速度，模拟中采用了非均匀网格来进行单元的划分，模型网格划分如图 2-61 所示。在工件上存在较大的温度梯度处，尤其是在靠

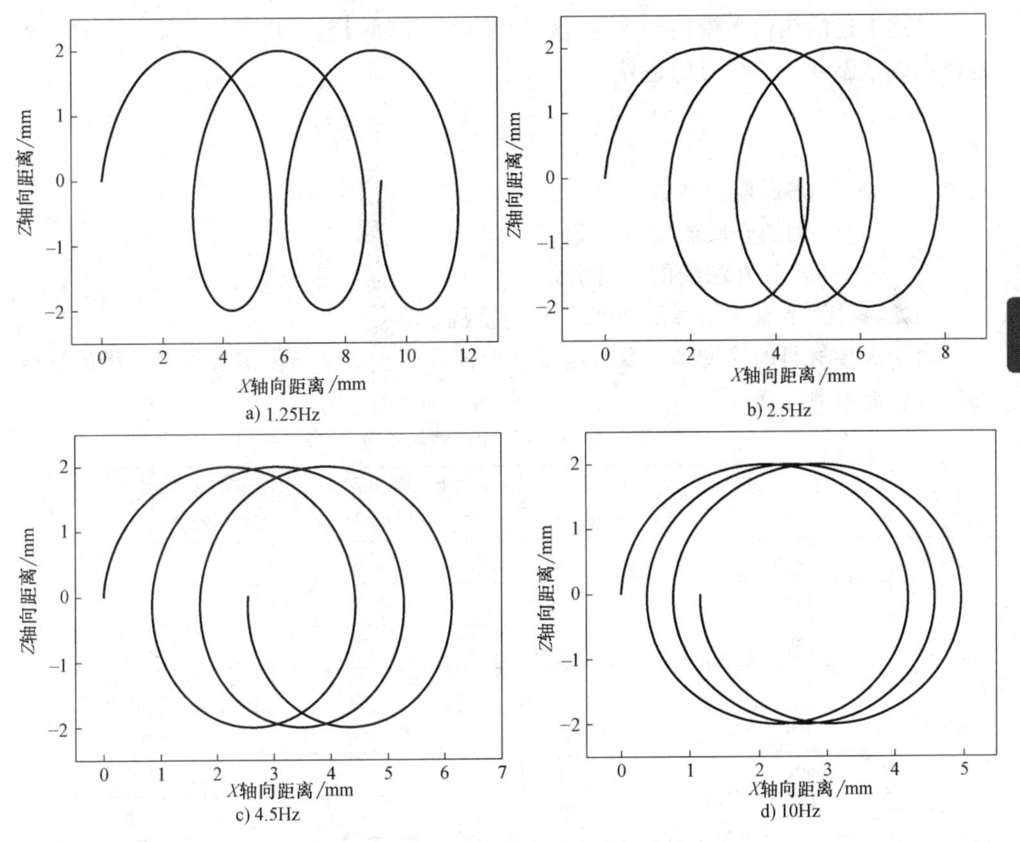

图 2-60　不同旋转频率时电弧运动轨迹

近热源附近，采用较为细密的网格划分，以获得较高的单元密度；而在远离热源处，由于温度梯度比较小，因而采用较粗的网格划分密度，这样可以兼顾计算精度和速度。

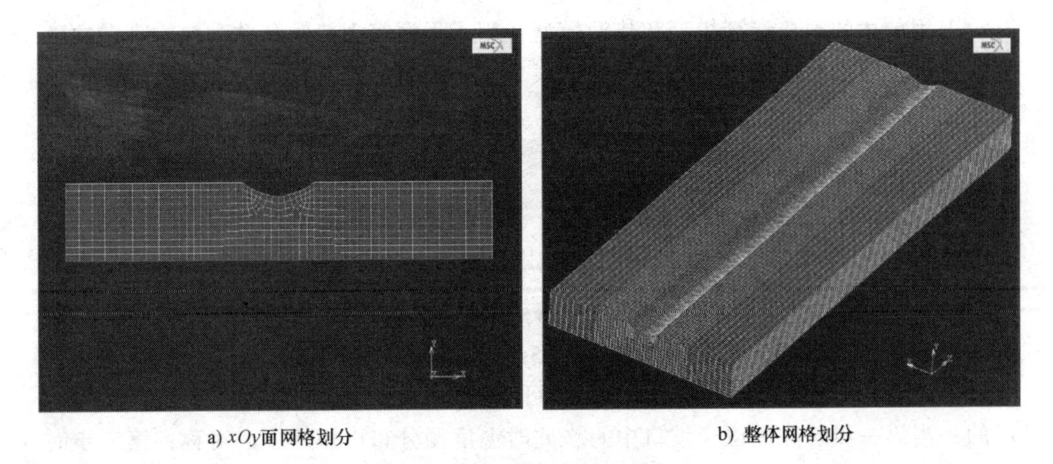

a) *xOy*面网格划分　　b) 整体网格划分

图 2-61　模型网格划分

采用上述的热输入模型，将通过辐射及对流作用引起的热量散失综合考虑，确定模拟焊接温度场求解时的边界条件

$$\lambda \frac{\partial T}{\partial x}n_x+\lambda \frac{\partial T}{\partial y}n_y+\lambda \frac{\partial T}{\partial z}n_z=h(T-T_0) \tag{2-14}$$

式中　h——表面换热系数；

T_0——周围介质温度；

n_x、n_y、n_z——边界外法线的方向余弦。

初始条件为节点初始温度20℃，即为室温。

由于焊接材料的热物理参数对温度具有依赖性，温度场模拟过程中采用的材料热物理性能参数见表2-5。

表2-5　材料热物理性能参数

材料	温度 T/℃	密度 ρ/(kg/m³)	比定压热容 c_p/[J/(kg·K)]	热导率 λ/[W/(m·K)]
Q235	20	7850	—	—
	100		—	—
	200		745	61.1
	300		770	55.3
	400		783	48.6
	500		833	42.7
	600		833	38.1
	1500		833	34.2
	2000		833	34.2

2.5.2　旋转电弧焊接温度场特征

采用前述的焊接计算模型和热源模型，用子程序实现热源移动和热物理参数随温度变化，模拟时所采用的焊接参数见表2-6。

表2-6　焊接参数

电压 U/V	焊接电流 I/A	焊接速度 v_w/(m/min)	旋转频率 f/Hz	旋转半径 r/mm
28	300	0.23	0~10	2~4

图2-62所示为旋转电弧一个周期内每步计算结果的温度场云图分布，此时所采用的旋转频率为5Hz，计算步长为0.05s。

热源沿z轴正方向移动。由图2-62可以看出，在一个周期内电弧是有周向运动的，当第一步时热源位于坡口中心，此时温度场分布以焊缝中心对称；第二步时热源移动到焊缝中心的左侧，从图中可以看出温度场分布略向左偏移；当第三步时

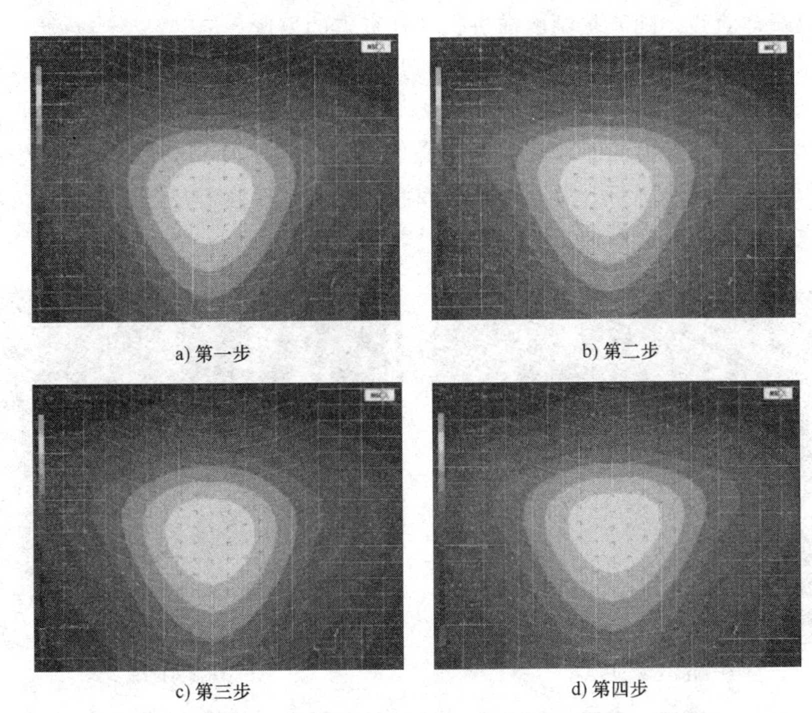

a) 第一步　b) 第二步

c) 第三步　d) 第四步

图 2-62　旋转频率为 5Hz 时一个旋转周期内温度场云图

热源又回到焊缝中心，温度场分布以焊缝中心对称；第四步时热源移动到焊缝中心右侧，此时温度场分布向右侧有所偏移。

图 2-63 所示为焊缝中心点处的热循环曲线，可以看出热循环曲线的升温以及降温过程并不是连续增加和降低的，而是呈阶梯状变化，并且在峰值温度区出现多峰，这与旋转电弧的运动轨迹有关，由于旋转速度相对于焊接速度来说较大，所以在旋转电弧焊接过程中，焊缝中的每个点就会出现重熔或多次加热现象，这样就出现了热循环曲线上的阶梯状情况。

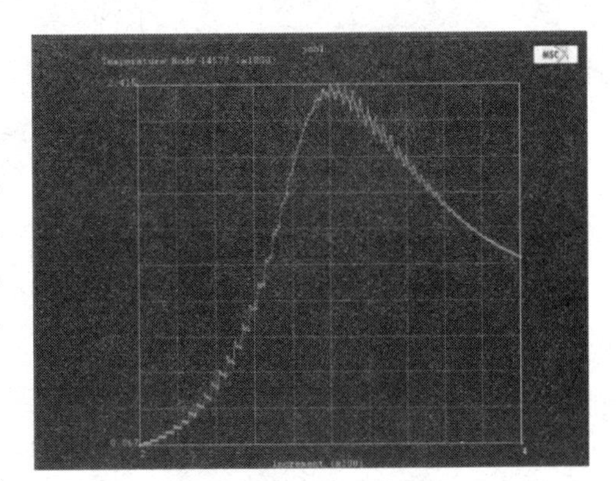

图 2-63　焊缝中心点处的热循环曲线

图 2-64 所示为旋转频率为 5Hz，旋转半径为 2mm 时的温度场分布。热源中心区的温度达到 2600℃ 左右。由于热源的移动，温度场分布呈现出热源后方的等温区更接近于椭圆分布，热源前方等温线更加集中，并且低温等温区的面积大于高温区。由 xOy 面可以看出，在旋转电弧的作用下，产生了一定量的侧壁熔深。

图 2-65 所示为该参数下焊缝中心、坡口侧壁以及距坡口侧壁 3mm 处热影响区

的焊接热循环曲线。随着热源的前进，各计算点的温度逐渐升高，当热源靠近计算点时，温度急剧升高，其中焊缝中心区的升温速率最快，坡口侧壁处其次，热影响区内最低。其中各区的峰值温度分别为2595℃、1530℃以及972℃。坡口侧壁处和热影响区达到峰值温度的时间较焊缝中心区分别推迟了0.2s和1.5s。随后各点温度开始下降，降温速率与升温速率有着相同的规律：焊缝中心区速率最快，坡口侧壁处其次，热影响区内最慢。

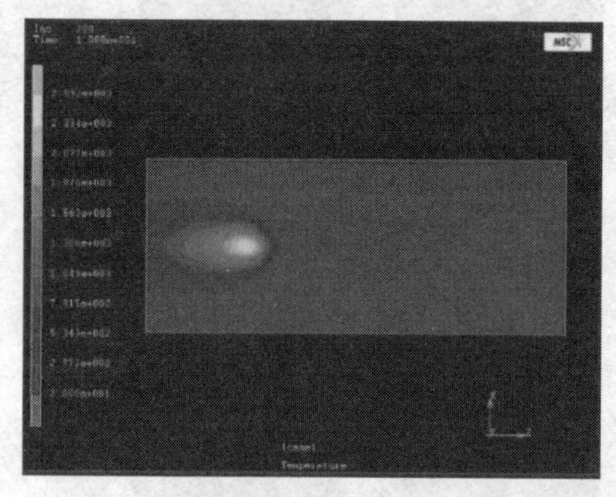

a) xOz 面温度场云图　　b) xOy 面温度场云图

图 2-64　旋转频率为 5Hz 旋转半径为 2mm 时的温度场分布

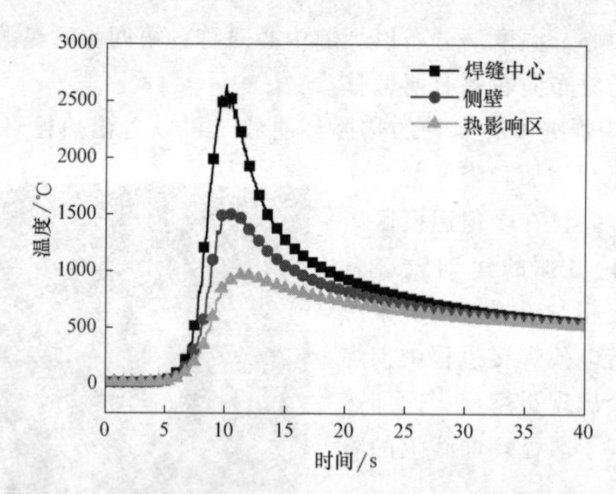

图 2-65　旋转频率为 5Hz 旋转半径为 2mm 时焊缝中心、坡口侧壁以及距坡口侧壁 3mm 处热影响区的焊接热循环曲线

旋转电弧的引入，使得基体的温度场分布以及焊接热循环发生变化。电弧无旋转与旋转频率为4.5Hz时焊接温度场对比结果如图2-66所示。对比有无旋转温度场可以看到，在同一焊接工艺下当电弧无旋转时，温度场呈现出两端小中间较宽的“橄榄”形分布；当电弧旋转时电弧作用宽度明显增加，热源前端宽度增加尤为明显。

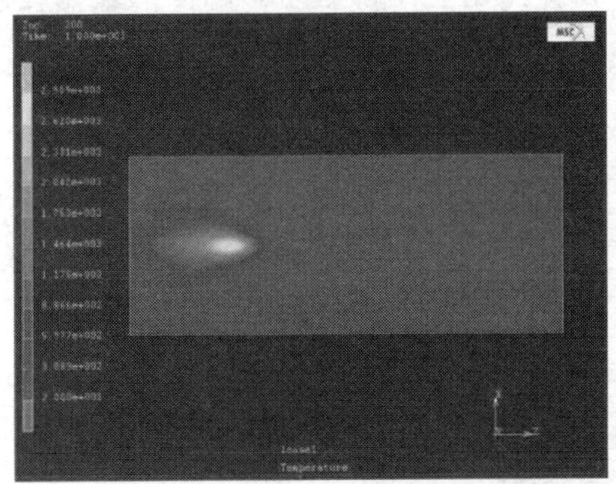

a) 无旋转时 xOz 面温度场

b)旋转频率为4.5Hz时 xOz 面温度场

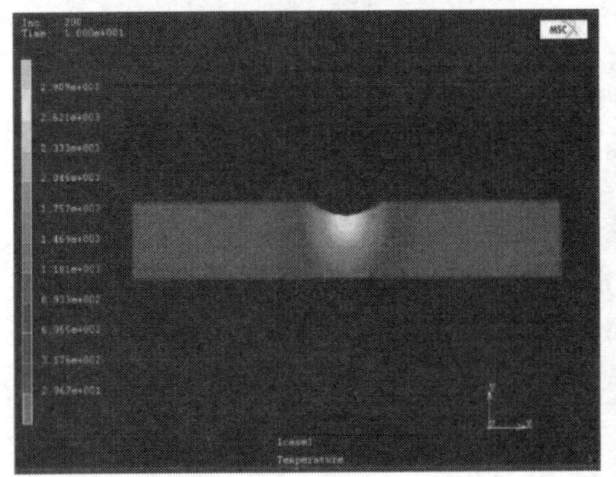

c)无旋转时 xOy 面温度场

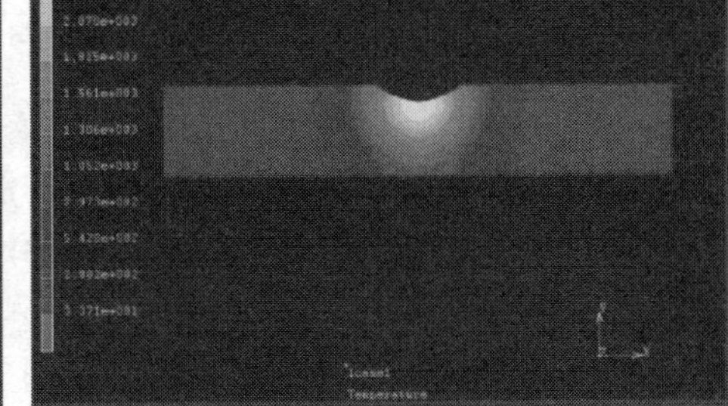

d)旋转频率为4.5Hz时 xOy 面温度场

图 2-66　电弧无旋转与旋转频率为 4. 5Hz 时焊接温度场对比结果

图 2-67 所示为某一时刻下有无旋转时焊缝宽度方向上（x 轴方向）距焊缝中心不同位置上的温度分布。可以看出旋转电弧的温度场分布较无旋转时焊缝中心的峰值温度降低，温度场的作用范围明显增加。

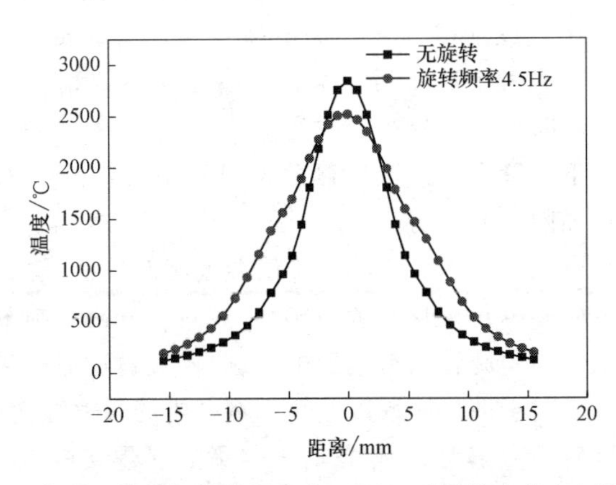

图 2-67　电弧无旋转与旋转频率为 4. 5Hz 时焊缝宽度方向温度分布

图 2-68 所示为有无旋转电弧两种工艺在焊缝中心区以及热影响区的热循环曲线。可以更为明显地看出旋转电弧较无旋转时焊缝中心区域的峰值温度降低，而热影响区内的温度升高。

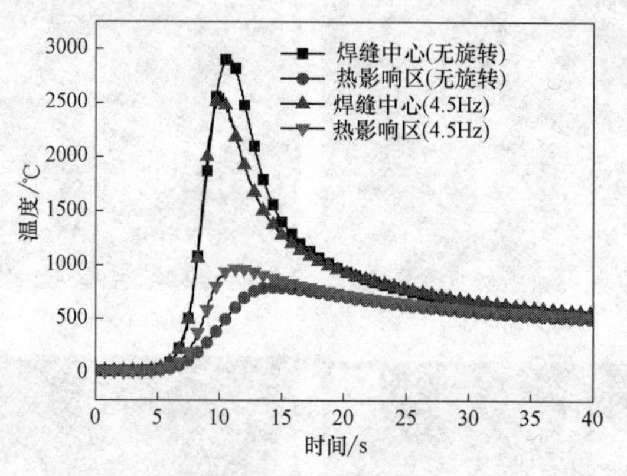

图 2-68　电弧无旋转与旋转频率为 4.5Hz 时焊缝中心与热影响区热循环曲线

综上，由于电弧的旋转，使得基体的温度场分布以及接头各区的焊接热循环发生了很大的变化，降低了焊缝中心区域的峰值温度，缩短了高温保持时间；使更多的热量被分配到焊缝周边区域，致使热影响区内的温度升高；旋转电弧温度场的分布特点将减小液态熔池的下塌趋势，有利于横向焊接焊缝成形。

2.5.3　旋转频率对焊接温度场的影响

旋转频率不同对焊接轨迹有很大的影响，并且对电弧对焊缝区域的热量传导有着较大的影响。

图 2-69 所示为 xOy 面不同旋转频率下温度场云图及熔池形态，图 2-70 所示为测得的熔深熔宽尺寸，可以看出在 5Hz 以下时随着旋转频率的增加，热源的作用宽度逐渐稍有增加，熔宽逐渐增大，熔深逐渐变浅。当旋转频率为 4.5Hz 时，熔宽达到最大；当旋转频率大于 5Hz 后熔宽逐渐变小，熔深稍有增加。当达到 10Hz 时已经缩小到与无旋转时温度场分布形式类似。

对不同旋转频率下焊缝中心、坡口侧壁处以及距坡口侧壁 3mm 处的焊接热循环进行了计算，结果如图 2-71 所示。

可以看出，旋转电弧下的焊缝中心的峰值温度相对较低。当旋转频率小于 5Hz 时，旋转电弧的焊缝中心峰值温度均在 2600℃ 左右，并随着旋转频率的增加而增加，但其差别不是很大；当旋转频率达到 10Hz 时，坡口中心温度达到了 2800℃ 左右，与无旋转时相近。对于坡口侧壁以及热影响区内的峰值温度，旋转电弧下有了明显的提高，而当旋转频率增大到 10Hz 时，与无旋转焊接的这种温度差别减少了很多。

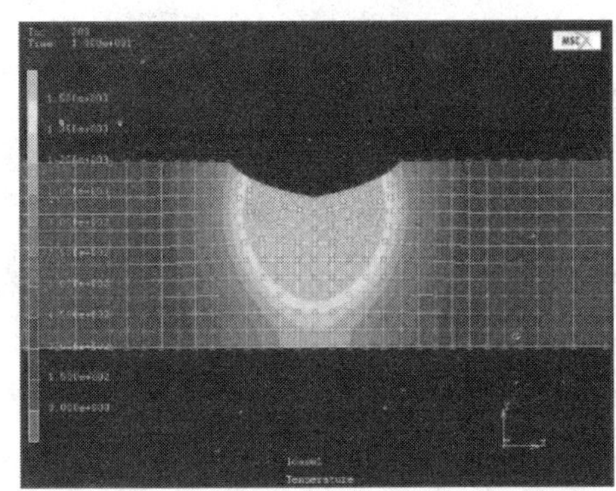

a) 电弧无旋转

b) 旋转频率1.25Hz

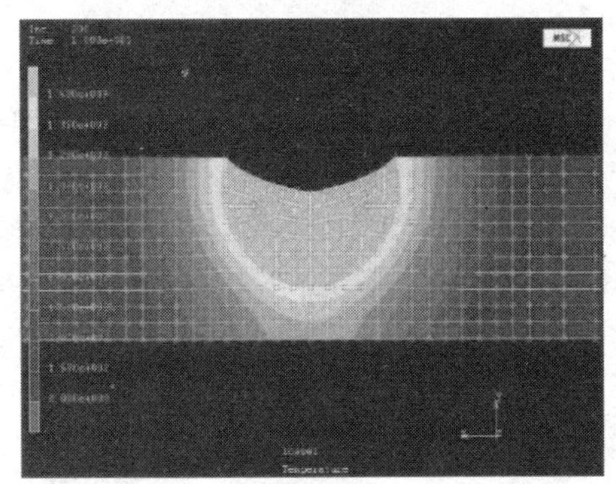

c) 旋转频率2.5Hz

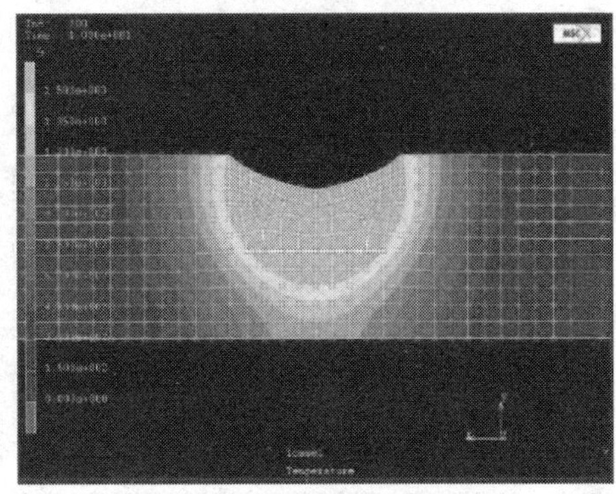

d) 旋转频率4.5Hz

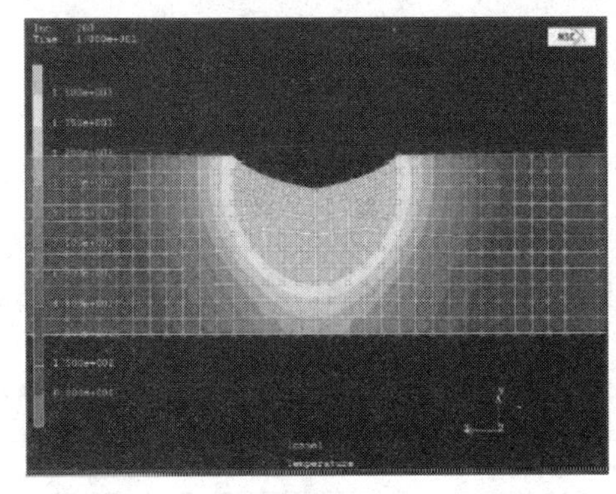

e) 旋转频率5Hz

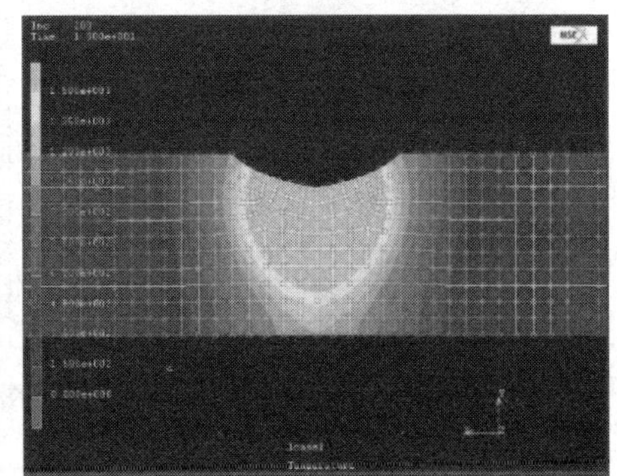

f) 旋转频率10Hz

图 2-69　不同旋转频率下温度场云图及熔池形态

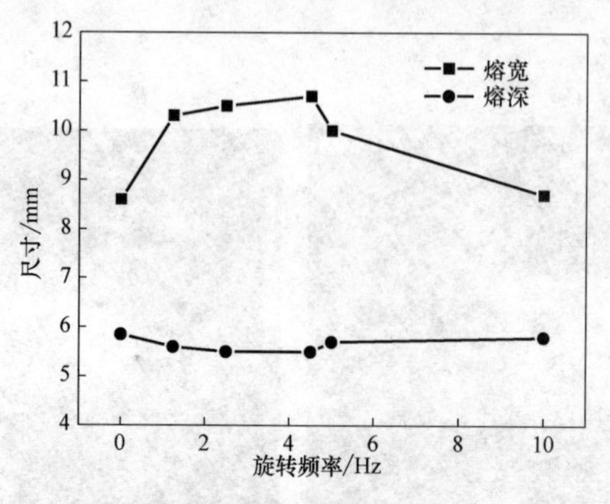

图 2-70 测得的熔深熔宽尺寸

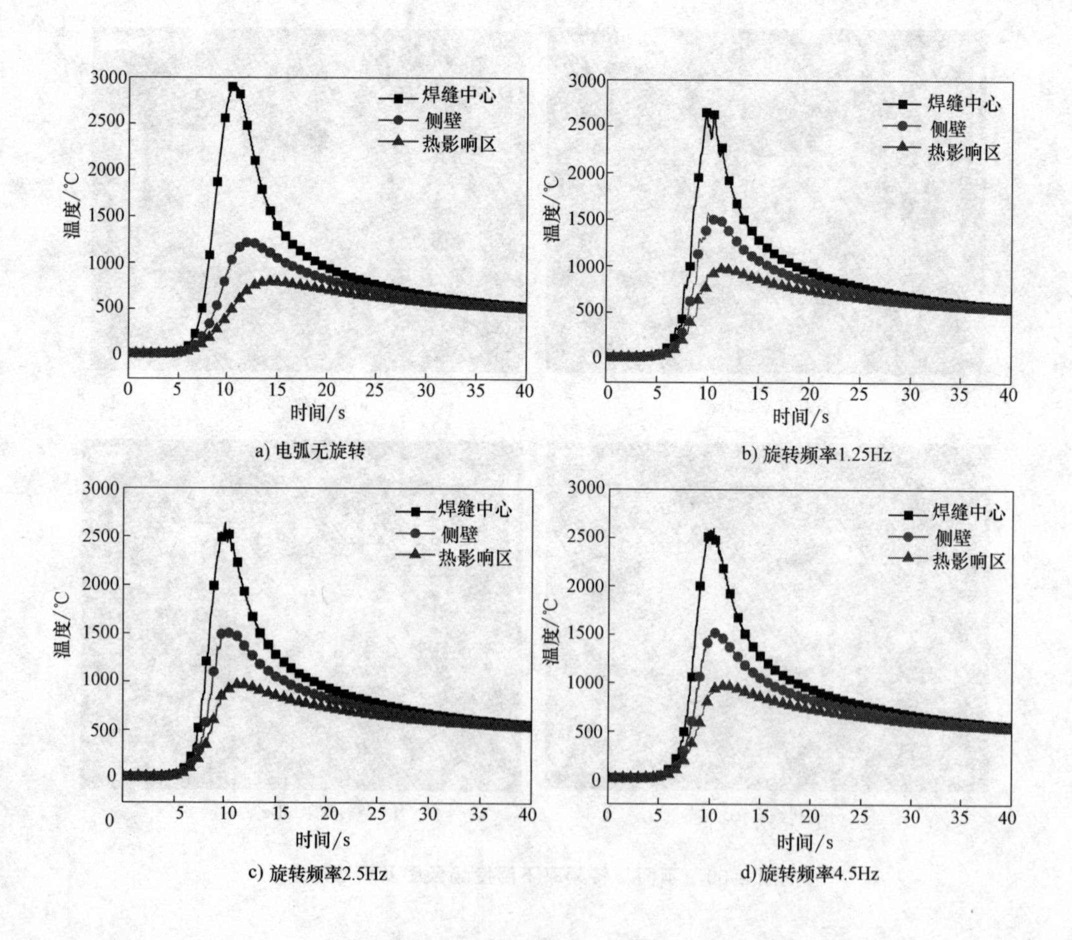

图 2-71 不同旋转频率下焊接热循环

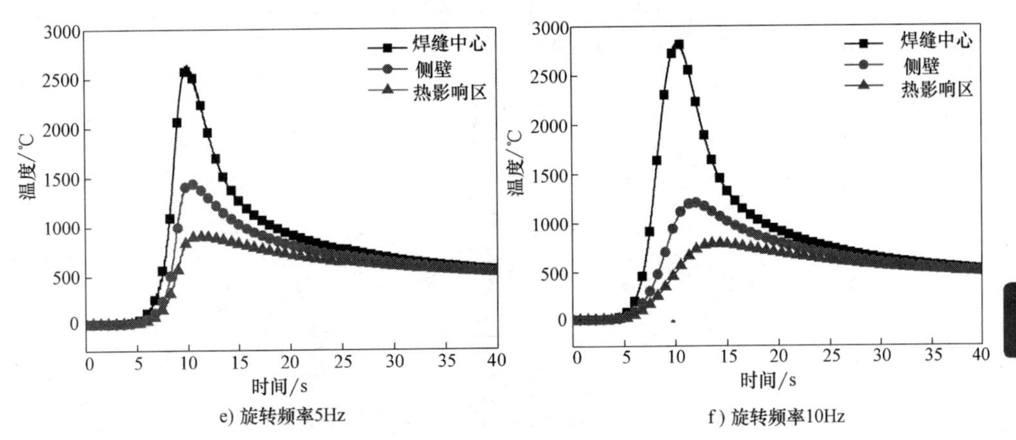

图 2-71　不同旋转频率下焊接热循环（续）

计算一个旋转周期内各步的峰值温度的平均值以及热影响区内的峰值温度来表征焊接温度场，结果如图 2-72、图 2-73 所示。可以看出，无旋转焊接时，焊缝中心表面温度达到了 2900℃，而热影响区的温度仅为 792℃，这说明此时电弧的热作用区域集中在焊缝中心区域附近，对周边区域的加热作用相对较小；当采用旋转时，可以看到焊缝中心区的温度明显降低，热影响区的温度明显增加，当旋转频率为 1.25Hz 时，焊缝中心区温度为 2480℃，热影响区内温度为 972℃，这说明由于电弧旋转的作用使得更多的热量分布到焊缝周边区域，增大了电弧的热作用范围。焊缝中心区域的平均温度随着旋转频率的增加而增加，但均比无旋转时焊缝中心温度低；而热影响区内的峰值温度在 4.5Hz 以下时随着旋转速度的增加而增加，而大于 4.5Hz 时呈下降趋势，在 4.5Hz 时出现了峰值。

旋转电弧温度场这种分布特点产生的原因主要是在坡口中心处，由于电弧的旋转使得电弧热量作用区域增加，较无旋转时峰值温度降低，旋转速度较低时峰值温

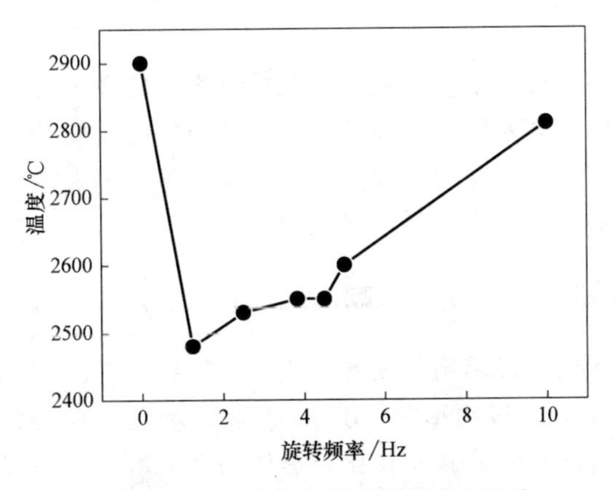

图 2-72　不同旋转频率时焊缝平均温度

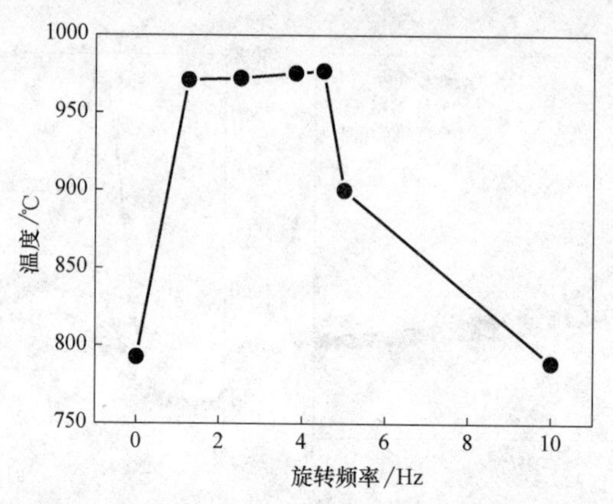

图 2-73　不同旋转频率时热影响区峰值温度

度降低较多。当旋转速度增加时，加之旋转半径较小，焊缝中心处各点受到电弧重复加热的次数增加，转速越高，坡口处的中心温度随着旋转速度的增加而增加。对于坡口侧壁处以及距坡口侧壁 3mm 处，在旋转频率 4.5Hz 以下时，由于电弧的旋转，增加了电弧的作用区域，坡口侧壁受到了更多电弧热的作用，所以较无旋转时此处的峰值温度较高。由于电弧的旋转会引起电弧在各点处作用时间的变化，还会引起重复加热次数的变化。旋转速度越高，热作用时间越短，但重复加热次数会增加，这样就会出现这两个热作用参数相互匹配的问题。也就是说在某一旋转频率下，电弧在这两个参数的影响下对侧壁的热输入最大，之后会逐渐减小。这也就是为何会在旋转速度 4.5Hz 时出现侧壁处最高的峰值温度并出现了最大的侧壁熔深。

对高速旋转电弧焊接的研究结果表明旋转速度的增加会增大电弧对侧壁的热输入从而增加侧壁熔深，这与计算研究的结果并不矛盾。从不同旋转频率下电弧形态上可以发现，旋转速度为 10Hz 时电弧没有发生偏转，随着旋转速度的增加，在 50Hz 以上时出现了明显的偏转，如图 2-14 所示。所以在 10Hz 以下时电弧并没有发生很大的偏转，电弧仍作用在焊缝中心区域，在这种情况下按照本章模型的计算较为准确。但是在高速旋转下，电弧会向侧壁发生偏转以及爬升，使得电弧直接加热侧壁，这样会大大提高对侧壁的加热效率，从而提高对侧壁的热输入，此时前述的热源模型已不适用。也就是说在高速旋转的情况下，电弧在坡口内的作用形态发生了改变是导致侧壁熔深增加的最主要原因。

2.5.4　旋转半径对温度场的影响

旋转半径的不同也直接影响着旋转电弧运动的轨迹以及电弧作用范围，图 2-74 所示为不同旋转半径下旋转频率为 5Hz 时的温度场在 xOy 面的分布，可以看出，不同旋转半径下温度场与无旋转时相比，热作用区域增大，峰值温度较低，并且随着旋转半径的增大，热作用宽度逐渐增大。焊缝熔池尺寸测量的结果如图 2-75 所示，可以看出随着旋转半径的增加，熔宽逐渐增大，熔深逐渐变浅，当旋转半径为4mm时，熔宽达到最大值为10.5mm，此时熔深为4.5mm。

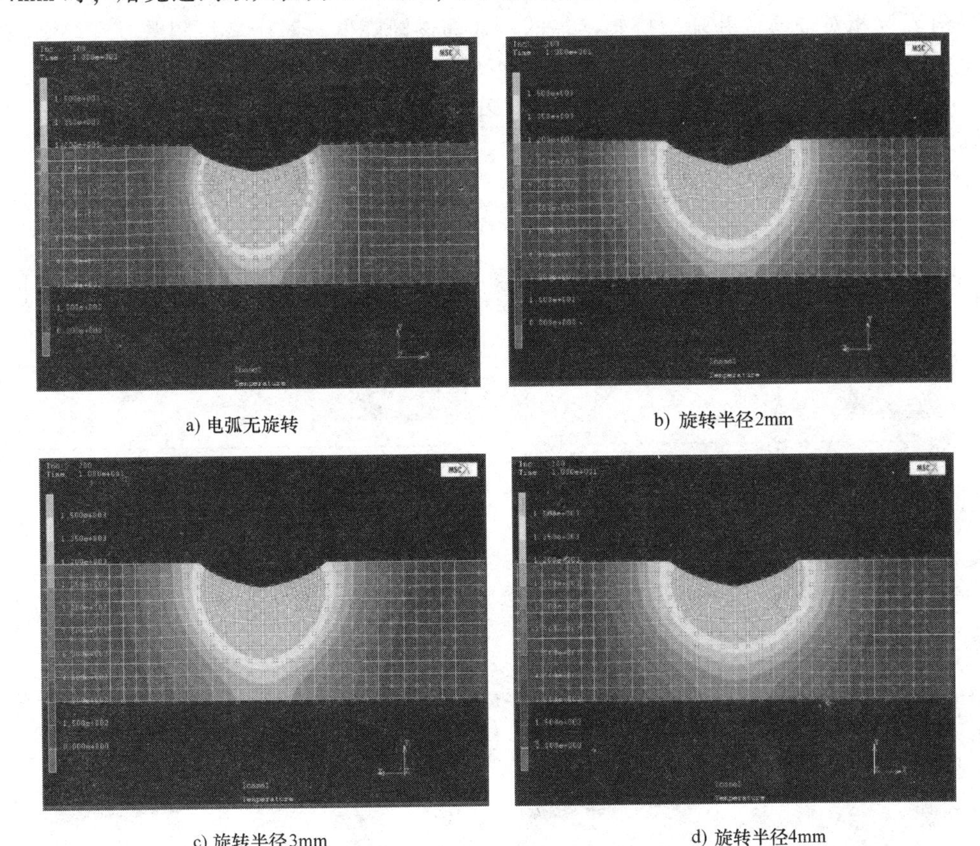

a) 电弧无旋转　　b) 旋转半径2mm

c) 旋转半径3mm　　d) 旋转半径4mm

图2-74　不同旋转半径下旋转频率为5Hz时的温度场在 *xOy* 面的分布

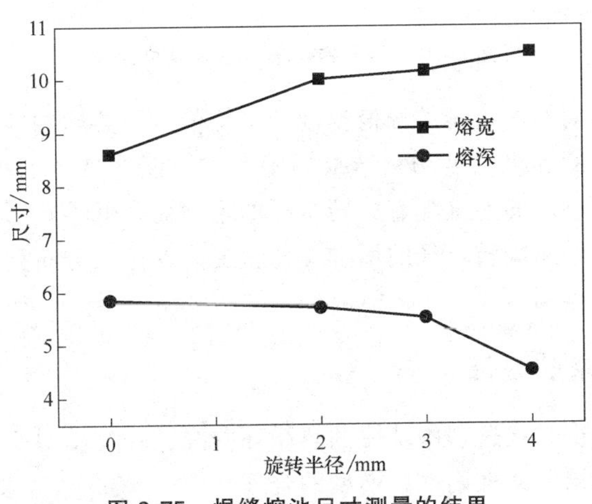

图2-75　焊缝熔池尺寸测量的结果

对不同旋转半径下焊缝中心、坡口侧壁处以及距坡口侧壁 3mm 处的焊接热循环如图 2-76 所示。可以看出，对于焊缝中心峰值温度，旋转电弧下的焊缝中心的峰值温度相对较低，并随着旋转半径的增加而逐渐降低。对于坡口侧壁以及热影响区内的峰值温度，随着旋转半径的增加而逐渐增加。

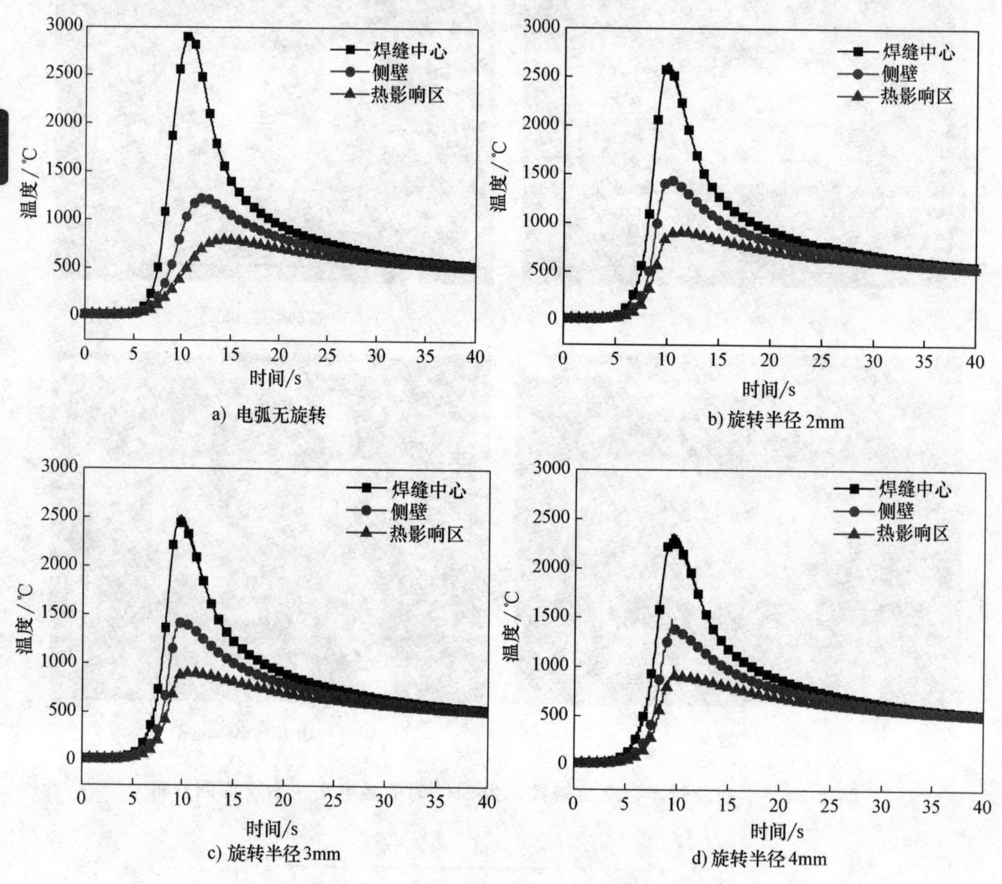

图 2-76　不同旋转半径下焊接热循环

计算一个旋转周期内各步的峰值温度的平均值以及热影响区内的峰值温度来表征不同旋转半径下的焊接温度场，结果如图 2-77、图 2-78 所示。可以看出，当采用旋转时，焊缝中心区的温度随着旋转半径的增加而降低，热影响区的温度则随之增加，这说明由于电弧旋转半径的增加，使得更多的热量分布到焊缝周边区域，增大了电弧的热作用范围。

2.5.5　计算结果的验证

利用热电偶测得焊接过程中基体的热循环曲线，并与模拟所得的热循环曲线进行对比来验证模拟结果的准确性和模型的合理性。

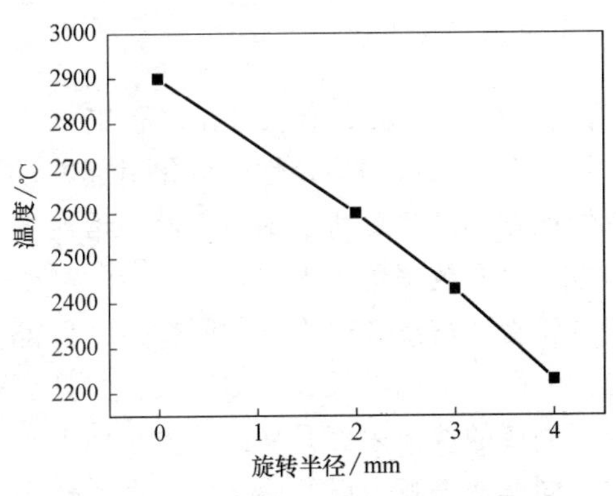

图 2-77　不同旋转半径时焊缝平均温度

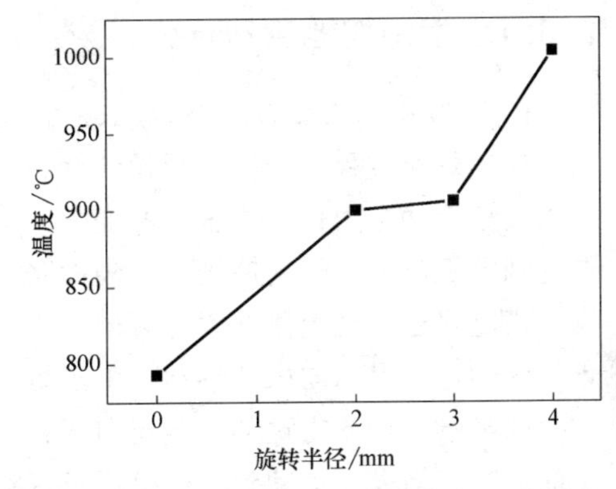

图 2-78　不同旋转半径时热影响区峰值温度

图 2-79 所示为无旋转和旋转频率为 4.5Hz 时，距坡口侧壁 3mm 处热循环曲线的模拟结果与实际测量结果，由此可见，模拟结果与实测结果吻合良好。

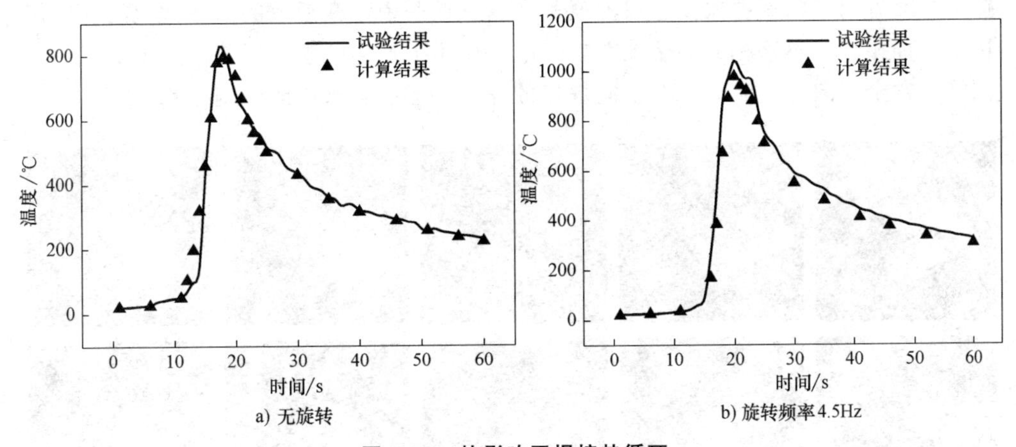

图 2-79　热影响区焊接热循环

造成温度差别的原因主要是在实际焊接过程中，电弧的旋转使电弧在坡口内部各点的弧长不同，靠近侧壁弧长变短，导致焊接电流升高，所以焊接电流在旋转过程中是波动的。而在数值模拟过程中，没有考虑电流在坡口内的这种波动，所以在距坡口侧壁 3mm 处的计算结果较实际测量结果偏低。

2.6　旋转电弧窄间隙 GMA 横焊熔池行为与焊缝成形

在旋转电弧窄间隙 GMA 横向焊接过程中，由于受到重力的影响，液态熔融金属在坡口内的状态较平焊时势必会发生变化；另一方面，由于电弧的旋转，电弧力以及熔滴冲击力会周期性的作用在熔池表面上的不同位置，这也会引起熔池行为的变化。

2.6.1 横焊熔池流动行为

图 2-80 所示为旋转频率为 5Hz 时不同时刻下熔池的表面形状。在旋转电弧窄间隙横向焊接过程中，由于焊丝的旋转，电弧位置在坡口内周期性的变化引起电弧力以及熔滴冲击力作用位置不断变化，使得熔池在不同时刻所受的力不同。熔池主要受到电弧压力、熔滴冲击力、表面张力、重力以及侧壁约束力。

当电弧运动到上侧壁附近区域时，由于电弧力和熔滴冲击力的共同作用，使得该区域的熔池表面向内部移动，由于熔池受到上侧、下侧以及底部的约束，并且在重力的影响下，使得这部分金属向下移动，下侧壁的熔池表面升高，熔池呈向下倾斜的形态。当电弧运动到下侧壁附近区域时，同样在电弧力以及熔滴冲击力的作用下，使原本较高的下侧熔池表面逐渐降低，这部分金属向上运动，由于需要克服重力的影响，所以向上运动的幅度有限，形成了 0.377s 时所示的熔池形态，并没有形成向上倾斜的熔池表面。熔池形态的这种变化体现出了熔池内部金属在横向焊接接头宽度方向上的一种振荡，熔池就是在这种振荡中不断形成的，在常规的横向焊接中这种振荡是不存在的。熔池在旋转电弧作用下产生的这种振荡促进了堆积在下侧的熔融金属向上侧流动，对横向焊接的焊缝成形起着重要的影响。

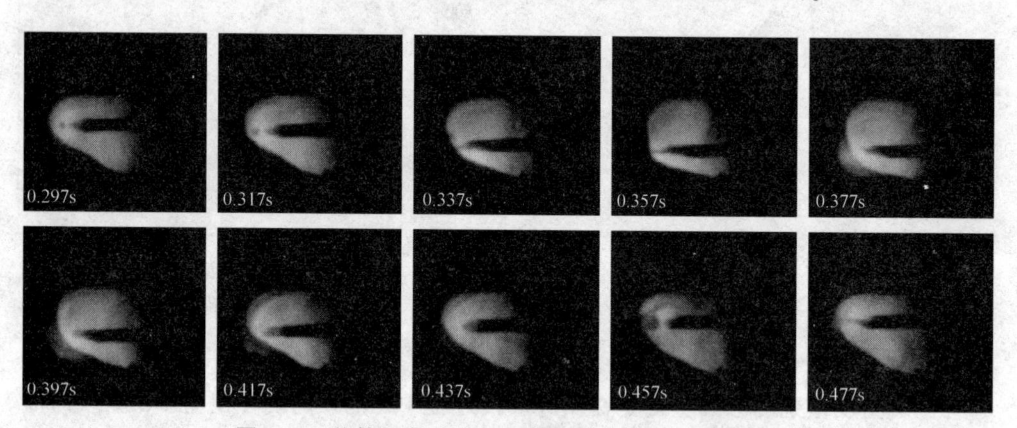

图 2-80 旋转频率 5Hz 时不同时刻下熔池的表面形状

电弧借助于传导、辐射、熔滴、等离子流等将热量传入母材，使得母材熔化。在熔化极气体保护焊中，熔池中的液态金属还有一大部分是由焊丝的熔化所填充进来的。并且在焊接过程中，电弧正下方的熔池金属在电弧力的作用下克服重力和表面张力的作用被排向熔池尾部，所以最终的宏观焊缝形态所对应的熔池不是瞬间形成的，而是需要一个逐渐填充、逐渐成形的过程。焊缝的形状与熔池形态有着直接的联系。

在旋转电弧窄间隙横向焊接过程中，首先在电弧的热作用下，母材金属（这其中包括熔池底部以及两个侧壁）产生了熔化，并且这个熔化区域一旦形成就在整个焊接过程中基本保持不变，即熔池的底部以及两个侧壁上的形态就基本固定，唯一可以变化的就是熔池的外表面。在接下来的过程中就是熔池金属填充这一固定熔化区域的过程。在重力的作用下，下侧壁的熔池的区域先得以填充，而熔融金属并不是完全地整体铺在下侧壁上，在下侧壁上是有一定范围的，这一范围就是下侧壁的熔化范围，并且在表面张力的作用下，使得熔融金属不再向前铺展。随着填充金属的不断增加，上侧壁的熔化范围逐渐被填充，整个液面在坡口中心处升高，但下侧熔池覆盖的范围始终保持不变。所以熔池的形成过程主要与母材的熔化区域、填充金属量以及熔池的高温保持时间有关。也就是说母材的熔化区域确定了熔池大概的形态范围，在熔池凝固之前的这段时间内，填充金属量的多少会直接影响最终熔池的形态，即焊缝的最终形态。假设坡口上、下侧壁在坡口深度方向上的熔化范围相等，当母材的熔化区域较大或者填充金属量较少或者熔池凝固过快时，此时整个母材的熔化区域没有被完全填充，所以最终形成的焊缝将是呈现出向下倾斜的形态，即焊缝表面下塌；当母材的熔化区域较小或者填充金属较多或者熔池凝固时间较长时，由于填充金属量较大，此时多余的液体金属将克服表面张力的作用，向熔池表面外侧扩展，当表面张力较大时，会形成外凸的焊缝成形，当表面张力较小时，熔池金属会完全克服表面张力的约束，而在下侧壁上增加铺展面积，最终形成下塌的焊缝成形。因此只有在合适的焊接参数范围内，母材的熔化区域、填充金属量以及熔池凝固时间相互匹配时，才会得到优良的横焊接头。

在确定旋转电弧窄间隙横向焊接参数范围时，要尽量保证横向焊接时熔滴过渡的稳定性以及在上下侧壁区域过渡形式的一致性，要将母材的熔化区域、填充金属量以及熔池凝固时间相互匹配。

2.6.2　横焊的焊缝成形

熔池形成的最终形态主要与母材的熔化区域、填充金属量以及熔池的高温保持时间有关。而在焊接过程中，是通过调节电弧旋转参数以及焊接参数对这三个方面进行控制的。但是这三个方面之间又相互影响，所以需要对这些参数逐一进行考察。通过研究旋转电弧横向焊接中各个参数对焊缝成形的影响，结合温度场计算结果以及熔滴过渡和熔池行为的研究才能找到合适的横向焊接规范。

1. 焊接电压对焊缝成形的影响

不同焊接电压试验参数见表2-7，保持旋转速度、旋转半径、焊接速度和送丝速度不变，电压从26V升到29V，研究在旋转电弧条件下，电压对焊缝成形的影响。

表2-7　不同焊接电压试验参数

电压/V	焊接速度/(mm/min)	旋转半径/mm	旋转速度/(r/min)	送丝速度/(m/min)
26	230	2	320	5
27	230	2	320	5
28	230	2	320	5
29	230	2	320	5

图 2-81 所示为不同焊接电压下的接头横截面，从图中可以看出，焊接电压在 26V、27V 和 28V 时，焊缝均没有下塌，但是在电压 26V 时焊缝表面稍微凸起，焊缝尾部有些上翘，这种特征常常在多层焊接中造成层间未熔合，所以在多层焊中被视为焊接缺陷，电压在 27V 和 28V 时焊缝稍微中央下凹；电压 29V 时，焊缝下塌，焊缝上侧有咬边现象。

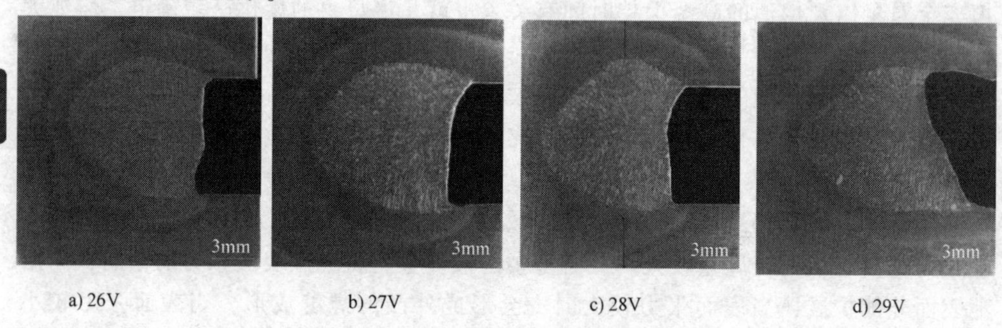

a) 26V　b) 27V　c) 28V　d) 29V

图 2-81　不同焊接电压下的接头横截面

电弧弧长随着电弧电压的升高而增长，这会直接影响电弧的作用面积，随着弧长的增加，两个侧壁上的母材熔化区域增加，这就增大了液态金属的填充区域。电压较小时，弧长较短，母材熔化范围较小。影响焊丝熔化速度的主要因素是电流，在送丝速度不变的情况下，电流的变化范围不是很大，虽然较小的电压会导致焊丝熔化速度有所下降，但整体上还是导致了填充金属量较填充区域多，过多的金属在克服表面张力的作用下形成中凸的焊缝表面成形。相反，当电弧电压较高时，弧长较长，母材熔化区域较大，需要较多的填充金属。这就使填充金属量相对较小，横向焊接熔池形成过程是从下侧壁向上侧壁逐渐形成的过程，上侧壁区域的母材熔化区域没有被完全填满，从而导致了熔池表面下塌，并且产生了咬边。并且从熔滴过渡的研究结果看，电压在 28V 熔滴过渡过程也比较稳定。

2. 送丝速度对焊缝成形的影响

在保持焊接电压、旋转速度、旋转半径、焊接速度不变，送丝速度从 3.5m/min 增大到 6m/min，不同送丝速度试验参数见表 2-8，研究在旋转电弧条件下，焊缝成形与送丝速度的关系。图 2-82 所示为不同送丝速度下的焊缝横截面，随着送丝速度的增加，焊缝表面也随之变化。由焊缝下塌到焊缝表面下凹再到焊缝表面凸起，说明送丝速度对焊缝表面成形影响很大。其中当送丝速度为 4m/min 和 5m/min 时，焊缝表面成形良好。

送丝速度的变化直接导致焊接电流的变化，并且在焊枪位置不变的情况下会引起弧长的变化。送丝速度越小，电弧弧长越长。因此较长的弧长使得母材熔化区域增加，再加上较小的送丝速度，使得没有足够的填充金属量来填充熔池，最终形成了下塌的熔池表面；同理，当送丝速度较大时，电弧被压得很低，此时母材熔化区

表 2-8 不同送丝速度试验参数

焊接电压/V	电流/A	焊接速度/(mm/min)	旋转半径/mm	旋转速度/(r/min)	送丝速度/(m/min)
27	255	230	2	300	3.5
27	270	230	2	300	4
27	305	230	2	300	5
27	335	230	2	300	6

域较小，较大的送丝速度使得填充金属量过大，这样使得多余的金属在熔池表面形成了中凸的形态。

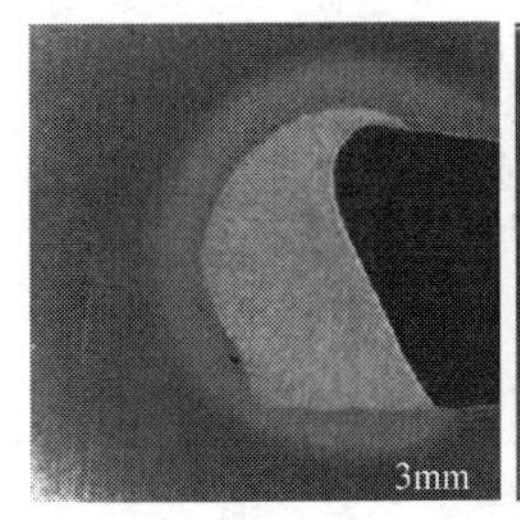

a) 3.5m/min

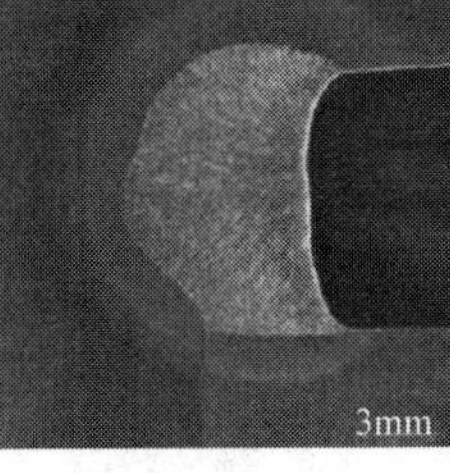

b) 4m/min

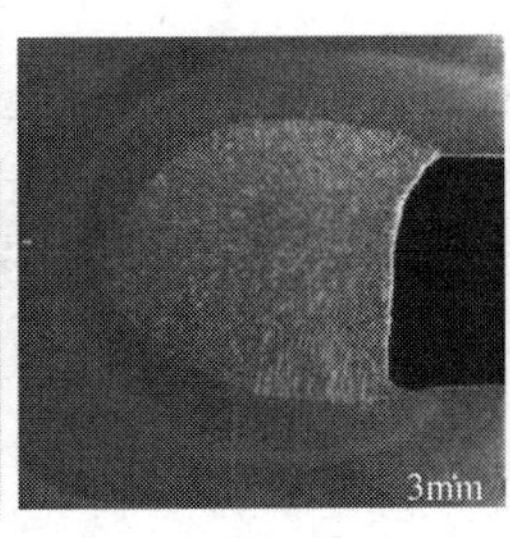

c) 5m/min

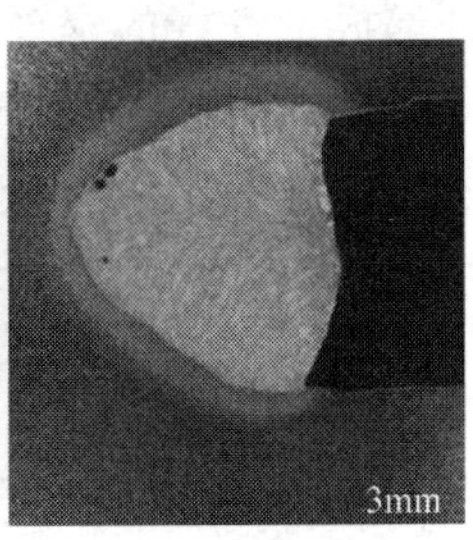

d) 6m/min

图 2-82 不同送丝速度下的焊缝横截面

3. 旋转频率对焊缝成形的影响

在这组试验中，保持电压、焊接速度和送丝速度不变，旋转频率从 2.5Hz 增大到 50Hz，不同旋转速度试验参数见表 2-9。

表 2-9 不同旋转速度试验参数

电压/V	焊接速度/(mm/min)	旋转半径/mm	旋转频率/(r/min)	送丝速度/(m/min)
28	230	2	2.5	5
28	230	2	5	5
28	230	2	10	5
28	230	2	20	5
28	230	2	50	5

图 2-83 所示为不同旋转频率下的焊缝横截面。2.5Hz 时，消除了下塌缺陷，焊缝表面下凹；5Hz 时，进一步改善焊缝成形，焊缝熔宽最大；10Hz 时，焊缝表面成形好，但焊缝下侧熔深变浅，并且表面下凹量减少；大于 10Hz 时，焊缝开始出现下塌，焊缝内部下侧熔深变浅。

由旋转电弧温度场分布特点可知，旋转频率的增加，熔池金属的重熔次数增多，熔池金属的温度升高，增加了熔池高温的停留时间，这样就导致了液态熔池表面张力的降低，导致了在 20Hz 时焊缝表面下塌。旋转频率在 10Hz 以内均得到了

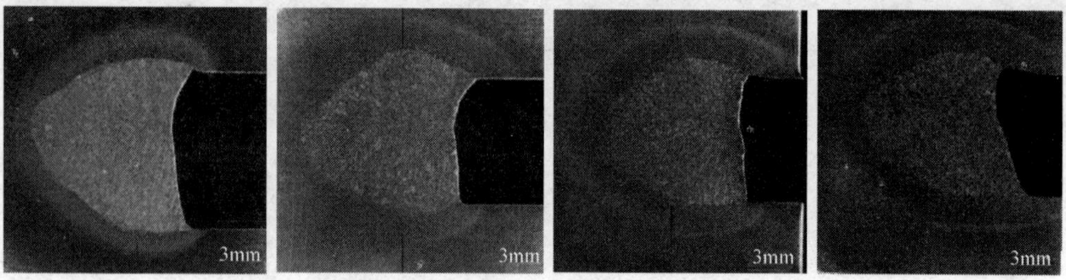

a) 2.5Hz　　b) 5Hz　　c)10Hz　　d) 20Hz

图 2-83　不同旋转频率下的焊缝横截面

外部成形良好的焊缝。

图 2-84 所示为不同旋转频率下的焊缝宽度。当旋转频率小于 5Hz 时焊缝熔宽随着旋转频率的增加而增加。而当焊接速度大于 5Hz 时，熔宽随着旋转频率的增加而降低，在旋转频率在 5Hz 附近出现了熔宽的峰值。

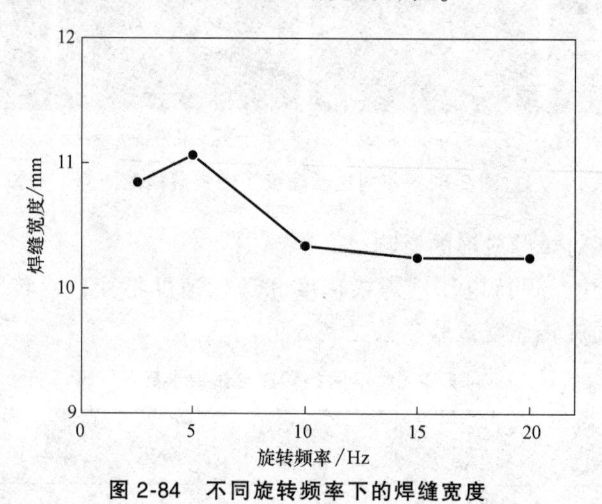

图 2-84　不同旋转频率下的焊缝宽度

4. 旋转半径对焊缝成形的影响

对旋转电弧焊接技术来说，旋转半径无疑是一个非常重要的参数，它与焊缝成形、焊接缺陷和飞溅大小有很大的关系。不同旋转半径试验参数见表 2-10，在保持电压、旋转速度、送丝速度和焊接速度不变时，改变焊丝旋转半径为 2mm、2.6mm、3.6mm 和 4mm。

表 2-10　不同旋转半径试验参数

电压/V	焊接速度/(mm/min)	旋转半径/mm	旋转速度(r/min)	送丝速度(m/min)
28	230	2	300	5
28	230	2.6	300	5
28	230	3.6	300	5
28	230	4	300	5

图 2-85 所示为不同旋转半径焊缝横截面，旋转半径从 2mm 增加到 3.6mm 时，焊缝成形基本一致，焊缝外部成形良好，无下塌，最大的区别是随着旋转半径的增加，中间凸起的程度也增加。当旋转半径达到 4mm 时，焊缝形状被严重扭曲，中间“中凸”严重，并且出现下塌。

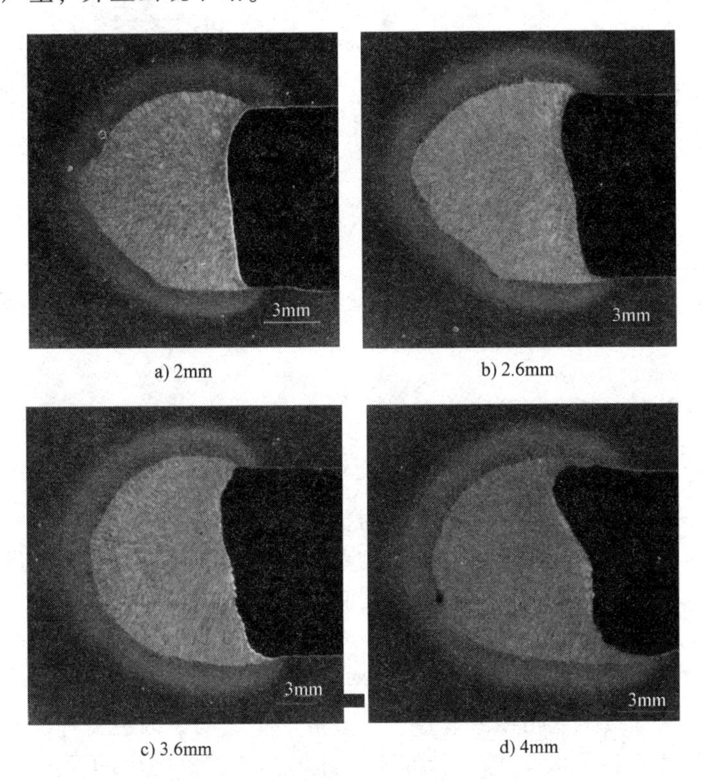

a) 2mm　b) 2.6mm　c) 3.6mm　d) 4mm

图 2-85　不同旋转半径时焊缝横截面

不同旋转半径下的熔宽熔深比如图 2-86 所示，从熔宽熔深比曲线可知，熔宽熔深比随着旋转半径增加，这是因为旋转半径的增加，增加了电弧的作用面积，焊缝熔深降低，熔宽增加。

在大旋转半径作用下，这种特殊焊缝表面的行程与焊丝的运动轨迹、电弧力的大小和熔池内部金属流动关系很大，焊缝成形如图 2-87 所示。用旋转电弧焊接时，电流随着电弧位置的变化呈周期性的变化，当旋转电弧靠近侧壁时电弧电流要比其他位置高，熔滴在侧壁处过渡也最多，对熔池的冲击力比较大，而且电弧快速扫过中央，电弧基本是从一侧跳跃到另一侧，因此在电弧旋转一个周期内，上、下坡口处的电弧力和熔滴对熔池的冲击力都要大于在坡口中央时的电弧力，促使熔池金属从两侧向中心移动，才形成这样的曲线焊缝表面。

因此，增加旋转半径，可以进一步降低热输入，增加侧壁熔深，但并不是旋转半径越大越好，还要其他参数相匹配才能得到成形良好的焊缝。

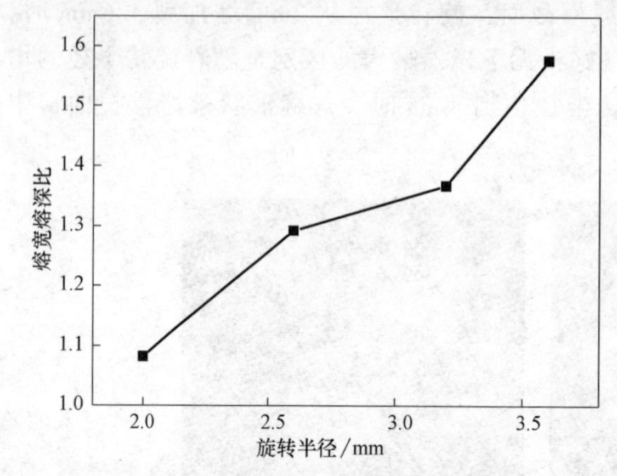

图 2-86 不同旋转半径下的熔宽熔深比

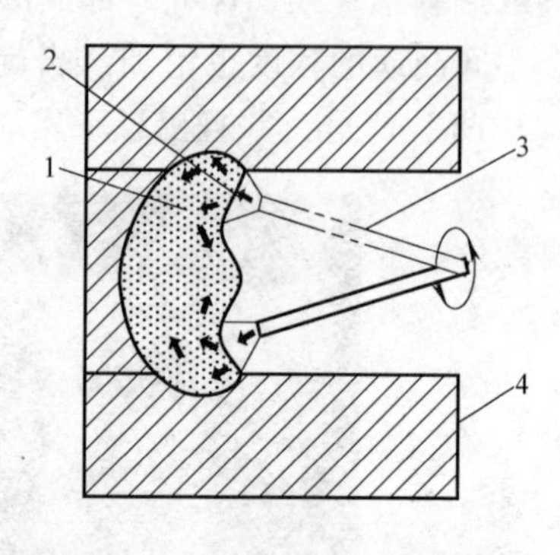

图 2-87 大旋转半径焊缝成形

1—熔池 2—电弧 3—焊丝 4—母材

2.6.3 横焊成形特点与熔池控制

在横向焊接过程中，由于熔池控制不当造成焊缝外部成形缺陷主要包括下塌、咬边、中凸等缺陷，这些缺陷的存在使得横向焊接接头成形不良，达不到实际使用的要求。但通过上面的分析发现，产生这些缺陷的主要原因：一种是母材熔化区域和填充金属量匹配不当；另一种是焊接过程不稳定。

1. 下塌以及咬边产生的原因

在横向焊接中，焊缝金属下塌是最常见的焊接缺陷，也是横向焊接中需要解决的关键问题，从焊接工艺角度来说产生焊缝成形下塌的原因主要有以下几种。

（1）母材熔化区域大于填充金属量　引起这种现象产生的原因主要是由于电弧作用区域相对较大，这主要是由电压过高、送丝速度过慢、焊接速度过快或者在旋转电弧焊接中电弧旋转半径过大等参数造成的。由于横向焊接的特殊性，熔池金属受重力的影响首先在下侧壁区域填充，这就要求必须有恰当的填充金属使得母材熔化区域得以填充，否则就会产生焊接缺陷。在这个原因产生的焊缝下塌的缺陷中大多数都伴随着咬边缺陷的出现。

（2）焊接过程不稳定　旋转频率过快、保护气中 CO_2 含量过多，都会引起熔滴过渡过程不稳定，此时无法在坡口底部形成固定的熔池，液态金属全部堆积在下侧壁上，造成焊缝下塌。

（3）熔池金属温度过高　在传统窄间隙横向焊接中，为了得到足够的侧壁熔深，就要增大焊接规范。此时熔池内的金属高温保持时间较长，表面张力降低，这就增加熔池下塌的趋势。当然在内部也会产生指状熔深缺陷。在旋转电弧焊接过程中，由于旋转频率较大时，熔池金属的温度也会增加，同样也会增大熔池下塌的趋势。

2. 焊缝表面中凸缺陷产生的原因

在多层焊中，这种焊缝表面中凸形状被认为是产生层间未熔合的主要原因之一，也被看作成一种焊接缺陷。

产生焊缝表面中凸缺陷的主要原因是由于母材熔化区域小于填充金属量。由于电弧热作用范围较小，形成了相对较小的母材熔化区域，在相对较多的填充金属量时，多余的填充金属还不能完全突破表面张力的影响而整体向外扩展，并且熔池凝固过程是由焊缝内部向外侧、周边向中心而进行的，所以多余的填充金属只能在最容易变形的焊缝中部向外扩展，最终形成了中凸的焊缝表面成形，中凸缺陷产生过程如图 2-88 所示。

从焊接工艺角度来说，产生中凸缺陷的原因主要有电弧电压较低、送丝速度过大、焊接速度过慢等。

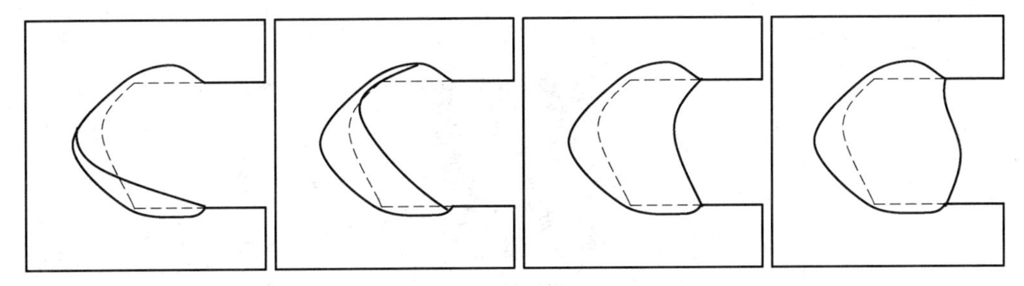

图 2-88　中凸缺陷产生过程

3. 旋转电弧对横焊熔池的控制作用

在传统横向焊接过程中，如果要消除焊缝下塌缺陷，只能通过降低焊接规范来实现，但会带来侧壁熔合不良，未熔透等缺陷。在传统横向焊接中，焊缝表面下塌与侧壁熔合不良存在一种矛盾关系，要解决其中一个缺陷势必会引起另外一个缺陷，很难找到同时解决两种缺陷的平衡点。而旋转电弧横向焊接工艺既能控制焊缝表面下塌，又可以满足较好的侧壁熔深。

首先，一方面，通过旋转电弧温度场分布计算可以看到，在选用合适的旋转参数时（旋转频率为 2. 5~10Hz，旋转半径为 2~3mm），熔池金属的温度较无旋转时降低，坡口侧壁的温度升高，熔池金属的高温保持时间降低，表面张力相对较高，这都有利于横向焊接的焊缝成形。另一方面，由于相对较多的热量被分配到了坡口侧壁区域，有利于提高焊接接头的侧壁熔深，进而得到优良的焊缝成形，并且由于电弧的旋转使得电弧力以及熔滴冲击力周期性的作用在坡口内各个区域，消除了传统焊接时由于电弧力和熔滴冲击力固定作用在坡口中心所产生的指状熔深。

其次，在旋转电弧周期性的作用下，熔池金属在焊缝宽度方向上产生振荡，这种振荡可以促进堆积在下侧壁的金属向上侧壁移动，有利于上侧壁附近的母材熔化区域的填充，这种作用是在传统焊接过程中无法达到的。并且在其他参数不变的情况下，由于电弧的旋转，两侧壁上的熔化范围有所增加，在相同的焊接参数下，旋转电弧工艺与传统横向焊接工艺相比，同时可以促进改善熔池的下塌以及中凸缺陷。

因此旋转电弧横向焊接工艺可以通过降低熔池金属的热量输入以及改变电弧力和熔滴冲击力的作用来共同控制横向焊接的熔池形成过程，从而得到成形良好的横向焊接接头。

4. 接头内部成形特点及形成机理

在接头外部成形研究的基础上，对接头内部成形观察时还发现一个特殊的现象。即在旋转电弧横向焊接接头中，上侧热影响区宽度以及晶粒大小均要大于下侧热影响区，接头成形特性如图 2-89 所示。图 2-89b 和图 2-89c 的对比中可以看到上侧热影响宽度要大于下侧热影响区宽度。图 2-89d 和图 2-89e 中可以看到焊缝上下熔合线附近晶粒，无论是过热区还是熔合区和焊缝区，上侧的晶粒都大于下侧。

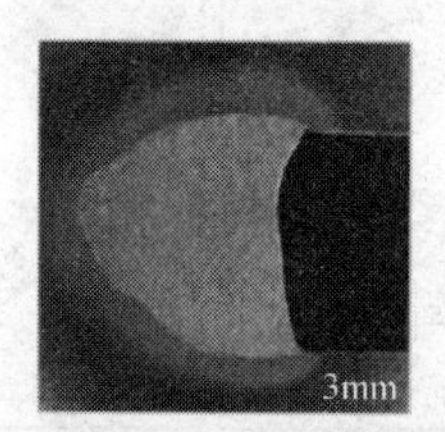

a) 接头横截面

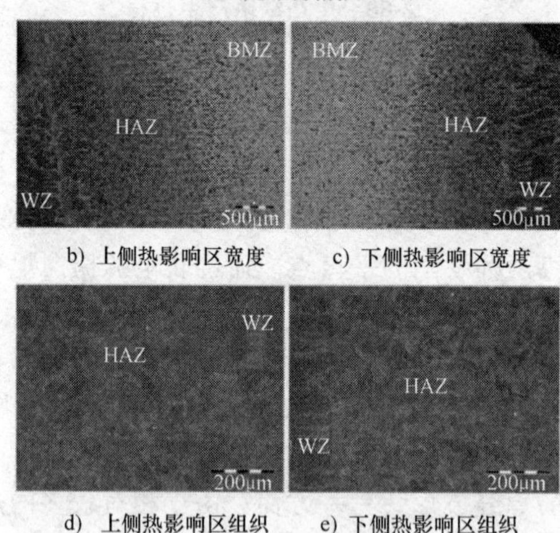

b) 上侧热影响区宽度　c) 下侧热影响区宽度

d) 上侧热影响区组织　e) 下侧热影响区组织

图 2-89　接头成形特性

通过熔池形成过程可知，由于受到重力的影响，熔池首先在下侧形成，液态金属覆盖了下侧壁，电弧在下侧壁作用的时候都要受到液态熔池的阻隔，这样就导致电弧无法更加直接地燃烧到侧壁，加热下侧壁的热量是通过液态熔池传导到下侧壁，而上侧壁没有液态金属覆盖或者覆盖的金属量较少，可以更加直接地受到电弧的作用，这样也使下侧壁附近获得的热量相对较少。

图 2-90 所示为不同旋转频率下两侧热影响区宽度差异，可见随着旋转频率的增加上下热影响区的宽度差值缩小。

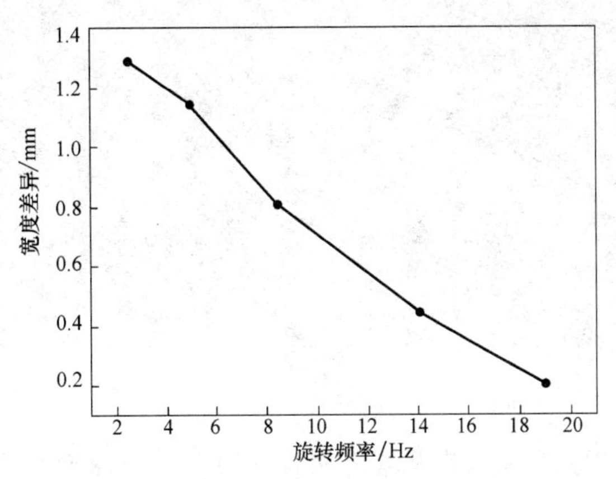

图 2-90　不同旋转频率下两侧热影响区宽度差异

第3章 摆动电弧窄间隙GMA焊

与旋转电弧焊相似，摆动电弧焊采用特殊的方法（焊枪整体摆动、焊丝弯曲、导电嘴弯曲或利用交变磁场）使电弧在坡口两侧来回摆动来扩大电弧作用区域，增加电弧对侧壁的作用时间，使分配到坡口侧壁的电弧热量增多，保证对侧壁的充分加热，因此被应用于窄间隙 GMA 焊中解决侧壁未熔合问题。

焊接过程中，通过调整摆动频率、摆动幅度、侧壁停留时间等摆动参数形成多种摆动轨迹，合理分配坡口内的焊接热量，可有效抑制非平焊位置的熔池流淌，保证焊缝成形。在较为常用的窄间隙 GMA 焊接方法中，摆动电弧窄间隙 GMA 焊应用最多，在日本锅炉压力容器焊接中，摆动电弧窄间隙 GMA 焊使用率达到窄间隙焊接中的 75%以上。

3.1 摆动电弧窄间隙 GMA 焊枪设计与实现

焊枪的设计与制造需要在合适的摆动方案的基础上来完成，需实现电弧在窄间隙坡口内部的横向摆动，并设计与之配套的喷嘴，使焊接电弧与熔池被良好保护。

3.1.1 电弧摆动方案设计

目前，实现电弧机械式摆动的方法主要有焊丝弯曲摆动、导电嘴双圆锥摆动、导电嘴弧形摆动三种方式，电弧摆动原理如图 3-1 所示。

焊丝弯曲摆动方式的原理是通过弯曲装置将焊丝弯曲成波浪状，随着波浪式焊丝的熔化实现焊丝在坡口内部的摆动。这种方式最大的优点是焊丝自身在坡口内部摆动，而焊枪的其他机构，包括导电嘴和导电杆均不需要做摆动，因此适用的坡口尺寸很小。该方式存在以下几个缺点：

1）预先弯曲焊丝机构复杂，需要额外增加焊丝校直系统和弯曲系统，造成焊枪结构笨重复杂，加工难度大。

2）受到焊丝自身韧性的影响，焊丝弯曲程度可控性差。

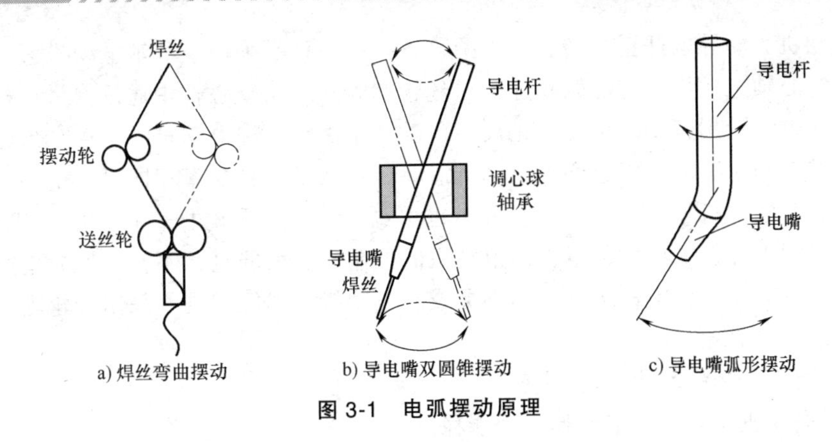

a) 焊丝弯曲摆动　b) 导电嘴双圆锥摆动　c) 导电嘴弧形摆动

图 3-1　电弧摆动原理

3）高温情况下弯曲焊丝通过导电嘴时，易堵丝而造成焊接过程无法继续，这一点在小直径焊丝和软材质焊丝中表现得尤其明显。

导电嘴双锥形摆动方式是根据双锥形电弧旋转方式改变得到的。在导电嘴双锥形摆动方式中，导电嘴不旋转一整圈，而是正向旋转一定角度（小于 180°）后反向转回。在该方法中，焊丝与导电嘴之间没有相对运动，因此导电嘴磨损较小。双锥形摆动的方式使焊接电缆与导电杆能够正常连接，不用担心出现电缆缠绕的问题发生，故不需要采用碳刷等特殊导电方式，增加了焊接过程的稳定性。但是，该方法最大的问题是受到焊枪结构和导电嘴壁厚的限制，焊丝与侧壁夹角很小，侧壁熔深不易保证。另外，随着坡口深度的增加，焊枪深入到坡口内部导电杆长度也要增加，造成圆锥体的高度增加，焊丝与侧壁的角度就要进一步减少以保证焊丝摆动幅度小于坡口间隙，易造成侧壁未熔合，因此该方法适用的坡口深度较小。

导电嘴弧形摆动方式的原理是导电杆下端加工成微弯状，导电嘴安装在微弯导电杆的下端，因此导电嘴与导电杆的中轴线形成了一定的角度，当导电杆围绕轴线做来回转动时，导电嘴便进行弧形摆动，从而实现焊丝摆动。该方式具有以下几个方面的优势：

1）焊丝与坡口侧壁夹角较大，能够得到较大的侧壁熔深，保证侧壁熔合。

2）焊丝摆动幅度与坡口深度无关，焊丝与侧壁夹角与坡口深度无关，因此该方法可以适用于深窄间隙坡口的焊接。

3）焊丝弧形摆动半径较大，导电杆只需要旋转较小角度就可以满足窄间隙坡口的焊接，因此焊接电缆可以直接与导电杆相连而不会发生电缆缠绕的问题，可以避免使用石墨碳刷等导电方式。

4）导电嘴带动焊丝摆动，焊丝指向稳定，有利于电弧位置的控制。

5）该方式中，焊丝与坡口底部法向之间的夹角较大，该角度相当于常规焊接中的焊枪倾角，该角度有利于非平焊位置焊接熔池的控制。

相比前面两种摆动方式，导电嘴弧形摆动方式的导电嘴磨损稍大，但是由于导电嘴摆动速度一般较慢，且摆动角度很小，因此该问题对焊接过程的影响不大。

电动机驱动导电杆正反转有如下两种方式，一种是采用空心轴电动机，导电杆直接与空心轴电动机的空心轴相连，送丝管和焊丝均从空心轴中通过；另一种则是电动机通过齿轮副带动导电杆做正反转运动。采用空心轴电动机时不存在齿轮磨损问题，结构相对紧凑，但空心轴电动机需要特殊加工，且功率相同时，空心轴电动机与实心轴电动机相比价格更贵，成本也更高；另外，导电杆直接与电动机相连，在焊接过程中焊接电流为强电，而电动机的控制电流为弱电，不符合工业生产中强电与弱电分离原则，容易出现控制失灵或者电动机损坏等问题。采用齿轮副传动方式具有以下优势：

1）可以采用标准化的电动机。

2）电动机体积小、成本低、性能稳定。

3）电动机不与导电杆直接相连，有利于实现强、弱电分离。

电弧摆动方案及摆动轨迹如图 3-2 所示，最终采用齿轮副传动带动导电嘴弧形摆动的形式设计焊枪，通过调整伺服电动机的参数，可以实现多种电弧行走路径以适合不同工况下的窄间隙焊接。

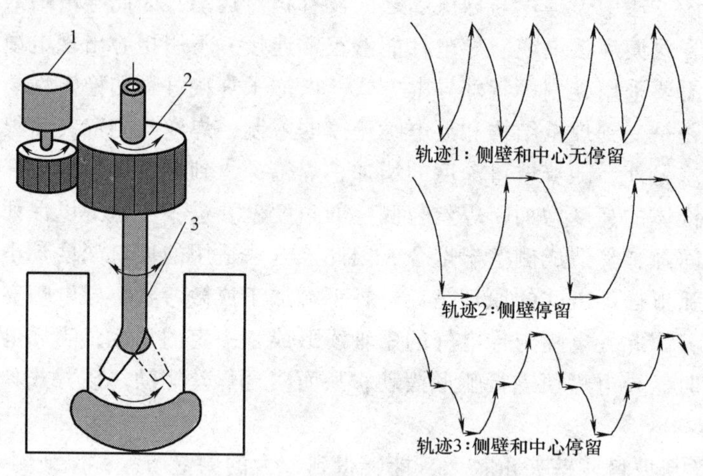

图 3-2　电弧摆动方案及摆动轨迹

1—电动机　2—齿轮　3—弯曲导电杆

3.1.2　喷嘴设计

窄间隙焊接中，窄而深的坡口对保护气喷嘴提出了更高的要求。窄间隙喷嘴只有采用较小的尺寸才能避免喷嘴与坡口接触或者碰撞，这提高了喷嘴的设计难度和加工精度。受到窄间隙喷嘴尺寸的限制，喷嘴端部距离坡口底部的距离较大，常规喷嘴无法获得良好的保护效果，需要对喷嘴进行特殊设计以提高其层流长度和气流挺度。按照窄间隙喷嘴相对于坡口的位置，窄间隙喷嘴分为插入式喷嘴和外置式喷嘴两类。插入式喷嘴是指焊接时需要将其放入到坡口内部的窄间隙喷嘴，这种喷嘴对保护气层流长度和气流挺度的要求不高，但喷嘴尺寸限制大，加工精度要求高，结构复杂，冷却要求高，在实际焊接中特别容易出现因喷嘴与导电嘴或者侧壁相接触而发生喷嘴起弧的现象。外置式喷嘴放置于坡口上面，保护气从喷嘴流出后还需经过窄且深的窄间隙坡口才能到达保护区域，因此其对保护气的层流长度和气流挺度要求很高。

1. 外置式喷嘴

与插入式喷嘴相比，外置式喷嘴具有结构简单、不与坡口接触、尺寸限制少、冷却要求低等优势，且插入式喷嘴无法对接近坡口表面的最后几道焊缝实现有效的保护，需要采用外置式喷嘴才能实现完整的焊接。

保护气经喷嘴向窄间隙坡口区域喷射所形成的气体流动，在气体动力学上称为气体射流。由气体射流的运动规律可知，从喷嘴喷出去的保护气可以分为两个区域，即射流核心区和边界层。喷嘴喷出的保护气形态如图 3-3 所示，保护气从喷嘴截面喷出去以后，以出口端面为起点向外扩散，形成圆锥形的区域，其中角度 α 为扩散角，保护气在向外扩张的同时，边界层不断带入周围的空气，使得具有喷出速度 v_0 的保护气的范围不断缩小，即随着距离的增加，核心区越来越窄，最终核心区消失。之后，随着距离的增加，端面的保护气最大速度逐渐减少。根据气体动力学可知，扩散角存在以下关系：

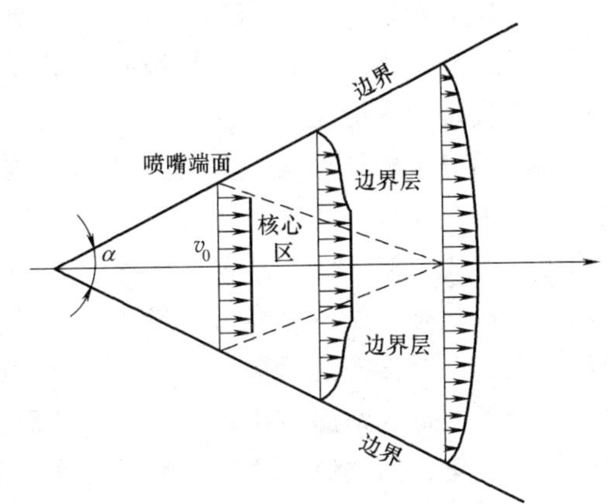

图 3-3　喷嘴喷出的保护气形态

$$\tan(\alpha)=a\varphi \tag{3-1}$$

式中　a——紊流系数，其值大小取决于喷嘴的结构形式和气流经过喷嘴时受扰动的程度，a 越大表示紊流强度越大；

φ——喷嘴的形状系数。

$$\frac{v_m}{v_0}=\frac{0.23}{\frac{as}{d}+0.147} \tag{3-2}$$

式中　v_m——截面的流体平均速度；

s——截面距离喷嘴端面的距离；

d——喷嘴的当量直径。

扩散角越大，保护气从喷嘴射出后纵向膨胀越厉害，核心区长度越小，带入射流的周围空气数量越多，保护效果越差。因此，从增大喷嘴保护深度上考虑，设计的喷嘴结构应该有利于得到小的扩散角。根据式（3-1）可知，扩散角与紊流系数和喷嘴形状系数有关。在工程计算中，一般轴对称截面的紊流系数要小于非对称的截面，对于圆形喷嘴，喷嘴形状系数 $\varphi=3.4$；对于条形喷嘴，$\varphi=2.44$。喷嘴截面形状设计为矩形有利于降低截面形状系数，减少扩散角，且矩形截面使保护气受到坡口上表面的阻碍作用减弱，有利于保护气进入坡口内部。

保护气断面的平均流速越大，保护气体挺度越好，越不容易受到周围空气的干扰。由式（3-2）可知，增大初始速度 v_0 可以提高保护气的平均速度，故从加强保护气挺度方面来考虑，应该增大保护气的喷出速度。

由第2章式（2-1）、式（2-2）和式（2-3）计算可知，喷嘴气体通道截面周长应大于35mm，考虑到坡口形状，选取喷嘴气体通道的截面周长为108mm，其中沿坡口方向长度为34mm，垂直坡口方向长度为20mm。气体通道的长度对气体的流态产生一定的影响，气体通道越长，近壁处形成的层流厚度就越大，保护效果越好。但是，气体通道受到实际结构的限制，考虑到焊枪主体结构的尺寸，喷嘴气体通道的长度定为60mm。

以上的分析和计算均是假设气体由送气管进入到喷嘴时气体通道的截面积一致。实际上，喷嘴内径比送气管的内径大很多，截面积的大幅度变化会使气体分布不均匀，形成紊流，因此需要在保护气入口处设计镇静腔，使气体在空间上分布均匀且为层流状态，然后再经由喷嘴的下部通道送入窄间隙坡口中去。按照层流罩的设计原理，在保护气喷嘴接近保护气入口区域加入了两层气体筛，形成了两个镇静腔。保护气通过气筛的小孔时，在近壁处形成层流，且在黏性应力的作用下，气体速度较为平均，因此经过两层气筛后气体分布的均匀性和气体流态均得到了很好的改善。最终设计的保护气喷嘴装配结构如图3-4所示。

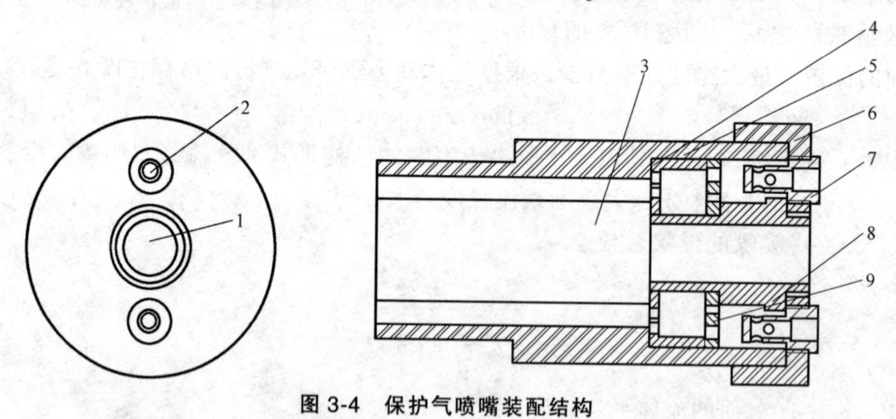

图3-4 保护气喷嘴装配结构

1—导电杆孔 2—保护气入口 3—气体通道 4—细气筛 5—壳体 6—拧盖
7—气管接头 8—轴套 9—粗气筛

保护气流经气管接头7，气管接头7横向开孔，将纵向速度较大的保护气以横向送进拧盖6和粗气筛9围成的镇静腔内，在该镇静腔内，气体空间分布变得均匀，流动速度降低，受到气筛小孔内壁的作用，气体的层流状态有所加强。经过粗气筛 9 后进入到粗、细两个气筛所形成的第二个镇静腔，此时气体的流动更为均匀，层流状态进一步加强，之后经过细气筛 4 以层流的形式流入到气体通道。由于气体通道的截面积比镇静腔的截面积小，因此保护气的速度有所增加，最终保护气快速从气体通道 3 中喷到窄间隙坡口内部实现对焊接区域的保护。图 3-5 所示为喷嘴的三维效果及实物。

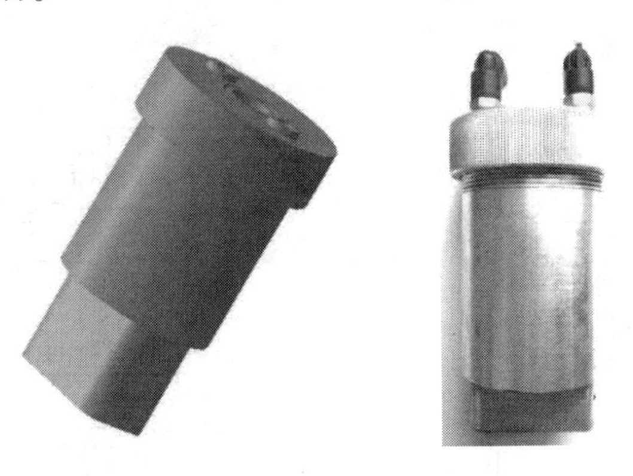

图 3-5　喷嘴的三维效果及实物

2. 插入式喷嘴

插入式喷嘴在设计的过程中需额外注意喷嘴内部的装配尺寸及装配空间问题。将导电杆与导电嘴完全置于喷嘴内部，由于喷嘴壁对气体的约束作用较好，比较容易实现良好的保护效果。但考虑到枪体厚度尺寸与填充效率相关，枪体厚度增加会导致坡口宽度的增加。为尽可能地减小坡口的宽度，将保护气从导电杆两侧采用两个喷嘴分别送进。喷嘴的作用主要是在喷嘴内部上方部分使送进的气体混合均匀并减速，再经过喷嘴腔体，形成具有一定挺度的层流。在气体送进方式的选择上，仍采用横向吹气的气塞，气筛上仍使用粗、细双层气筛。

为保证插入式焊枪盖面焊时的良好保护效果，设计拖罩夹持在焊枪两侧，以保证盖面焊道的保护效果，拖罩结构如图 3-6 所示，同样使用横向气塞与粗、细双层气筛以保证气流为稳定的层流。

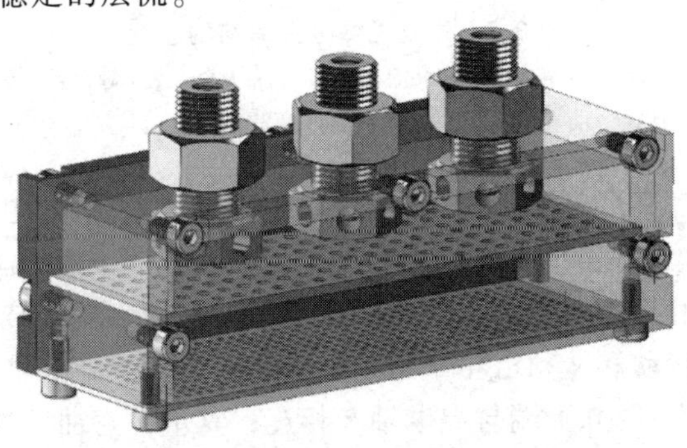

图 3-6　拖罩结构

3.1.3 焊枪主体设计

1. 外置式焊枪

外置式焊枪主体结构装配如图 3-7 所示，焊枪整体可以分为上、下两部分，焊枪上部为焊枪主体，其主要功能是使导电杆来回摆动并与焊接电源相连通，焊枪的下部分为保护气喷嘴。

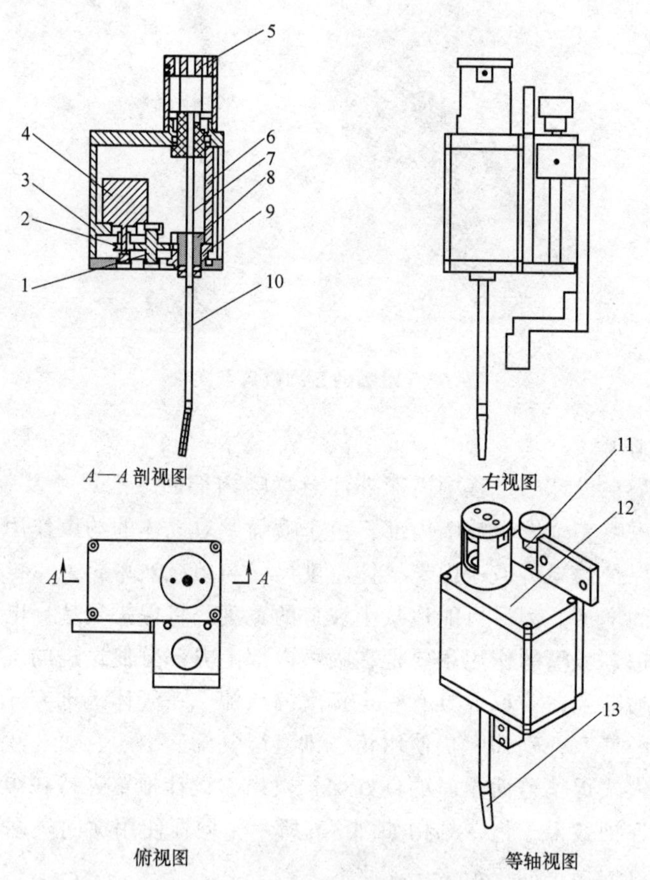

图 3-7 外置式焊枪主体结构装配

1—过渡齿轮 2—主动齿轮 3—箱体 4—电动机 5—焊枪接头 6—导电板 7—送丝管 8—导电轴 9—从动齿轮 10—弯曲导电杆 11—喷嘴高度调节机构 12—核心组件 13—导电嘴

焊枪主体由喷嘴高度调节机构 11 和核心组件 12 组成。其中，喷嘴高度调节机构 11 将喷嘴和焊枪主体连接成为一个整体，并根据情况调整喷嘴高度。核心组件由摆动机构、导电和冷却装置组成。电动机 4 带动主动齿轮 2 转动，并通过过渡齿轮 1 使从动齿轮 9 转动。从动齿轮 9 与导电轴 8 固定，故导电轴 8 会随着齿轮的转动而转动，弯曲导电杆 10 上端与导电轴 8 相连，其下部弯曲，导电嘴 13 安装在弯曲导电杆 10 下部，因此导电嘴轴线与导电轴轴线形成一定夹角。焊丝经由焊枪接头5，并通过送丝管7和导电杆后从导电嘴13伸出，焊丝与导电轴之间也具有一定的夹角。当导电轴转动时，焊丝做锥形转动。所以，通过电动机控制器控制电动机轴来回旋转可实现焊丝的弧形摆动。

焊枪接头5与导电板6通过软导线相连，焊枪接头5与焊接电源接通后，焊接电流经软导线进入导电板6，流经导电轴8、弯曲导电杆10最终通过焊丝。由于摆动电弧窄间隙焊接过程中旋转的角度不会超过180°，因此采用该方式不会出现导电缠绕的问题。焊枪采用针对导电杆的冷却路径，冷却水从焊枪接头5的进水口进入，流经进水管，到达导电轴8与其外部的导电轴套之间形成的空腔内，并从另一水孔流出，经由出水管后从焊枪接头5的出水口返回，从而实现了对导电轴8及弯曲导电杆10的循环冷却。焊枪摆动过程稳定，导电性能良好，冷却效果明显，能够进行大规范、长持续时间的焊接。

2. 插入式焊枪

采用外置式喷嘴不能满足厚度为100mm以上的钢板焊接时的保护要求，需要设计插入式喷嘴焊枪。插入式焊枪主体结构如图3-8所示，在齿轮副的实现方式中，采用结构相对紧凑的中空减速器，可避免对齿轮副进行计算设计，免除齿轮副的加工周期，且寿命也高于同步带轮的传动机构，将导电杆固定在其输出轴上即可实现导电嘴摆动。

采用软铜线作为导电轴与送电入口的导电通路，并在减速器两侧预留摆动区间，由于导电杆摆动角度不会过大，导线不会发生缠绕，且由于导线质地较软，在运转至枪主体壁面时不会限制电动机的运转。

焊枪水冷结构如图3-9所示，通过机加的手段在铜块上加工出U形液体回路，之后，将进水口和出水口与水管焊接在一起，再通过焊接的方式封住水冷铜块的排水孔。装配时，将铜喷嘴紧密压在水冷铜块上，以达到冷却喷嘴的目的。

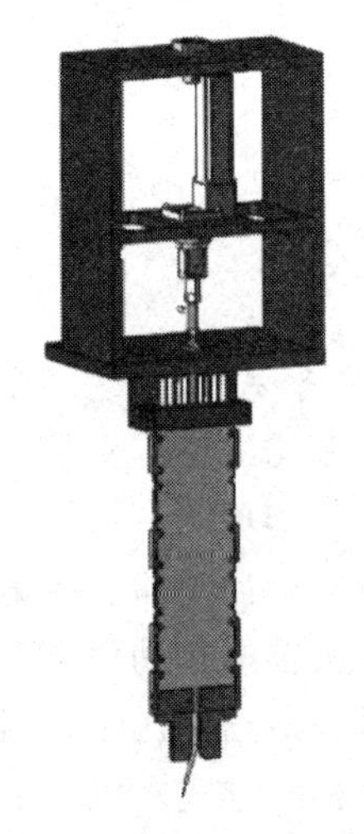

图3-8 插入式焊枪主体结构

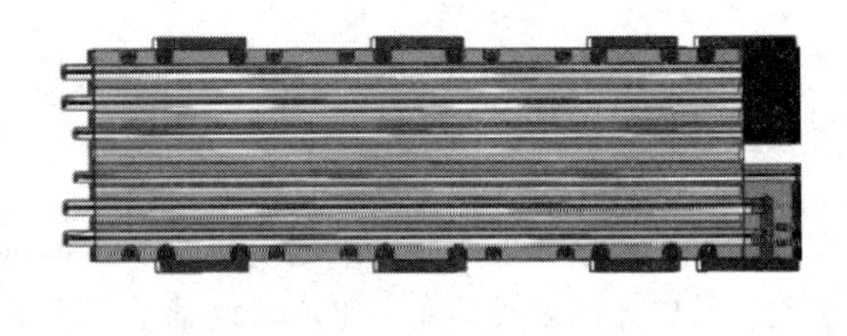

图3-9 焊枪水冷结构

3.1.4 保护效果验证

采用染色试验和实际焊实验来验证外置式喷嘴的保护效果。坡口宽度为10mm，深度为80mm。图3-10所示为不同气流量下的气流效果，给出了外置式焊枪在保护气流量为5L/min、15L/min和30L/min时的保护气在坡口内部的流动状态。当保护气流量为5L/min时，由于保护气流量小，保护气流速慢，造成气体的挺度较差，容易受到周围空气的扰动，故保护气从喷嘴流出后不久就出现漩涡，卷入空气。当气体流量增加到15L/min时，保护气形态十分清晰，保持了较长距离的层流状态，但由于喷嘴距离坡口底部较远，保护气流动速度受到周围空气的阻碍而减弱，在接近坡口底部因卷入空气而出现了漩涡。当其流量增加到30L/min时，气体在整个坡口深度上均为层流状态，保护气与周围空气之间轮廓清晰，这种保护气流态保护效果满足要求。从这一实验可以看出，设计的喷嘴在适当增大保护气流量时可以获得较长距离的层流，其层流长度超过了试验坡口的深度，达到了设计要求。

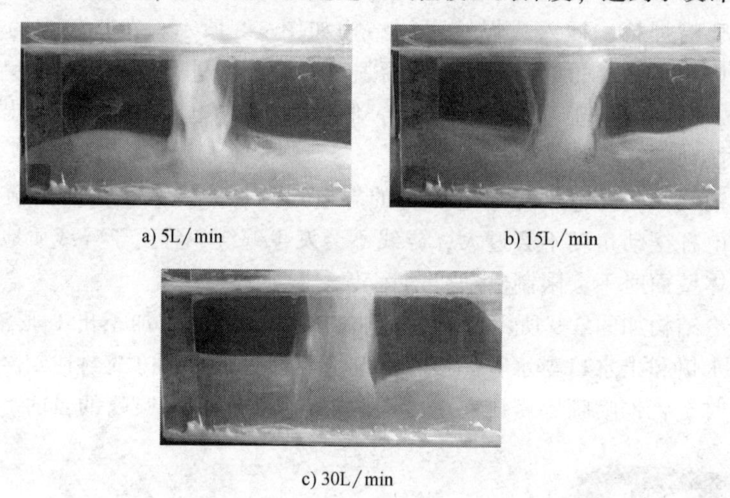

a) 5L/min　　b) 15L/min

c) 30L/min

图3-10　不同气流量下的气流效果

3.1.5 焊枪性能及评价

图3-11所示为优化设计的摆动电弧窄间隙外置式焊枪效果和实物，图3-12所示为摆动电弧窄间隙插入式焊枪实物。焊丝、冷却水、电流均经由焊枪接头部分送入焊枪内部，保护气经送气管进入喷嘴。为了实现摆动参数的可调，设计了摆动控制器。摆动控制器由电源、电动机控制器、驱动器、脉冲信号比对器、光电编码器组成。其中光电编码器安装于电动机轴上，用于反馈电动机轴的转动信息，脉冲信号比对器将反馈信号与电动机控制器的发生信号进行比对，根据对比结果对驱动器发出指令，实现电动机的闭环控制。电动机控制器通过编程的方式对电动机轴的旋转角度、速度和方向进行控制。

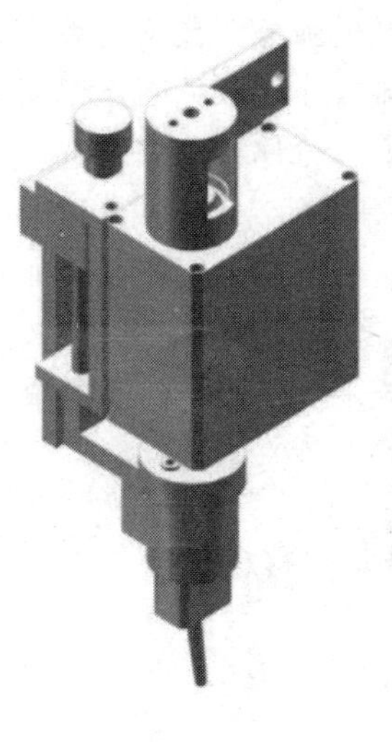

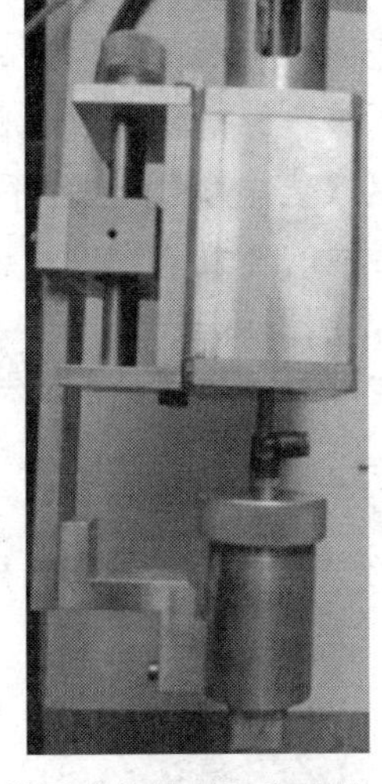

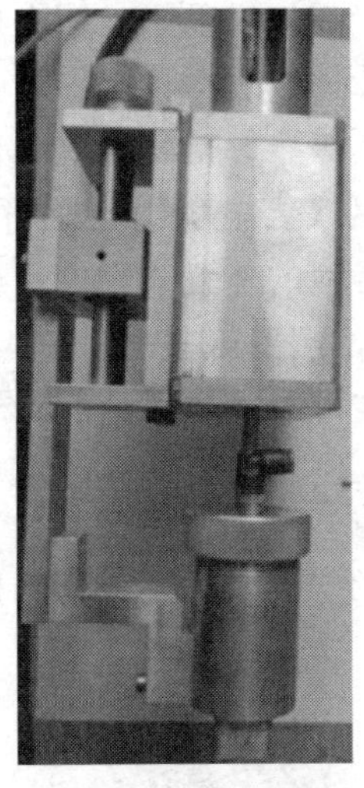

图 3-11　摆动电弧窄间隙外置式焊枪效果和实物

图 3-12　摆动电弧窄间隙插入式焊枪实物

焊丝的摆动是由下部微弯的导电杆实现的，当焊枪不动时，焊丝端部运动所形成的轨迹为圆弧，该圆弧的半径与弯曲导电嘴的弯曲角度、导电嘴长度及焊丝伸出长度有关。圆弧轨迹的圆心角则成为摆动角度，摆动过程采用的角速度则为摆动速度，图 3-13 所示为摆动半径和摆动角度。

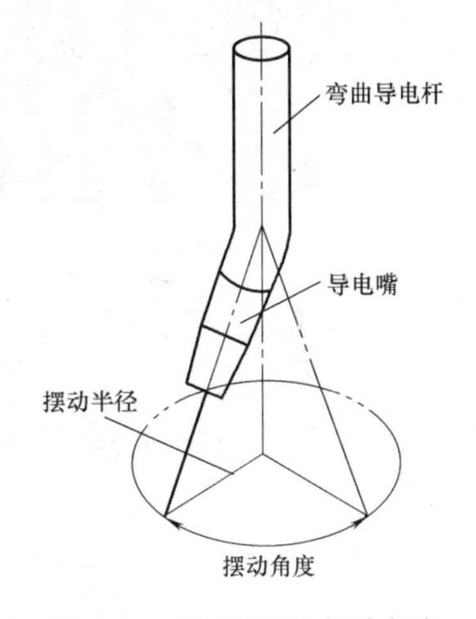

图 3-13　摆动半径和摆动角度

正常焊接时，焊丝的弧形摆动运动与沿焊接方向的直线运动相结合可以形成多种运动轨迹如图 3-2 所示。在窄间隙焊接中，为了增加侧壁的热输入，应该增大焊丝在侧壁的停留时间，故选择了焊丝在两侧壁停留的运动轨迹。焊丝往复摆动一次所经历的时间称为摆动周期。在一个摆动周期内，焊丝不摆动且停留在坡口某一侧所经历的时间为侧壁停留时间。摆动半径、摆动角度、摆动速度、侧壁停留时间和摆动周期均为该运动轨迹下的摆动参数。焊枪的参数性能见表 3-1。

表 3-1　焊枪的参数性能

参　数	规　格	参　数	规　格
焊接电流	≤450A	可焊深度	≤80mm（单面坡口）
摆动半径	8mm	侧壁停留时间	0～99s
摆动速度	0～504(°)/s	摆动角度	0°～180°
间隙宽度	≥8mm	—	—

为了评价外置式焊枪的可靠性，采用该焊枪分别对 1000mm 长的 35mm、50mm 厚钢板进行了多层单道焊接工艺。在整个焊接过程中，未出现电弧停摆或摆动丢步等现象，说明焊枪的电弧摆动稳定可靠；焊接过程稳定，飞溅极小，未见断弧熄弧现象发生，说明焊枪导电性能稳定；持续焊接焊枪发热不明显，枪体始终低于电动机的工作温度，完成整个焊接过程无须更换导电嘴，这说明焊枪的冷却效果很好，导电嘴磨损正常，满足实际焊接要求；得到的外置式焊枪焊接窄间隙焊缝横截面如图 3-14 所示。可以看出，焊缝未见气孔、侧壁未熔合等缺陷，说明喷嘴的保护效果良好。综合分析可知，该焊枪性能稳定可靠，可以进行大规范和长持续时间的窄间隙焊接，满足设计要求。

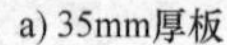

a) 35mm厚板

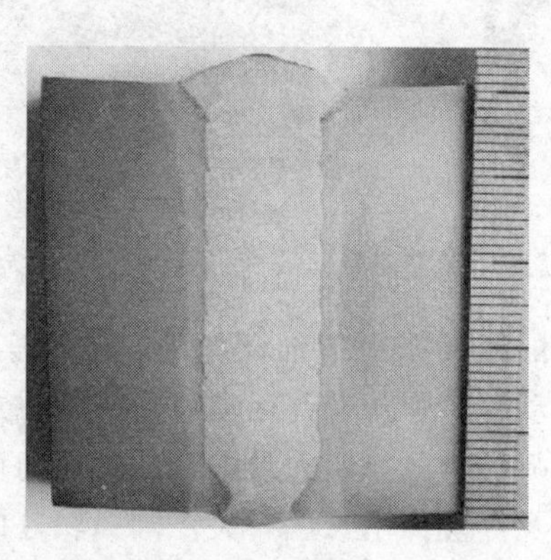

b) 50mm厚板

图 3-14　外置式焊枪焊接窄间隙焊缝横截面

同样，采用插入式焊枪对 38mm 厚钢板进行焊接，焊接过程稳定，几乎无飞溅。插入式焊枪焊接窄间隙焊缝横截面如图 3-15 所示，焊缝未出现宏观缺陷，成形优良。

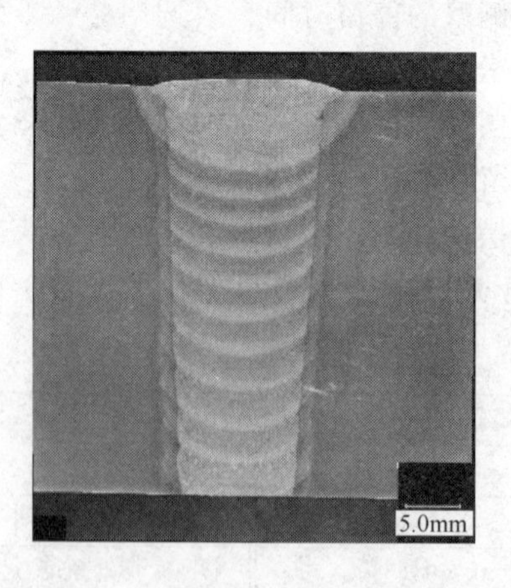

图 3-15　插入式焊枪焊接窄间隙焊缝横截面

3.2　摆动电弧窄间隙 GMA 焊电弧特性与熔滴过渡

3.2.1　摆动电弧窄间隙 GMA 焊电弧特性

焊丝在侧壁时的电弧形态如图 3-16 所示。随着焊丝向坡口侧壁靠近，焊丝与侧壁的距离越来越小，当焊丝底部与坡口侧壁之间的距离 L 小于临界值 L_T 时，根据最小电压原理，弧柱中的电流会沿着最小路径流入到工件中，故电弧在焊丝端部与坡口侧壁之间产生，此时焊接电弧的弧长为 L_w。当焊丝距离侧壁越来越远时，焊接电弧弧长 L_w 不断增大，直到 $L>L_T$ 时，电弧在焊丝端部与坡口底部产生，此时，焊接电弧弧长即为 L_b，显然 $L_b>L_w$。摆动电弧窄间隙焊接电弧长度随着焊丝所处的空间位置而发生变化，一个摆动周期内弧长的变化如图 3-17 所示。可以看出，电弧在侧壁停留时，电弧长度最小。焊丝由一侧摆动到另一侧时，电弧长度越来越大，焊丝在坡口中间区域时电弧长度最大，此后，焊丝逐渐靠近坡口的另一侧，电弧长度逐渐变小，直到焊丝在另一侧停留时，焊接电弧长度达到最小值。

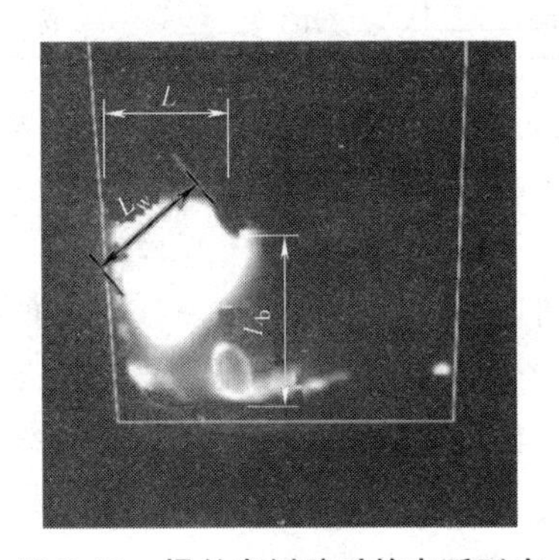

图 3-16　焊丝在侧壁时的电弧形态

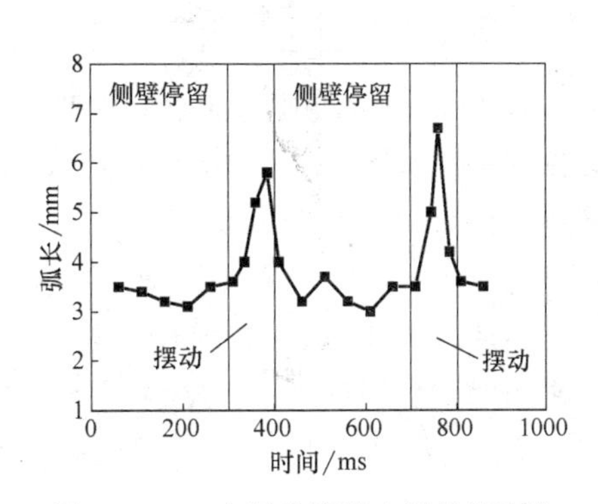

图 3-17　一个摆动周期内弧长的变化

图 3-18 所示为摆动电弧窄间隙焊接和不摆动窄间隙焊接的电流。可以看出，摆动电弧窄间隙焊接的电流呈现周期性的波动。将同步采集到的焊接电流与高速摄像对比分析发现，当焊丝在侧壁停留时，焊接电流出现峰值，随着焊丝距离侧壁的距离越来越远，焊接电流不断下降。当焊丝处于坡口中间部分时，此时，焊丝距离两侧的距离最远，测量得到的焊接电流也是最小的。

3.2.2　摆动电弧窄间隙 GMA 焊熔滴过渡

在窄间隙焊接中，焊丝在坡口空间位置的改变会导致电弧形态、焊接电流等发生变化，最终影响熔滴过渡。为了分析摆动电弧窄间隙焊熔滴过渡特征，进行了相关参数的试验。窄间隙焊熔滴过渡试验参数见表 3-2。

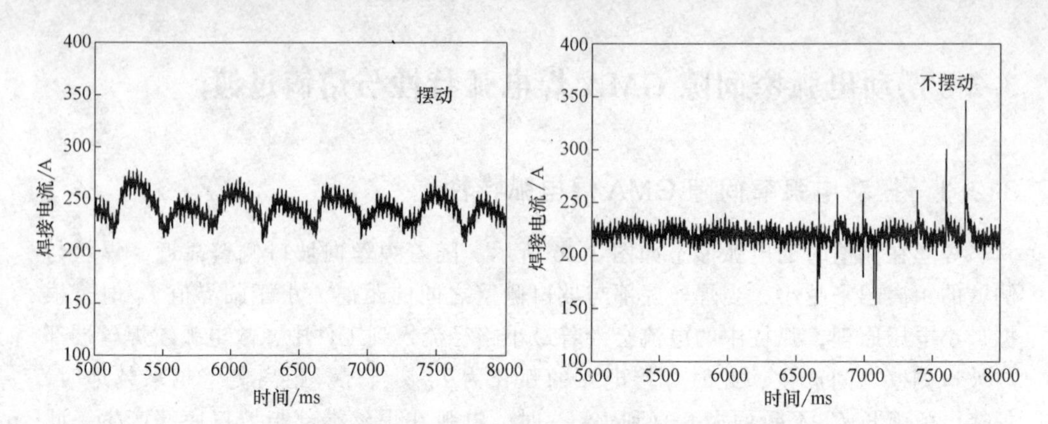

图 3-18　摆动电弧窄间隙焊接和不摆动窄间隙焊接的电流

表 3-2　窄间隙焊熔滴过渡试验参数

摆动速度 /[(°)/s]	送丝速度 /(m/min)	焊接电压 /V	停留时间 /ms	焊接速度 /(mm/min)	摆动角度 /(°)
—	6	26	—	—	—
216	6	26	300	200	46
504	6	26	300	200	46

图 3-19 所示为电弧不摆动窄间隙焊的熔滴过渡情况。在窄间隙焊中，两侧壁的拘束作用造成熔池中间低而两侧高，焊丝距离熔池表面两侧的距离较小，容易在两侧燃烧，使得窄间隙焊中电弧稳定性较差。在 5903ms 时，由于焊丝端部到熔池右侧的距离最小，电弧在右侧燃烧，随着焊丝的送进，焊丝底部与其正下方的熔池表面距离逐渐减少；在 5907ms 时，电弧主要在熔池表面中间燃烧，此时形态与平板堆焊时相似，呈现钟罩形。随着焊丝的不断熔化，熔滴体积不断增大，最终在重力作用下，于 5913ms 时刻发生滴状过渡。不摆动窄间隙焊熔滴平均直径为 1.5mm，过渡频率为 110Hz。

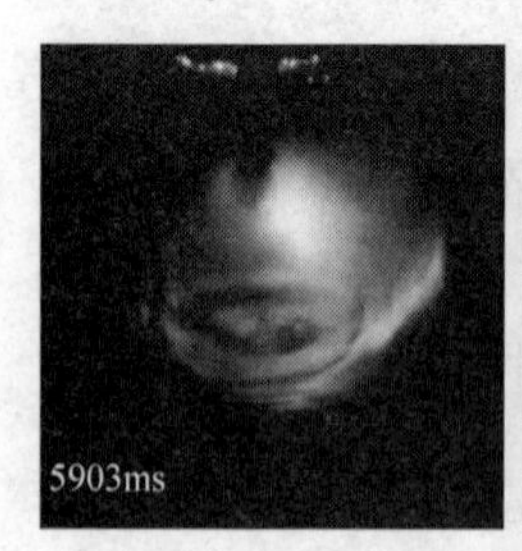

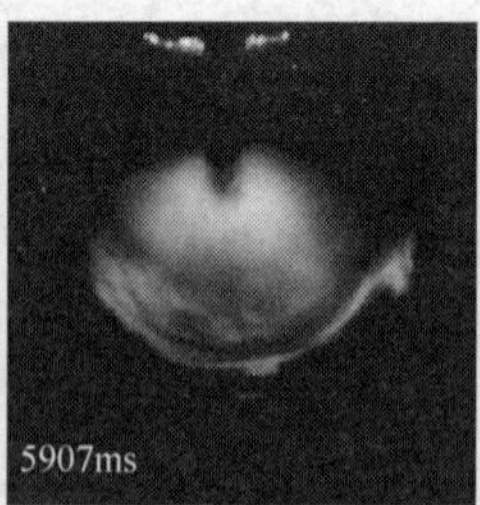

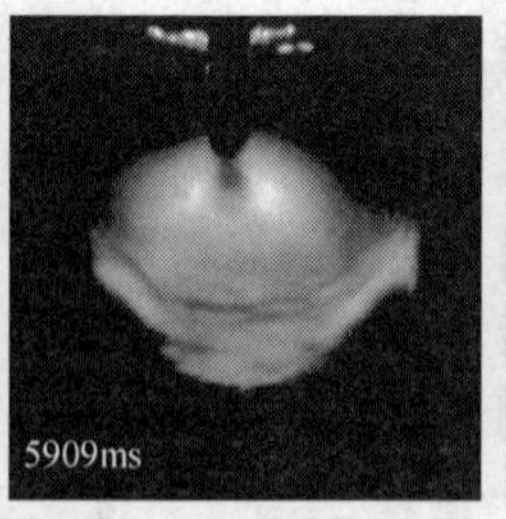

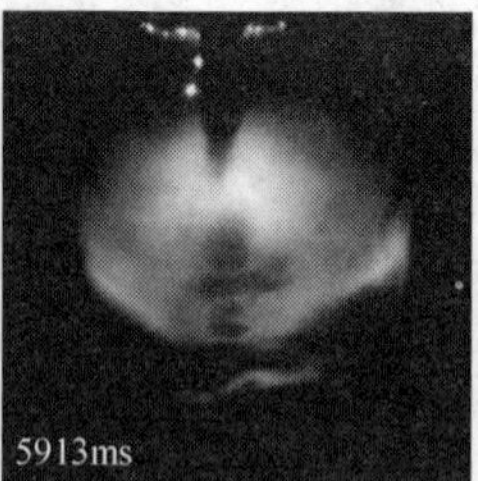

图 3-19　电弧不摆动窄间隙焊的熔滴过渡情况

图 3-20 所示为摆动速度为 216 (°)/s 时一个摆动周期内焊丝运动到不同位置的熔滴过渡情况。可以看出，随着焊丝空间位置的改变，熔滴过渡形式发生规律性的变化，焊丝的运动可以分为四个阶段：

（1）焊丝在左侧停留 300ms　在 5758～5761ms 时，焊丝在左侧停留，电弧在坡口侧壁与焊丝端部之间燃烧，电弧明亮，形态收敛。焊丝端部为“削铅笔”状，熔滴沿着焊丝轴线方向过渡到熔池，过渡形式始终为射流过渡，熔滴直径约为 0.7mm，过渡频率约为 461Hz。

（2）以 216（°）/s 的速度从坡口左侧摆动到右侧　在 6080～6122ms 时，焊丝从左侧向右侧运动。在 6080ms 时，焊丝开始离开坡口左侧，此时电弧亮度明显减弱，电弧形态发散。熔化的液态金属在焊丝底部堆积，由于电弧发散，电弧力较弱，熔滴不易过渡，在 6122ms 时，大颗粒熔滴过渡到熔池。在该阶段中，熔滴过渡形式为大滴过渡，熔滴直径显著增大到 1.8mm，过渡频率显著降低。

（3）焊丝在右侧停留 300ms　与第一阶段相似，在 6321～6324ms 时，焊丝右侧停留时电弧形态收敛，亮度增强，焊丝底部呈现“削铅笔”状，熔滴过渡方式由大滴过渡又转变为射流过渡。

（4）以 216（°）/s 的速度从右侧摆动到左侧　焊丝在右侧停留 300ms 后继续向左侧摆动，在 6742ms 时，焊丝处于坡口中间且向左侧运动，熔滴也随着焊丝的摆动不断增大；在 6782ms 时，熔滴长大到一定程度后过渡到熔池，此阶段熔滴过渡形式为大滴过渡，熔滴尺寸较大，过渡频率低。

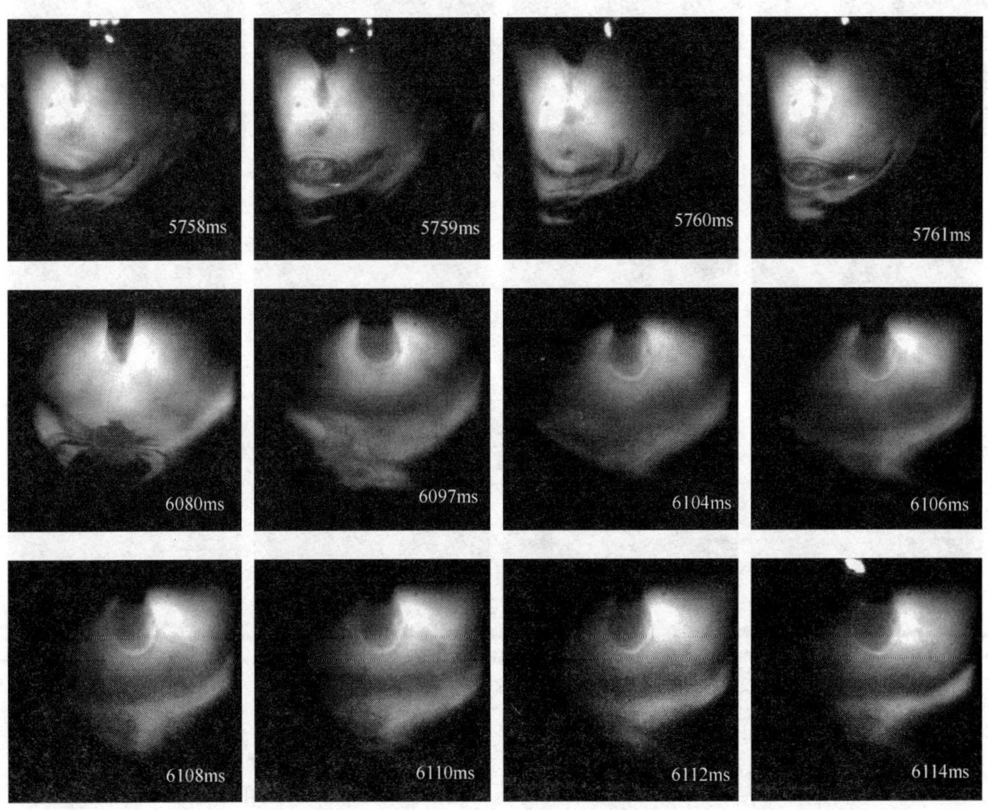

图 3-20　摆动速度为 216（°）/s 时的熔滴过渡情况

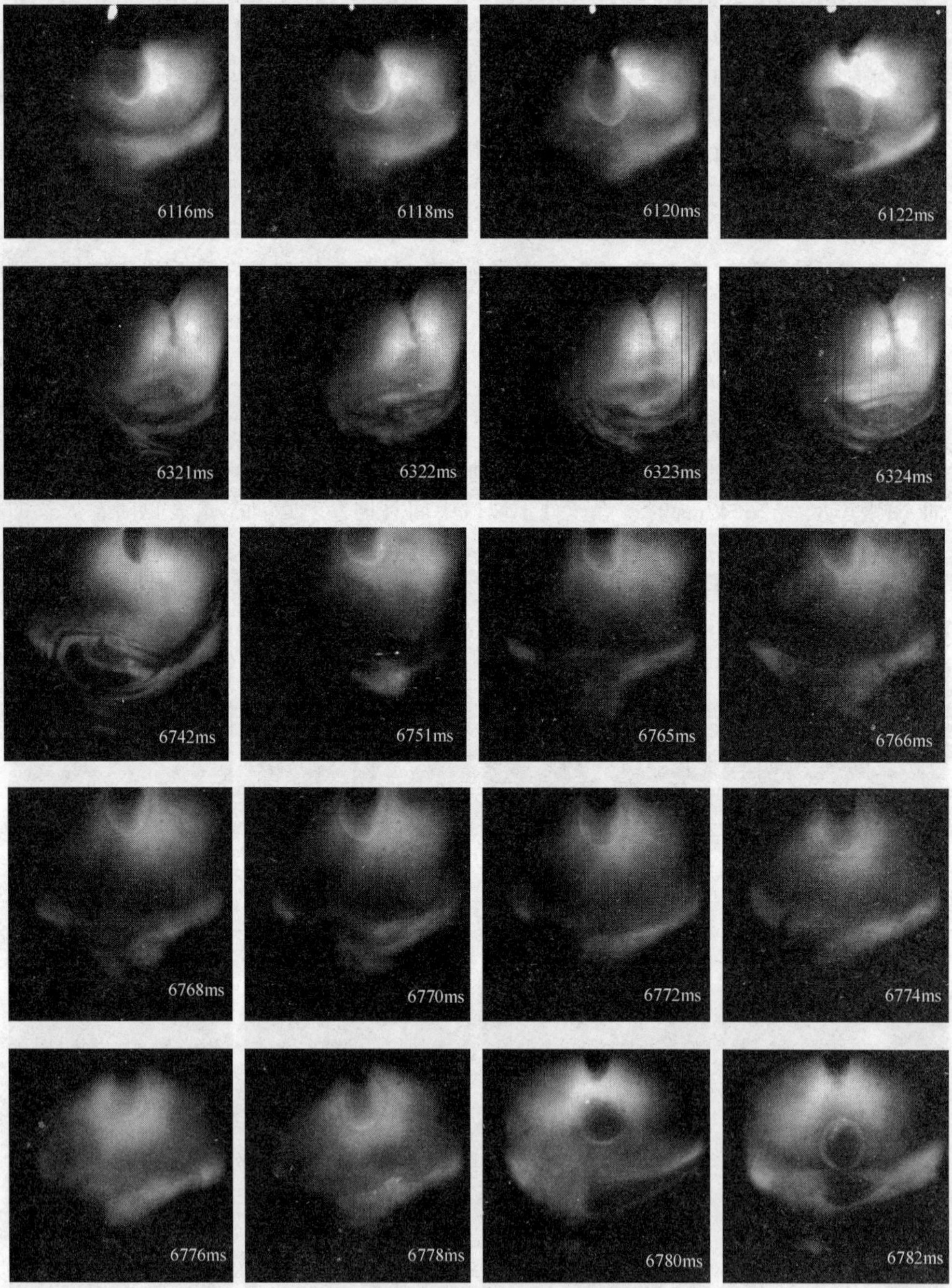

图 3-20　摆动速度为 216（°）/s 时的熔滴过渡情况（续）

图 3-21 所示为摆动速度为 504（°）/s 时一个摆动周期内的熔滴过渡情况，摆动速度的增大对于摆动电弧窄间隙焊熔滴过渡周期性变化的特征未有改变。当焊丝

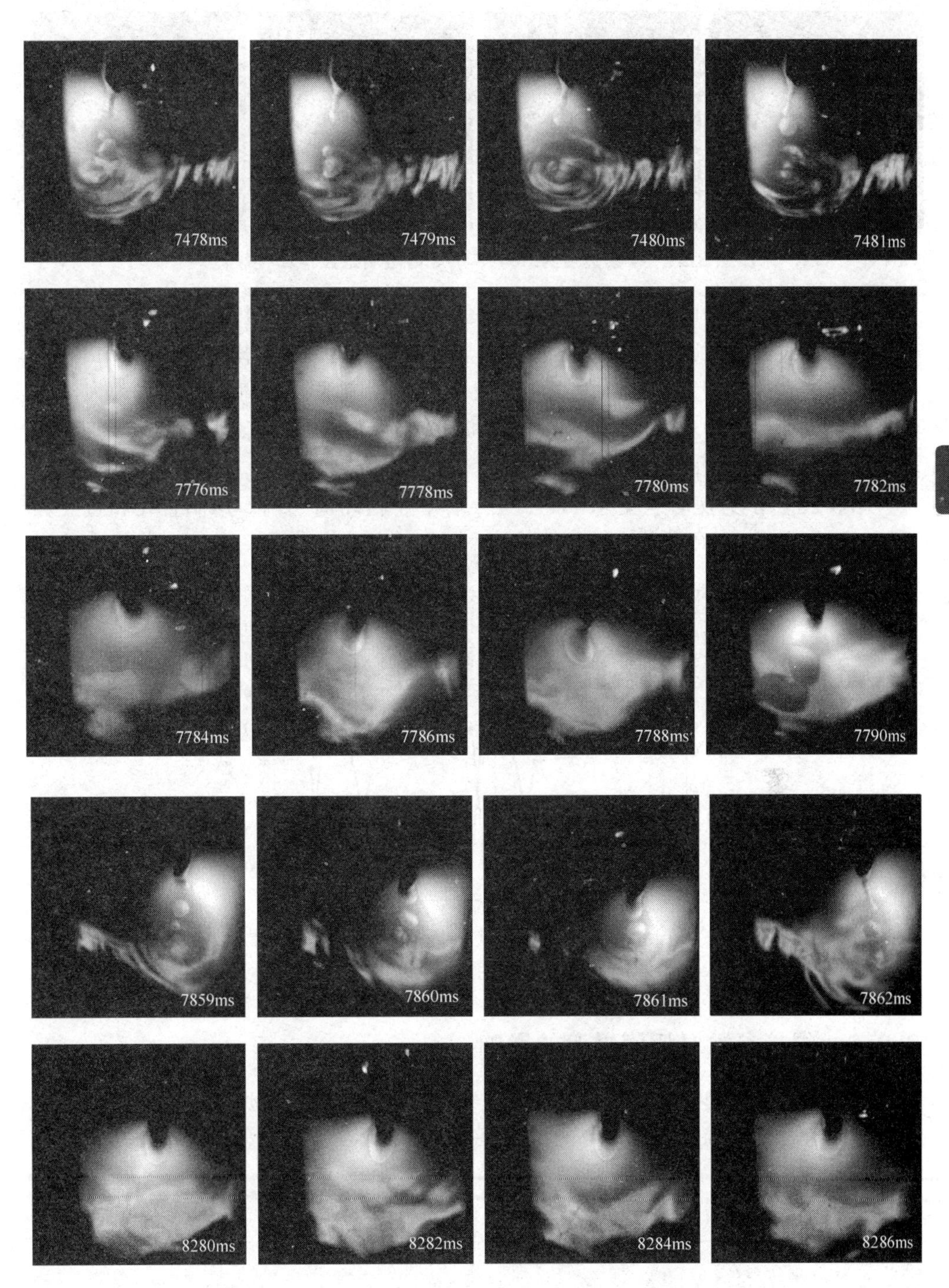

图 3-21 摆动速度为 504（°）/s 时熔滴过渡情况

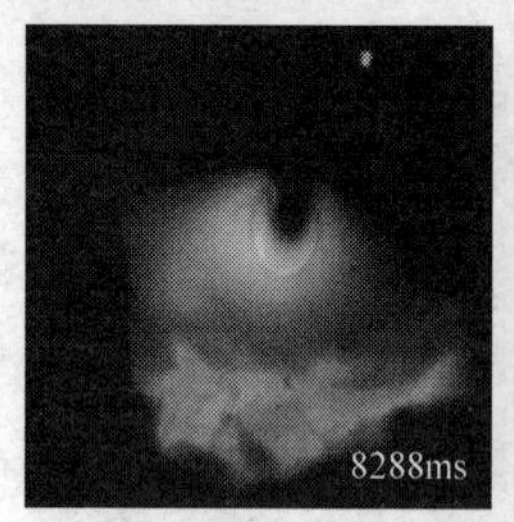

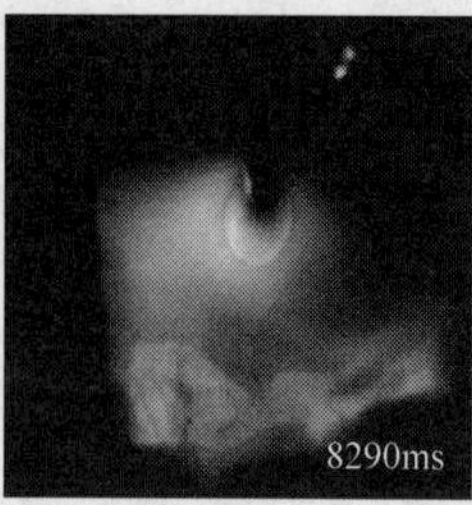

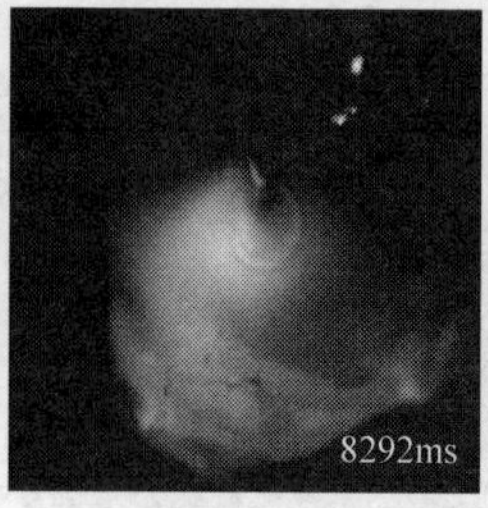

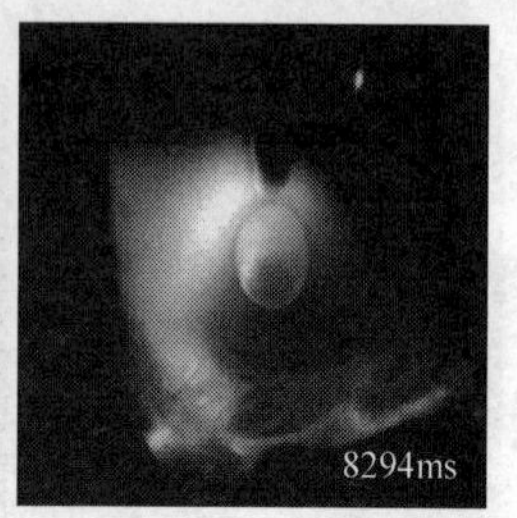

图 3-21　摆动速度为 504（°）/s 时熔滴过渡情况（续）

在侧壁停留时，部分电弧在侧壁燃烧，电弧长度较短，电弧亮度较大，熔滴沿着焊丝轴向射流过渡。电弧离开侧壁运动时，焊丝端部距离侧壁距离增加，电弧由在侧壁燃烧转为在熔池表面燃烧，电弧形态发散，亮度减弱，熔滴过渡形式为大滴过渡。相比较而言，摆动速度为 504（°）/s 时，其摆动阶段的熔滴过渡频率要高于摆动速度为 216（°）/s 时的熔滴过渡频率。

图 3-22 所示为摆动速度为 504（°）/s 时一个摆动周期内，熔滴直径和过渡频率随时间的变化趋势。

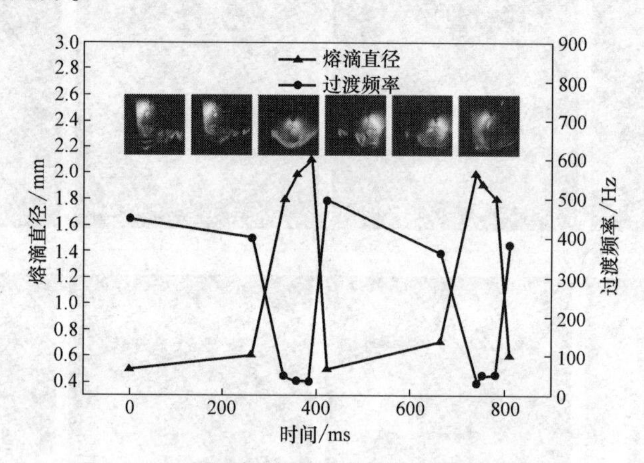

图 3-22　一个摆动周期内熔滴尺寸及过渡频率

3.2.3　焊接参数对熔滴过渡的影响

熔滴过渡受到很多因素的影响，焊接电流（送丝速度）、焊接电压、摆动速度和摆动幅度等参数均会对熔滴过渡过程产生影响，按表 3-3 所列出的试验参数进行逐一考察。

表 3-3　熔滴过渡规律试验焊接参数

送丝速度/(m/min)	焊接电压/V	摆动速度/[(°)/s]	停留时间/ms	焊接速度/(mm/min)	摆动角度/(°)
5	26	504	300	200	46
6	26	504	300	200	46

（续）

送丝速度/(m/min)	焊接电压/V	摆动速度/[(°)/s]	停留时间/ms	焊接速度/(mm/min)	摆动角度/(°)
6.5	26	504	300	200	46
7	26	504	300	200	46
6	25	504	300	200	46
6	25.5	504	300	200	46
6	26	72	300	200	46
6	26	216	300	200	46
6	26	360	300	200	46
6	26	504	300	200	29
6	26	504	300	200	52
6	26	504	300	200	58

1. 送丝速度的影响

图 3-23 所示为送丝速度为 5m/min 时的熔滴过渡情况。电弧在侧壁停留时，由于焊接规范较小，过渡形式为小滴过渡；当电弧在坡口中间时，过渡形式转为大滴过渡。

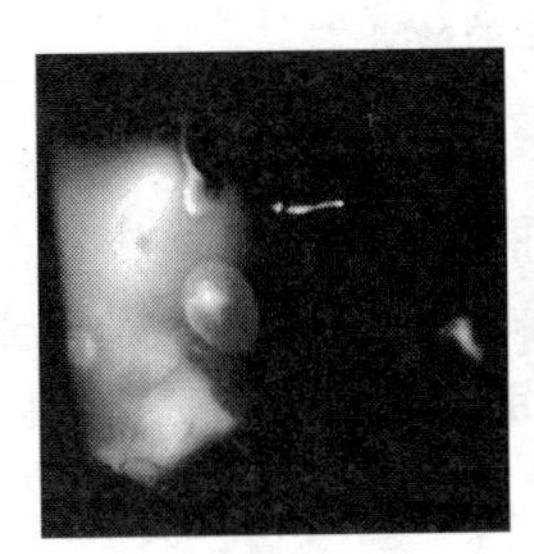
a) 左侧壁

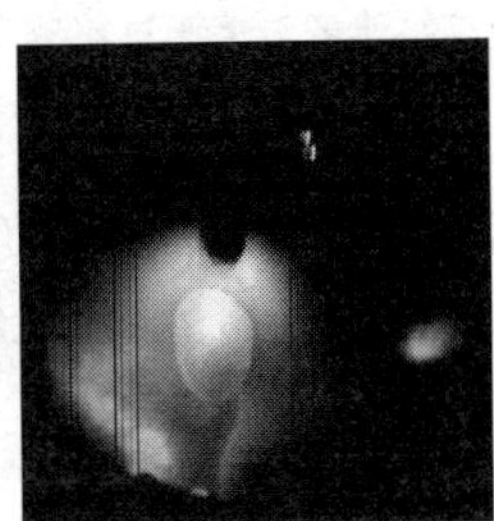
b) 坡口中间

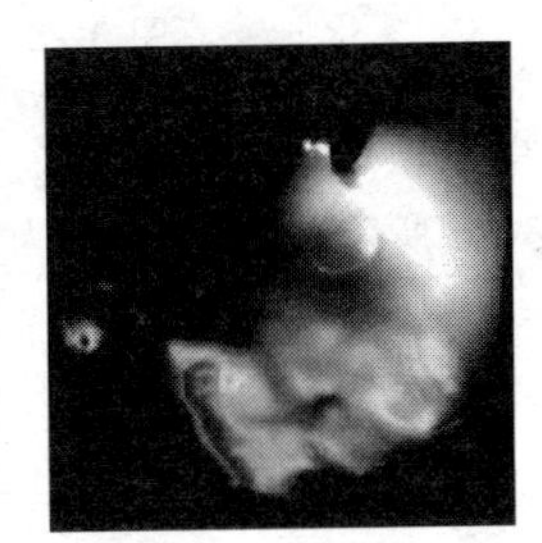
c) 右侧壁

图 3-23　送丝速度为 5m/min 时的熔滴过渡情况

送丝速度增大，焊接电流随之增大，熔滴过渡方式也会发生改变。图 3-24 所示为送丝速度为 7m/min 时的熔滴过渡情况。送丝速度增加，焊接电流增大，电弧

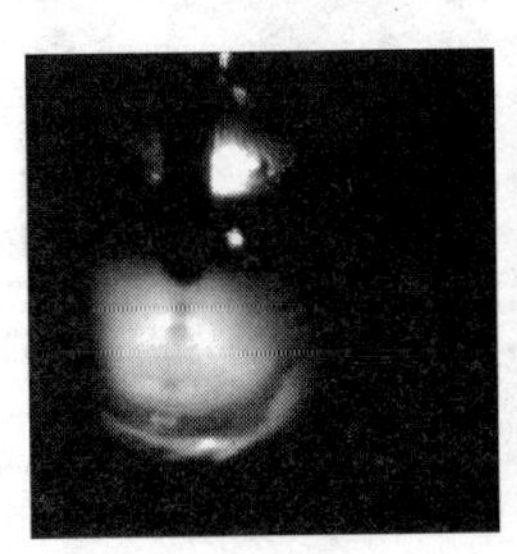
a) 左侧壁

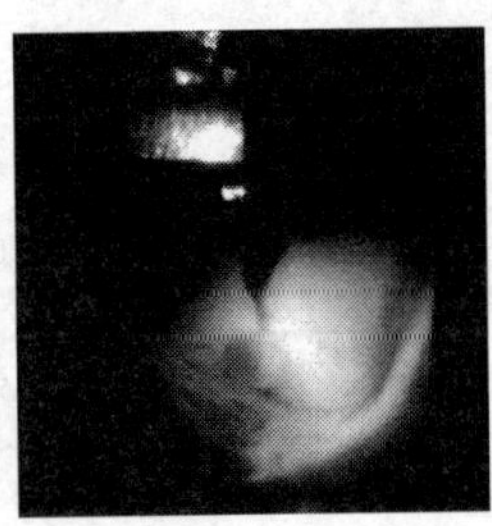
b) 坡口中间

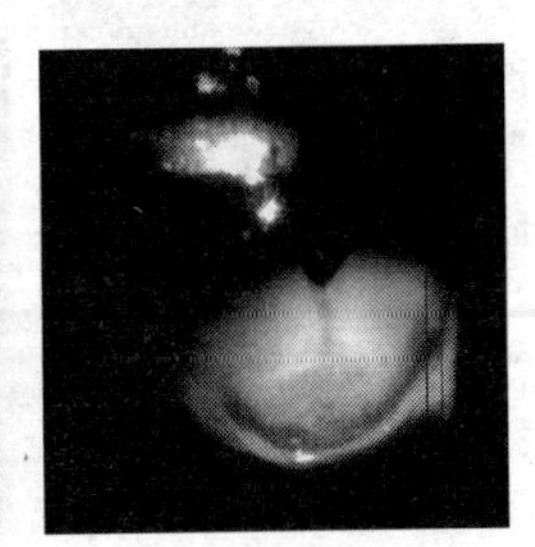
c) 右侧壁

图 3-24　送丝速度为 7m/min 时的熔滴过渡情况

在两侧时熔滴过渡形式为射流过渡，当电弧在坡口中间摆动时，熔滴过渡形式为小滴过渡。

图 3-25 所示为送丝速度对熔滴过渡频率的影响。从图中可以看出，随着送丝速度的增大，侧壁处和坡口中间的熔滴过渡频率均增大，但是送丝速度的变化并未改变摆动电弧窄间隙焊中侧壁附近处熔滴过渡频率高于坡口中间处熔滴过渡频率这一特性。

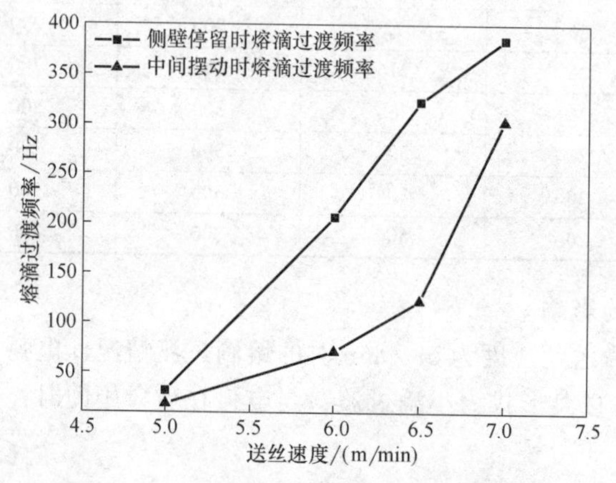

图 3-25　送丝速度对熔滴过渡频率的影响

2. 焊接电压的影响

图 3-26 所示为焊接电压为 25. 5V 时的熔滴过渡情况。由于电压较低，电弧长度较短。焊丝在坡口侧壁时，电弧在坡口侧壁与坡口底部燃烧，焊丝端部呈现“铅笔尖”状，熔滴过渡方式以射流过渡为主，由于电弧弧长较短，会间歇性地出现短路过渡。焊丝摆动到坡口中间后，熔滴尺寸增大，过渡方式为大滴和短路混合过渡，但以大滴过渡为主。

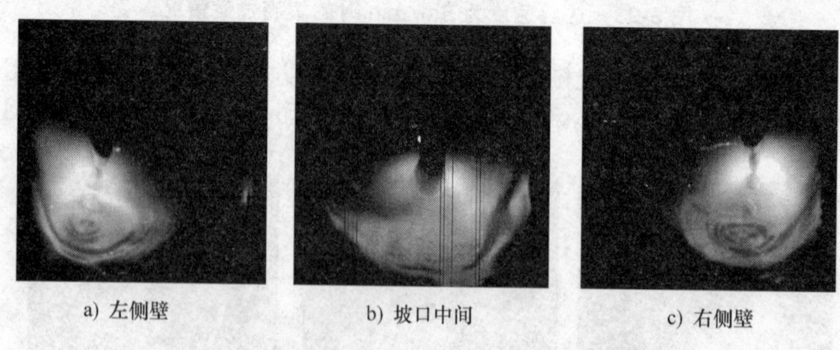

图 3-26　焊接电压为 25. 5V 时的熔滴过渡情况

焊接电压升高，电弧长度增大，焊丝在侧壁停留时电弧更容易在侧壁燃烧。图 3-27 所示为是焊接电压为 27V 的熔滴过渡情况。可以看出电弧在侧壁时，焊丝端部与坡口底部的距离远远大于焊丝与坡口侧壁的距离，电弧主要在侧壁燃烧。焊丝端部呈现不对称的“铅笔尖”状，即靠近侧壁处焊丝的熔化速度要大于远离侧壁处的。电弧在中间摆动时，熔滴过渡形式为小滴过渡。焊接电压增加，熔滴过渡频率增加，熔滴尺寸减小。

焊接电压继续增大，当大于29V时，电弧将只在侧壁燃烧，而焊丝与侧壁之间的小距离无法维持较高的焊接电压，因此稳定的焊接过程无法继续。

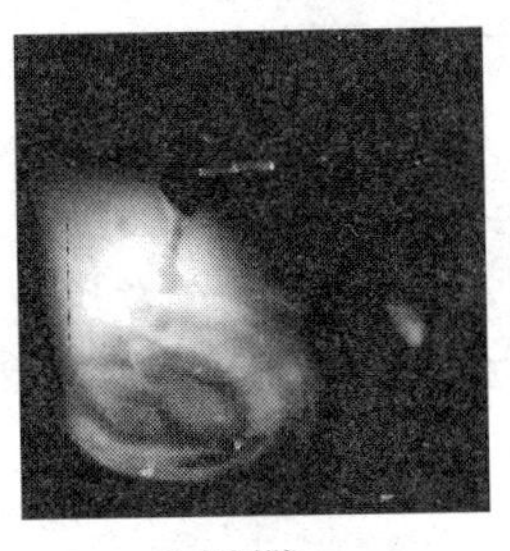

a) 左侧壁

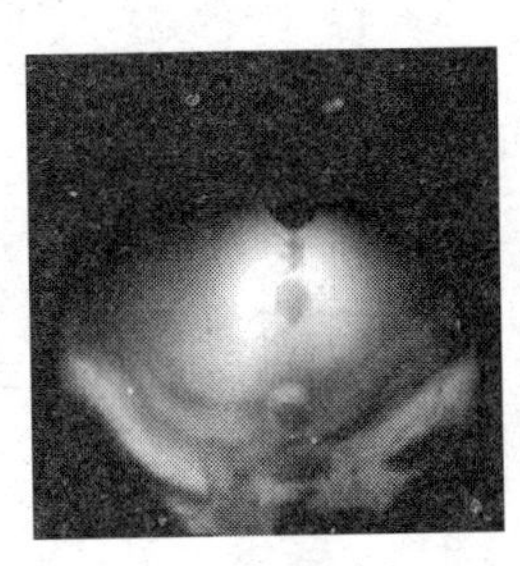

b) 坡口中间

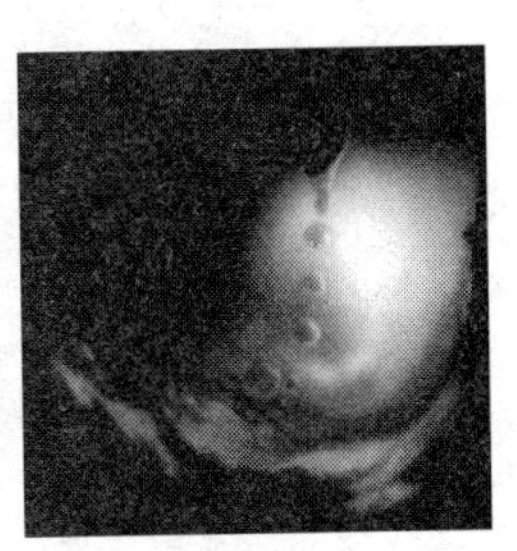

c) 右侧壁

图3-27　焊接电压为27V时的熔滴过渡情况

图3-28所示为焊接电压对熔滴过渡的影响。随着焊接电压的增加，侧壁附近和坡口中间的熔滴过渡频率均呈现增大的趋势。电压较小时（25V左右），无论是侧壁附近还是坡口中间的熔滴过渡均为大尺寸、低频率的滴状过渡。焊接电压升高后，焊接电流增大，焊丝的熔化速度增加，因此其熔滴过渡频率升高，熔滴过渡形式变为射流过渡。此外，焊接电压越高，焊丝摆动引起弧长的波动就会越大，这导致焊丝在侧壁附近时电弧电流大幅度的增加。因此电压升高后，侧壁附近与坡口中间熔滴过渡频率的差异显著增大。

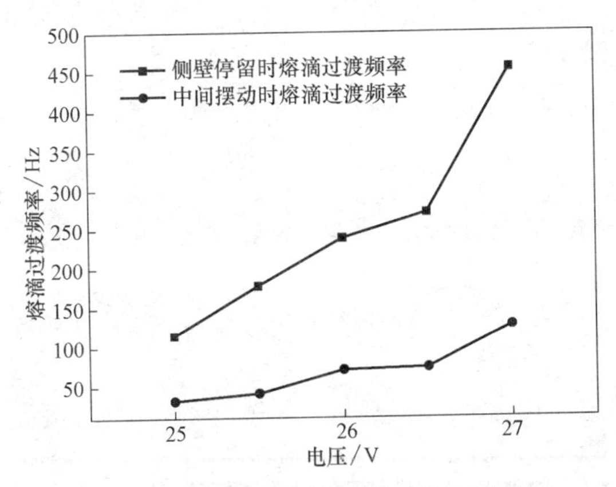

图3-28　焊接电压对熔滴过渡频率的影响

3. 摆动速度的影响

摆动速度主要影响坡口中间区域的熔滴过渡过程，而对于侧壁附近处的熔滴过渡则影响较小。图3-29所示为不同摆动速度下的熔滴过渡频率。

由统计结果可以看出，随着摆动速度的增加，坡口中间的熔滴过渡频率出现了缓慢的增加，侧壁处的熔滴过渡频率则基本保持不变。电弧摆动时，熔滴除受到重力、电磁力、等离子流力作用外，还受到额外的离心力的作用，离心力能够促进熔滴过渡。熔滴所受的离心力随着摆动速度的增大而增大。由于受到机械结构的限制，焊枪的摆动速度不大，较小的摆动速度对于熔滴过渡的促进作用十分有限。

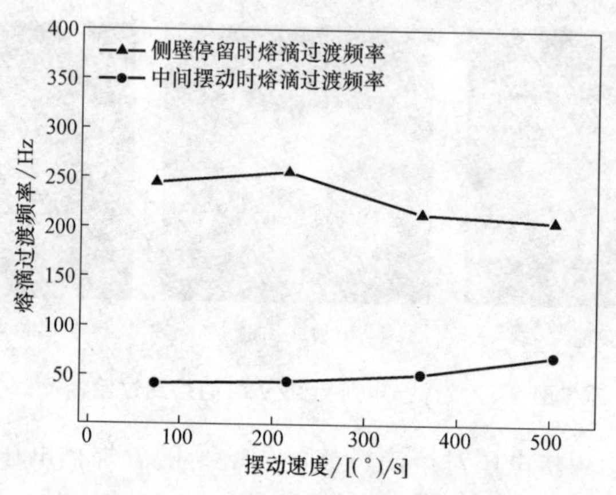

图 3-29　不同摆动速度下的熔滴过渡频率

4. 摆动角度的影响

图 3-30 所示为不同摆动角度下侧壁处的熔滴过渡情况，图 3-31 为摆动角度对熔滴过渡频率的影响规律。可以看出，侧壁处熔滴过渡频率随着摆动幅度的增大而

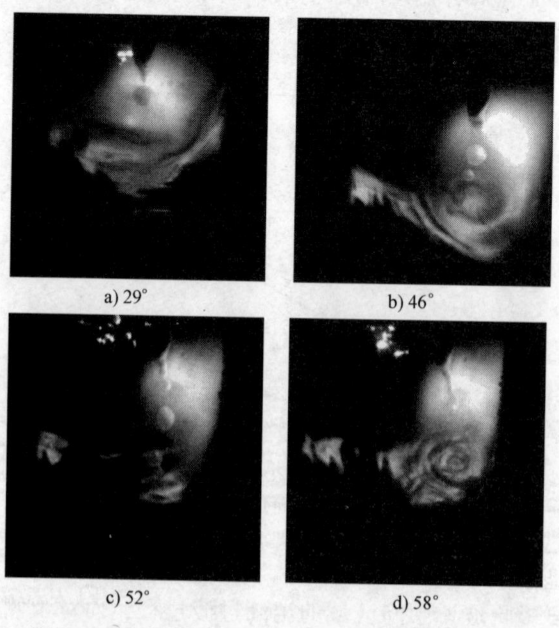

a) 29°　b) 46°　c) 52°　d) 58°

图 3-30　不同摆动角度下侧壁处的熔滴过渡情况

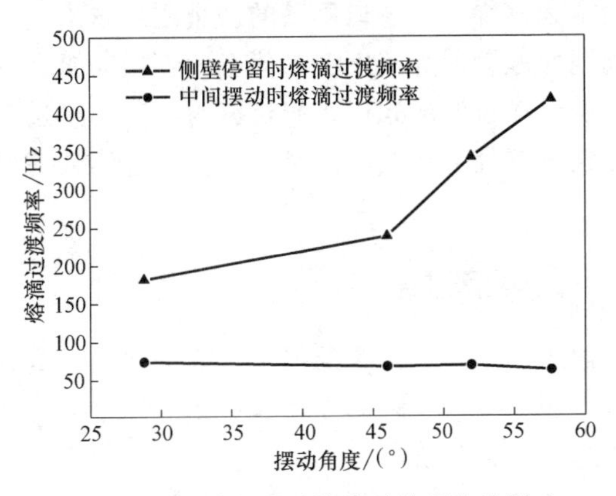

图 3-31　摆动角度对熔滴过渡频率的影响

增大，但是坡口中间处的熔滴过渡频率则受摆动角度影响较小。

当摆动幅度较小时，焊丝端部到侧壁的距离与到坡口底部的距离相差不大，这样造成一个摆动周期内电弧的长度的变化并不明显，焊接电流的波动性很小。图 3-32 所示为不同摆动角度下的焊接电流。

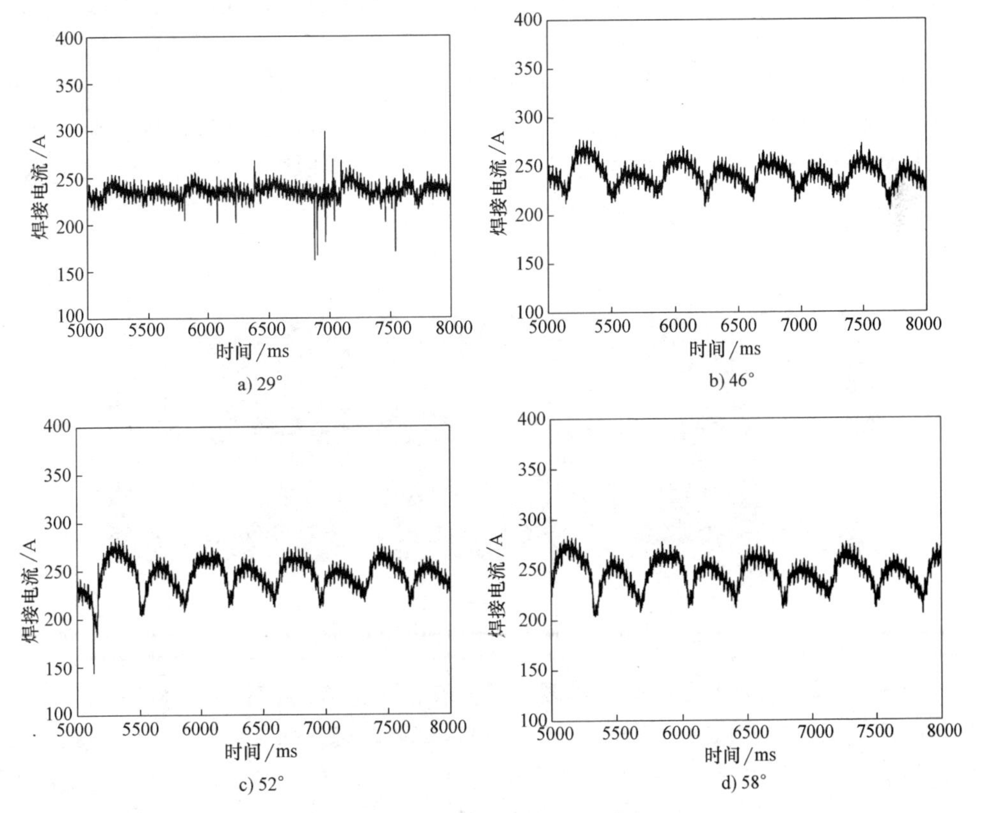

图 3-32　不同摆动角度下的焊接电流

随着摆动幅度的增大，焊丝与坡口侧壁的最小距离越来越小，距离越小焊接电流就会越大，因此周期性波动的焊接电流峰值会随着摆动幅度的增大而增大。故摆动角度较小时侧壁处的熔滴过渡形式以小滴过渡为主，熔滴过渡频率较低；随着摆动幅度的增大，电弧在侧壁处的焊接电流增大，熔滴过渡频率增加，过渡形式变为射流过渡。

3.2.4 空间位置下的熔滴过渡

摆动电弧窄间隙适用于空间多位置的焊接，非平焊位置重力对熔滴的作用发生了变化，其熔滴过渡也随着改变。采用如表3-4所列出的参数对向上立焊、向下立焊和仰焊过程的熔滴过渡进行分析。

表3-4 不同焊接位置熔滴过渡试验参数

送丝速度/(m/min)	焊接电压/V	停留时间/ms	焊接速度/(mm/min)	摆动角度/(°)	摆动速度/[(°)/s]
6.0	25.5	300	200	46	504

图3-33所示为向上立焊熔滴过渡情况。焊丝在侧壁停留时，电弧在坡口侧壁和坡口底部上燃烧，由于熔池金属在重力作用下向后流动，因此电弧会潜入坡口深度方向。熔滴在侧壁时过渡频率快，过渡形式为射流过渡。当焊丝摆动到坡口中间时，熔滴尺寸增大。由于在该焊接位置重力在焊丝轴向没有分力，而熔滴一般在电弧作用下沿着焊丝轴向过渡，重力对熔滴过渡促进作用减弱，熔滴过渡困难。随着熔滴尺寸的长大，熔滴所受的电离子流力、电磁力作用增大，最终出现大滴过渡。焊丝在另一侧停留时，熔滴过渡频率增加，熔滴尺寸下降，过渡形式又变为射流过渡。

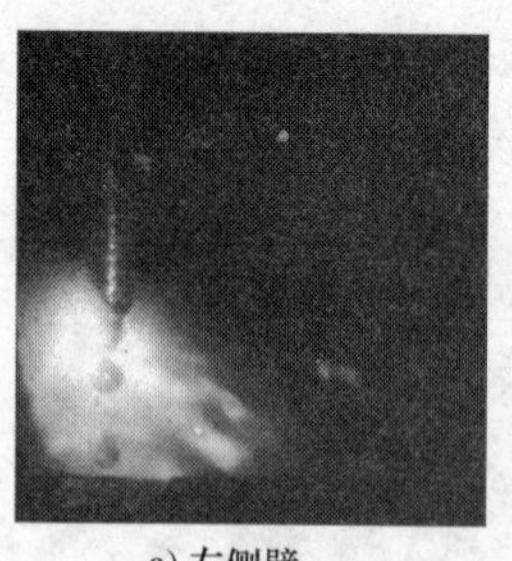
a) 左侧壁

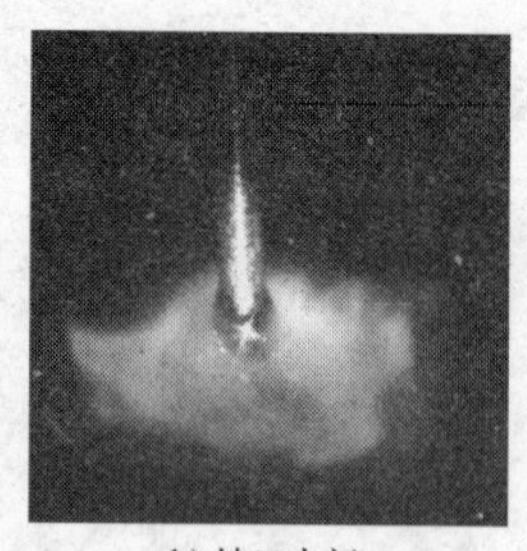
b) 坡口中间

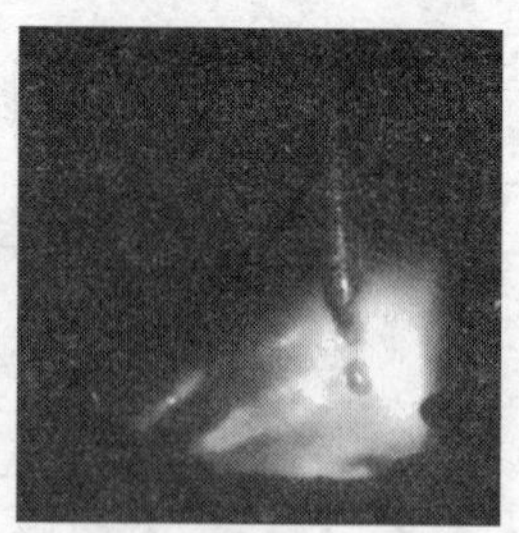
c) 右侧壁

图3-33 向上立焊熔滴过渡情况

图3-34所示为向下立焊熔滴过渡情况。在向下立焊时，重力使得熔池金属在焊丝底部堆积，故电弧主要在熔池表面和坡口侧壁燃烧。电弧周围熔池存在较大弯曲，甚至直接包裹电弧。焊丝处于坡口侧壁处时，依然以射流过渡为主，但是由于熔池表面波动较大，焊丝端部的熔化金属与熔池表面接触短路的情况时有发生。与

其他焊接位置一样，焊丝在坡口中间时熔滴尺寸增大，过渡频率降低。而焊丝在坡口中间时熔池下凹程度大，表面起伏剧烈，时常出现焊丝端部的大熔滴与熔池表面接触而发生短路过渡。整个向下立焊过程的焊接飞溅都比其他位置要大，这与频繁发生短路过渡有关。

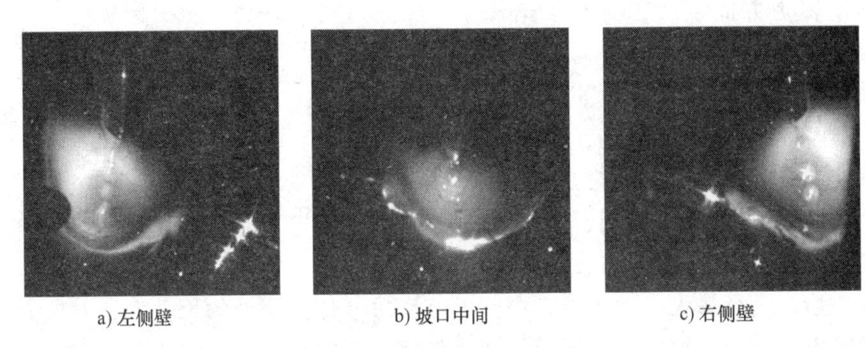

a) 左侧壁　　b) 坡口中间　　c) 右侧壁

图 3-34　向下立焊熔滴过渡情况

仰焊时熔滴过渡方向与重力方向完全相反，重力对熔滴过渡具有阻碍作用。图 3-35 所示为仰焊位置的熔滴过渡情况。从中可以看出，整个仰焊熔滴频率要低于其他焊接位置相应阶段熔滴过渡频率。焊丝处于侧壁附近时，电弧主要在侧壁处燃烧，由于重力对熔滴过渡的阻碍作用，此处的熔滴直径相对于平焊位置和立焊位置侧壁处的要稍大。当焊丝在坡口中间时，熔滴尺寸进一步增大，熔滴被拉长，熔滴过渡十分困难。只有当熔滴长大到一定尺寸，熔滴所受的等离子流力和电磁力等促进熔滴过渡的作用力大于阻碍熔滴过渡的作用力时，熔滴以大滴过渡的方式进入到熔池。

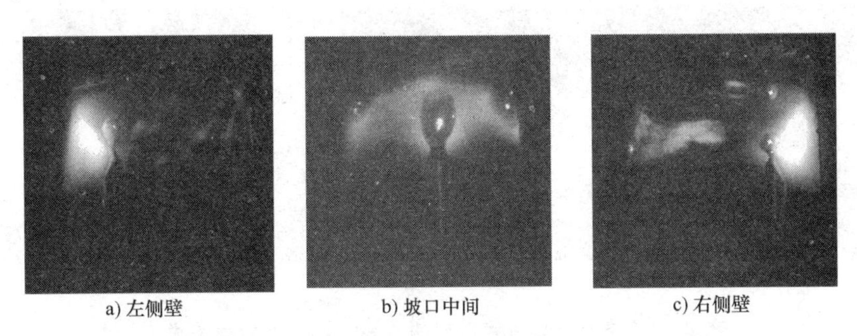

a) 左侧壁　　b) 坡口中间　　c) 右侧壁

图 3-35　仰焊位置的熔滴过渡情况

在所有的焊接位置中焊丝由坡口侧壁向坡口中间摆动时，熔滴过渡频率降低，熔滴尺寸增大，但在不同焊接位置下这种变化程度不同。图 3-36 所示为不同焊接位置下的熔滴尺寸。从中可以看出，焊接位置由平焊→立焊→仰焊改变时，侧壁处和坡口中间区域的熔滴尺寸增加，而坡口中间区域的熔滴过渡对焊接位置的敏感程度要大于侧壁处。

在其他条件一定的情况下，焊接位置的改变导致熔滴重力对熔滴长大、脱落过程的作用发生变化。根据熔滴过渡的静力平衡理论，平焊时，熔滴重力与电弧力方向一致，有利于熔滴的过渡；立焊时熔滴重力方向与电磁力等其他促进熔滴过渡力垂直，故重力对于熔滴的促进作用减弱，熔滴过渡频率降低，尺寸增大；仰焊时，熔滴重力与表面张力方向相同，阻碍了熔滴的过渡，熔滴过渡困难，过渡频率最低，熔滴直径最大。由于坡口中间的熔滴尺寸比侧壁处的尺寸大，其所受熔滴重力影响也较大，故坡口中间区域熔滴受焊接位置的影响大，而侧壁处的焊接电流大，熔滴尺寸小，熔滴重力小，故受到焊接位置的影响小。

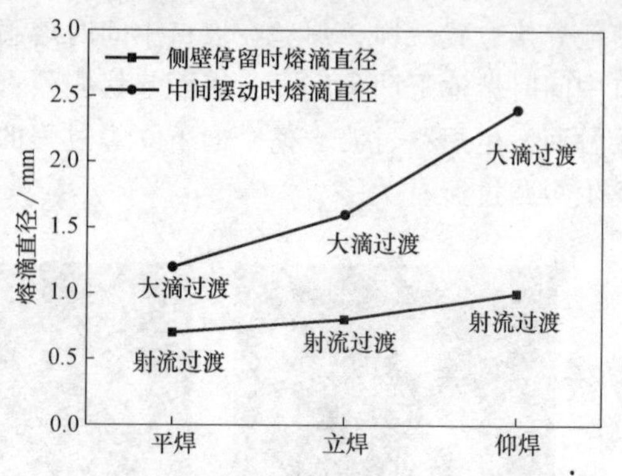

图 3-36　不同焊接位置下的熔滴尺寸

窄间隙焊接普遍采用大厚板，由于厚板散热大、拘束大，小规范短路过渡情况下的焊缝熔深和侧壁熔深均较浅，容易出现未熔合、未焊透缺陷。增大焊接规范采用射流过渡时，熔池金属流淌造成焊缝成形困难，也不可取。射滴过渡熔滴尺寸小，熔滴过渡稳定，且平均电流小，熔池不易流淌，较大的熔滴冲击力和适当的热输入能够保证熔透。图 3-37 所示为射滴过渡方式得到的平焊、立焊和仰焊位置的焊缝，该种过渡形式下焊缝成形良好，焊缝熔深和侧壁熔化均较大，未见未熔合缺陷发生。因此在摆动电弧窄间隙 GMA 全位置焊接中宜采用射滴过渡。

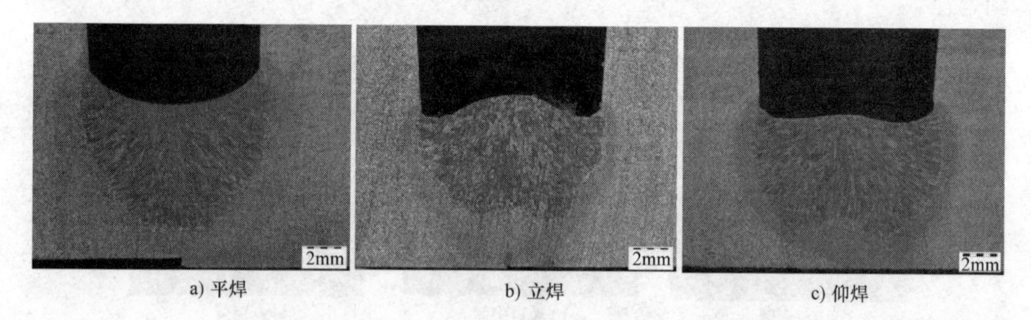

a) 平焊　b) 立焊　c) 仰焊

图 3-37　射滴过渡方式得到的不同焊接位置的焊缝成形

3.3　摆动电弧窄间隙 GMA 焊熔池行为

窄间隙焊接所用坡口窄而深，很难直接观察熔池的流动行为，尤其在空间多位置摆动电弧窄间隙 GMA 焊接中，熔滴冲击力、电弧摆动、窄间隙坡口和焊接位置等都会对焊接熔池行为产生重要的影响，使得该工艺中的熔池行为更为复杂。可以利用流场数值模拟的方法，建立摆动电弧窄间隙焊熔池行为模型，揭示摆动电弧窄间隙 GMA 焊温度场特征与熔池行为。

3.3.1 熔池行为数值模型建立

图 3-38 所示为摆动电弧窄间隙 GMA 焊的过程示意。电弧在窄间隙坡口内部做周期性的横向摆动，并在两侧壁附近短暂停留，同时相对于工件沿着焊接方向做匀速直线运动，整个运动过程形成了图右侧所示的移动轨迹。焊丝熔化后以熔滴的形式过渡到窄间隙坡口内部，熔滴与熔化的母材形成了熔池。熔池达到稳定状态后其形状基本不变，且沿着焊接方向移动，熔池尾部凝固后形成焊缝。在空间多位置摆动电弧窄间隙 GMA 焊熔池数值模型中，不但需要考虑电弧热源、电弧压力、电磁力、表面张力等常规因素的影响，尤其还需要结合摆动电弧窄间隙焊的工艺特点，重点考虑摆动路径、熔滴、窄间隙坡口和焊接位置等对熔池行为的作用。

根据以上描述，所建立的焊接模型为三维、动态的热流耦合数值计算模型，在温度场和流场的计算过程中，遵循以下基本假设：

1）液态金属为黏性不可压缩的牛顿流体。

2）熔池内液态金属的流动为层流。

3）不考虑摆动电弧在坡口内不同位置电弧长度以及电流变化。

4）除表面张力系数外，其余热物理常数与温度无关。

5）熔滴形状为球体，不考虑电弧对熔滴的加速及加热过程。

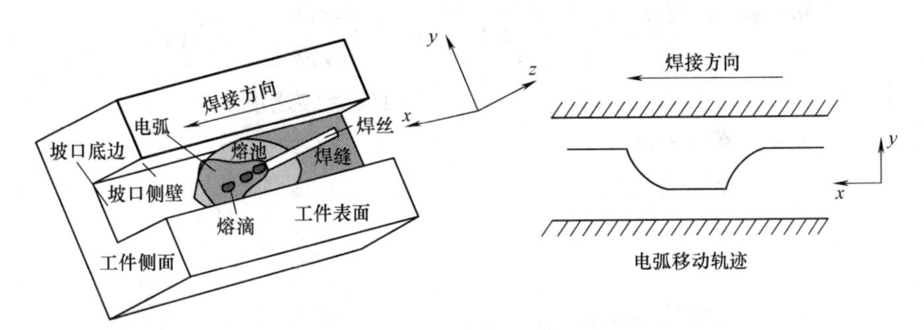

图 3-38 摆动电弧窄间隙 GMA 焊的过程示意

1. 控制方程及其源项

焊接过程中各个物理量都必须服从守恒条件，基于这些守恒条件形成模型控制方程组，其包括质量守恒方程（连续性方程）、动量守恒方程（N-S 方程 Navier-Stokes）和能量守恒方程（伯努利方程）。式（3-3）~式（3-7）为模型所采用的控制方程组。

质量守恒方程为

$$\frac{\partial}{\partial x}(\rho u)+\frac{\partial}{\partial y}(\rho v)+\frac{\partial}{\partial z}(\rho w)=S_m \tag{3-3}$$

式中　u、v、w——笛卡儿坐标系中 x、y、z 方向的流体速度；

ρ——流体密度；

S_m——质量源项。

动量守恒方程为

x 方向

$$\frac{\partial \rho u}{\partial t}+\rho\left(\frac{\partial uu}{\partial x}+\frac{\partial uv}{\partial y}+\frac{\partial uw}{\partial z}\right)=\frac{\partial}{\partial x}\left(\mu\frac{\partial u}{\partial x}\right)+\frac{\partial}{\partial y}\left(\mu\frac{\partial u}{\partial y}\right)+\frac{\partial}{\partial z}\left(\mu\frac{\partial u}{\partial z}\right)-\frac{\partial p}{\partial y}+S_u \tag{3-4}$$

y 方向

$$\frac{\partial \rho v}{\partial t}+\rho\left(\frac{\partial vu}{\partial x}+\frac{\partial vv}{\partial y}+\frac{\partial vw}{\partial z}\right)=\frac{\partial}{\partial x}\left(\mu\frac{\partial v}{\partial x}\right)+\frac{\partial}{\partial y}\left(\mu\frac{\partial v}{\partial y}\right)+\frac{\partial}{\partial z}\left(\mu\frac{\partial v}{\partial z}\right)-\frac{\partial p}{\partial y}+S_v \tag{3-5}$$

z 方向

$$\frac{\partial \rho w}{\partial t}+\rho\left(\frac{\partial wu}{\partial x}+\frac{\partial wv}{\partial y}+\frac{\partial ww}{\partial z}\right)=\frac{\partial}{\partial x}\left(\mu\frac{\partial w}{\partial x}\right)+\frac{\partial}{\partial y}\left(\mu\frac{\partial w}{\partial y}\right)+\frac{\partial}{\partial z}\left(\mu\frac{\partial w}{\partial z}\right)-\frac{\partial p}{\partial y}+S_w \tag{3-6}$$

式中　u、v、w——笛卡儿坐标系中 x、y、z 方向的流体速度；

ρ——流体密度；

μ——流体动力黏度；

t——时间；

S_u、S_v、S_w——动量方程在 x、y、z 方向的源项。

能量守恒方程为

$$\frac{\partial \rho h}{\partial t}+\frac{\partial \rho uh}{\partial x}+\frac{\partial \rho vh}{\partial y}+\frac{\partial \rho wh}{\partial z}=\frac{\partial}{\partial x}\left(\lambda\frac{\partial T}{\partial x}\right)+\frac{\partial}{\partial y}\left(\lambda\frac{\partial T}{\partial y}\right)+\frac{\partial}{\partial z}\left(\lambda\frac{\partial T}{\partial z}\right)+S_H \tag{3-7}$$

式中　u、v、w——笛卡儿坐标系中 x、y、z 方向的流体速度；

ρ——流体密度；

h——流体的热焓；

t——时间；

T——流体温度；

λ——流体热导率；

S_H——能量守恒方程源项。

熔池表面是在不断变化的，因此需要考虑熔池的自由表面变形，采用流体体积函数 VOF（volume of fluid）实现流体变化界面的跟踪。在这种方法需要新引入一个控制参数：流体体积分数 $F(x,y,z,t)$。当单元格全部为某一单相流体时，$F(x,y,z,t)=1$；若 $0<F(x,y,z,t)<1$ 则说明流体表面位于在单元格内，且控制函数增大说明单元格内该单相流体所占比例不断增大；若 $0=F(x,y,z,t)$ 则说明对应的单元格内没有流体。根据流体体积分数可以确定自由表面单元，并通过计算 $F(x,y,z,t)$ 的变化确定流体界面的法线方向，最终计算出自由表面轮廓。

各个单元格的 $F(x,y,z,t)$ 随着时间变化而变化，通过计算单元格内流入和流

出的体积，可以算出该单元格的流体体积，则流体体积函数方程为

$$\frac{\partial F}{\partial t}+u\frac{\partial F}{\partial x}+v\frac{\partial F}{\partial y}+w\frac{\partial F}{\partial z}=F_s \tag{3-8}$$

$$0\leqslant F\leqslant 1 \tag{3-9}$$

式中　F_s——流体体积函数的源项，在本模型中是由加入熔滴引起的。

从上述控制方程组中可以看出，存在质量守恒方程源项 S_m，动量守恒方程源项 S_u、S_v 和 S_w，能量守恒方程源项 S_H，及流体体积函数的源项 F_s。下面对这些源项进行分析和处理。

GMA 焊比 TIG 焊具有更高的焊接效率，其主要原因是在 GMA 焊中，焊丝经电弧熔化后以熔滴的形式过渡到熔池。熔滴的加入不仅使熔池的热焓增加，也使熔池的体积和熔池的质量增加。故在 GMA 焊模拟模型中，需要考虑熔滴对熔池在质量、动量和能量上的影响。若 Q_m 为过渡熔滴在单元格内增加的流体质量，质量源项 S_m 为

$$S_m=Q_m \tag{3-10}$$

熔滴过渡在单元格内增加的流体体积 V_d 为

$$F_s=V_d \tag{3-11}$$

焊接过程是一个熔化和凝固的过程，在熔池行为的模拟中，存在固相区、液相区和两相混合区（糊状区）。流体在液相区中具有一定的流动速度，糊状区随着固体分数的增加流动速度减小，直到固相区时流体速度为 0，因此存在着动量损失问题。根据熔化凝固过程的这一特点，采用了热焓多孔介质模型来处理流体动量在糊状区的变化问题。采用热焓多孔介质模型来处理固液界面时，糊状区看作一种具有各向同性渗透率的多孔介质来处理，每个控制体积的多孔性为液相体积分数，糊状区的液相体积分数由 0 到 1。

流体通过多孔介质后会有拖曳作用，拖曳力的大小和拖曳系数 k 和流体速度有关，糊状区流体动量的损失等效为多孔介质中拖曳力对于流体动量的影响。因此动能方程源项中因熔化-凝固引起的源项为

$$D_x=-ku \tag{3-12}$$

$$D_y=-kv \tag{3-13}$$

$$D_z=-kw \tag{3-14}$$

拖曳系数受以下条件约束

$$k=\frac{A_{\mathrm{m}}(1-f_1)^2}{f_1^3+\xi} \tag{3-15}$$

式中　f_1——液相体积分数；

A_{m}——柯西常数；

ξ——避免分母为 0 的小数。

液相体积分数的定义如下

$$f_1=\begin{cases}0 & T<T_s\\ \dfrac{T-T_s}{T_1-T_s} & T_s<T<T_1\\ 1 & T_1<T\end{cases} \tag{3-16}$$

式中　T——网格流体温度；

T_s——固相线温度；

T_1——液相线温度。

f_1 等于0时表示网格为固相，f_1 等于1表示网格为液相，$0<f_1<1$ 表示网格为糊状区。

熔滴的加入也会使网格内流体的动量发生变化，可以在动量方程中加入源项解决这一问题。熔滴引起的动量方程源项在 x、y 和 z 方向分别为 q_u、q_v 和 q_w。除此以外电弧压力、电磁力及重力等体积力也会对流体动量产生影响，需要通过动量源项加入，那么动量方程源项为

$$S_u=F_x+P_a+q_x+D_x+G_x \tag{3-17}$$

$$S_v=F_y+q_y+D_y+G_y \tag{3-18}$$

$$S_w=F_z+q_z+D_z+G_z \tag{3-19}$$

GMA焊接过程涉及金属的熔化、熔滴过渡及熔池凝固等物理现象，以及由此引起的固液界面的传热传质问题。由金属固液两相之间的转变，会产生相变潜热，而相变潜热也会对能量方程产生影响。因此为了更为合理的模拟GMA焊接中的熔池流场及温度场，需要很好的处理相变潜热问题。

针对熔化凝固模型，采用混合焓 H 来取代能量守恒方程的热焓 h。

$$H=h+\Delta H \tag{3-20}$$

式中　ΔH——相变潜热，可以用熔化潜热表示。

$$\Delta H=f_1L_m \tag{3-21}$$

式中　L_m——熔化潜热；

f_1——液态体积分数，其在0和1之间，因此可知相变潜热在零和熔化潜热之间。

将式（3-18）代入能量守恒方程中有

$$\begin{aligned}\frac{\partial\rho h}{\partial t}+\frac{\partial\rho uh}{\partial x}+\frac{\partial\rho vh}{\partial y}+\frac{\partial\rho wh}{\partial z}=&-\frac{\partial\rho\Delta H}{\partial t}-\frac{\partial}{\partial x}(\rho u\Delta H)-\frac{\partial}{\partial y}(\rho v\Delta H)-\frac{\partial}{\partial z}(\rho w\Delta H)\\&+\frac{\partial}{\partial x}\left(\lambda\frac{\partial T}{\partial x}\right)+\frac{\partial}{\partial y}\left(\lambda\frac{\partial T}{\partial y}\right)+\frac{\partial}{\partial z}\left(\lambda\frac{\partial T}{\partial z}\right)+S_H\end{aligned} \tag{3-22}$$

对流、熔滴过渡及电弧热源所引起的相变潜热都加入到能量方程中源项，S_H 为电弧及熔滴对计算域作用的热源项。

2. 边界条件

在图3-38所示的焊接模型中，工件的初始温度设为室温 T_0，不考虑环境大气

压力。试件的上表面、侧表面和下表面存在与周围环境的热辐射和热对流，因此其边界条件为

$$\lambda \frac{\partial T}{\partial \vec{n}} = -Q_{\mathrm{conv}} - Q_{\mathrm{rad}} \tag{3-23}$$

$$Q_{\mathrm{conv}} = h_{\mathrm{conv}}(T - T_0) \tag{3-24}$$

$$Q_{\mathrm{rad}} = \varepsilon k_{\mathrm{b}}(T^4 - T_0^4) \tag{3-25}$$

其中 $\vec{n}$ 为表面的法向，可以根据体积控制函数求出，Q_{conv} 为表面与环境的对流换热量，Q_{rad} 为热辐射量，h_{conv} 为对流换热系数，ε 为表面辐射系数，k_{b} 为玻尔兹曼常数。

坡口底边和侧壁受到电弧的加热作用，同时也存在与周围环境的对流换热、热辐射以及金属蒸发引起的热损失，故边界条件为

$$\lambda \frac{\partial T}{\partial \vec{n}} = Q_{\mathrm{a}} - Q_{\mathrm{conv}} - Q_{\mathrm{rad}} - Q_{\mathrm{evap}} \tag{3-26}$$

式中　Q_{a}——电弧对表面的热输入；

Q_{evap}——金属蒸发造成的热损失。

熔池表面为自由表面，自由表面上的压力满足以下条件。

$$P = P_{\mathrm{arc}} + P_{\sigma} \tag{3-27}$$

式中　P——熔池表法向压力；

P_{arc}——电弧对熔池表面的压力；

P_{σ}——熔池表面张力。

熔池表面张力由以下公式决定。

$$P_{\sigma} = \sigma\kappa \tag{3-28}$$

$$\kappa = -\left[\nabla \cdot \left(\frac{\vec{n}}{|\vec{n}|}\right)\right] = \frac{1}{|\vec{n}|}\left[\left(\frac{\vec{n}}{|\vec{n}|} \cdot \nabla\right)|\vec{n}| - (\nabla \cdot \vec{n})\right] \tag{3-29}$$

式中　σ——表面张力系数；

κ——表面曲率。

同时在熔池流动界面还存在表面张力、Marangoni 力和表面流体的黏性剪切力的平衡边界条件。

$$\begin{cases} -\mu \dfrac{\partial u}{\partial z} = \dfrac{\partial \sigma}{\partial T}\dfrac{\partial T}{\partial x} \\ -\mu \dfrac{\partial v}{\partial z} = \dfrac{\partial \sigma}{\partial T}\dfrac{\partial T}{\partial y} \end{cases} \tag{3-30}$$

式中　μ——黏度。

3. 电弧摆动数学模型

在焊接过程中焊丝相对于工件的位置是在不断变化的，因此热源的位置也会随

着时间发生变化。故为了确定热源的作用位置，首先需要确定电弧的移动轨迹，进而得到电弧中心的坐标与时间的函数，从而实现热源加热位置随着时间变化而发生改变。在摆动电弧窄间隙焊接过程中，电弧在沿着焊接方向做匀速直线运动的同时还做着圆周运动，故其热源移动轨迹并非常规焊接中的直线轨迹，而是曲线轨迹。电弧运动轨迹如图 3-39 所示。焊丝以角速度 ω、半径 r、摆动角度 α 做来回摆动，焊丝摆到侧壁处时停留时间为 t_d，同时焊枪相对于工件以匀速 v 向 x 轴正方向运动。在一个摆动周期内，电弧中心移动轨迹可以分为四段，分别为 AB 段、BC 段、CD 段和 DE 段。当电弧在侧壁停留时，其形成的轨迹为 AB 段或者 CD 段，在坡口中间摆动时则为 BC 段或者 DE 段。从 A 点运动 E 点为一个摆动周期，所用时间为 T。设电弧运动的开始阶段为 AB 段，当时间 $t_0=0$ 时，电弧做弧形摆动运动的圆心为（x_0，y_0, z_0），则任意时刻 t 电弧中心 o_1 的坐标（x_1，y_1，z_1），可以通过以下变换得到。

若 $t\in(NT, NT+t_d)$，N 为整数此时电弧中心在 AB 段

$$\begin{cases} x_1 = x_0 + r\cos\left(\dfrac{\alpha}{2}\right) + vt \\ y_1 = y_0 + r\sin\left(\dfrac{\alpha}{2}\right) \\ z_1 = z_0 \end{cases} \tag{3-31}$$

若 $t\in\left(NT+t_d, NT+\dfrac{T}{2}\right)$，此时电弧中心在 BC 段

$$\begin{cases} x_1 = x_0 + r\cos\left[\dfrac{\alpha}{2} - w(t-NT-t_d)\right] + vt \\ y_1 = y_0 + r\sin\left[\dfrac{\alpha}{2} - w(t-NT-t_d)\right] \\ z_1 = z_0 \end{cases} \tag{3-32}$$

若 $t\in\left(NT+\dfrac{T}{2}, \left(N+\dfrac{1}{2}\right)T+t_d\right)$，此时电弧中心在 CD 段

$$\begin{cases} x_1 = x_0 + r\cos\left(-\dfrac{\alpha}{2}\right) + vt \\ y_1 = y_0 + r\sin\left(-\dfrac{\alpha}{2}\right) \\ z_1 = z_0 \end{cases} \tag{3-33}$$

若 $t\in\left(\left(\left(N+\dfrac{1}{2}\right)T+t_d\right), (N+1)T\right)$，此时电弧中心在 DE 段

$$\begin{cases} x_1 = x_0 + r\cos\left[-\dfrac{\alpha}{2} + w\left(t-TN-\dfrac{1}{2}T-t_d\right)\right] + vt \\ y_1 = y_0 + r\sin\left[-\dfrac{\alpha}{2} + w\left(t-TN-\dfrac{1}{2}T-t_d\right)\right] \\ z_1 = z_0 \end{cases} \tag{3-34}$$

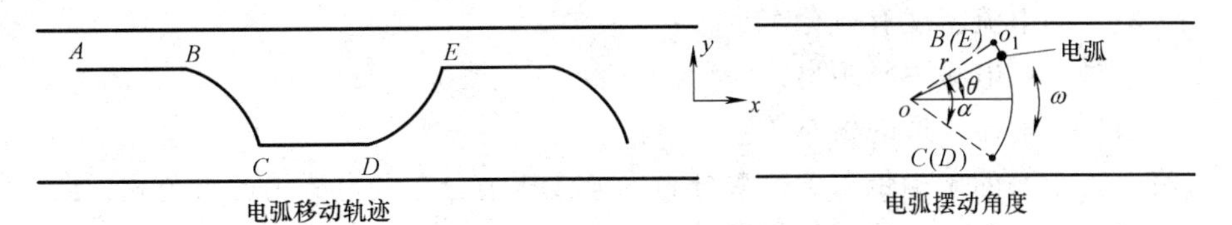

图 3-39　电弧运动轨迹

采用椭球体热源模型，则该热源模型的热流密度分布为

$$Q_a(r)=\frac{\sqrt{2}\eta UI}{2\pi\sqrt{\pi}\sigma_x\sigma_y\sigma_z}\exp\left(-\frac{(x-x_1)^2}{2\sigma_x^2}-\frac{(y-y_1)^2}{2\sigma_y^2}-\frac{(z-z_1)^2}{2\sigma_z^2}\right) \tag{3-35}$$

式中　η——电弧热源有效系数；

U——焊接电压；

I——焊接电流；

x、y、z——模型任意一点的坐标；

σ_x、σ_y、σ_z——x、y、z 轴方向的热源分布参数。

由于窄间隙坡口的原因，部分电弧会在侧壁燃烧形成侧壁熔深，故电弧向工件传输的热量分为两部分，即通过坡口侧壁传输的热量 Q_1 和通过底边传输的热量 Q_2。热源中心最大电流密度与焊丝端部到热源中心点的距离成反比，忽略热源分布参数的变化，则两部分热量的热流密度分布为

$$Q_1=\frac{L_a}{L_a+L_s}\frac{\sqrt{2}\eta UI}{2\pi\sqrt{\pi}\sigma_x\sigma_y\sigma_z}\exp\left(-\frac{(x-x_1)^2}{2\sigma_x^2}-\frac{(y-y_1)^2}{2\sigma_z^2}-\frac{(z-z_1)^2}{2\sigma_y^2}\right) \tag{3-36}$$

$$Q_2=\frac{L_s}{L_a+L_s}\frac{\sqrt{2}\eta UI}{2\pi\sqrt{\pi}\sigma_x\sigma_y\sigma_z}\exp\left(-\frac{(x-x_1)^2}{2\sigma_x^2}-\frac{(y-y_1)^2}{2\sigma_y^2}-\frac{(z-z_1)^2}{2\sigma_z^2}\right) \tag{3-37}$$

其中 L_a 和 L_s 分别由焊丝端部到底边的距离和到侧壁的距离决定。

电弧压力服从高斯分布，将其表示为

$$P_a=\frac{\mu_0 I^2}{4\pi^2\sigma_x\sigma_y}\exp\left(-\left(\frac{(x-x_1)^2}{2\sigma_x^2}\right)-\left(\frac{(y-y_1)^2}{2\sigma_y^2}\right)\right) \tag{3-38}$$

熔池中电磁力表达式如下

$$F_x=-\frac{\mu_0 I^2}{4\pi^2\sigma_j^2 r}\exp\left(-\frac{r^2}{2\sigma_j}\right)\left[1-\exp\left(\frac{r^2}{2\sigma_j}\right)\right]\left(1-\frac{z}{H}\right)^2\frac{x}{r} \tag{3-39}$$

$$F_y=-\frac{\mu_0 I^2}{4\pi^2\sigma_j^2 r}\exp\left(-\frac{r^2}{2\sigma_j}\right)\left[1-\exp\left(\frac{r^2}{2\sigma_j}\right)\right]\left(1-\frac{z}{H}\right)^2\frac{y}{r} \tag{3-40}$$

$$F_y=\frac{\mu_0 I^2}{4\pi^2 H r^2}\left[1-\exp\left(-\frac{r^2}{2\sigma_j}\right)\right]^2\left(1-\frac{z}{H}\right) \tag{3-41}$$

式中 μ_0——真空磁导率；

σ_j——电流密度有效分布半径；

r——到电弧中心距离；

H——电流流过的板厚。

将电弧中心的坐标带入到热源分布、电弧压力分布及电磁力分布公式，即可得到电弧对熔池任意点的热、力作用。

4. 添加熔滴

在熔化极焊接中，焊丝熔化后以熔滴的形式过渡到熔池，使熔池质量增加，并向熔池传输能量和动量。熔滴的添加可以通过添加质量源的形式来处理。使需要添加质量源网格的流体体积分数函数 $F(x,y,z,t)=1$，即可完成质量源的添加。根据得到的电弧中心的位置，确定熔滴在 xOy 平面的添加坐标，而其距离熔池的高度则由焊丝到熔池表面的距离决定。本模型中熔滴的形状一律设为球体，其直径由高速摄像拍摄的熔滴实物测量得到。添加质量源的同时，使质量源带有一定的温度和初始速度（U,V,W），但不考虑过渡过程中电弧对熔滴的作用。质量源添加在计算域内，故熔滴添加后，前面所述的控制方程、边界条件、数学模型对其过渡过程进行计算与处理，得到熔滴对熔池的传热传质过程。熔滴的过渡频率为添加质量源的频率，其值由实际测量统计得到。图 3-40 所示为模拟焊接时熔滴的添加与过渡。

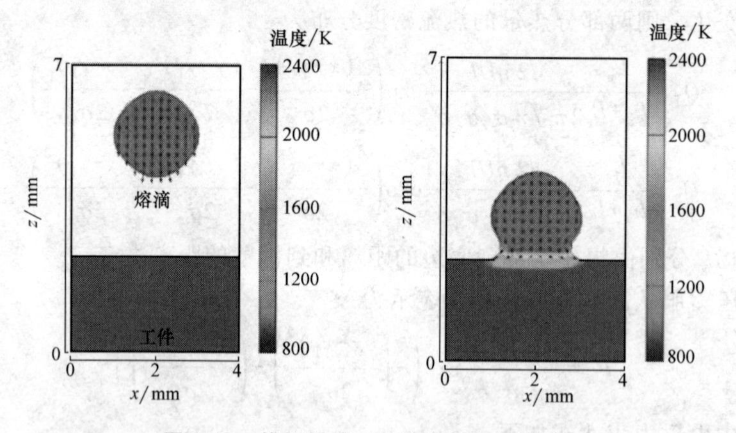

图 3-40 模拟焊接时熔滴的添加与过渡

3.3.2 数值模拟流程及实验验证

针对摆动电弧窄间隙 GMA 焊接过程中的特殊要求，编写程序，对摆动电弧窄间隙 GMA 焊过程中的熔池行为进行数值模拟。计算模型中用到的低碳钢部分热物理参数见表 3-5。

数值计算流程如图 3-41 所示，首先建立计算域并对其进行网格划分，选取需要解决的物理模型，包括重力模型、熔化凝固模型、热传导模型、熔滴模型、表面张力模型和黏性流体模型，并对这些模型中的计算参数进行设置。然后采用编程语言编程，生成的程序加载到计算软件，计算软件通过添加的程序对模型的边界条件、物理性能参数、控制方程源项进行添加和处理。初始化时将工件的尺寸、初始温度、压力、速度等参数加入到计算域中，然后进行求解。

表 3-5　计算模型中用到的低碳钢部分热物理参数

物理量(表示符号)	单位	数值	物理量(表示符号)	单位	数值
固相密度(ρ_s)	kg/m	7800	液相密度(ρ_l)	kg/m	7200
固相线温度(T_S)	K	1700	液相热导率(λ_l)	W/(m·K)	26.89
液相线温度(T_L)	K	1793	固相热导率(λ_s)	W/(m·K)	36.22
熔化潜热(L_m)	J/kg	2.77×10^5	表面张力(σ)	N/m	1.2
表面辐射系数(ε)		0.8	真空磁导率(μ_0)	H/m	1.26×10^6
换热系数(h_c)	W/(m^2·K)	100	环境温度(T_0)	K	300
表面张力温度系数($d\sigma/dT$)	N/(m·K)	-0.0005	黏度(μ)	Pa·s	0.006

根据实际焊接的工件尺寸兼顾计算效率确定了计算域的大小，计算域长尺寸为40mm×40mm×12mm（长×宽×高）。初始化时设定中间区域为40mm×10mm×7mm（长×宽×高）作为窄间隙坡口，该区域初始化为空，其他区域初始化为固体。这样就得到了初始化的窄间隙坡口。图 3-42 为初始化的窄间隙坡口。

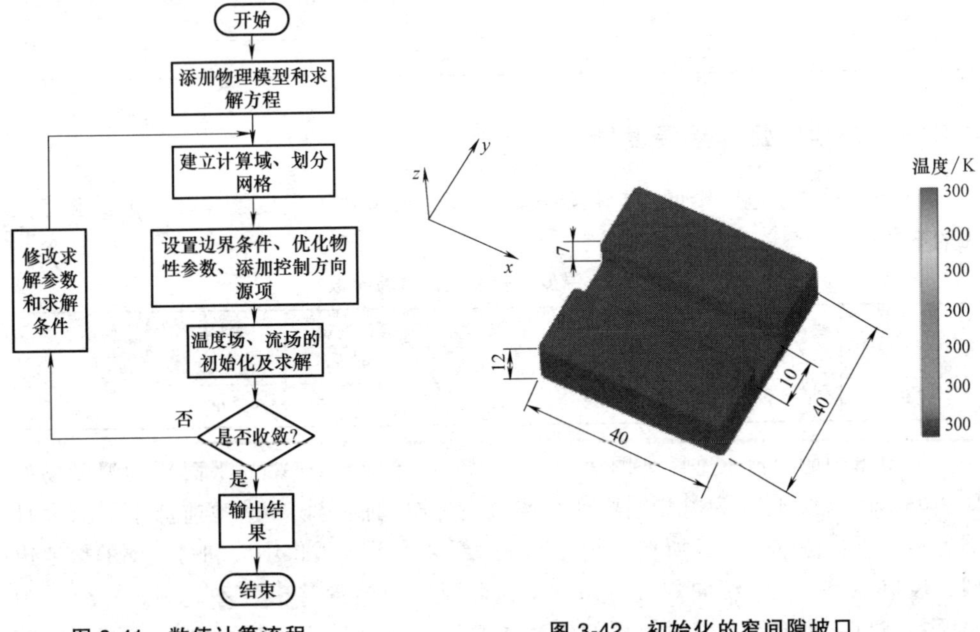

图 3-41　数值计算流程

图 3-42　初始化的窄间隙坡口

目前普遍采用将模拟与实验得到的熔合线进行对比的方式来验证 GMA 焊熔池模型的可靠性和合适性，若两者得到的熔合线基本吻合，则认为模型是可靠的且预测结果是准确的。验证试验焊接参数见表 3-6，图 3-43 所示为模拟熔池的横截面与实际焊缝的横截面对比。表 3-7 列出了焊缝横截面的模拟尺寸和实际测量尺寸。模拟结果与实验得到的焊缝截面形状基本吻合。

表 3-6　验证试验焊接参数

送丝速度 /(m/min)	焊接电压 /V	停留时间 /ms	焊接速度 /(mm/min)	摆动角度 /(°)	摆动速度 /[(°)/s]
5	25	300	200	60	504

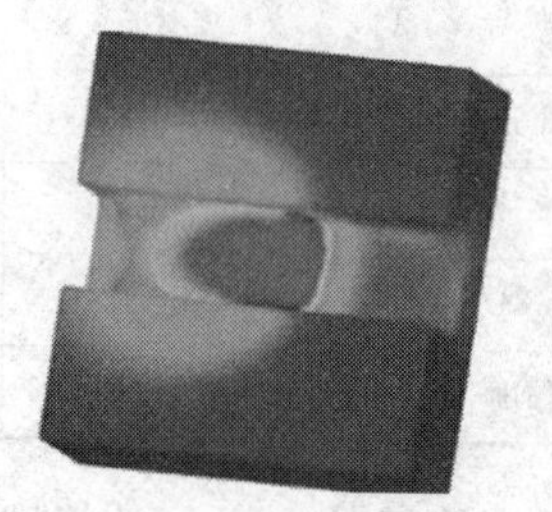

a) 熔池表面形貌

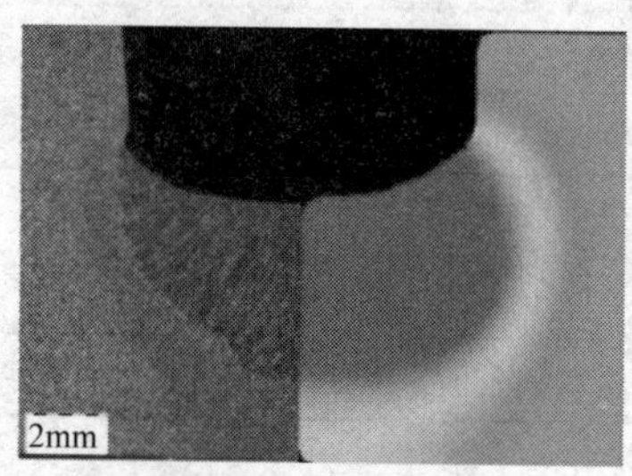

b) 熔池横截面与焊缝形貌对比

图 3-43　模拟熔池的横截面与实际焊缝的横截面对比

表 3-7　焊缝横截面的模拟尺寸和实际测量尺寸

	熔深/mm	熔宽/mm	中间下凹/mm	焊缝高度/mm
模拟值	2.3	12.1	2.4	3.1
测量值	2.4	11.4	1.6	2.9

3.3.3　摆动电弧焊接温度场特征

计算分析摆动电弧窄间隙焊接温度场特征。所采用的温度场特征模拟试验参数见表 3-8。

表 3-8　温度场特征模拟试验参数

焊接位置	送丝速度 /(m/min)	焊接电压 /V	停留时间 /ms	焊接速度 /(mm/min)	摆动角度 /(°)	摆动速度 /[(°)/s]
平焊	5	25	300	200	60	343

模拟得到的熔池三维图如图 3-44 所示，xOy 平面（$z=3$mm 平面）的温度场如图 3-45 所示。5.486s 为电弧刚刚到达坡口上侧时的温度场，熔池前部小尾部大且斜着指向坡口侧壁，电弧所在一侧的熔池边线要超前于坡口中间和另一侧的熔池边线，坡口中间熔池边线向焊缝方向凹陷，此时的熔池形状十分不规则。5.629s 为电弧在坡口上侧停留一段时间后的熔池温度场，其形状特征与 5.486s 时相似，熔

池整体向坡口侧壁偏移更多，电弧所在一侧的熔池边线比其他区域熔池边线超前更多。5.771s 为电弧在坡口中间摆动瞬间的熔池稳定场，此时熔池为前部大而尾部小的形状，基本沿着焊缝坡口中心对称分布。5.914s 为电弧刚刚到达下侧时的熔池形状，此时熔池的斜着指向坡口侧壁。在下侧停留一段时间后的熔池形状如 6.056s 所示，此时的熔池边线向侧壁扩展较大，且熔池前部大尾部小的特征十分明显。6.270s 为电弧回到坡口一侧时的熔池形状。

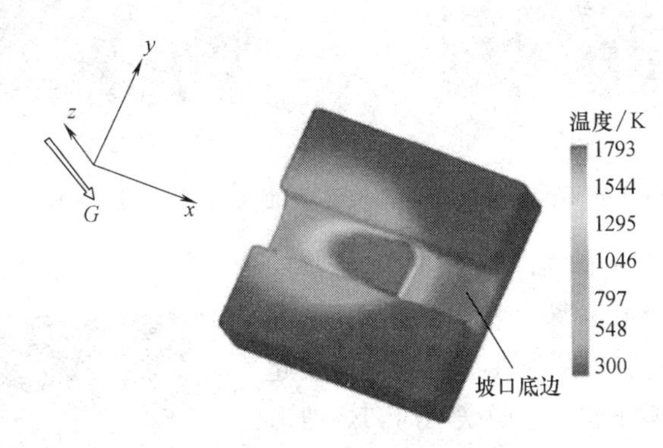

图 3-44　熔池模拟三维图

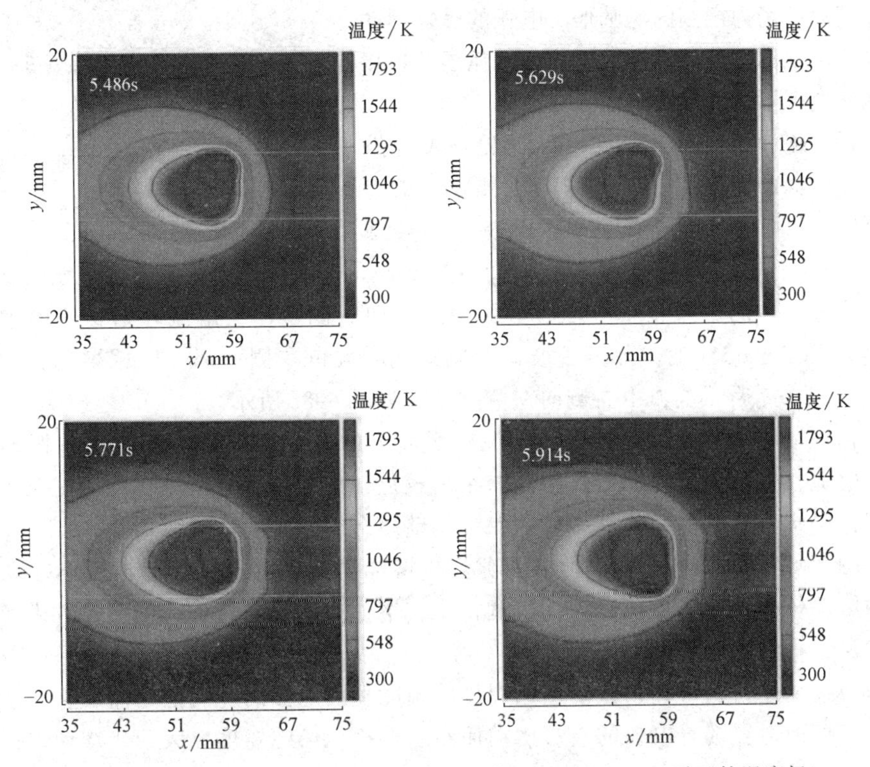

图 3-45　摆动电弧窄间隙 GMA 焊坡口底边截面温度场（xOy 平面的温度场）

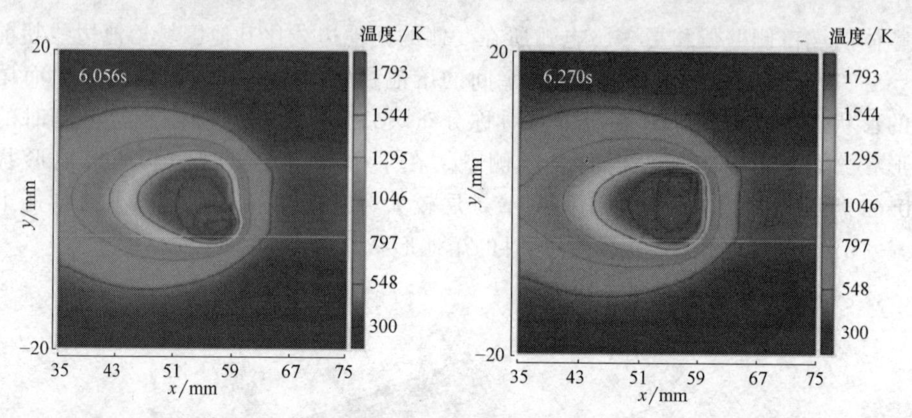

图 3-45　摆动电弧窄间隙 GMA 焊坡口底边截面温度场（xOy 平面的温度场）（续）

由温度场云图分析可知，在摆动电弧窄间隙焊接中，电弧在侧壁停留时熔池前部小而后部大，且斜着指向侧壁，电弧所在一侧熔池边线超前于其他区域；电弧在坡口中间摆动时，熔池形状较为规则，熔池前部大尾部小。图 3-46 所示为电弧不摆动窄间隙焊接坡口底边截面的温度场，其温度场为规则的椭圆形。电弧的反复摆动造成了熔池温度场的周期性变化，电弧摆动焊接熔池比电弧不摆动焊接熔池要宽。

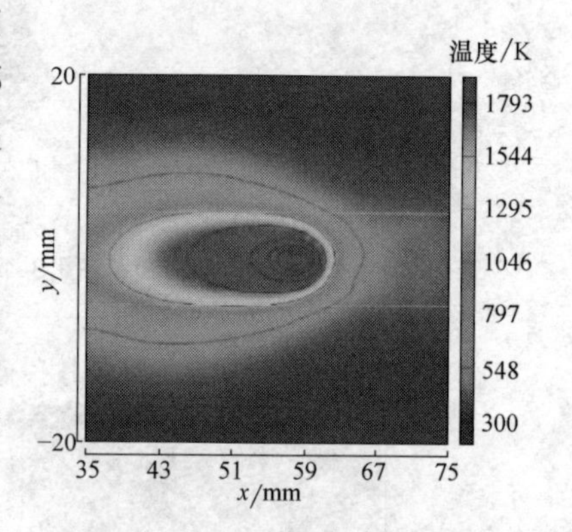

图 3-46　电弧不摆动窄间隙焊接坡口底边截面的温度场

图 3-47 所示为摆动电弧窄间隙 GMA 焊熔池 yOz 截面的温度场。6.056s 为电弧在左侧壁停留时工件的温度场分布。在宽度方向：熔池边线超过侧壁，形成了侧壁熔深；而在厚度方向：电弧停留处的熔池边线低于其他处，形成一定的熔深。6.199s 为电弧由左侧向右侧摆动，熔池开始整体向坡口右侧移动。在 6.555s 时电弧处于坡口右侧，此时坡口右侧壁部分区域熔化，形成了侧壁熔深，此后，电弧由右侧向左侧摆动，如 6.698s 所示。

在摆动电弧窄间隙焊接中，熔池横截面上的温度场随着电弧的左右摆动而改变，电弧在侧壁停留时，电弧与侧壁距离较近，使侧壁部分区域熔化，这对于窄间隙焊接是十分有利的，能够有效地保证侧壁熔合。

图 3-48 所示为电弧不摆动窄间隙焊接熔池横截面的温度场。电弧不摆动时熔池的熔深较大，形成指状熔深，熔宽很小，熔池边线未越过坡口侧壁，故未形成侧壁熔深，得到的焊缝侧壁未熔合。

通过上述分析可知，摆动电弧焊接的温度场因电弧的左右摆动而发生周期性的变化，熔池边界随着电弧的左右摆动而左右偏移，熔池宽度要大于非摆动焊接，有利于侧壁熔合。

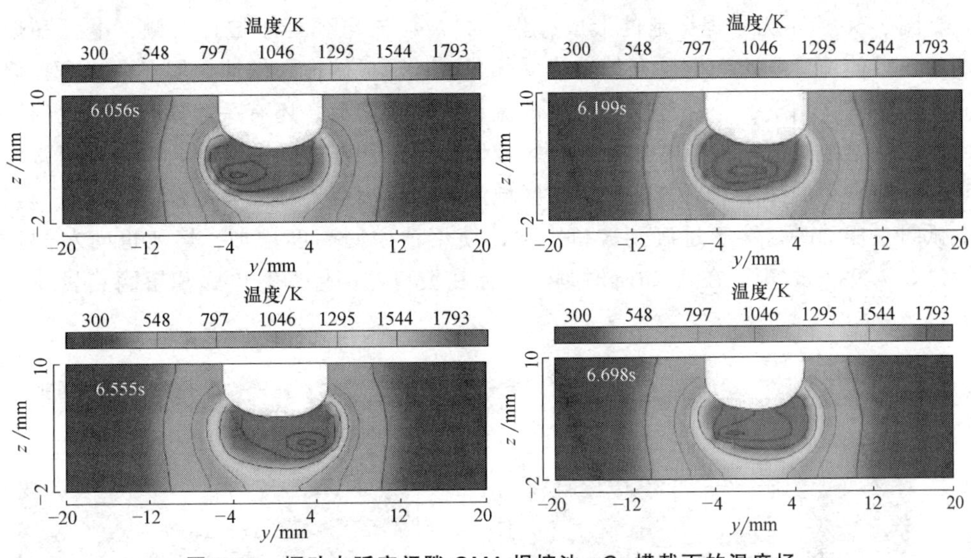

图 3-47 摆动电弧窄间隙 GMA 焊熔池 *yOz* 横截面的温度场

3.3.4 典型位置下的熔池行为

熔池重力对熔池的形成过程和最终的熔池形状均会产生重要影响。为了对全位置焊接工艺有一个系统深入地了解，有必要对平焊、向下立焊、向上立焊和仰焊四个典型位置下的焊接熔池行为进行研究。

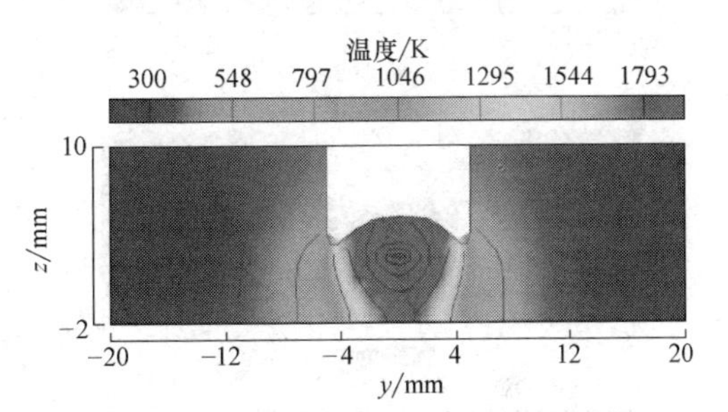

图 3-48 电弧不摆动窄间隙焊接熔池横截面的温度场

1. 平焊熔池

图 3-49 所示为平焊熔池 *xOz* 截面的温度场和流场。熔池金属在熔滴冲击力、电弧压力的作用下向深度方向流动，流动的同时将熔滴和电弧的热量带入深度方向，形成熔深，并在熔池底部向熔池尾部流动，使尾部的熔池金属量增加，由于熔池重力产生的静压力，促使部分流体回流至熔池前部。

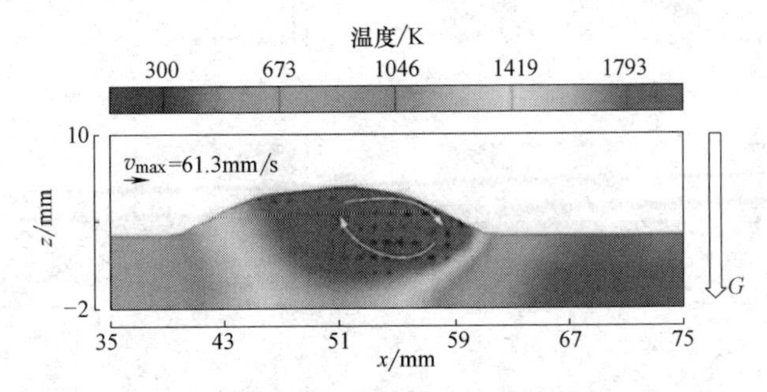

图 3-49 平焊熔池纵向截面温度场及流场（*xOz* 截面）

图3-50所示为平焊熔池的形成过程。4.774s时电弧处于坡口右侧，电弧和熔滴的热量使坡口底边和侧壁开始熔化，部分区域形成熔池。熔池金属在电弧力和熔滴冲击力的作用下，一部分向熔池底部流动，形成熔深。还有一部分向未熔化的区域流动使熔池宽度增加，右侧壁部分区域熔化形成侧壁熔深，熔池金属在表面张力和熔滴冲击力的作用下沿着侧壁熔化区域铺展一定高度，称之为侧壁铺展高度。当电弧向左摆动时，熔滴过渡到坡口中部，使熔池中间高度增加，熔池也向左侧扩展，如4.987s时刻。在5.201s时刻，电弧在坡口左侧停留，电弧和熔滴热量使侧

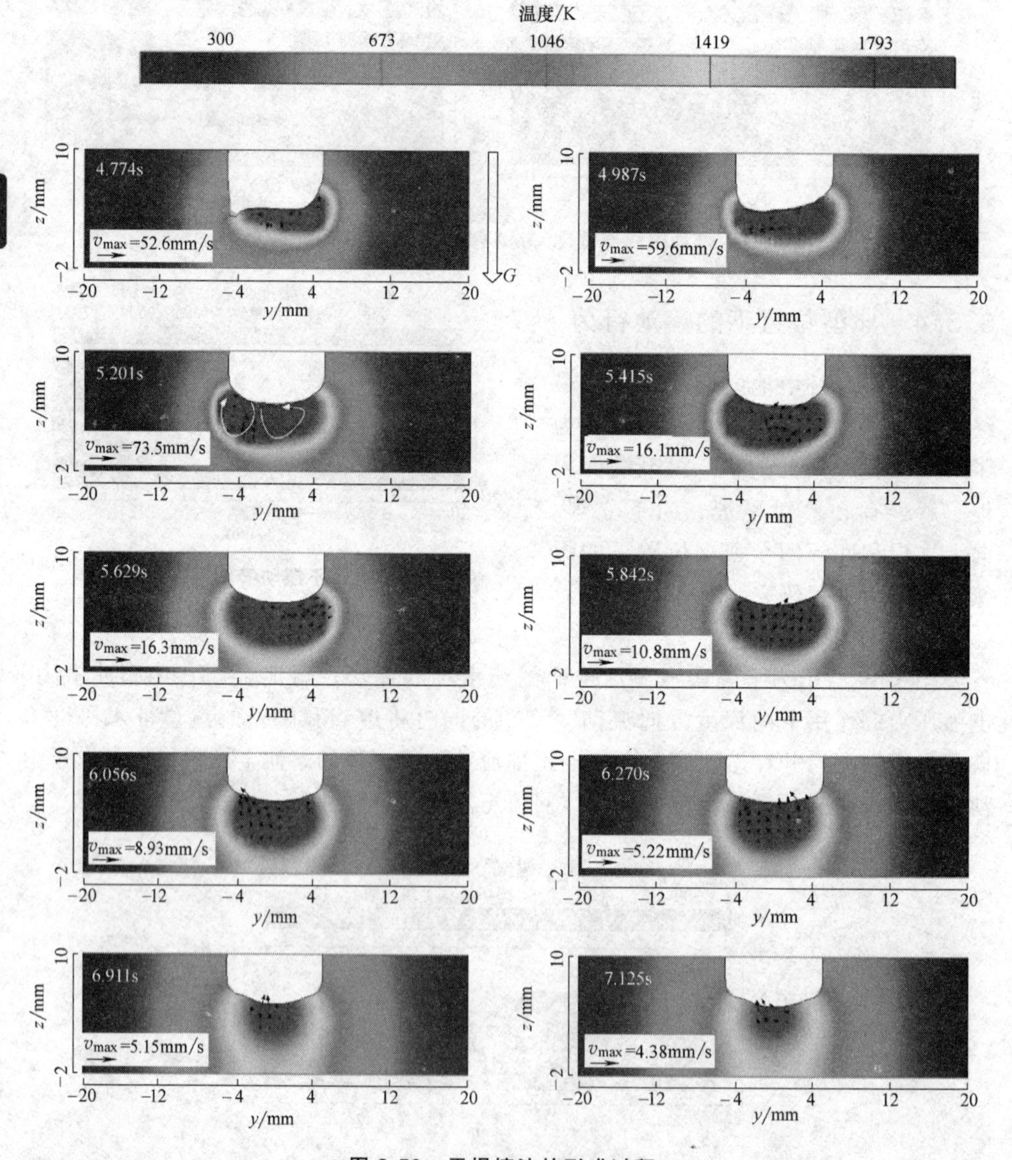

图3-50　平焊熔池的形成过程

壁熔化，熔池金属在电弧力、熔滴冲击力以及表面张力的作用下，向侧壁流动，在左侧壁也形成一定的侧壁铺展高度，此时熔池形状为中间下凹。从 5.415s 到 5.629s，熔池金属在电弧摆动作用下出现向左右两侧的流动，填充金属向熔池后方的流动造成熔池中间高度增加，下凹程度减小。随着焊接的进行，横截面距离电弧越来越远，从熔池的温度场变化可以看出，熔池由侧壁向中心凝固，且侧壁熔化区域的最高处凝固最早。侧壁铺展高度一经确定，就相当于熔池在两侧壁确定了两个固定点，在此后的焊接过程中，这两个固定点不再变化，熔池形状的改变只是出现在熔池中间区域，在 5.842s 到 6.270s 时，填充金属在电弧力、熔滴冲击力的作用向熔池后部流动，造成熔池中间高度进一步增加，下凹程度继续减小。平焊熔池尾部金属受到重力的影响回流至熔池前部，故尾部填充金属有限。因此在凝固时熔池中间高度依然低于侧壁铺展高度，熔池的横截面为下凹状态，在 7.125s 时刻，熔池接近凝固，形成中间下凹的焊缝。

图 3-51 所示为采用高速摄像拍摄的平焊位置的摆动电弧窄间隙焊接熔池形貌，可以看出熔池形态为中间下凹，模拟得到的熔池形状与实际形状接近。

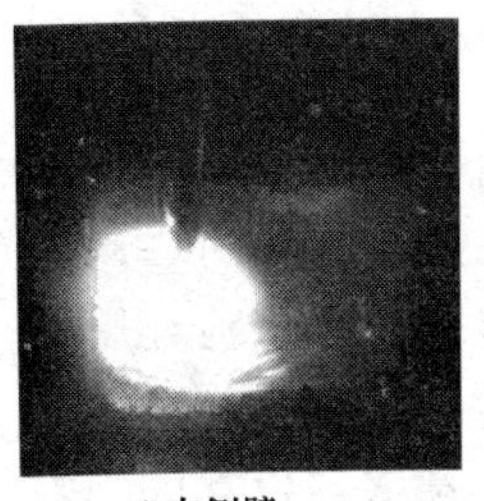
a) 左侧壁

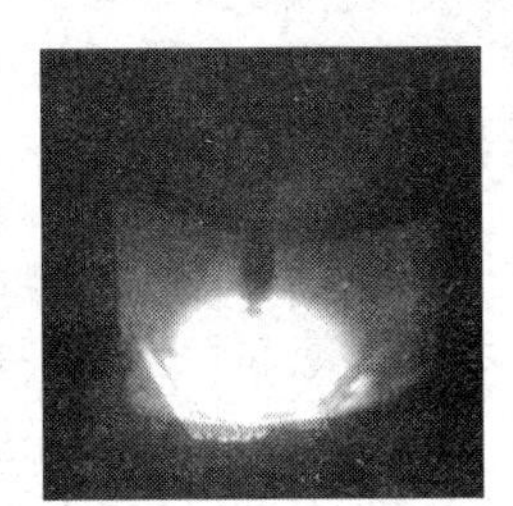
b) 向右摆

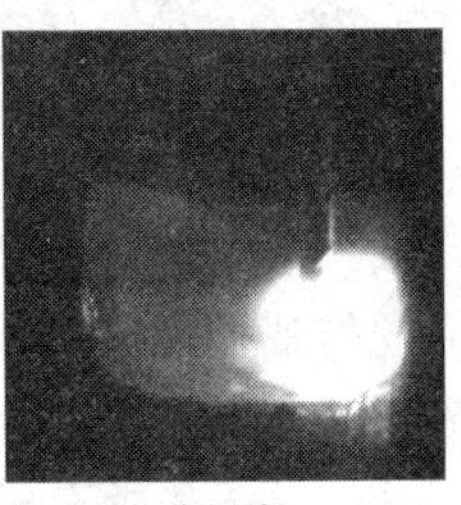
c) 右侧壁

d) 向左摆

图 3-51　平焊熔池高速摄像

2. 向下立焊熔池

图 3-52 所示为向下立焊熔池模拟结果的三维图，从图中可以看出熔池凝固形成的焊缝，下凹较大，中间高度较小。

沿着 xOz 平面切开得到的熔池纵向截面的温度场及流场如图 3-53 所示。熔池上部液态金属在重力的作用下向熔池的前部运动，并且流动速度很快，在熔池前部熔池金属在熔滴冲击力及电弧压力的共同作用下由上层转向底部，极少部分液态金属以较慢的速度在熔池底部回流到熔池尾部。与平焊位置熔池不同的是，在立向下焊中熔池上部金属在重力作用下向熔池前部流速较快，熔池尾部液体金属层得不到及时补充，形成了熔池前部高于熔池尾部的形状特征。

在焊接过程中，突然熄弧，熄弧处的熔池凝固后能够较大程度上保持焊接时熔池的形貌，因此可采用该方法来验证熔池的纵向形状。图 3-54 所示为向下立焊缝在弧坑处的纵向截面，在重力作用下熔池尾部上部的金属流向熔池前部，造成熔池前部稍高于熔池尾部，与模拟结果吻合较好。

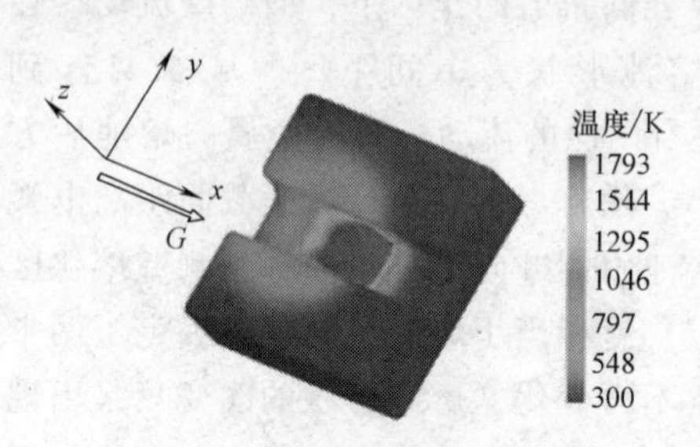

图 3-52 向下立焊熔池三维图

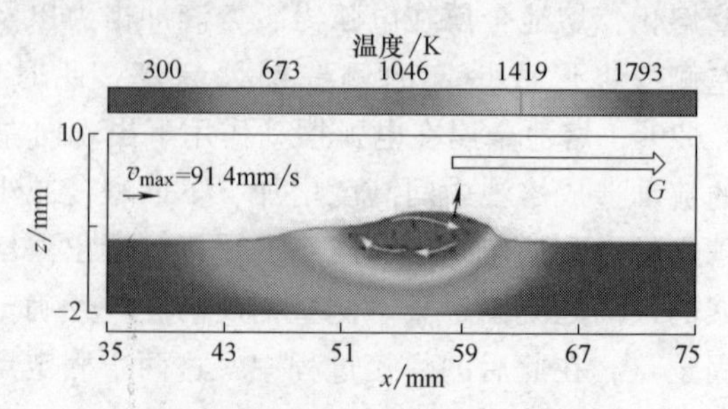

图 3-53 向下立焊熔池纵向截面的温度场及流场

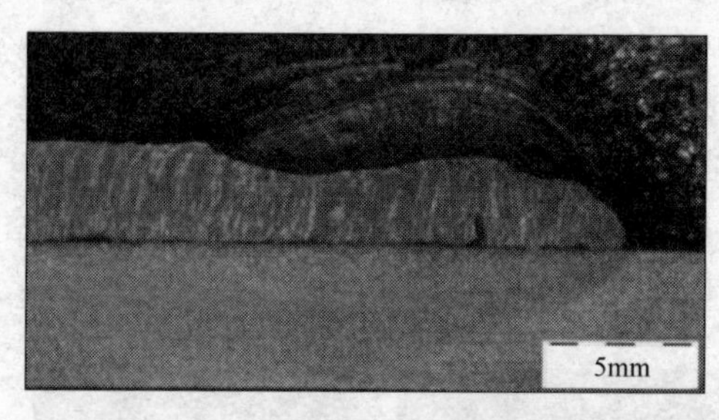

图 3-54 向下立焊焊缝在弧坑处的纵向截面

图 3-55 所示为向下立焊熔池的形成过程。在 3.776s 时刻，电弧还未到达截面处，但是前一时刻形成的熔池金属向前流动至此填充了部分高度，由于熔池金属的过热有限，此时坡口底边和侧壁均未熔化。随后电弧对该截面进行加热，左右摆动的电弧使两侧壁熔化部分区域，熔池金属沿着侧壁熔化区域向上铺展一定高度。和平焊熔池一样，两侧壁的熔池铺展高度确定后，在随后的焊接过程中就固定不变，熔池形状的变化只是出现在中间区域。由熔池流场的纵向截面可知，在重力的作用下熔池尾部的金属向熔池前部流动，故熔池前部液态金属层厚度大于平焊，因此液态金属向侧壁铺展高度也较平焊要高。随着焊接的进行，熔池中间高度下降，下凹程度增加，最后凝固得到中间下凹的焊缝。同样的参数下，向下立焊焊缝下凹程度要大于平焊焊缝。

图 3-56 所示为高速摄像得到的焊缝熔池的形状。向下立焊接时由于熔池重力作用方向与焊接方向一致，更多的熔池金属堆积在熔池前部，若高速摄像机放在焊枪前进方向则无法观察到熔池形态，故在拍摄向下立焊熔池时摄像机布置在形成焊缝的方向。从中可以看出，稳定的向下立焊熔池整体上呈现中间下凹的形态特征，熔池前部高度大于熔池后部，甚至大于焊缝的高度。

3. 仰焊熔池

仰焊时重力易使熔池金属脱离熔池，造成焊缝不成形。图 3-57 所示为仰焊熔池模拟结果的三维图，熔池呈现中间凸起的形状特征。图 3-58 所示为熔池温度场及流场的纵向截面。从中可以看出，在重力的作用下，大部分熔池金属沿着重力方

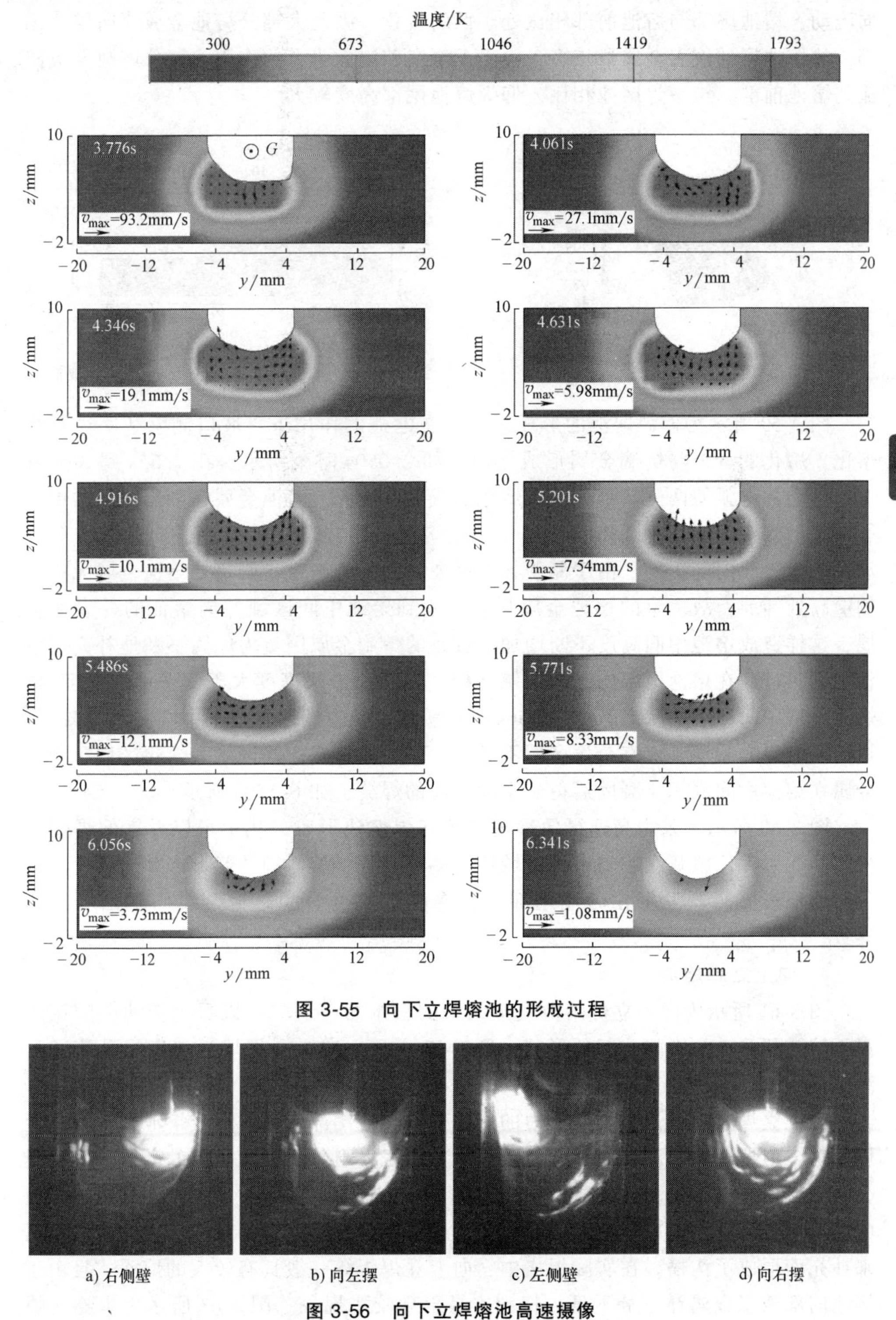

图 3-55　向下立焊熔池的形成过程

图 3-56　向下立焊熔池高速摄像

向流动，熔池尾部与熔池前部相比处于低的位置，因此大部分熔池金属流向熔池尾部，故熔池尾部液态金属量较多，由于无法突破表面张力的作用，部分熔池金属回流到熔池前部。与平焊熔池相比，仰焊熔池尾部高度较大。

图 3-57 仰焊熔池三维图

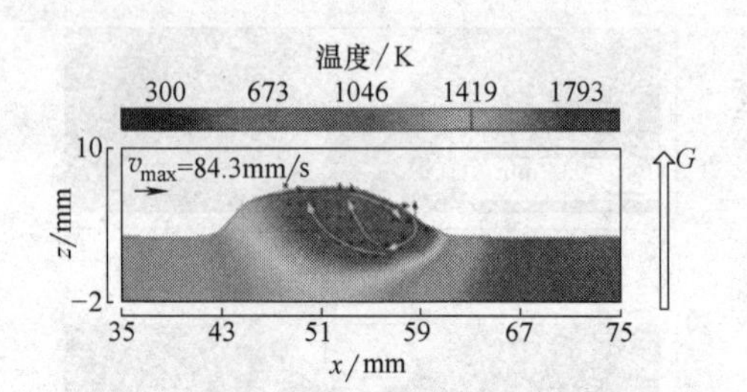

图 3-58 仰焊熔池温度场及流场的纵向截面

图 3-59 所示为仰焊熔池的形成过程。在电弧的作用下，坡口侧壁和底边开始熔化，熔化的母材与熔滴金属形成熔池，如 2. 050s 时刻所示。在 2. 55s 到 3. 56s，左右摆动的电弧使两侧壁部分区域熔化形成侧壁熔深，熔池金属在两侧壁上均形成了一定的侧壁铺展高度，熔池中间下凹。熔池金属在重力的作用下向低的方向流动，熔池表面向外扩展。由于侧壁处的铺展高度一经确定，侧壁处熔池金属无法向侧壁高处铺展，故多余的熔池金属只能汇集到熔池中间区域并向熔池的外表面扩展，这样造成熔池中间高度不断增加。过渡的熔滴金属因重力原因不断地补充到熔池尾部，进而在熔池尾部的中间区域堆积，当熔池中间高度大于侧壁铺展高度时，熔池呈现中间凸起的状态，如 4. 056s 时刻所示。熔池按照侧壁到中心的顺序凝固，熔池两侧最先凝固，液态金属区域不断减少，最后只有中间区域为熔化区域，液态金属在熔池中间堆积，凝固后得到中间凸起的焊缝，如 6. 550s 所示。

图 3-60 所示为采用高速摄像采集到的仰焊熔池形态，从中可以看出仰焊熔池中间凸起。无论电弧在坡口中间区域还是侧壁附近，熔池的凸起形态都未改变，这说明熔池表面凸起发生在熔池尾部且主要是由于过多的熔池金属向尾部堆积所导致。

4. 向上立焊熔池

图 3-61 所示为向上立焊熔池模拟结果的三维图。从中可以看出熔池中间区域高于熔池两侧，为中间凸起的形状。图 3-62 所示为向上立焊熔池温度场及流场的纵向截面。

向上立焊时，熔池金属在重力的影响下向熔池尾部流动，造成熔池尾部液态金属较多，但熔池尾部已凝固的金属及流体表面张力阻碍了熔池金属的继续流动，极少部分流体在电磁力、表面张力等的作用下回流至熔池前部。由于大部分熔池金属向熔池尾部流动，造成熔池尾部液态金属层较高，熔池前部因没有足够的熔池金属来补充而形成了沟槽。在实际焊接中，向上立焊焊缝一般具有较大的熔深，且由于熔池前部液态金属补充量不足，特别容易出现咬边现象。图 3-63 所示为焊缝在熄

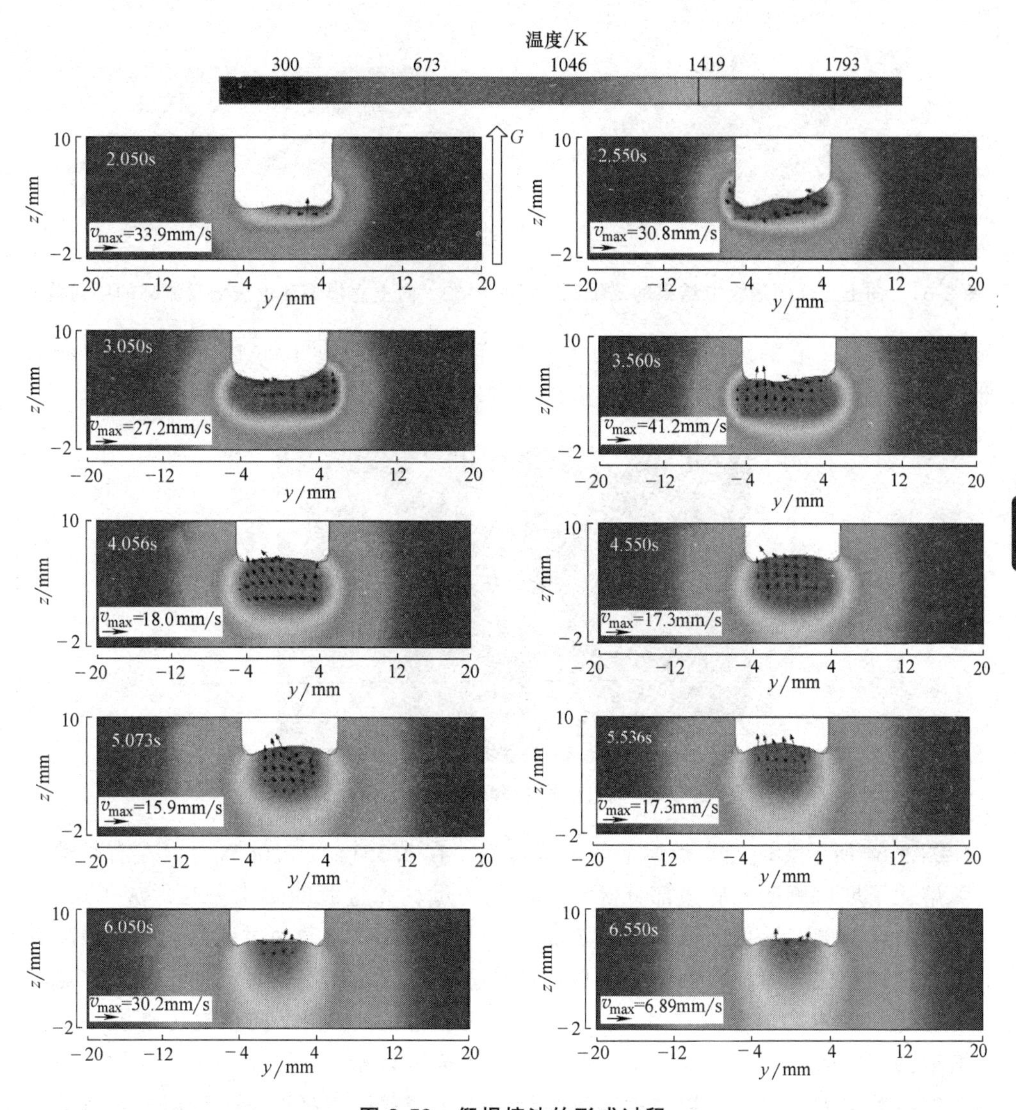

图 3-59　仰焊熔池的形成过程

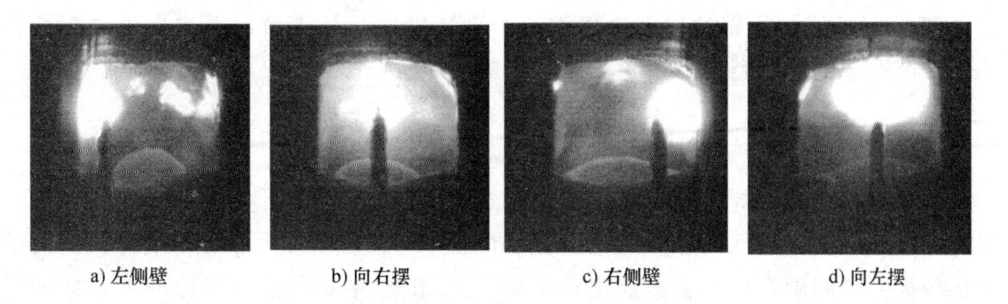

a) 左侧壁　　b) 向右摆　　c) 右侧壁　　d) 向左摆

图 3-60　仰焊熔池高速摄像

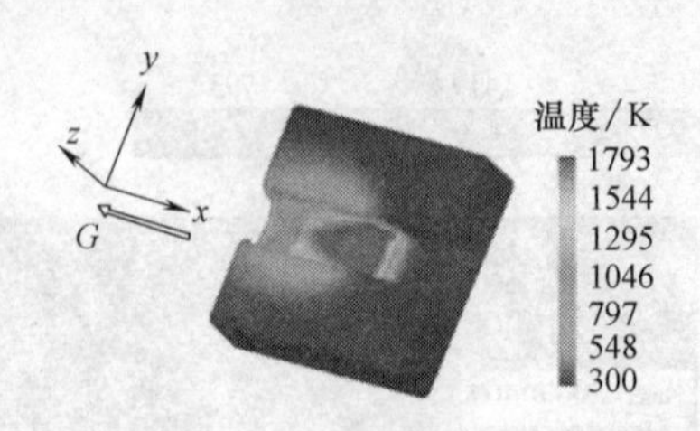

图 3-61 向上立焊熔池模拟结果的三维图

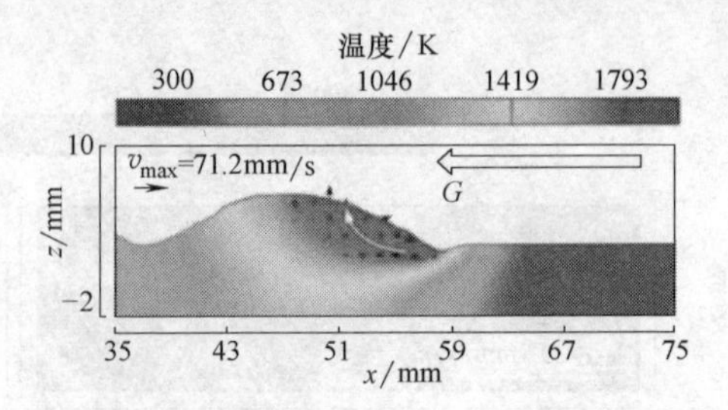

图 3-62 向上立焊熔池温度场及流场的纵向截面

弧处沿着焊缝中心的纵向截面，向上立焊熔池前部低于坡口底边，且低于熔池尾部，在熔池前部出现了沟槽，和模拟得到的结果相吻合。

图 3-63 向上立焊弧坑处焊缝纵向截面

图 3-64 所示为向上立焊熔池的形成过程。在 2. 351s 到 3. 063s 时，左右摆动的电弧熔化了坡口侧壁和底边部分区域，熔化的母材和过渡的熔滴一起形成了熔池。熔池金属在两侧壁熔化区域铺展一定高度，当电弧远离该截面时铺展到侧壁最高点的熔池金属最先凝固，在两侧壁上形成两个固定点，在随后的过程中，该固定点不会再变化。在 3. 420s 到 3. 766s 时，熔池金属在重力的作用下向熔池尾部流动，由于熔池两侧壁处的形态已经固定，补充的熔池金属只能向熔池中间堆积，故熔池中间高度不断增大，但此时熔池中间高度依然小于侧壁铺展高度。随着填充金属的不断补充，熔池中间高度不断增大，在 4. 485s 之后，熔池中间凸起。

图 3-65 所示为稳定的向上立焊熔池的高速摄像。从中可以看出向上立焊熔池具有中间凸起的形态特征，模拟结果与之吻合。

3. 3. 5 熔池形状分析

从上述四个典型焊接位置的熔池变化过程可以看出，在形成初期熔池横截面形状均为中间下凹，熔池的最终状态因焊接位置不同而呈现中间下凹或者中间凸起的形状特征。窄间隙坡口某横截面上的熔池形态如图 3-66 所示。熔池的上表面曲线为 ACB，其是上凸还是下凹可以由侧壁铺展高度 H_s 及熔池中间高度 H_c 表示：当

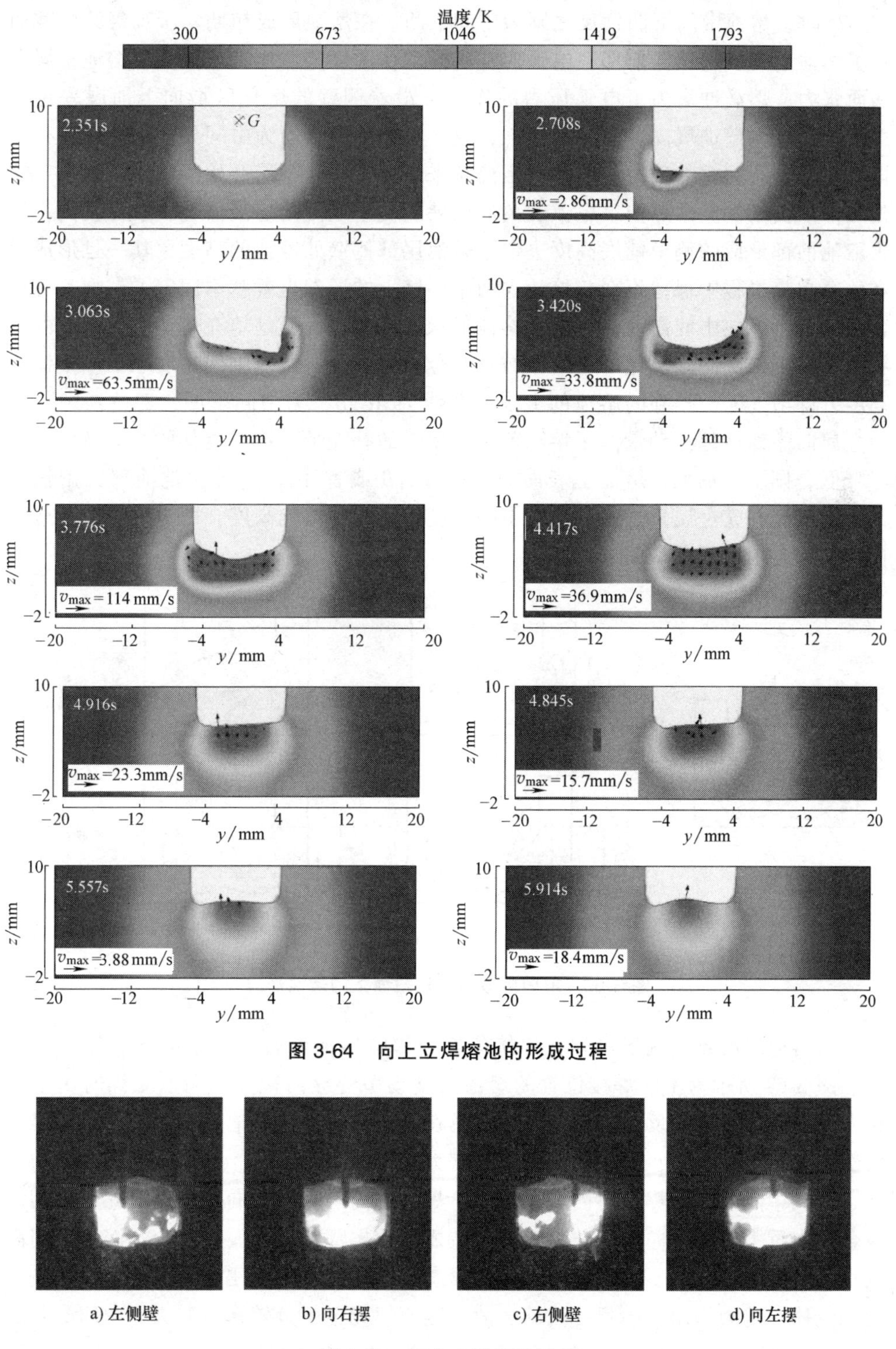

图 3-64　向上立焊熔池的形成过程

a) 左侧壁　b) 向右摆　c) 右侧壁　d) 向左摆

图 3-65　向上立焊熔池形状

$H_s>H_c$ 时，熔池中间下凹，反之则为中间上凸。在熔池形成初期，所观察的横截面处于熔池前部。在熔池前部，电弧的左右摆动使两侧壁熔化部分区域，熔池金属在表面张力、熔滴冲击力、电弧压力的作用下沿着侧壁的熔化区域向上铺展一定高度，即形成侧壁铺展高度 H_s，$H_s>H_c$，故熔池前部形状均为中间下凹。焊接进行一段时间后，所观察的截面与电弧的距离越来越远，熔池金属开始凝固，截面处于熔池尾部。由于侧壁散热快，电弧远离后铺展到侧壁最高处的液体金属最先凝固，故由熔池前部形成的侧壁铺展高度决定了熔池尾部侧壁处熔池的高度，其一旦形成就在整个焊接过程中保持不变，熔池在两个侧壁上的形态也就基本固定了，唯一可以变化的就是熔池中间高度。接下来熔池形状的变化过程便是填充熔池中间区域的过程，若熔池前部向熔池尾部中间区域补充金属量较少，熔池中间高度小于侧壁铺展高度，即 $H_s>H_c$，得到的熔池的上表面曲线为 AC_1B，为中间下凹；若熔池尾部熔池金属向熔池前部流动量大于熔池前部向尾部的补充量，造成尾部的熔池高度进一步降低，则下凹加大，熔池上表面曲线为 $AC_1'B$ 或者 $AC_2'B$；若熔池前部向熔池尾部中间区域补充金属量过多，熔池中间高度大于侧壁熔化高度，即 $H_s>H_c$，则熔池中间凸起，表面形状如曲线 AC_2B。

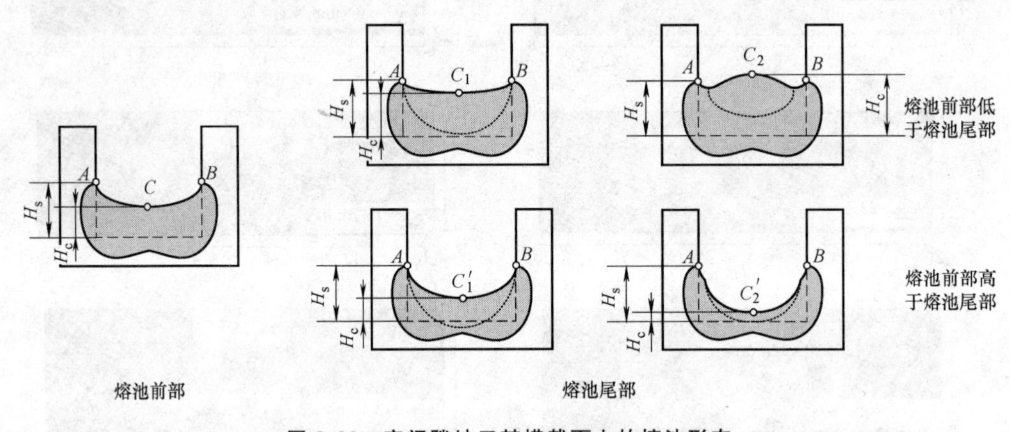

图 3-66　窄间隙坡口某横截面上的熔池形态

由熔池温度场及流场可知，焊接位置会影响熔池金属在熔池前部和尾部的分布。图 3-67 所示为不同焊接位置的熔池温度场中心纵向截面。向上立焊时由于焊接方向与重力方向相反，更多的熔池金属在重力作用下向熔池尾部流动，故其熔池尾部填充金属量较多，造成尾部中间高度大于侧壁熔化高度，熔池为中间凸起的形状，得到中间凸起的焊缝；向下立焊时，焊接方向与重力方向一致，因此更多的熔池金属在重力作用下向熔池前部汇集，造成熔池尾部补充金属量较少，熔池中间高度小于侧壁熔化高度，故为中间下凹的形态；仰焊时，熔池尾部属于整个熔池最低处，流体在重力作用下向低处流动，故其尾部填充金属量较多，形成了中间凸起的形态；平焊时一部分熔池金属在电弧力、熔滴冲击力等的作用下向熔池尾部流动，但是由于受到流体静压力的影响，向尾部补充的金属量不足，熔池中间高度低于侧壁熔化高度，为中间下凹的形态，但其下凹程度要小于向下立焊熔池。

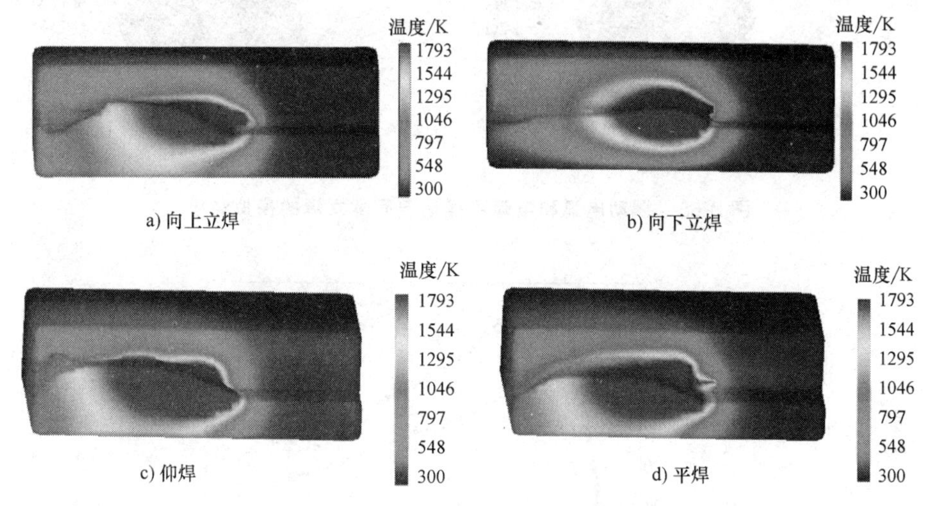

图 3-67 不同焊接位置的熔池温度场中心纵向截面

由于重力对熔池金属流动行为的影响，不同的焊接位置下的熔池呈现不同的形态特征，与之对应的焊缝形状和可能出现的缺陷种类也不相同。熔池的最终形态受到熔池金属流动方向、填充金属量、高温保留时间、侧壁铺展高度等因素的影响。在摆动电弧窄间隙焊接中，只有根据空间位置的熔池形态特征，采取合适的焊接参数，合理分配电弧能量，适当控制补充金属量，才能获得满意的焊缝成形。

3.4 摆动电弧对熔池的控制作用

在非平焊位置焊接时，熔池受到重力影响易脱离工件而发生流淌现象。熔池流淌会导致焊缝成形恶化，焊接过程无法继续。由于向上立焊熔池金属向尾部流动较多，最容易发生熔池流淌，故以向上立焊为例分析摆动电弧对熔池流淌的抑制作用。

图 3-68 所示为摆动电弧和电弧不摆动窄间隙立焊的模拟结果，可以看出，摆动电弧窄间隙焊缝成形良好，侧壁熔合良好，熔池未见流淌；电弧不摆动时熔池流淌，焊缝不形成。摆动电弧的熔池与侧壁之间存在界面张力，能够抵消部分重力作用，有利于熔池稳定。另外，摆动电弧能够降低熔池中间区域高温保留时间也起到了关键作用。提取摆动电弧焊接和非摆动焊接焊缝中心测试点的热循环曲线发现，摆动电弧焊接熔池的高温保留时间低于不摆动焊接，如图 3-69 所示。熔池的高温停留时间主要受到能量输入大小和热量散失快慢的影响，能量输入越小、热量散失越快，熔池高温保留时间则越短，越有利于熔池的稳定。

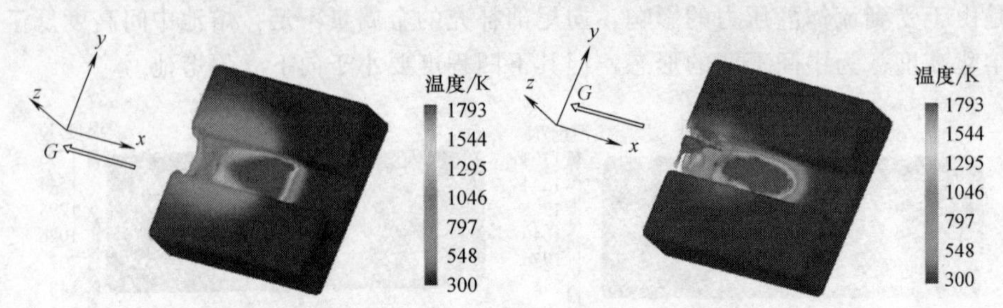

图 3-68　摆动电弧和电弧不摆动窄间隙立焊的模拟结果

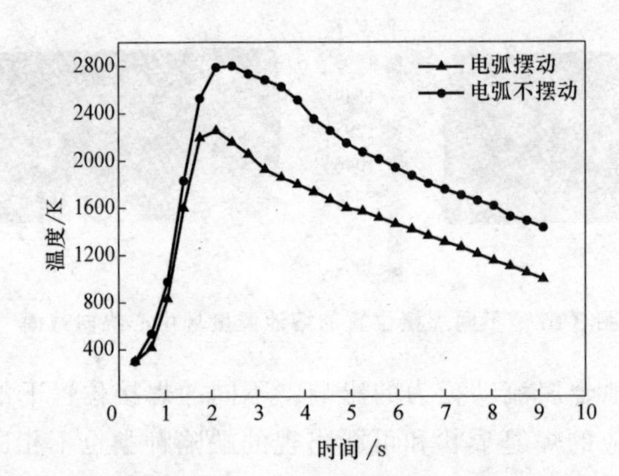

图 3-69　电弧摆动和电弧不摆动焊接热循环曲线比较

3.4.1　降低能量输入

摆动电弧运动过程可以分为两个阶段：一是电弧在侧壁停留时做匀速直线运动；二是电弧摆动阶段，在该阶段中电弧不但做匀速直线运动还做弧形运动。电弧摆动阶段电弧的即时速度为直线运动速度和弧形运动速度的合成速度。

如图 3-39 所示，电弧以角速度为 ω，半径为 r，摆动角度为 α 做来回摆动，电弧摆到侧壁处时停留时间为 t_d，同时焊枪相对工件以匀速 v 向 x 轴正方向运动。为了简化计算，取一个周期内顺时针摆动过程的焊接热输入进行分析。电弧在坡口中间的摆动的轨迹是由电弧弧形运动和焊枪沿着 x 轴行走而形成，因此可将这一过程分解。设在 $t(t<\alpha/\omega)$ 时刻，电弧摆动到 O_1 点，该点与圆心的连线和 x 轴的夹角为 θ，其摆动线速度为 ωr，方向为圆弧的切线方向，将此速度分解为 x 轴和 y 轴方向的两个分速度：v_x，v_y。

$$\begin{cases} v_x = \omega r\sin\theta \\ v_y = \omega r\cos\theta \end{cases} \tag{3-42}$$

焊枪在 x 轴方向的速度为 v，在 y 轴方向为速度 0。则弧形运动和焊枪运动速度在 x 轴和 y 轴方向的合速度为 v_{xx} 和 v_{yy}。

$$\begin{cases} v_{xx} = \omega r\sin\theta + v \\ v_{yy} = \omega r\cos\theta \end{cases} \tag{3-43}$$

由此可知电弧即时速度为 v_t。

$$v_t = \sqrt{v_{xx}^2 + v_{yy}^2} = \sqrt{v^2 + (\omega r)^2 + 2\omega rv\sin\theta} \tag{3-44}$$

电弧在侧壁停留时的即时速度为 v，电弧不摆动时电弧运动速度与侧壁停留时的即时速度相同，也为 v。将 v_t 和 v 计算比较发现：由于 $-1<\sin\theta<1$，所以当 $\omega r>2v$ 时，$v_t>v$。一般情况下电弧摆动线速度远远大于焊接速度（本例中，电弧摆动的线速度为 48mm/s，焊接速度为 3.33mm/s，电弧摆动的线速度约为焊接速度 14.5 倍），故在实际焊接中可以认为电弧摆动阶段的即时速度远远大于电弧不摆动焊接的焊接速度。焊接热输入 E 为

$$E = \frac{UI}{V} \tag{3-45}$$

式中　U、I——焊接电压和电流；

V——移动速度。

在摆动焊接中，将即时速度引入到焊接热输入的计算过程中，则得到了电弧在坡口中间摆动时的即时热输入 E_s。

$$E_s = \frac{UI}{\sqrt{v^2 + (\omega r)^2 + 2\omega rv\sin\theta}} \tag{3-46}$$

由于 v_t 大于 v，故摆动电弧窄间隙焊接时熔池中间区域的热输入要小于电弧不摆动焊接，因此摆动电弧的熔池中间区域的高温停留时间小于电弧不摆动焊接。根据式（3-46）可知，摆动阶段的即时热输入主要受到摆动线速度的影响，增大摆动线速度可以降低即时热输入，减小熔池高温停留时间，降低熔池流淌趋势。图 3-70 所示为不同摆动速度下模拟得到的焊缝成形。可以看出随着摆动速度的增大，焊缝中间凸起逐渐降低。在向上立焊中，熔池中间凸起越小说明熔池流淌趋势越小。

3.4.2　提高散热能力

摆动电弧除了能降低坡口中间区域的即时热输入外，还能提高熔池的散热能力，加快熔池凝固速度。摆动电弧扩大了熔池宽度，增加了熔池散热面积。侧壁处的散热能力要大于熔池中间区域，因此摆动电弧的摆动角度越大，熔池距离侧壁越近，越有利于熔池热量的散失。图 3-71 所示为不同摆动角度下的焊接模拟结果。摆动角度为 30°时，侧壁未熔合，熔池流淌，随着摆动角度增大，熔池的中间凸起降低，熔池流淌趋势减弱。

所以，摆动电弧可以通过增加电弧对侧壁的热输入、降低熔池中间区域的能量输入、提高散热能力来控制熔池形成过程，有效地保证侧壁熔化，抑制熔池流淌，从而获得良好的焊缝成形。

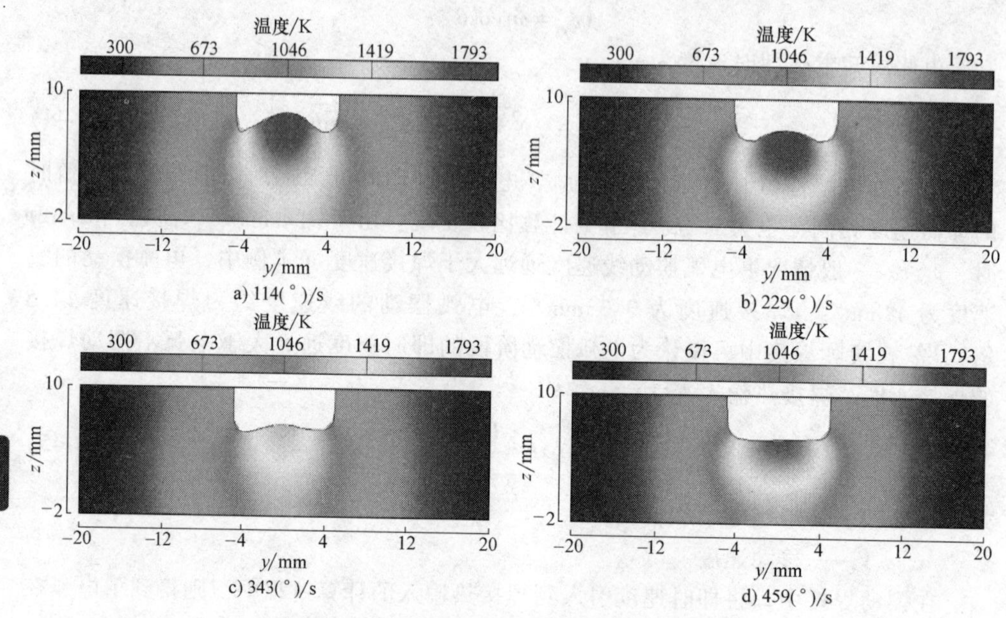

a) 114(°)/s　b) 229(°)/s　c) 343(°)/s　d) 459(°)/s

图 3-70　不同摆动速度下模拟得到的焊缝成形

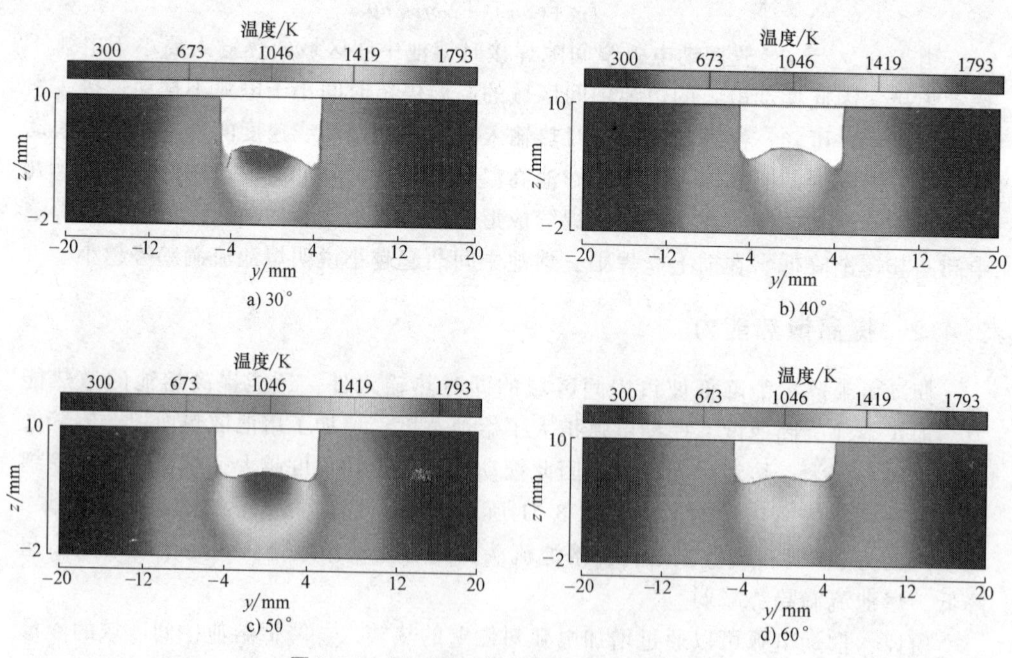

a) 30°　b) 40°　c) 50°　d) 60°

图 3-71　不同摆动角度下的焊接模拟结果

3.5 摆动电弧窄间隙GMA全位置焊

3.5.1 焊缝成形特点

在管状结构的全位置焊接过程中，焊接位置在不断变化，对其进行如图3-72所示的焊接位置的描述，焊接位置角度表示焊接方向与水平面的夹角：0°/360°位置表示平焊位置；90°位置表示向下立焊位置；180°位置表示仰焊位置；270°位置表示向上立焊位置。

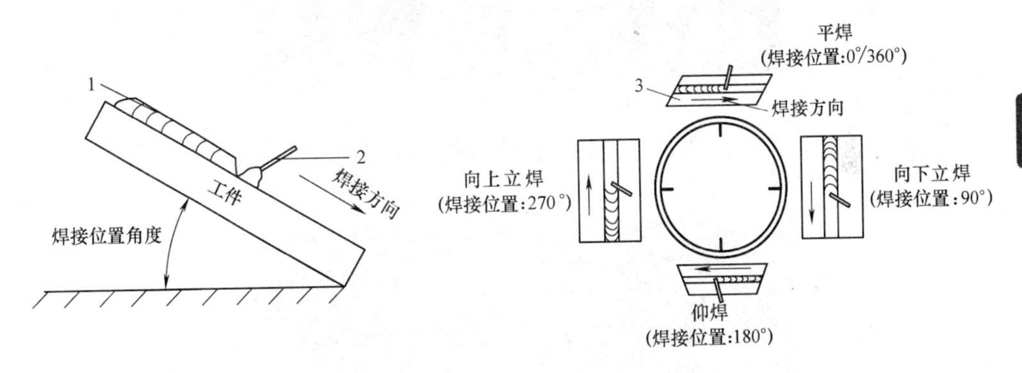

图3-72 焊接位置

1—焊缝 2—焊丝 3—工件

由熔池行为可知，当熔池重力的切向分力方向与焊接方向相同时，熔池金属会在重力的作用下流向熔池前部，熔池尾部由于填充金属量不足而中间下凹，焊缝形状表现为中间下凹。当熔池重力切向分力方向与焊接方向相反时，熔池金属向熔池尾部流动，过多的熔池金属会在熔池尾部的中间区域堆积形成中间凸起的熔池形态，在该区间内的焊缝具有中间凸起的形状特征。平焊位置和仰焊位置作为熔池重力与焊接方向是否一致的分界点，即0°~180°区间的熔池重力的切向分力方向与焊接方向相同，焊缝为中间下凹形状；180°~360°区间的熔池重力的切向分力方向与焊接方向相反，焊缝为中间凸起的形状。

图3-73所示为0°~180°区间的部分焊接位置的焊缝横截面。可以看出，在此区间的焊缝表面下凹，熔深较浅，由于电弧会在侧壁做一短暂停留，造成焊缝底部出现双峰状特征。这些特征与其熔池特征是相对应的。

图3-74所示为180°~360°区间的部分焊接位置的焊缝横截面。与0°~180°区间的焊缝成形不同，焊缝中间区域高于两侧区域，焊缝表面中间凸起，而焊缝熔深较大。这是由重力使熔池金属向熔池尾部流动造成的。

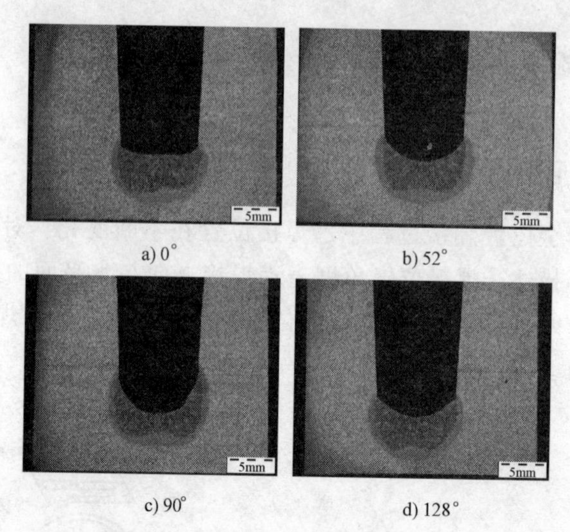

a) 0° b) 52°

c) 90° d) 128°

图 3-73 0°～180°区间部分焊缝截面

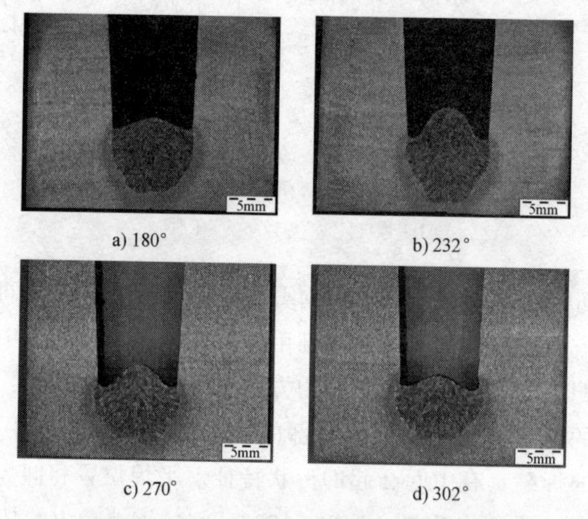

a) 180° b) 232°

c) 270° d) 302°

图 3-74 180°～360°区间部分焊缝截面

3.5.2 宏观缺陷分析及优化目标确定

如图 3-75 所示，0°～180°焊缝成形尺寸主要参数为下凹程度（*C*）、侧壁熔深（*SP*）、熔深（*WP*）、焊缝高度（*WH*）；180°～360°焊缝成形尺寸主要参数为凸起程度（*Cd*）、侧壁熔深（*Sp*）、熔深（*Wp*）和焊缝高度（*Wh*）。

0°～180°区间的焊缝侧壁熔深和焊缝熔深较小，因此容易出现侧壁未熔合和底边未熔合缺陷，0°～180°区间焊缝宏观缺陷如图 3-76 所示。这是由于熔池金属在重力作用下，向熔池前部快速流动，为了使焊接电弧处于熔池前部以便稳定熔池，需要采取较大的焊接速度，造成焊接热输入降低，熔深和侧壁熔深较小。另外，熔池前部的液态金属熔池尾部多，较多的液态金属在电弧底部堆积，造成电弧无法直接对坡口底部加热，而是在较厚的液态金属层表面燃烧，液态金属的过热形成熔深。焊接电弧同时将大量的液态金属排挤到侧壁上，使电弧无法直接对侧壁加热，所以侧壁熔深也较小。

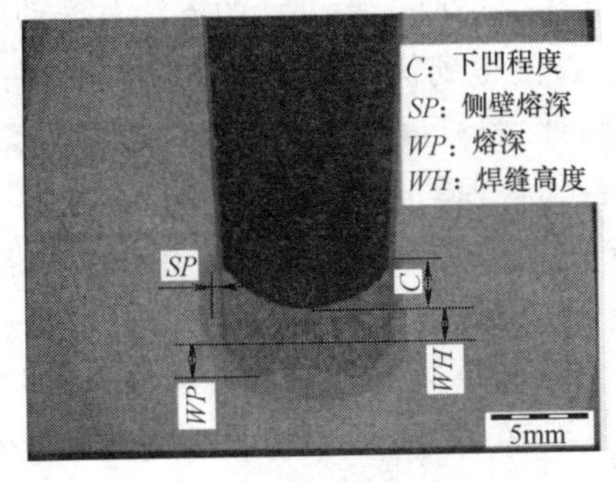

a) 0°～180°

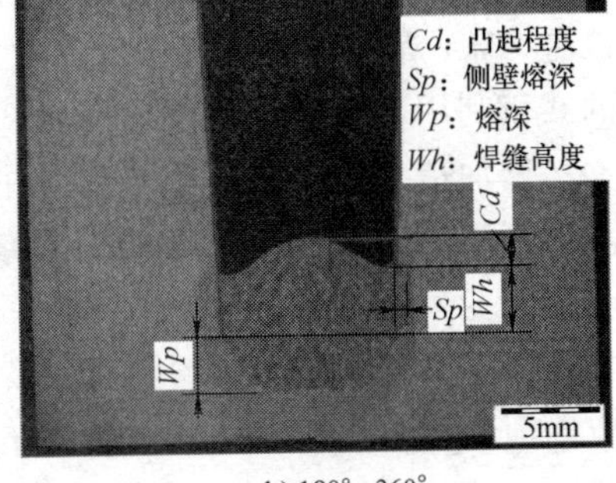

b) 180°～360°

图 3-75　焊缝成形尺寸

180°～360°区间焊缝成形最容易出现的缺陷为层间未熔合，有时也会出现侧壁未熔合缺陷，180°～360°区间焊缝宏观缺陷如图 3-77 所示。由于在此区间的焊缝中间凸起，在多层焊时上一层焊道的凸起程度过大会引起层间未熔合缺陷。这主要是由于当前一道焊缝凸起太高时，后续焊接电弧会在侧壁与中间凸起之间燃烧，无法加热到焊缝与侧壁的夹角区域，出现未熔合缺陷。由于中间凸起的存在，造成焊缝横截面上高度落差较大，电弧长度忽高忽低，使得焊接过程不稳定，飞溅较大。

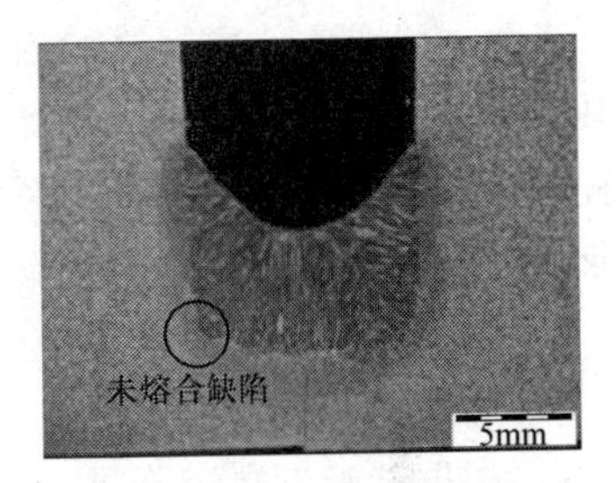

图 3-76　0°～180°区间焊缝宏观缺陷

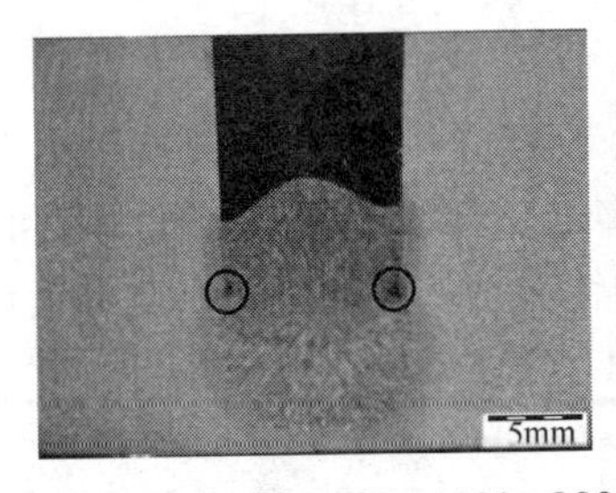

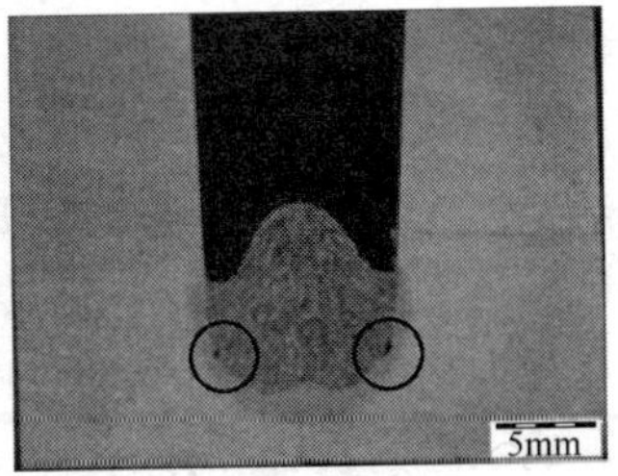

图 3-77　180°～360°区间焊缝宏观缺陷

为了避免出现上述的成形缺陷，0°～180°区间优化焊接参数的标准是尽可能获得大的焊缝熔深及侧壁熔深；180°～360°区间优化焊接参数的标准是尽可能获得大的侧壁熔深和小的中凸程度。

3.5.3 焊缝成形数学模型的建立

摆动电弧窄间隙全位置GMA焊中焊缝成形受到许多焊接参数的影响，若通过普通的单变量试验法来分析焊接参数对焊缝成形的影响规律及优化焊缝成形，不但存在试验工作量巨大、试验成本较高、试验效率低下的不足，且无法获得焊接参数之间的交互作用，不能优化焊接参数。因此需要采取试验设计的方法对摆动电弧窄间隙全位置GMA焊的焊接工艺进行优化，以便得到优化的焊缝成形。采用试验设计的目的在于利用数学原理合理地制订试验计划，尽可能地减少试验工作量、降低试验成本、增加信息量、提高试验效率并科学合理的分析试验结果。

响应曲面法（RSM）是数学方法和统计方法结合的产物，是用来对所感兴趣的响应受多个变量影响问题进行建模和分析以及优化的一种回归分析方法。RSM包括样本设计、模型建立、检验结果及优化目标等诸多步骤，最终拟合回归方程、生成响应曲面，可方便直观地给出相应于各因素水平的响应值，因此在稳定性研究与工艺优化设计等领域得到广泛应用。RSM与其他试验设计方法相比具有以下几方面的优势：RSM通过合理的试验设计，能够在较少的试验量中提取较全的信息量，节约试验成本，提高试验效率；RSM在设计上就考虑了输入参数之间的交互作用，因此可以有效地避免参数交互作用模型准确性的影响；RSM运用图形技术将输入参数和响应值的函数关系体现出来，使结果更加形象化，有利于直观地对结果进行优化。应用响应曲面法设计试验并分析和优化结果的步骤如下：

1）预先实验确定影响参数及其适用范围。

2）利用回归设计方法建立试验参数矩阵。

3）根据试验参数矩阵进行试验，记录响应值。

4）计算回归系数、建立输入参数与响应参数的数学模型。

5）模型显著性和失拟性检验，回归系数的显著性分析。

6）数学模型的验证。

7）分析输入参数对响应参数的直接作用和交互作用。

8）优化目标值，得到优化参数。

试验参数矩阵的建立采用了回归设计方法中的中心旋转组合设计（Center Composed Design，CCD），该方法是在回归的正交设计的基础上适当的增加中心点和轴向点，使试验矩阵具有正交性、旋转性和均一性的特点。这种设计方法能用最少的试验量获取最大的信息量，因此采用基于CCD设计的响应曲面法进行焊接参数对焊缝成形影响试验的设计和分析。

1. 试验参数矩阵的建立

下面以2因素试验情况为例，简单地介绍下CCD建立试验参数矩阵的基本过程。中心旋转组合设计如图3-78所示，坐标轴数目为2，因素数目为$k=2$，CCD试验参数矩阵包括三类试验点，其一为全因素试验点，数目为m_c，$m_c=2^k$，当为2

因素时，$m_c=4$，即点（±1,±1）；第二类试验点为因素轴上的试验点，点（0,±β）和（±β,0），数目为 $m_a=2k$，因素数目为2时，$m_a=4$；另外一类试验点为中心点（0,0），重复次数为 m_o，中心点重复次数视情况而定。当 $k\geqslant3$ 时，这种设计方法的次数明显小于全因素试验，且能够保证试验参数矩阵的均一性和正交性，在工艺设计优化中具有明显的优势。

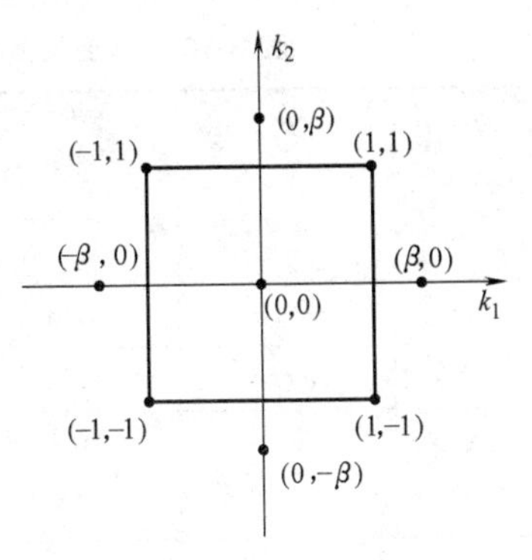

图 3-78 中心旋转组合设计

为了保证试验参数矩阵的旋转性，即到中心点距离相等的试验点的预测方差恒定。要求星轴上的点到中心点的距离 β 满足以下关系式

$$\beta=\sqrt[4]{m_c} \tag{3-47}$$

根据参数对熔池行为的影响规律，基于焊接工艺的预实验获得了输入参数及其上下范围，结果表明，摆动电弧窄间隙焊接中送丝速度（W）、焊接速度（T）、侧壁停留时间（S）和摆动角度（α）均对焊缝成形产生重要影响，同时焊接位置角度（θ）也会对焊缝成形产生重要影响。摆动速度对熔池形态具有重要的影响，但由于焊枪的最大摆动速度为504（°）/s，且摆动速度越大越有利于熔池的稳定，为了保证焊缝成形，摆动速度统一为504（°）/s。因此重点考察送丝速度、焊接速度、侧壁停留时间、摆动角度以及焊接位置角度对焊缝成形的影响，为5因素试验。以焊接过程稳定，焊缝成形且无可见的宏观缺陷为标准，确定了0°~180°区间和180°~360°区间的焊接参数适用范围，稳定焊接参数区间见表3-9，两区间的适用参数范围差异较大。

表 3-9 稳定焊接参数区间

焊接位置区间	W/(m/min)	T/(mm/min)	S/ms	α/(°)	θ/(°)
0°~180°	6~8	250~317	100~300	45~65	0~180
180°~360°	4.5~7	100~160	100~500	38~65	180~360

在CCD设计中，将输入参数的上限值和下限值分别编码为±β，上水平和下水平值编码为±1，中心点的值编码为0。实际值与编码值的关系满足以下式子

$$X_i=\frac{2.38(2X-(X_{max}+X_{min}))}{X_{max}-X_{min}} \tag{3-48}$$

式中 X_i——输入参数 X 的编码值，X 取值在输入参数的上限值和下限值之间；

X_{min}、X_{max}——输入参数的下限值和上限值。

编码值及其实际值的关系见表3-10和表3-11。根据以上分析建立了表3-12和表3-13的试验参数矩阵及焊缝成形尺寸。按照建立的试验设计矩阵进行焊接实验，得到的焊缝截面经过抛光腐蚀后利用光学显微镜进行观察记录，采用图片处理软件对焊缝截面尺寸进行测量。

表 3-10 焊接位置在 0°~180°区间内编码值及其实际值的关系

名称	单位	编码值				
		-1	1	0	-2.38	2.38
		实际值				
W	m/min	6.6	7.4	7	6	8
T	mm/min	269	298	283	250	317
S	ms	158	242	200	100	300
α	(°)	50	59	55	45	65
θ	(°)	52	128	90	0	180

表 3-11 焊接位置在 180°~360°区间内编码值及其实际值的关系

名称	单位	编码值				
		-1	1	0	-2.38	2.38
		实际值				
W	m/min	5.2	6.3	5.8	4.5	7
T	mm/min	117	143	130	100	160
S	ms	216	384	300	100	500
α	(°)	46	57	52	38	65
θ	(°)	232	308	270	180	360

表 3-12 0°~180°区间试验参数矩阵及焊缝成形尺寸

组别	试验号	输入变量编码值						
		W/(m/min)	*T*/(mm/min)	*S*/(ms)	*α*/(°)	*θ*/(°)	*SP*/mm	*WP*/mm
1	25	-1	-1	-1	-1	-1	0.38	1.01
2	27	1	-1	-1	-1	-1	0.36	1.36
3	29	-1	1	-1	-1	-1	0.28	1.19
4	46	1	1	-1	-1	-1	0.38	1.38
5	43	-1	-1	1	-1	-1	0.45	0.94
6	4	1	-1	1	-1	-1	0.40	1.19
7	42	-1	1	1	-1	-1	0.37	1.30
8	48	1	1	1	-1	-1	0.47	1.65
9	50	-1	-1	-1	1	-1	0.50	1.15
10	31	1	-1	-1	1	-1	0.36	1.37
11	2	-1	1	-1	1	-1	0.30	1.22
12	37	1	1	-1	1	-1	0.38	1.24
13	10	-1	-1	1	1	-1	0.41	0.90

（续）

组别	试验号	输入变量编码值						
		W/(m/min)	T/(mm/min)	S/(ms)	α/(°)	θ/(°)	SP/mm	WP/mm
14	5	1	−1	1	1	−1	0.45	1.34
15	20	−1	1	1	1	−1	0.54	1.39
16	24	1	1	1	1	−1	0.49	1.51
17	35	−1	−1	−1	−1	1	0.20	1.38
18	8	1	−1	−1	−1	1	0.33	2.16
19	22	−1	1	−1	−1	1	0.35	1.82
20	39	1	1	−1	−1	1	0.24	1.98
21	49	−1	−1	1	−1	1	0.22	2.33
22	13	1	−1	1	−1	1	0.35	2.22
23	45	−1	1	1	−1	1	0.19	1.56
24	21	1	1	1	−1	1	0.30	2.49
25	7	−1	−1	−1	1	1	0.29	1.79
26	12	1	−1	−1	1	1	0.19	2.02
27	34	−1	1	−1	1	1	0.27	2.03
28	18	1	1	−1	1	1	0.29	1.95
29	44	−1	−1	1	1	1	—	—
30	30	1	−1	1	1	1	—	—
31	40	−1	1	1	1	1	—	—
32	36	1	1	1	1	1	—	—
33	38	−2.38	0	0	0	0	—	—
34	14	2.38	0	0	0	0	—	—
35	33	0	−2.38	0	0	0	—	—
36	19	0	2.38	0	0	0	—	—
37	47	0	0	−2.38	0	0	—	—
38	15	0	0	2.38	0	0	—	—
39	9	0	0	0	−2.38	0	—	—
40	41	0	0	0	2.38	0	—	—
41	1	0	0	0	0	−2.38	—	—
42	16	0	0	0	0	2.38	—	—
43	6	0	0	0	0	0	—	—
44	28	0	0	0	0	0	—	—
45	11	0	0	0	0	0	—	—

（续）

组别	试验号	输入变量编码值						
		W/(m/min)	T/(mm/min)	S/(ms)	α/(°)	θ/(°)	SP/mm	WP/mm
46	26	0	0	0	0	0	—	—
47	32	0	0	0	0	0	—	—
48	3	0	0	0	0	0	—	—
49	17	0	0	0	0	0	—	—
50	23	0	0	0	0	0	—	—

表 3-13　180°~360°区间试验参数矩阵及焊缝成形尺寸

组别	试验号	输入变量编码值						
		W/(m/min)	T/(mm/min)	S/(ms)	α/(°)	θ/(°)	Cd/mm	Sp/mm
1	37	−1	−1	−1	−1	−1	1.52	0.28
2	30	1	−1	−1	−1	−1	3.73	0.47
3	45	−1	1	−1	−1	−1	2.76	0.29
4	39	1	1	−1	−1	−1	3.00	0.47
5	4	−1	−1	1	−1	−1	3.53	0.29
6	24	1	−1	1	−1	−1	2.90	0.52
7	50	−1	1	1	−1	−1	4.19	0.29
8	31	1	1	1	−1	−1	3.76	0.52
9	44	−1	−1	−1	1	−1	1.63	0.53
10	2	1	−1	−1	1	−1	1.84	0.50
11	7	−1	1	−1	1	−1	2.82	0.51
12	17	1	1	−1	1	−1	2.21	0.50
13	48	−1	−1	1	1	−1	1.80	0.47
14	13	1	−1	1	1	−1	2.30	0.54
15	29	−1	1	1	1	−1	2.85	0.41
16	12	1	1	1	1	−1	4.70	0.47
17	19	−1	−1	−1	−1	1	0.67	0.28
18	41	1	−1	−1	−1	1	0.73	0.46
19	20	−1	1	−1	−1	1	1.41	0.26
20	1	1	1	−1	−1	1	0.52	0.51
21	11	−1	−1	1	−1	1	0.71	0.27
22	15	1	−1	1	−1	1	1.24	0.47
23	22	−1	1	1	−1	1	0.96	0.22
24	26	1	1	1	−1	1	1.42	0.46

（续）

组别	试验号	输入变量编码值						
		W/(m/min)	T/(mm/min)	S/(ms)	α/(°)	θ/(°)	Cd/mm	Sp/mm
25	5	-1	-1	-1	1	1	0.43	0.41
26	47	1	-1	-1	1	1	1.44	0.43
27	10	-1	1	-1	1	1	0.61	0.54
28	8	1	1	-1	1	1	0.91	0.46
29	14	-1	-1	1	1	1	0.78	0.40
30	16	1	-1	1	1	1	0.72	0.53
31	33	-1	1	1	1	1	0.77	0.43
32	32	1	1	1	1	1	1.05	0.66
33	3	-2.38	0	0	0	0	0.50	0.22
34	9	2.38	0	0	0	0	3.21	0.66
35	42	0	-2.38	0	0	0	0.96	0.50
36	35	0	2.38	0	0	0	1.40	0.52
37	25	0	0	-2.38	0	0	1.71	0.40
38	18	0	0	2.38	0	0	2.54	0.49
39	36	0	0	0	-2.38	0	3.35	0.38
40	49	0	0	0	2.38	0	0.46	0.76
41	23	0	0	0	0	-2.38	0.80	0.20
42	21	0	0	0	0	2.38	0.10	0.23
43	38	0	0	0	0	0	1.06	0.56
44	34	0	0	0	0	0	1.17	0.48
45	40	0	0	0	0	0	1.35	0.55
46	27	0	0	0	0	0	1.01	0.57
47	46	0	0	0	0	0	1.30	0.64
48	28	0	0	0	0	0	1.13	0.41
49	43	0	0	0	0	0	1.41	0.47
50	6	0	0	0	0	0	4.21	0.52

2. 模型的建立及检验

根据输入变量和对应的响应值，建立二阶回归方程来拟合输入变量和响应变量的函数关系。焊缝成形尺寸的函数关系可以表示为 $y_{\text{trans}}=f(x_1,x_2,x_3,\cdots,x_i)$，其中 y 为多元二次函数，为了拟合曲线更加接近，需要对响应值进行幂转换，即 y_{trans}，x_i 表示函数输入变量。二阶回归方程可以用式（3-49）表示。

$$y_{\text{trans}} = b_0 + \sum_{i=1}^{5} b_i x_i + \sum_{i=1}^{4}\sum_{j=i+1}^{5} b_{ij} x_i x_j + \sum_{i=1}^{5} b_{ii} x_i^2 \tag{3-49}$$

综合输入变量和响应值的关系，采用最小二乘法，可以计算二阶回归方程各项回归系数：

$$b_0 = K\sum_{i=1}^{50} y_i + E\sum_{j=1}^{5}\sum_{i=1}^{50} x_{ij}^2 y_i \tag{3-50}$$

$$b_i = e^{-1}\sum_{i=1}^{50} x_{ij} y_i \tag{3-51}$$

$$b_{ij} = m_c^{-1}\sum_{i=1}^{50} x_{ik} x_{ij} y_i \tag{3-52}$$

$$b_{ii} = (F - G)\sum_{i=1}^{50} x_{ij}^2 y_i + G\sum_{j=1}^{5}\sum_{i=1}^{50} x_{ij}^2 y_i + E\sum_{i=1}^{50} y_i \tag{3-53}$$

式中　$K=0.09878$，$E=-0.019101$，$G=0.001461$，$e^{-1}=0.02309$，$m_c^{-1}=0.03125$。

利用式（3-49）~式（3-53）可以计算出包括不显著项在内的多元二阶回归方程，但是过多的不显著项的存在会对回归方程的显著性及失拟性产生影响，因此需要经过方差分析方法来确定需要保留和剔除的项，得到最终的回归方程，最终方程可以应用于参数优化和焊缝成形预测。

在回归模型计算过程中，采用逐步回归（step-wise）的方法，在剔除不显著项的同时进行回归系数的计算，直到回归模型的显著性和失拟性均满足要求。通过计算，最终的0°~180°区间的焊缝成形尺寸模型如下

$$\begin{aligned}\ln(SP) = {} & 0.82572+0.14848W-0.019182S-0.160714\alpha \\ & +0.00725102\theta+0.000388475S*\alpha-0.0000639142\theta^2\end{aligned} \tag{3-54}$$

$$\begin{aligned}\ln(WP) = {} & -3.65956+0.1985W+0.00933862T+0.016277\theta \\ & -0.0000820542T*\theta+0.0000677208\theta^2\end{aligned} \tag{3-55}$$

采用方差分析法（ANOVA）对模型和回归系数显著性进行分析，来确定模型的正确性与合适性。表3-14和表3-15分别为侧壁熔深模型和熔深模型的方差分析。

表3-14　侧壁熔深模型的方差分析

检验项	平方和	自由度	均方和	F值	非显著概率	备注
模型	2.52	6	0.42	9.37	<0.0001	显著
W	0.17	1	0.17	3.77	0.059	—
S	0.37	1	0.37	8.16	0.007	—
α	0.22	1	0.22	4.93	0.032	—
θ	1.12	1	1.12	25.05	<0.0001	—
$S*\alpha$	0.15	1	0.15	3.37	0.073	—
θ^2	0.49	1	0.49	10.93	0.002	—
残差	1.93	43	0.04	—	—	—
失拟项残差	1.73	36	0.05	1.73	0.231	不显著
纯误差	0.19	7	0.03	—	—	—

表 3-15 熔深模型的方差分析

检验项	平方和	自由度	均方和	F 值	非显著概率	备注
模型	2.63	5	0.53	31.42	<0.0001	显著
W	0.31	1	0.3	18.27	0.0001	—
T	0.03	1	0.03	1.94	0.1705	—
θ	1.68	1	1.68	100.41	<0.0001	—
$T*\theta$	0.06	1	0.06	3.62	0.0635	—
θ^2	0.55	1	0.55	32.84	<0.0001	—
残差	0.74	44	0.02	—	—	—
失拟项残差	0.66	37	0.02	1.68	0.2431	不显著
纯误差	0.07	7	0.01	—	—	—

根据 F 检验的结果，模型的 F 值为 $9.37>F_{0.01}(6,43)=3.29$，这说明模型是显著的，同时模型失拟性检验表明，模型拟合不足是不显著的，回归是显著的，故给出的二次模型是合适的。对回归系数进行显著性检验，当 $p(F>F(1,43))<0.05$，即 $F>F_{0.05}(1,43)$时，说明回归系数是极其显著的；当 $p(F>F(1,43))>0.1$，即 $F>F_{0.1}(1,43)$ 时，说明该系数是非显著的；当 $0.05<p(F>F(1,43))<0.1$，即 $F_{0.1}(1,43)>F>F_{0.05}(1,43)$时，说明回归系数是显著的。侧壁停留时间（$S$）、摆动角度（$\alpha$）、焊接位置（$\theta$）和焊接位置的二次方（$\theta^2$）为及其显著项，其次是送丝速度（$W$）和侧壁停留时间与摆动角度的交互项（$S*\alpha$）为显著项，这些参数对侧壁熔深具有重要的影响作用。

由表 3-15 焊缝熔深模型的方差分析结果可知，其数理统计模型均为显著，模型失拟性检验为不显著，回归方程是合适的。送丝速度（W）、焊接位置角度（θ）和焊接位置角度的二次项（θ^2）均为极其显著项，对熔深具有非常重要的影响，而焊接速度与焊接位置角度的交互项（$T*\theta$）为显著项。

180°~360°区间的焊缝成形尺寸模型如下

$$\begin{aligned}\ln(Sp)=&-28.81565+4.33771W-0.00345013S\\&+0.25571\alpha+0.059085\theta+0.00102542W*S\\&-0.040036W*\alpha-0.019372W^2\\&-0.00000388137S^2-0.00109916\theta^2\end{aligned}\tag{3-56}$$

$$\begin{aligned}\ln(Cd)=&-8.66771+0.33253W+0.00858262T\\&-0.00777065S-0.031353\alpha+0.0785310\theta\\&+0.0000151203S^2-0.000171977\theta^2\end{aligned}\tag{3-57}$$

表 3-16 和表 3-17 分别为焊接位置在 180°~360°区间侧壁熔深模型和凸起程度模型的方差分析表，可见所建立的模型，回归方程均为显著，失拟性为不显著，这说明本实验建立的模型是合适的，拟合不足被否定。

表 3-16　180°~360°区间侧壁熔深模型的方差分析

检验项	平方和	自由度	均方和	F 值	非显著概率	备注
模型	4.460	9	0.500	47	<0.0001	显著
W	1.510	1	1.510	143.72	<0.0001	—
S	0.004	1	0.004	0.4	0.5309	—
α	0.910	1	0.910	86.18	<0.0001	—
θ	0.005	1	0.005	0.43	0.5159	—
$W*S$	0.066	1	0.066	6.24	0.0167	—
$W*\alpha$	0.460	1	0.460	43.33	<0.0001	—
W^2	0.160	1	0.160	15.58	0.0003	—
S^2	0.043	1	0.043	4.1	0.0496	—
θ^2	1.420	1	1.420	134.8	<0.0001	—
残差	0.420	40	0.011	—	—	—
失拟项残差	0.290	33	0.009	0.47	0.9311	不显著
纯误差	0.130	7	0.019	—	—	—

表 3-17　180°~360°区间凸起程度模型的方差分析

检验项	平方和	自由度	均方和	F 值	非显著概率	备注
模型	20.97	7	3.00	18.71	<0.0001	显著
W	1.32	1	1.32	8.26	0.0063	—
T	0.51	1	0.51	3.17	0.0823	—
S	0.52	1	0.52	3.24	0.0791	—
α	1.37	1	1.37	8.56	0.0055	—
θ	12.75	1	12.75	79.58	<0.0001	—
S^2	0.66	1	0.66	4.14	0.0483	—
θ^2	3.51	1	3.51	21.94	<0.0001	—
残差	6.73	42	0.16	—	—	—
失拟项残差	5.25	35	0.15	0.71	0.7667	不显著
纯误差	1.48	7	0.21	—	—	—

侧壁熔深回归模型中，送丝速度（W）、摆动角度（α）、送丝速度、摆动角度的交互项（$W*\alpha$）、送丝速度的二次方项（W^2）、停留时间的二次方项（S^2）、焊接角度的二次方项（θ^2）为极其显著项。

中凸程度回归模型中，送丝速度（W）、摆动角度（α）、焊接位置（θ）、侧壁停留时间的二次方项（S^2）、焊接角度的二次方项（θ^2）为极其显著项，对中凸程度具有极其显著的影响，而焊接速度（T）和侧壁停留时间（S）具有显著影响。

3. 5. 4　焊接参数对焊缝成形的影响

利用中心旋转组合设计得到的焊缝成形尺寸的统计模型，并对其显著性和失拟性进行验证后，可以利用统计模型进行响应曲面分析，揭示焊接参数对焊缝成形尺寸的影响规律。

1. 0°~180°区间焊接参数对焊缝成形的影响

根据得到的侧壁熔深模型方差分析可知，送丝速度和焊接位置对侧壁熔深具有直接作用，如图 3-79 所示。摆动角度和侧壁停留时间对侧壁熔深具有交互作用，如图 3-80 所示。

随着送丝速度的增加，侧壁熔深不断增加，当送丝速度为 6m/min 时，侧壁熔深为 0. 38mm，送丝速度增大到 8m/min 时，侧壁熔深也提高到 0. 52mm。这是由于随着送丝速度的增加，焊接电流也随之增大，侧壁的热输入随之提高，造成侧壁熔深增加。焊接位置小于 60°时，侧壁熔深随着焊接位置的增大而增大；当焊接位置大于 60°后，侧壁熔深随着焊接位置的增大而减小。在平焊位置时熔池重力在焊接方向没有分力，熔池被电弧排向后方，随着焊接位置角度的增大，熔池重力在焊接方向上的分力不断增大，更多的熔池金属流向电弧下方，电弧压力将熔池金属排向侧壁，造成侧壁热输入的增加，侧壁熔深增加；但另一方面电弧下方熔池金属的增加，不利于电弧对侧壁的直接加热。熔深随焊接位置增大呈现先增大后减小的趋势是由上述两方面原因综合得到的。

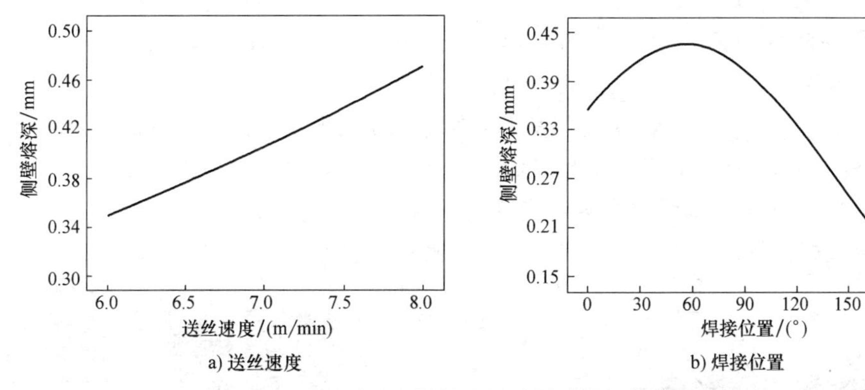

图 3-79　送丝速度和焊接位置对侧壁熔深的直接作用

从图 3-80 侧壁停留时间和摆动角度对侧壁熔深的交互作用可以看出，侧壁停留时间和摆动角度的增加均有利于侧壁熔深的提高。摆动角度对侧壁熔深的影响程度随着侧壁停留时间的增大而增强。侧壁停留时间对侧壁熔深的影响也随着摆动角度的增大而增强。原因是随着侧壁停留时间的增加，电弧对侧壁的连续加热时间变长，更多的电弧热量分配到侧壁。摆动角度的增加意味着电弧距离侧壁更近，电弧向侧壁传输的热量更多，侧壁熔深增加。

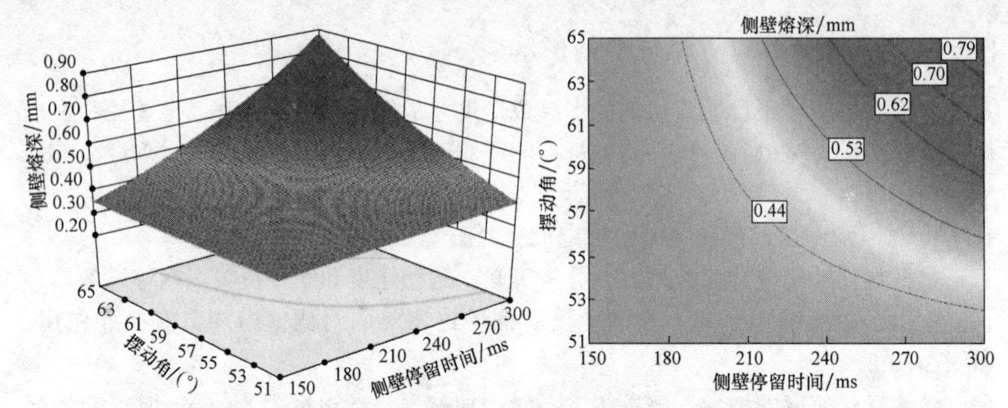

图 3-80 摆动角度和侧壁停留时间对侧壁熔深的交互作用

根据得到的熔深模型方差分析可知，送丝速度对熔深具有直接作用，如图 3-81 所示。焊接速度和焊接位置对熔深具有交互作用，如图 3-82 所示。

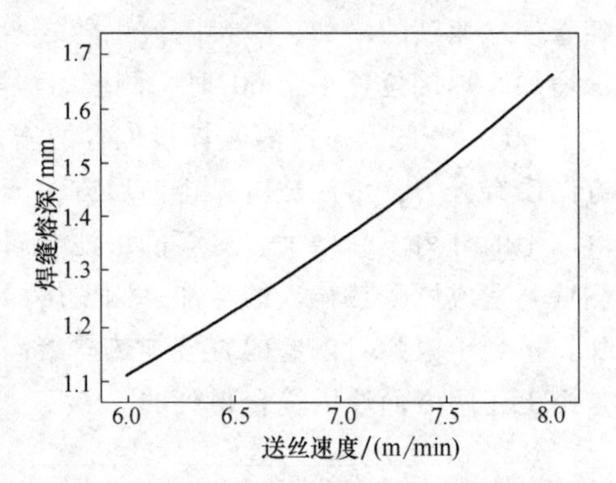

图 3-81 送丝速度对熔深的直接作用

焊缝熔深随着送丝速度的增大而增大。送丝速度增加亦即焊接电流增大，热输入增大，造成熔深增大。焊接位置角度较小时，即处于平焊向立焊过渡时，焊接速度的增加有利于熔深的增加，当焊接位置大于某一临界值后（90°附近），焊接速度对于熔深的影响很小，且随着送丝速度的增加熔深稍有下降。熔深随着焊接位置的增加呈现先缓慢下降后快速升高的规律。这是由不同焊接位置下熔池形态的不同所导致的现象。

2. 180°~360°区间焊接参数对焊缝成形的影响

从侧壁熔深的回归方程可以看出，送丝速度、侧壁停留时间、摆动角度和焊接

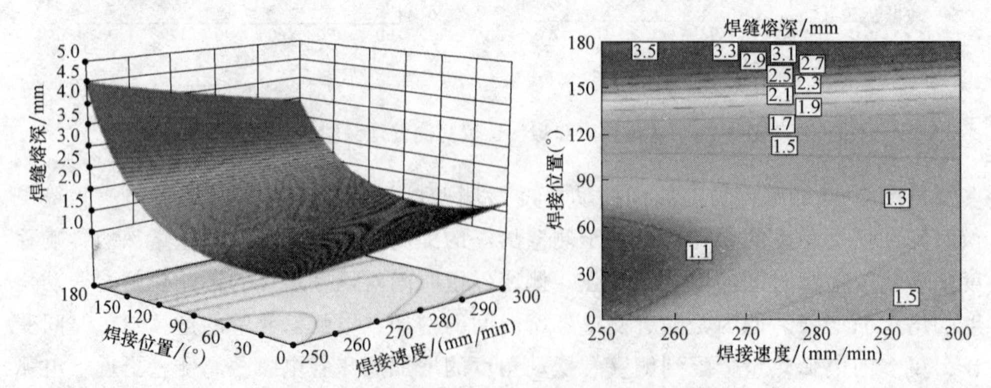

图 3-82 焊接速度和焊接位置对熔深的交互作用

位置均会对侧壁熔深产生重要影响。

图 3-83 所示为 180°~360°区间焊接位置对侧壁熔深的直接作用。从中可以看出，随着焊接位置的增加，侧壁熔深呈现先增加后减少的规律。焊接位置角度为 270°时（向上立焊）得到的侧壁熔深最大。当焊接位置在 180°~270°之间时，侧壁熔深随着焊接位置的增大而增大。焊接位置小于 270°时，随着角度的增大熔池向下流淌的趋势增大，电弧底部的液态金属减少，造成电弧对侧壁的直接热输入增加。而当焊接位置大于 270°后，随着焊接位置的增大，熔池重力使液态金属向电弧底部流动，造成电弧对侧壁的加热作用减弱。

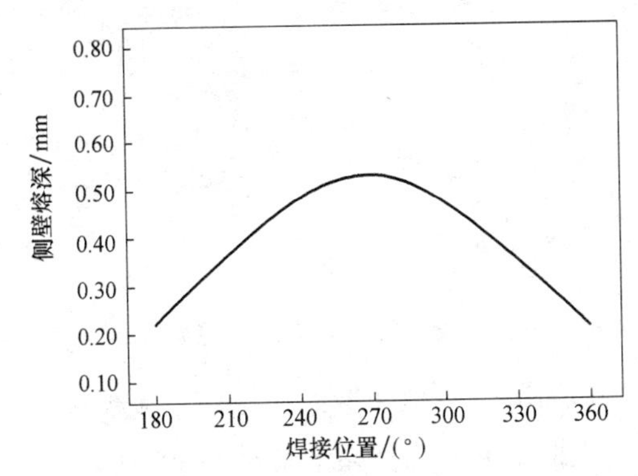

图 3-83　180°~360°区间焊接位置对侧壁熔深的直接作用

图 3-84 所示为送丝速度与侧壁停留时间对侧壁熔深的交互作用。侧壁停留时间一定时，送丝速度对侧壁熔深的影响规律为送丝速度较小时，侧壁熔深随着送丝速度的增大而增大，当送丝速度大于临界值时，送丝速度对侧壁熔深的影响很小。侧壁停留时间的大小则会对这一临界值产生影响，侧壁停留时间越长，送丝速度的临界值越大。侧壁停留时间对侧壁熔深的影响规律与送丝速度对侧壁熔深的影响规律类似，随着侧壁停留时间的增加，侧壁熔深呈现先增加后降低的趋势。

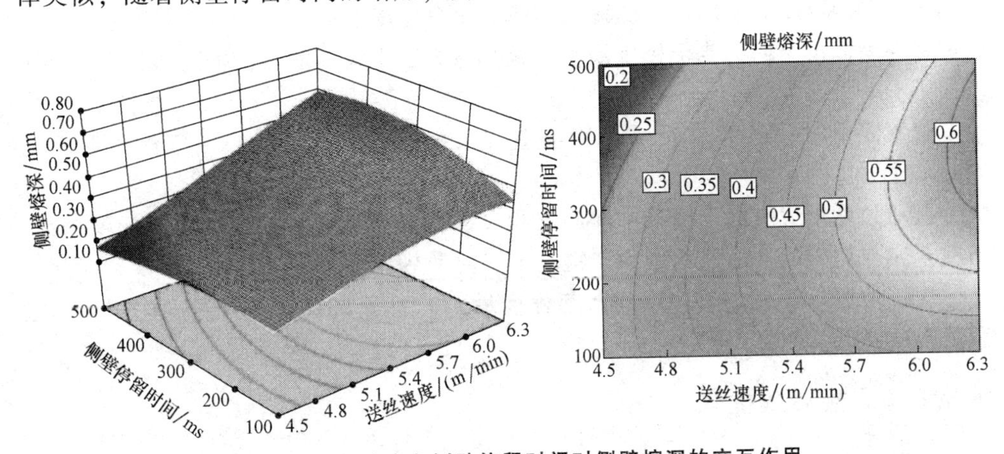

图 3-84　送丝速度和侧壁停留时间对侧壁熔深的交互作用

图 3-85 所示为送丝速度和摆动角度对侧壁熔深的交互作用。送丝速度对侧壁熔深的影响前面已经阐述过。摆动角度的增加有利于侧壁熔深的增加。这是由于随着摆动角度的增加，电弧与侧壁的距离减少，使得电弧对侧壁的热输入增加，侧壁熔深增大。

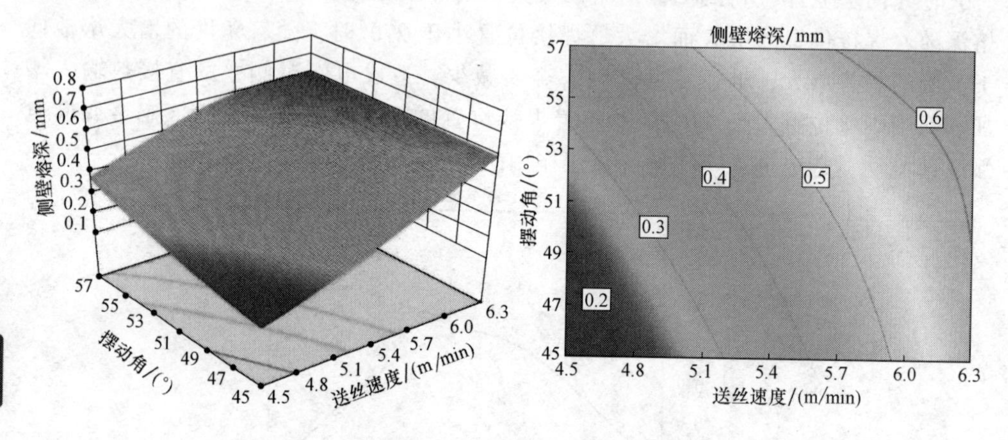

图 3-85　送丝速度和摆动角度对侧壁熔深的交互作用

由于熔池的重力的切向分力与焊接方向相反，造成焊缝表面形成中间凸起，向上立焊和仰焊位置焊缝表面凸起尤为严重。焊缝表面中间凸起在单道多层焊中是不利的，严重的中间凸起会产生层间未熔合和夹渣缺陷。图 3-86 所示为送丝速度、焊接速度、侧壁停留时间、摆动角度和焊接位置角度对中凸程度的影响。

送丝速度的增大会导致中凸程度的增大，形成凸起焊缝。送丝速度的增大伴随焊接电流的增大，故电弧对熔池的热输入增大，造成熔池高温停留时间延长，更多的熔池金属在重力的作用下向熔池尾部流动并在尾部的中间区域堆积。

中间凸起程度随着焊接速度的增加稍有增加。焊接速度为 100mm/min 时，凸起程度为 1.2mm，焊接速度增加到 150mm/min 时，凸起程度也随之增加到 1.8mm。焊接速度的增加导致热输入下降会使熔池尾部中间高度下降，但是也会导致侧壁铺展高度下降，当侧壁铺展高度减小量大于中间高度时，中间凸起程度反而增加了。

侧壁停留时间过大或者过小均会造成较大的凸起程度。当侧壁停留时间为 270ms 时凸起程度最小。

摆动角度增大有利于降低中间凸起程度，摆动角度越大，电弧距离侧壁越小，熔池金属与侧壁的接触面积增大，提高了熔池散热能力，降低熔池高温保留时间。

焊接位置角度为 232°时中间凸起程度最大，大于 232°后随着角度的增大凸起程度不断降低。

3.5.5　焊接参数优化

在建立焊接参数与焊缝成形尺寸之间的数学模型的基础上，对焊接参数进行优

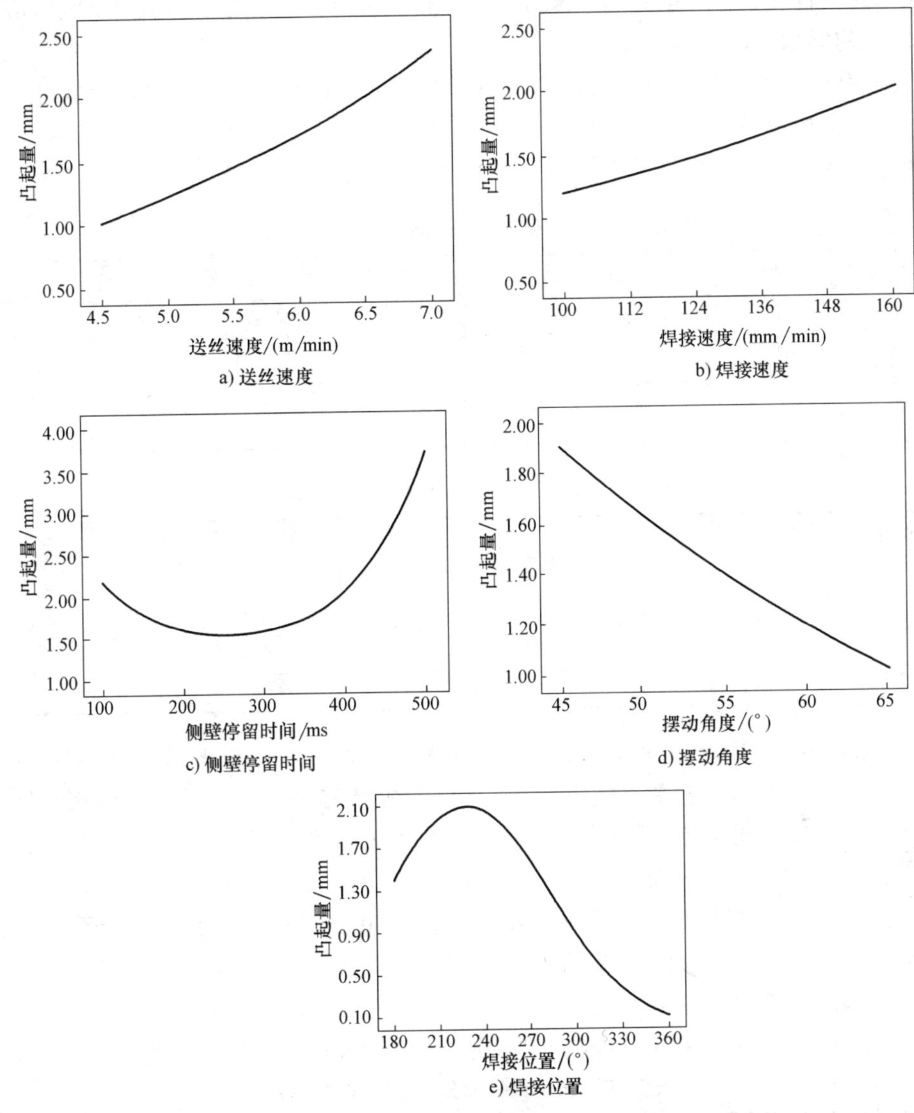

图 3-86　180°~360°区间焊接参数对凸起程度的影响

化设计，以期得到最优的焊接参数及焊缝成形。由于焊缝成形尺寸数学模型的输入参数中包括了焊接位置，因此在确定优化目标后可以得到0°~360°焊接位置中的任意位置的最优参数。

通过上述的分析可知，焊缝成形的优化是一个多响应值优化问题。当存在多个响应值时，针对某一响应值的最优参数往往无法保证其他响应值的优化要求，例如，针对焊缝熔深的最优参数很难同时保证侧壁熔深的优化要求。目前针对多影响值的优化方法一般是采用满意度函数法，其原理是使将响应值转化为满意度函数，并将所有响应值的满意度函数构建为总体满意度函数，通过对总体满意度函数求极大值来达到优化目标。因此通过该方法可以得到一组合理的参数，使多个响应值的整体效果达到最优。

采用统计学计算软件 Design Expert，通过满意度函数的方法对焊接参数进行优化，根据上述的分析确定了侧壁熔深、熔深、和凸起程度的目标值，表 3-18 和表 3-19 分别为 0°~180°区间和 180°~360°区间的优化目标及约束条件。

表 3-18　0°~180°区间的优化目标及约束条件

项目	目标	下限	上限	项目	目标	下限	上限
W	区间	6	8	θ	目标值	0.00	180
T	区间	214	353	SP	望大特性	0.19	0.64
S	区间	100	300	WP	望大特性	0.90	3.04
α	区间	45	65				

表 3-19　180°~360°区间优化目标及约束条件

项目	目标	下限	上限	项目	目标	下限	上限
W	区间	4.5	7	θ	目标值	180	360
T	区间	100	160	Cd	望小特性	0.20	0.77
S	区间	100	500	Sp	望大特性	1.40	3.64
α	区间	38	65				

根据表 3-18 和表 3-19 所列出的优化目标及约束条件，运用焊缝成形模型可以优化任何焊接位置的焊接参数，例如，当焊接位置为俯 45°时，焊接位置的约束目标为 $\theta=45°$，即可得到此焊接位置的优化焊接参数。表 3-20 列出了几个典型位置的优化焊接参数。平焊时其焊缝表面为下凹，故焊接位置为 0°的最优参数由 0°~180°区间模型更为合理些，而仰焊焊缝中间微凸，采用 180°~360°区间模型更为合适。图 3-87 和图 3-88 分别为在优化参数下得到的单层和多层焊焊缝。从焊缝横截面可以看出，0°~180°焊缝侧壁熔深和熔深较大，焊缝中间下凹，180°~360°焊缝中间凸起程度极小，侧壁熔深较大，多层焊未见层间未熔合和侧壁未熔合缺陷，满足优化目标。

表 3-20　几个典型位置的优化焊接参数

θ /(°)	T /(mm/min)	S /ms	α /(°)	W /(m/min)
0	283	200	55	8
45	297	158	54	7.4
90	289	300	55	7.7
135	269	242	59	7.4
180	130	300	65	5.8
225	103	298	64	5.0
270	100	222	65	4.7
315	142	384	57	5.2

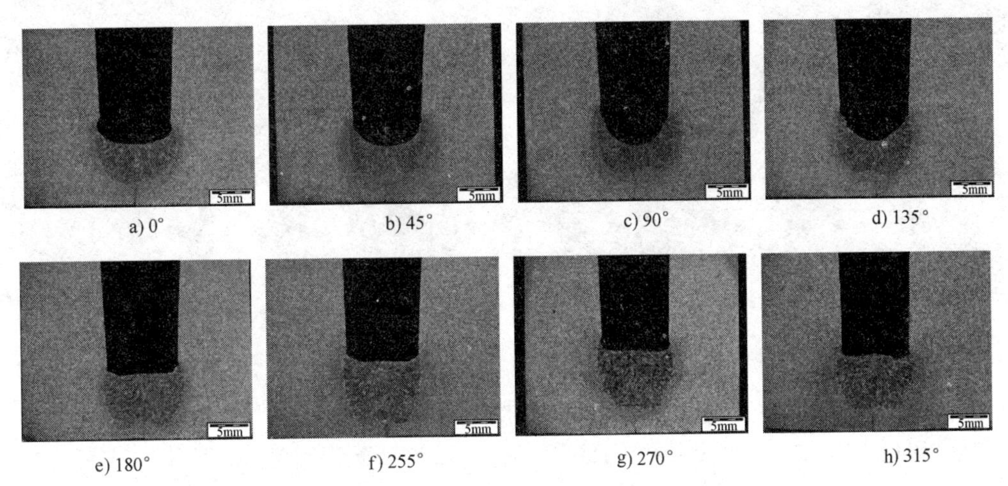

a) 0° b) 45° c) 90° d) 135°

e) 180° f) 255° g) 270° h) 315°

图 3-87 优化参数下得到的单层焊焊缝

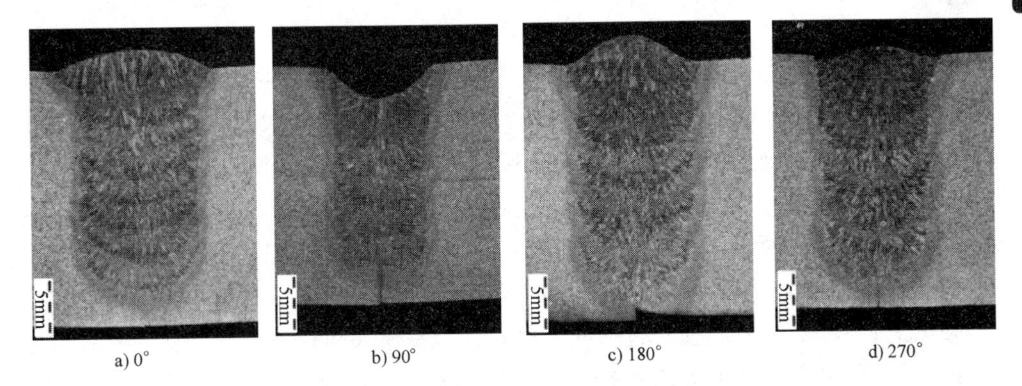

a) 0° b) 90° c) 180° d) 270°

图 3-88 优化参数下得到的多层焊焊缝

第4章　双丝窄间隙GMA焊

双丝窄间隙 GMA 焊利用纵向排列的两根焊丝，通过预弯的焊丝或者弯曲导电嘴使焊丝指向窄间隙坡口的两个侧壁，强制性地使电弧对侧壁直接加热以保证侧壁熔深。

双丝窄间隙 GMA 焊可以采用共熔池或非共熔池两种方法进行焊接。共熔池法，是在焊接过程中两个焊接电弧距离较近（<30mm），电弧熔化金属，形成一个焊接熔池，两个电弧作用在同一个熔池上，两根焊丝熔化过渡到同一个熔池中，熔池经过凝固形成焊缝。非共熔池法，是在焊接中两个焊接电弧距离较远（>30mm），两个电弧各自熔化待焊金属，形成两个具有一定间距的独立熔池，两个熔池各自经过凝固形成各自焊道，两个焊道交叠形成焊缝。本质上，非共熔池焊接法为双道焊，不过双丝焊过程是在一次焊接过程中直接完成两道焊缝。

由于两个电弧的耦合及相互干扰作用，将使得双丝焊的电弧行为、熔滴过渡、熔池行为以及最终的焊缝成形完全不同于单丝焊。

前后焊丝的脉冲协同模式包括同步模式、交替模式和独立模式。测量得到的三种协同模式脉冲电流波形如图 4-1 所示。同步模式为当主机（前丝）处于脉冲峰值

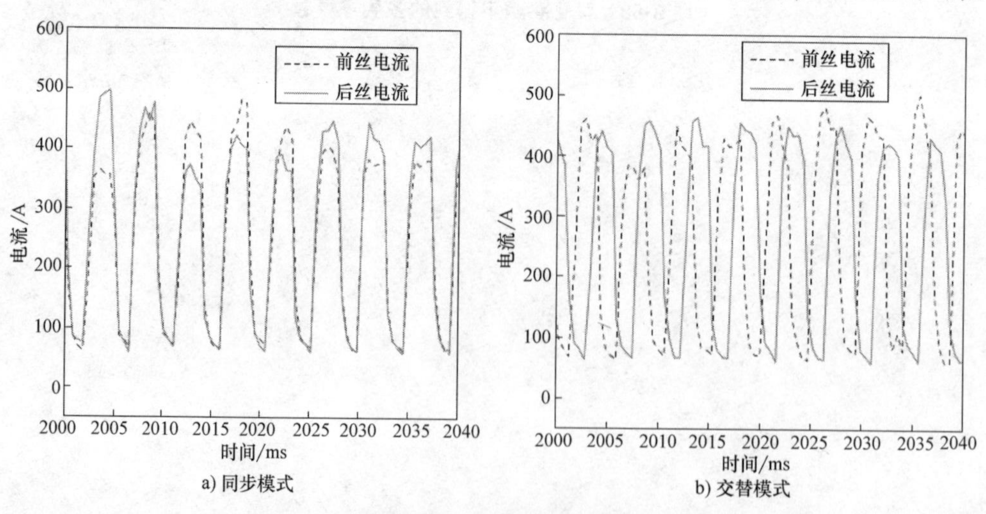

a) 同步模式　　b) 交替模式

图 4-1　测量得到的三种协同模式脉冲电流波形

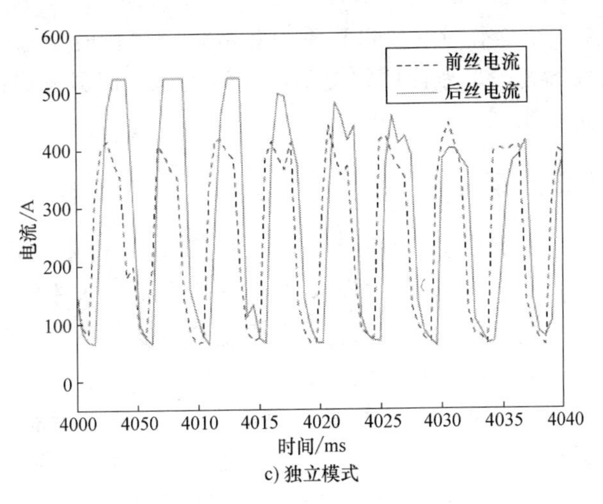

c) 独立模式

图 4-1　测量得到的三种协同模式脉冲电流波形（续）

阶段时，从机（后丝）与主机同步处于脉冲峰值阶段；交替模式则是当主机为峰值阶段时，从机处于基值阶段；独立模式相当于两个独立电源，之间没有任何通信联系。

4.1　双丝窄间隙 GMA 焊枪设计与实现

在设计双丝焊枪时需要考虑以下几方面的要求：

1）保证侧壁熔合。

2）前后焊丝的间距、夹角可调。为了满足不同的使用要求，前后焊丝之间的夹角、间距等设计成可调节。

3）可以焊接的极限板厚尺寸要求。窄间隙焊中经济性与坡口的深度相关，一般来说可焊板厚越大窄间隙焊经济性越明显，焊接过程中节约的成本越多，效率越高。结合前面已有的窄间隙焊枪和双丝焊的优点考虑，力求设计的双丝窄间隙焊枪的可焊板厚大于60mm。

4）坡口尺寸要求。为了充分体现窄间隙焊的优越性，坡口尺寸不能设计过大，坡口形式应尽可能地接近于I形坡口；考虑到焊接变形引起的收缩，V形坡口角度不大于10°。坡口尺寸限制了焊枪伸入坡口的深度。

5）保护效果优良。为了焊接过程稳定和得到符合要求的焊接接头，焊接过程中必须要有充分的气体保护。外置式喷嘴需要设计足够的气体层流长度，插入式喷嘴要有良好的保护氛围。

6）良好的绝缘性。焊接电源采用的是双丝焊电源，两焊丝之间焊接参数需要独立设置，因此需要保证前后导电嘴之间彼此绝缘，同时要求导电嘴和喷嘴之间彼此绝缘。

7）冷却效果良好。窄间隙坡口热量不易散失，焊接时间长，热量容易积累，插入式的保护气喷嘴在没有水冷的情况下容易熔化，从而影响焊接过程的稳定性，因此需要对焊枪进行水冷。

4.1.1 焊丝弯曲方案选择

（1）预弯机构　在焊丝进入焊枪之前，通过预弯机构使焊丝弯曲成一定直径的圆弧，借助焊丝自身的延塑性，焊丝从导电嘴伸出时依然具有一定弯曲角度并指向侧壁。这种方法需要外加预弯机构，造成焊枪结构复杂操作不方便，同时焊丝弯曲角度不可控因素较多，很难使焊丝有准确的指向。

（2）斜装导电嘴　斜装导电嘴形式如图 4-2 所示，导电嘴前后分布，安装时与两侧壁有一定的夹角，焊丝通过导电嘴后指向两侧壁。这一方案可以减少焊丝与导电嘴之间的磨损，延长导电嘴的使用寿命，同时焊丝指向侧壁不需要外加预弯机构，焊枪结构相对简单。但是这种方案不利于在深坡口中焊接。为了使导电嘴不与侧壁接触，斜装导电嘴的角度很小（小于 10°），而间隙宽度是一定的，因此可焊接的坡口深度有一极限，当坡口深度大于这一极限时，导电嘴或导电杆容易和侧壁短路。

（3）弯曲导电嘴　弯曲导电嘴形式图 4-3 所示，将导电嘴设计成弯曲状，焊丝通过弯曲导电嘴时会指向侧壁。采用弯曲导电嘴方案没有不利于深坡口焊接的缺点，理论上来说其可焊深度是没有限制的，并且焊丝与侧壁的角度可变范围较大，当坡口间隙为 10mm 时，导电嘴弯曲角度可以达到 17°而不会与侧壁发生短路。

所以，焊丝弯曲的方式最好是采用弯曲导电嘴的方式。

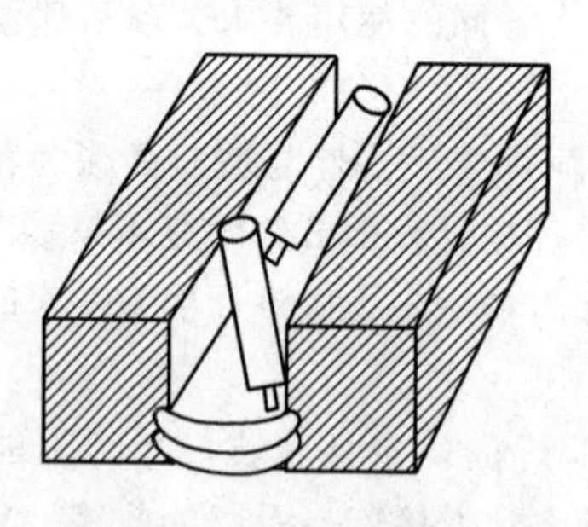

图 4-2　斜装导电嘴形式

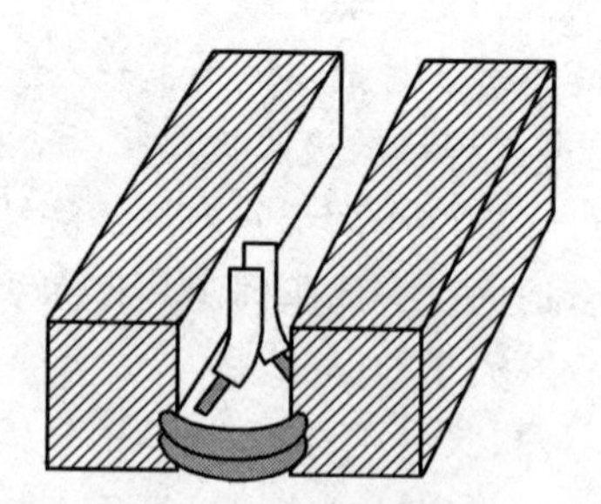

图 4-3　弯曲导电嘴形式

4.1.2 插入式焊枪设计

焊枪具体包括接线端、枪体、保护气喷嘴和导电杆、导电嘴等几部分。枪体部分是焊枪的重要组成部分，插入式焊枪枪体的结构如图 4-4 所示。枪体部分由丝杠、导轨、滑块、连接件和箱体等组成。丝杠采用正反两套螺纹，与滑块通过螺纹相连，能够将旋转运动转换为滑块的平行移动。导轨固定在箱体上，滑块可以在导轨一个方向上滑动但是不能上下窜动，连接件将导电杆和滑块连接起来。如果需要调节前后焊丝之间的距离，只需要在枪体外旋转丝杠，丝杠转动带动两滑块移动从而改变导电嘴之间的距离。两连接件之间用螺钉固定，如需改变两导电嘴之间的夹角时，将螺纹拧松待调节完毕后拧紧固定即可。

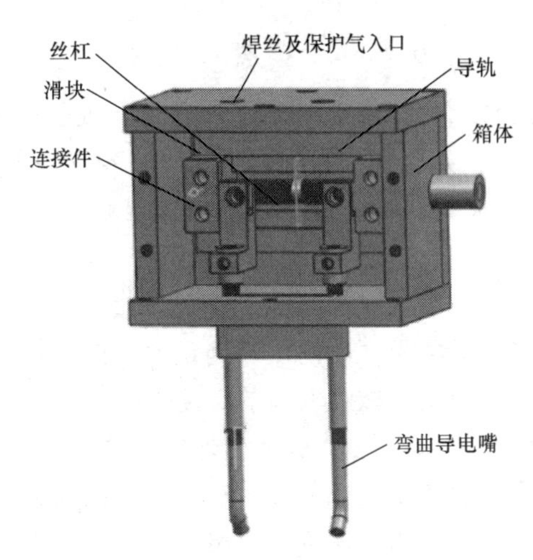

图 4-4 插入式焊枪枪体的结构

插入式喷嘴具体有单通道式、双通道式及三通道式，如图 4-5 所示。其中双通道式为一个喷嘴内设计了两个气体通道，焊接时每一个气道供应一个焊接电弧，这种喷嘴主要用于非共熔池焊接。三通道式喷嘴是在单通道式喷嘴的基础上附加了前后两个旁路气道，进而加强对焊接氛围的保护。

a) 单通道

b) 双通道

c) 三通道

图 4-5 插入式喷嘴

4.1.3 外置式焊枪设计

插入式焊枪由于喷嘴需要伸入到窄间隙坡口中，其应用具有一些局限性：

1）对焊接的对中要求较高，存在导电嘴与侧壁接触的危险。

2）导电嘴在坡口内受热多，易烧损，对喷嘴冷却要求高。

3）插入式喷嘴阻碍焊接人员对焊接过程的观察。

鉴于插入式焊枪的一些局限性，需要设计喷嘴外置式窄间隙焊枪，但外置式喷嘴的设计需保证喷嘴出口处足够的层流长度，所以在设计保护气通道时需要特别注意，尽可能地减小气体的湍流度。

图4-6、图4-7所示为外置式共熔池和非共熔池喷嘴设计。设计了侧壁穿孔的气塞，使焊枪进气部分为径向进气方式，气体从气管进入焊枪后能减速。其次，在导气部分，由于从气塞流出的气体仍具有较大的湍流度，为了减小保护气流进入喷嘴的湍流度，在导气部分采用双重气筛装置，以抑制气流质点的径向速度分量，使气体能进一步减速并混匀及镇静，使进入喷嘴的气流更加平稳，速度均匀。最后，对于喷嘴出口而言，由于进气部分的减速，导气部分气筛的混匀及镇静作用，使进入喷嘴出口的气流湍流度较小，从而可以在相对较短的喷嘴出口内形成层流。

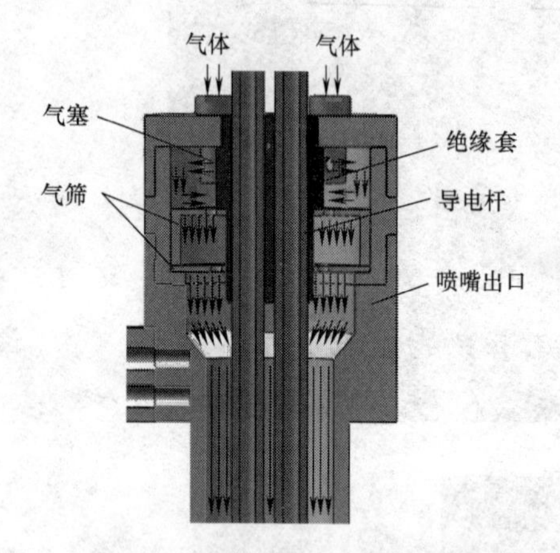

图 4-6 外置式共熔池喷嘴设计

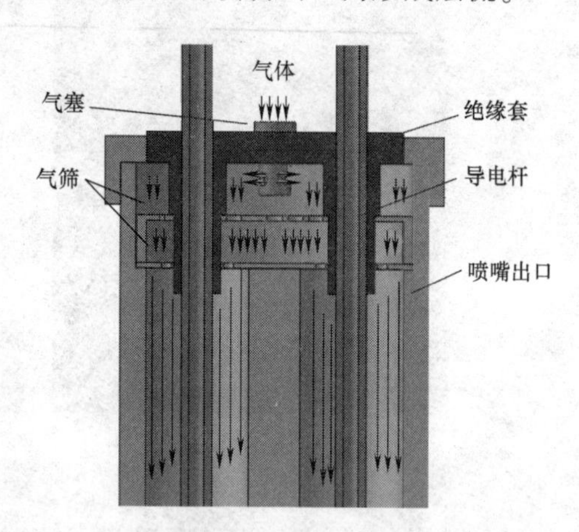

图 4-7 外置式非共熔池喷嘴设计

考虑到多层焊接时要保证喷嘴与试件距离、焊丝伸出长度等参数一致，需要单独的喷嘴调节装置，设计了滑台及其连接装置，使喷嘴与导电杆之间可以相互滑动，来达到调节喷嘴高度的目的，喷嘴高度调节装置如图4-8所示。图4-9、图4-10所示分别为外置式共熔池焊枪加工实物与外置式非共熔池焊枪加工实物。

图 4-8 喷嘴高度调节装置

通过气体染色法对从喷嘴内流出的气体状态进行观察，如图 4-11 所示，可见气体挺直度良好，可以防止侧向风的干扰；气体喷射到自制的玻璃窄间隙坡口内的状态良好，能够覆盖坡口底部，保证良好的保护，其实际效果与设计时的模拟结果相符。

图 4-9 外置式共熔池焊枪加工实物

图 4-10 外置式非共熔池焊枪加工实物

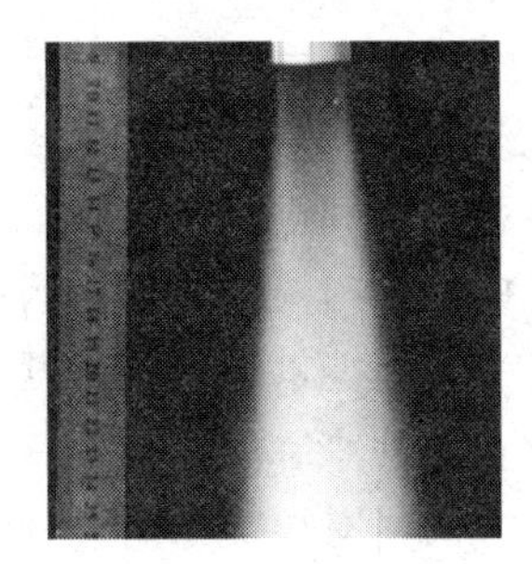

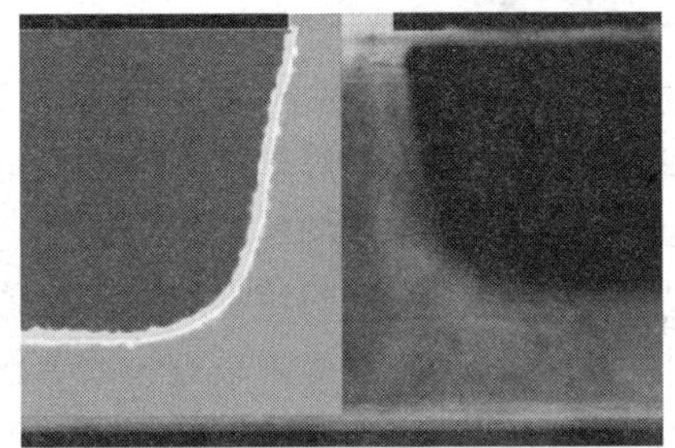

图 4-11 烟气染色法试验对照

在 80mm 深的 U 形窄间隙坡口内，气体流量为 25L/min、喷嘴与试件距离为 15mm 的条件下进行焊接试验，所得焊缝为光亮的银白色，如图 4-12 所示，保护效果良好。

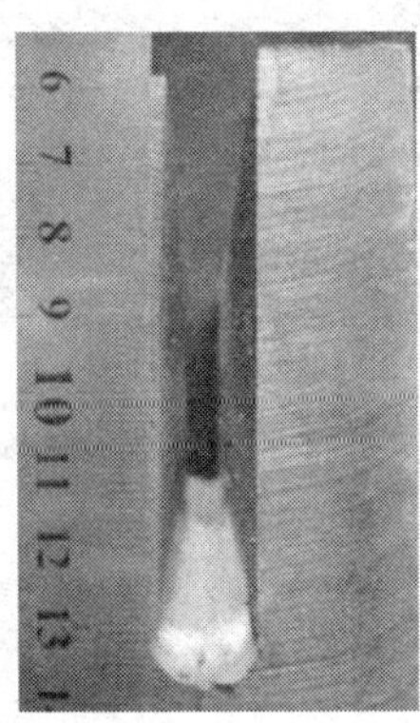

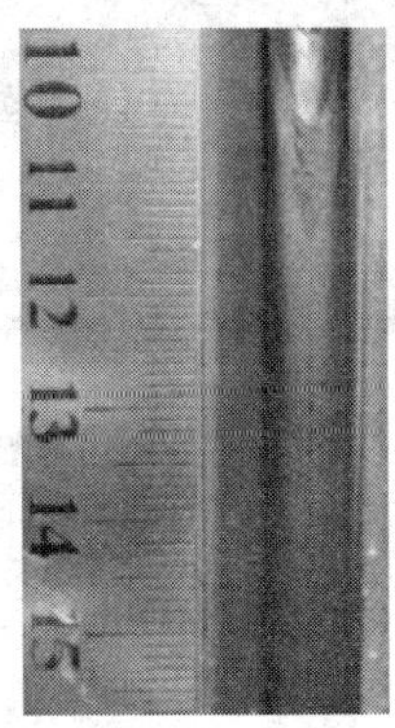

图 4-12 80mm 深的 U 形窄间隙坡口焊接

4.2 双丝窄间隙 GMA 焊的电弧特性与熔滴过渡

4.2.1 双丝窄间隙 GMA 焊电弧特性

双丝焊最为显著的优点就是两电弧距离较近，热量相互补充，使得电弧区域热量更为集中，这种热量集中的作用，在双丝的同步和交替匹配中都有体现。窄间隙条件下，电弧在较深的坡口内部燃烧，热量进一步集中势必会对双丝在窄间隙坡口中的金属熔化有所影响。

对比平板堆焊和窄间隙焊的熔滴过渡，焊接参数见表 4-1。

表 4-1 窄间隙焊与平板堆焊对比试验的焊接参数

	送丝速度/(m/min)	脉冲峰值电压/V	脉冲频率/Hz	脉冲时间/ms	双丝间距/mm
平板堆焊	8/7	34	150	2.5	8
窄间隙	8/7	34	150	2.5	8

平板条件下主丝（L）与从丝（T）电弧形态如图 4-13 所示，在这一情况下已经呈现出射流过渡的铅笔尖状焊丝端部与锥形电弧；窄间隙中的电弧形态如图 4-14 所示，主、从丝电弧是分布于侧壁与坡口底部上的，其射流过渡会更为剧烈。窄间隙中热量更为集中，狭小的空间使得熔池不能像平板上能够自然铺展开来，电弧局限于坡口内，主丝端部距底部侧壁较近，故主丝在脉冲来临时先从侧壁上起弧并快速扩展到侧壁下方及坡口底部母材上。而从丝下方已经有生成的熔池，其焊丝端部离侧壁和熔池表面的距离相近，在脉冲峰值时其电弧形态比主丝电弧显得较为“完整”而“对称”。

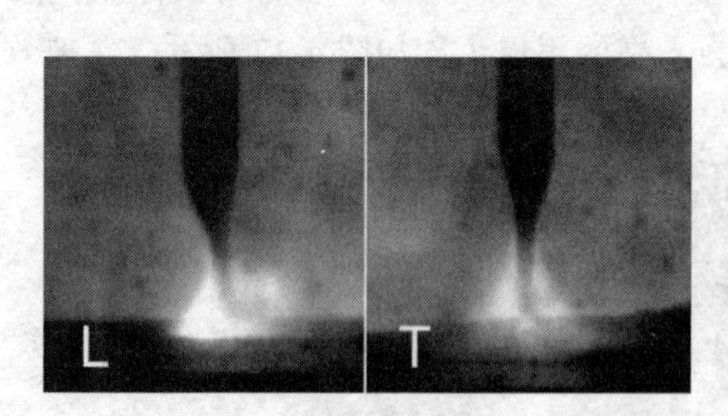

图 4-13 平板条件下电弧形态

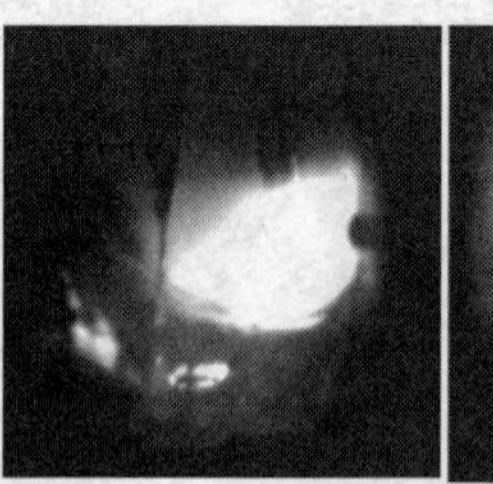
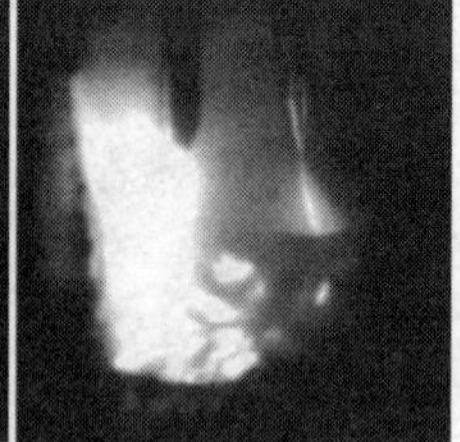

图 4-14 窄间隙中电弧形态（左侧为主丝）

平板上电弧热量的耗散强于窄间隙条件，其焊丝端部离熔池表面较近，同参数下，窄间隙下的弧长比平板上的弧长要长。窄间隙焊接中熔滴过渡频率更高。

4.2.2　双丝窄间隙 GMA 焊熔滴过渡

1. 不同双丝间距

双丝 GMA 焊过程中，双弧之间的热量积累与双丝间距密切相关，热量的大小将影响熔滴过渡。双丝间距试验参数见表 4-2，设定 3 个双丝间距值，考察不同双丝间距对熔滴过渡的影响。

表 4-2　双丝间距试验参数

双丝间距/mm	送丝速度/(m/min)	峰值电压/V	脉冲频率/Hz	脉冲时间/ms
8	8/7	35	150	2
16	8/7	35	150	2
22	8/7	35	150	2

不同双丝间距下从丝熔滴过渡形式如图 4-15 所示，双丝间距为 8mm 时，图像右方的从丝是显著的一脉多滴过渡，焊丝端部呈铅笔尖状，而随着间距增大至 16mm 时，从丝过渡形式接近一脉一滴，而双丝间距为 22mm 时，从丝是标准的一脉一滴过渡形式。采集电流信号，并且计算各自的平均电流值，由表 4-3 可见，随着双丝间距增大，主、从丝的平均电流也在增大，即热量的互补作用对于焊丝熔化效果随着双丝间距增大而减弱，故而各自的平均电流值需增大，以达到熔化速度与送丝速度相平衡。

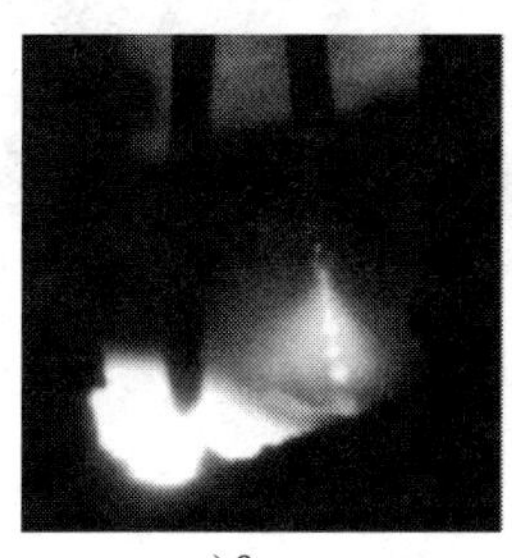

a) 8mm

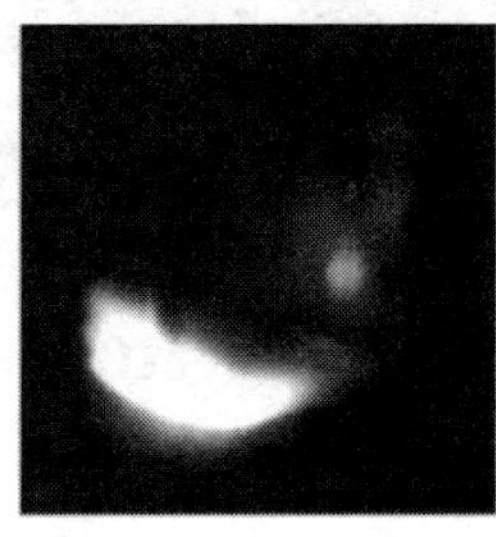

b) 16mm

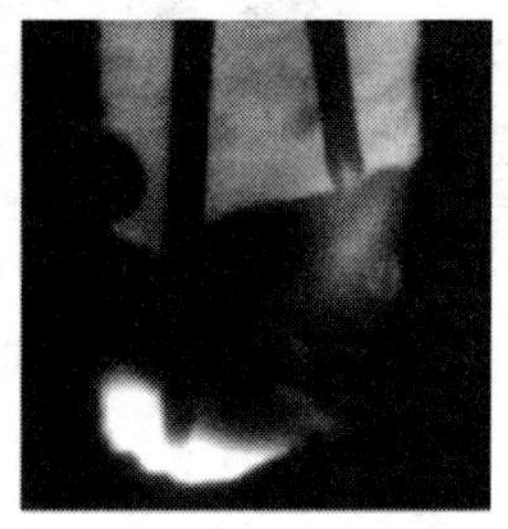

c) 22mm

图 4-15　不同双丝间距下从丝熔滴过渡形式

表 4-3　各双丝间距对应的平均电流值

双丝间距/mm	主丝电流平均值/A	从丝电流平均/A
8	382	372
16	446	440
22	450	447

2. 不同脉冲峰值电压

用表 4-4 所列的参数进行双丝窄间隙焊，不同脉冲峰值电压下的电弧形态与熔滴过渡情况如图 4-16 所示。

表 4-4 电压试验参数

送丝速度/(m/min)	峰值电压/V	脉冲频率/Hz	脉冲时间/ms	双丝间距/mm
8/7	32	150	2.5	6
8/7	34	150	2.5	6
8/7	36	150	2.5	6
8/7	38	150	2.5	6

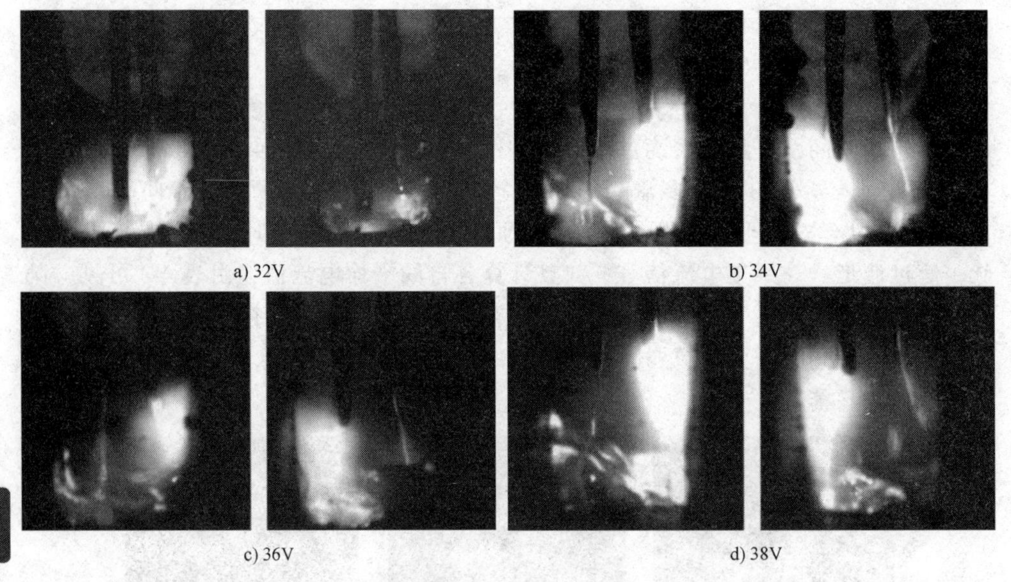

a) 32V　b) 34V　c) 36V　d) 38V

图 4-16 不同脉冲峰值电压下电弧形态与熔滴过渡情况

随着电压的升高，电弧弧长增加，焊丝端部离窄间隙坡口底部距离增大。脉冲电压较低时（如 32V），弧根离坡口底部距离较近，脉冲来临时电弧能够从坡口底部起弧，随着脉冲电压的升高，弧长有增大的趋势。当电压增加到一定值时，焊丝端部与侧壁之间的距离已经小于其与坡口底部或熔池之间的距离，此刻电弧趋于在侧壁上引燃（如 36V），如果电压进一步增大（如 38V），电弧则完全在侧壁上燃烧，这种电弧在窄间隙焊中容易造成侧壁咬边缺陷，是需要避免的。

电压为 32V 时，弧长过短而使得短路过渡频发，脉冲电压值升高到 34V 便发生射流过渡，当电压升到 38V 时这种射流过渡更加剧烈，并且已呈现出初步的旋转射流的倾向。

3. 不同脉冲频率

利用表 4-5 中的试验参数，考察不同脉冲频率下的双丝熔滴过渡情况。

表 4-5 脉冲频率试验参数

脉冲频率/Hz	送丝速度/(m/min)	峰值电压/V	脉冲时间/ms	双丝间距/mm
90	8/7	35	2	6
120	8/7	35	2	6
150	8/7	35	2	6
180	8/7	35	2	6
210	8/7	35	2	6

如图 4-17 所示，在脉冲频率 90Hz 时两丝皆为短路过渡，焊丝端部几乎贴近熔池表面，脉冲开始时两丝端部熔化金属直接与熔池短路，熔滴爆破，飞溅剧烈；当脉冲频率增大到 120Hz 时，弧长开始增加，但由于空间有限，熔滴生长到一定尺寸后与熔池发生不完全短路过渡，飞溅已大为减弱；脉冲频率为 150Hz 时，弧长进一步提高，主丝表现为大滴过渡形式，从丝则出现了一脉一大滴带一串小滴过渡；当 180Hz 时，每个脉冲周期中过渡一大滴带一细液柱，已经呈现出射流过渡的特征，其中大滴尺寸减小，其直径已经小于焊丝直径。

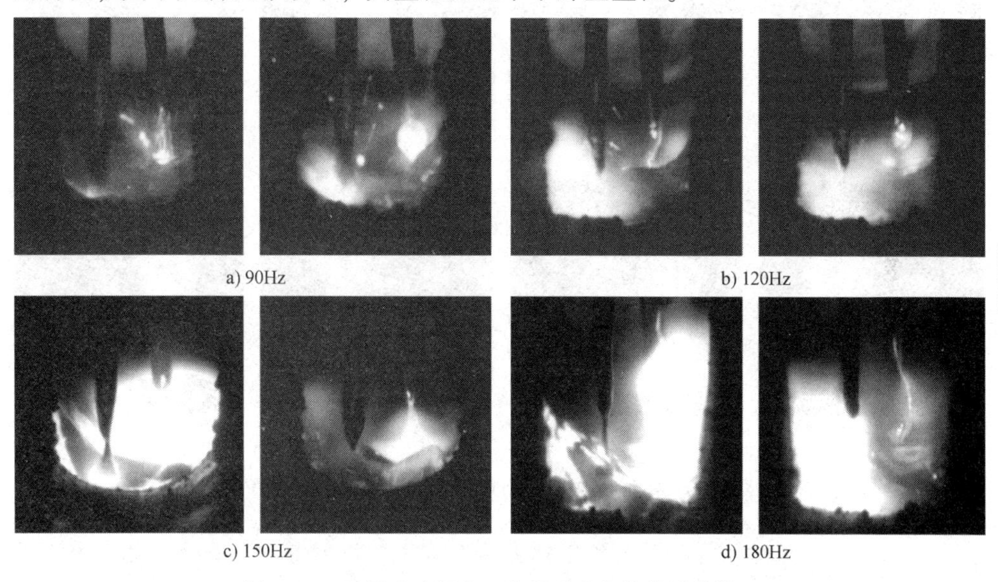

a) 90Hz　　b) 120Hz

c) 150Hz　　d) 180Hz

图 4-17 不同脉冲频率下电弧形态与熔滴过渡情况

这种在一定送丝速度下随着脉冲频率的升高而使得熔滴过渡形式从短路过渡逐渐向射流过渡转变的现象，就如同电流从小到大对熔滴过渡的影响一样，并且其弧长也随着脉冲频率的升高而增加。

单位时间内焊丝送进量是定值，这些焊丝要在每一次脉冲中以熔滴的形式向熔池中过渡。频率较低时，相同的脉冲时间下平均电流小，焊丝端部的熔化速度就较小，所以在低频率下短路过渡是主要的形式；而当频率增大时，在同样脉冲电流作用时间下，焊接平均电流增加，焊丝端部金属能够得到充分加热并熔化，所以脉冲频率增加就使熔滴过渡频率增加，逐渐向射流过渡转变。

4. 不同脉冲时间

利用表4-6中参数考察不同脉冲时间下电弧形态与熔滴过渡情况。如图4-18所示，在2.0ms时，主、从丝基本上已经是一脉一滴的形式；脉冲时间增大到2.5ms时，随着脉冲电流加热作用的增强，逐渐倾向于射流过渡形式；继续增大脉冲时间至3.0ms，弧长继续增长；当脉冲时间增大到3.5ms时，此刻两丝脉冲波形已经有部分重叠，并且弧长继续增长，焊丝端部离坡口底部距离变大，并且两电弧相互干扰，主丝的熔滴过渡呈现出旋转射流的形式。脉冲时间的增加对熔滴过渡的影响与脉冲频率的增加所造成的影响相似，其影响机理同样是由于平均电流随脉冲时间的增加而增加。

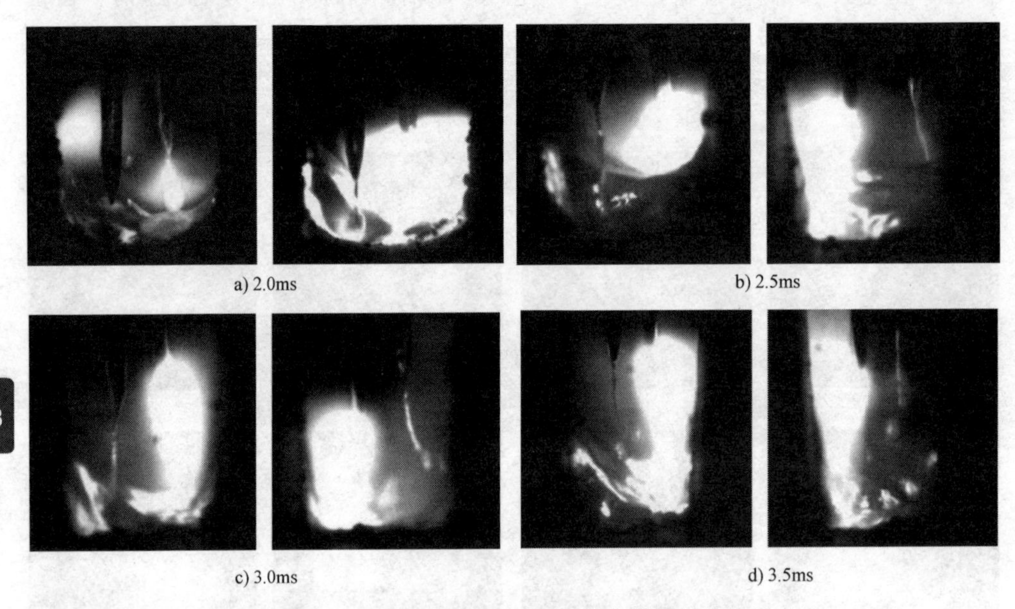

a) 2.0ms　　b) 2.5ms

c) 3.0ms　　d) 3.5ms

图4-18　不同脉冲时间下电弧形态与熔滴过渡情况

脉冲时间一味地增大，将导致电弧完全燃烧于坡口上方的侧壁处，基本无法触及坡口底部熔池，这种电弧形态在窄间隙焊接中应避免。

表4-6　脉冲时间试验参数

脉冲时间/ms	送丝速度/(m/min)	峰值电压/V	脉冲频率/Hz	双丝间距/mm
2.0	8/7	35	150	6
2.5	8/7	35	150	6
3.0	8/7	35	150	6
3.5	8/7	35	150	6

4.3　双丝窄间隙GMA平焊的焊缝成形

4.3.1　焊接参数对焊缝成形的影响规律

焊缝成形不但影响焊缝外观形貌，更直接影响焊接接头的力学性能，特别是在多层窄间隙焊接中，侧壁熔深和焊缝表面下凹量会对焊接接头性能产生重要影响。双丝窄间隙GMA焊由于其自身的特殊性额外增加了脉冲协同模式、双丝间距、导电嘴弯曲角度以及坡口宽度这些参数。

在窄间隙焊接中为了保证焊缝成形对称，前后焊丝焊接参数设置相同。双丝脉冲GMA焊电源具有“*I-I*”和“*U-I*”工作模式。“*I-I*”为恒流控制，当电弧受到外部干扰时，电源在调节弧长过程中，峰值电流和基值电流保持不变，通过改变脉冲频率，一般是改变基值电流时间，达到调节平均电流大小，进而改变焊丝熔化速度，最终恢复弧长的目的。“*U-I*”为恒压和恒流综合控制，在调节过程中保持峰值电压和基值电流恒定，通过改变峰值电流来达到稳定弧长的目的。由于“*U-I*”方式保证峰值电压恒定，而在窄间隙中电弧位置对焊缝成形影响很大，特别是双丝窄间隙焊前后焊丝更容易受到干扰，需要在焊接过程中保持脉冲频率稳定。因此，选用“*U-I*”调节方式有利于得到稳定的焊接过程。

1. 不同导电嘴的弯曲角度

窄间隙焊的焊缝容易出现侧壁未熔合缺陷，双丝窄间隙焊就是利用弯曲导电嘴使焊丝指向两侧壁，使电弧能够充分地加热两侧壁，解决侧壁未熔合问题。

弯曲导电嘴如图4-19所示，导电嘴的弯曲角度决定了电弧燃烧的位置，因此对焊缝成形有着重要的影响。保持峰值电压、脉冲时间、基值电流、送丝速度和前后焊丝间距以及其他焊接参数不变，导电嘴弯曲角度从5°到17°变化。焊接参数设置为双丝间距10mm，基值电流60A，峰值电压34V，送丝速度10m/min，脉冲时间2.6ms，脉冲频率210Hz，焊接速度450mm/min。

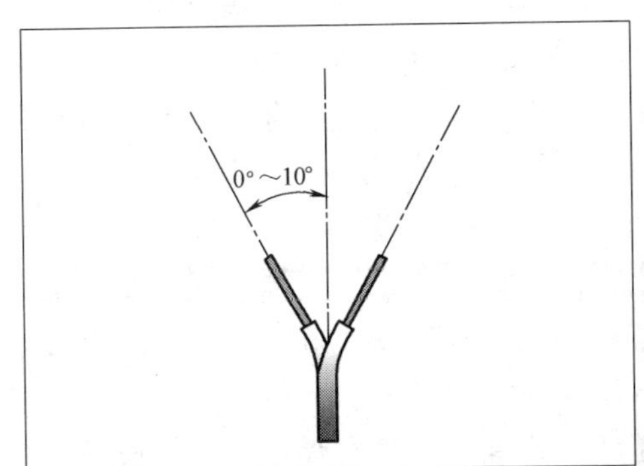

图4-19　弯曲导电嘴

研究导电嘴弯曲角度对焊缝成形的影响规律，得到合适的导电嘴弯曲角度区间。不同导电嘴弯曲角度的焊缝表面与焊缝截面成形如图 4-20 所示。

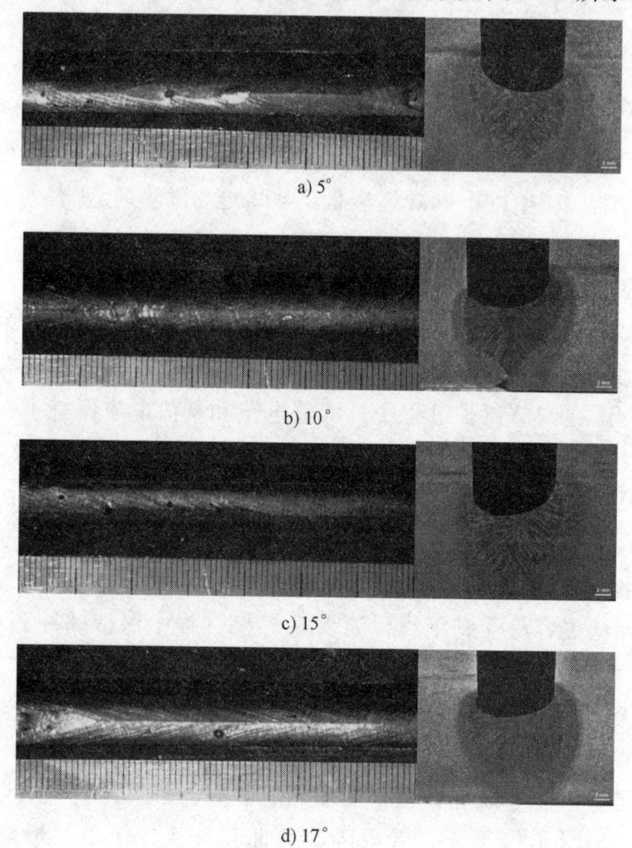

a) 5°

b) 10°

c) 15°

d) 17°

图 4-20　不同导电嘴弯曲角度的焊缝表面与焊缝截面成形

导电嘴弯曲角度小于 10°时，焊缝表面波纹细腻光滑，焊接过程飞溅很少。随着导电嘴弯曲角度的增大，飞溅略有增加，但表面成形依然良好。

表 4-7 列出了不同导电嘴弯曲角度下的焊缝截面尺寸。当导电嘴弯曲角度较小时，侧壁熔深和焊缝熔宽均较小。弯曲角度为 5°时，焊缝熔宽为 11. 1mm，侧壁熔深为 0. 9mm。这是由于弯曲角度过小，导致电弧对侧壁的加热有限，大多数热量是通过熔池的过热使侧壁熔化，形成的侧壁熔深较小，但未出现侧壁未熔合现象以及其他宏观缺陷。随着导电嘴弯曲角度的增大，熔宽和侧壁熔深不断增加，弯曲角度为 10°时，侧壁熔深增加到 1. 25mm，焊缝熔宽达到 11. 7mm。焊缝熔深则是随着导电嘴弯曲角度的增大而不断减少。导电嘴角度为 5°时焊缝熔深最大，随着导电嘴弯曲角度的增大，当弯曲角度为 10°~15°之间时，也未见其他缺陷，此时的焊缝成形较好。弯曲角度为 17°时，焊缝出现了咬边现象，并且在焊缝底部形成了双峰状熔深。

表 4-7　不同导电嘴弯曲角度下的焊缝截面尺寸

弯曲角度/(°)	焊缝熔宽/mm	焊缝熔深/mm	下凹量/mm	侧壁熔深/mm
5	11.1	8.2	4.3	0.9
10	11.7	8.2	5.9	1.2
15	12.0	8.1	5.0	1.3
17	12.8	7.0	2.8	1.4

咬边现象的出现是由于电弧直接对侧壁进行加热，使侧壁过多熔化，熔化的侧壁没有足够的液态金属及时补充，从而形成了咬边。咬边现象严重，容易在下一层的焊道上形成夹渣等缺陷，因此咬边对于多层窄间隙焊是不利的。出现双峰熔深则是由于弯曲角度增大，电弧指向侧壁角度增大，使两电弧形成的两熔深之间的距离增大。

导电嘴的最佳弯曲角度区间为 5°～15°，弯曲角度过大容易出现咬边等缺陷，导电嘴弯曲角度过小，容易形成侧壁未熔合缺陷。

2. 窄间隙坡口适应性

窄间隙坡口适应性指在其他焊接参数不变的情况下，焊接过程对于坡口尺寸变化的敏感性，若可焊接的坡口尺寸范围越大说明焊接过程对坡口的适应性越好。由于窄间隙坡口尺寸本身就小，若对坡口尺寸变化敏感则无法在实际生产中使用，坡口适应性是窄间隙焊枪的重要性能指标。为得到双丝窄间隙焊枪的坡口适应能力和最佳坡口尺寸范围，需要将弯曲导电嘴和其他焊接参数保持不变，对不同尺寸的坡口进行焊接。焊接参数设置为双丝间距 10mm，基值电流 60A，峰值电压 34V，送丝速度 10m/min，脉冲时间 2.6ms，焊接速度 450mm/min，频率 210Hz。不同坡口尺寸焊缝成形如图 4-21 所示。

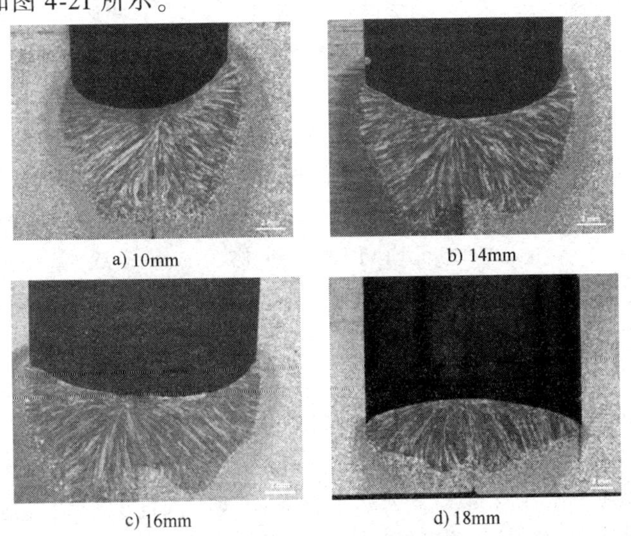

a) 10mm　b) 14mm　c) 16mm　d) 18mm

图 4-21　不同坡口尺寸焊缝成形

不同坡口尺寸下焊缝截面尺寸见表 4-8，随着坡口宽度的增大，焊缝熔宽不断增大，侧壁熔深则明显减小，焊缝熔深也随着坡口的增大而减小。图 4-22 所示为坡口宽度为 14mm 和 16mm 时的电弧行为，可以看出坡口尺寸增加后，虽然电弧与侧壁有一定的夹角，但是电弧依然不能对侧壁直接加热，侧壁的熔化更多的是利用过热熔池的热传导，坡口增大后侧壁与电弧的距离增加，电弧对侧壁的作用减弱，所以随着坡口的增加侧壁熔深不断减少。

表 4-8 不同坡口尺寸下焊缝截面尺寸

坡口宽度/mm	焊缝熔宽/mm	焊缝熔深/mm	下凹量/mm	侧壁熔深/mm
18	18	6.1	0	0
16	16.9	5.1	1.2	0.8
14	15.6	6.1	3.6	0.9
10	12.6	7.1	4.0	1.3

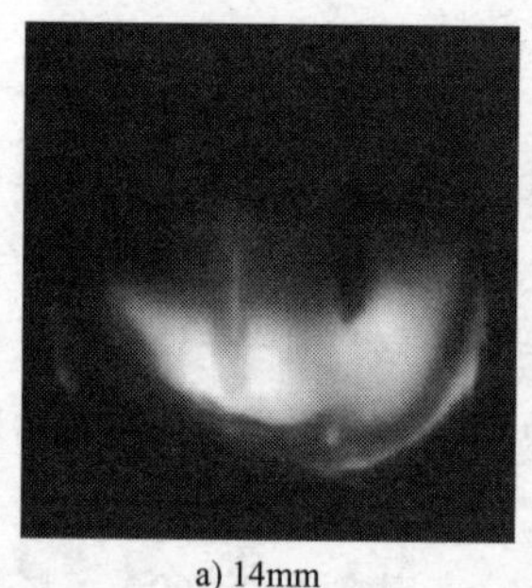
a) 14mm

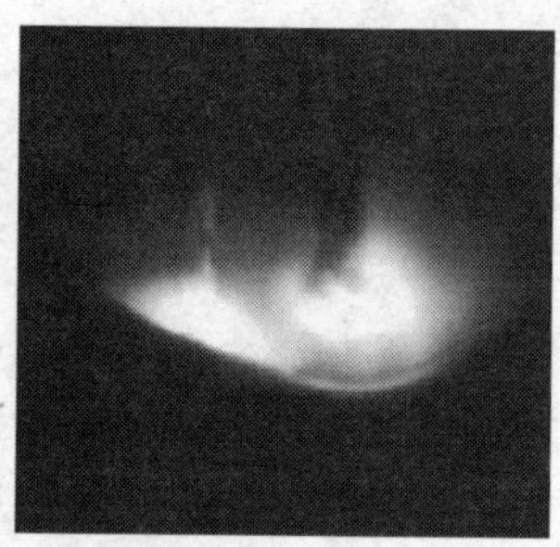
b) 16mm

图 4-22 不同坡口宽度的电弧行为

焊缝表面下凹量也随着坡口宽度的增加而减少。窄间隙焊中焊缝表面形成下凹，主要是由于焊道宽度较窄，液态金属无法铺展，加上电弧作用力以及表面张力的作用，使其往侧壁堆积形成了下凹的表面。在多层焊中，这种下凹的表面有利于消除层间未熔合。坡口宽度增加，侧壁熔化的金属就少，而焊缝金属铺展的空间大，因此不容易往侧壁堆积，所以坡口越大，焊缝表面下凹量越小，直到出现向上凸起的焊缝。

坡口宽度在 10～16mm 之间均可以得到很好的焊缝成形。当坡口宽度大于 16mm 时，焊接过程飞溅增大，焊缝表面粗糙。坡口宽度为 18mm 时，侧壁无法熔化，与平板堆焊无异。但是当坡口宽度小于 10mm 时，容易出现侧壁打弧和咬边现象。

3. 不同双丝间距

前后焊丝（电弧）之间距离变化时，熔池形态会发生变化，当双丝间距小于 30mm 时为共熔池，大于 30mm 后为两个独立熔池，因此双丝之间距离的变化势必会对焊缝成形产生重要影响。在研究双丝间距影响规律时，保持其他焊接参数保持不变，只改变前后焊丝之间的距离进行实验。焊接参数设置为基值电流60A、峰值电压34V、送丝速度10m/min、脉冲时间2.6ms、脉冲频率210Hz、焊接速度450mm/min。

不同双丝间距下焊缝成形与焊缝截面如图4-23所示。双丝间距为5mm时，焊接过程稳定，飞溅极少，为共熔池状态。双丝间距为10mm时，焊接过程飞溅增大，但是焊缝表面成形整体良好。双丝间距为20mm时，依然为共熔池状态，焊接飞溅很大，但是焊缝表面总体成形良好。

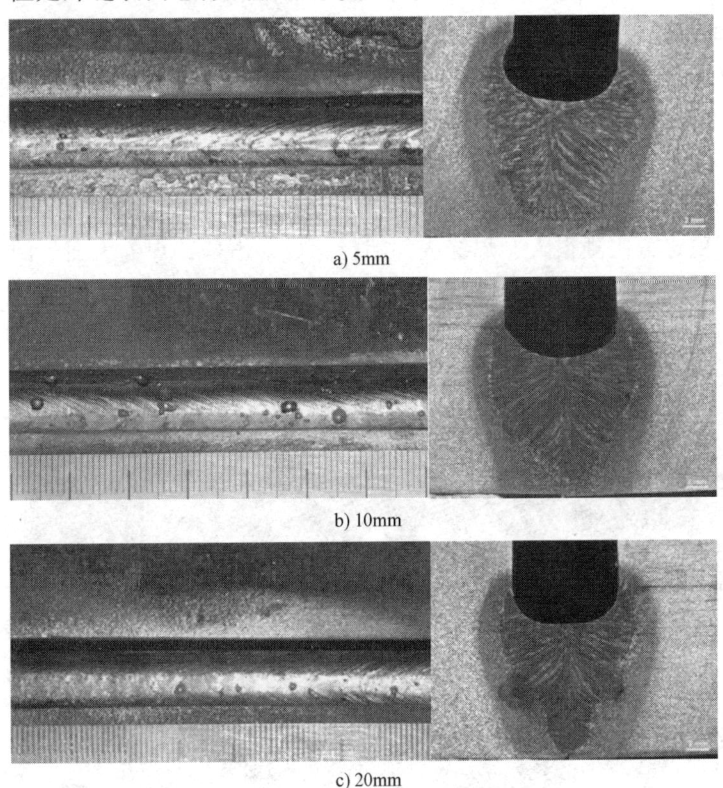

a) 5mm

b) 10mm

c) 20mm

图4-23 不同双丝间距下焊缝成形与焊缝截面

不同双丝间距焊缝截面尺寸见表4-9，随着双丝间距的增大，焊缝熔宽和侧壁熔深不断减小。这主要是由于随着双丝间距的增大，熔池形态发生变化，椭球状的熔池不断拉长，使其宽度不断减少，这就造成对侧壁热输入降低，侧壁熔深减小。

表4-9 不同双丝间距焊缝截面尺寸

双丝间距/mm	焊缝熔宽/mm	焊缝熔深/mm	下凹量/mm	侧壁熔深/mm
5	13.9	10.1	4.0	2.0
10	12.8	10.2	3.3	1.5
20	12.2	10.8	3.4	1.4

当双丝间距较大时，容易在底部出现直角状的未熔合缺陷，如双丝间距为20mm时，两侧均有直角状未熔合区。而且熔深形态由碗状熔深变为指状熔深。这两种缺陷是有关联的，正是由于出现了指状熔深，使得焊缝底部宽度过小，直角状区域不容易熔化，形成了直角状未熔合缺陷。

双丝间距为30mm时，焊接过程稳定，熔池状态为非共熔池，但焊缝表面成形不均匀，有时候出现向一侧严重倾斜的现象，焊缝熔宽和侧壁熔深很小。双丝间距为40mm时，两电弧之间干扰较小，焊接过程稳定，焊缝成形相当于一次两道焊缝。

4. 不同峰值电压对焊缝成形的影响

峰值电压会影响熔滴过渡方式和焊缝成形。在其余焊接参数不变的情况下，分别改变峰值电压大小，分析其对焊缝成形的影响规律。焊接参数设置为前后焊丝间距7mm，焊接速度450mm/min，脉冲频率210Hz，基值电流60A，脉冲时间2.6ms。

图4-24所示为不同峰值电压情况下的焊缝表面和截面。峰值电压小于30V时，焊接过程不稳定，飞溅很大，焊缝表面粗糙，成形不好，焊缝表面下凹量明显减少甚至上凸。峰值电压大于33V时，过程稳定，基本无飞溅，表面光滑成形良好。当电压达到37V时出现了明显的咬边现象。随着峰值电压的增加，侧壁熔深和焊缝熔宽以及焊缝熔深尺寸总体上都有增加的趋势。

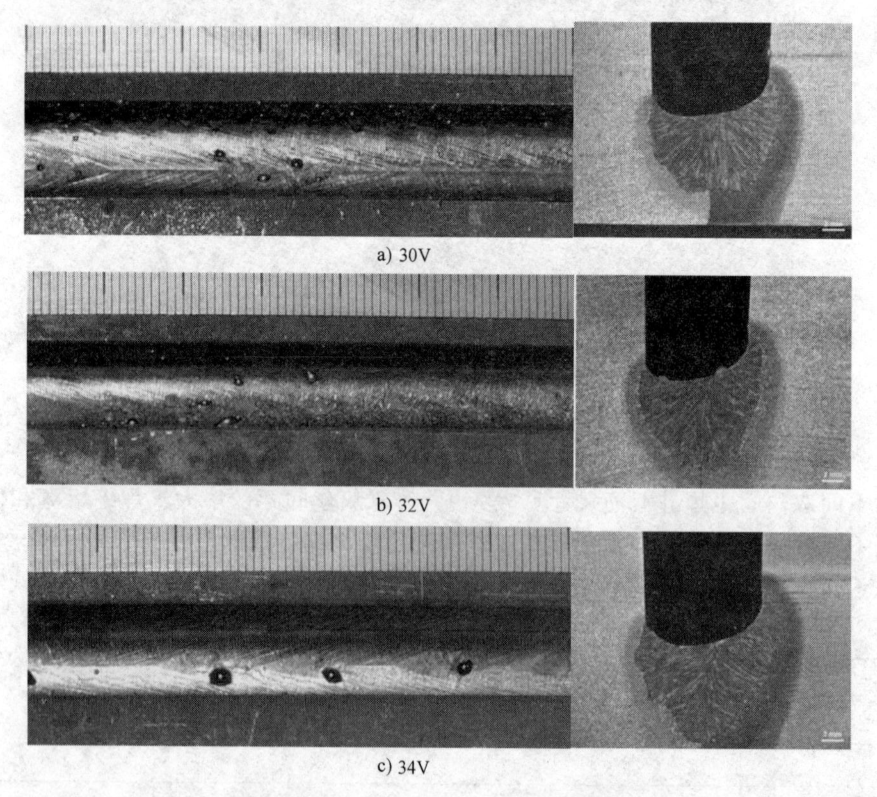

a) 30V

b) 32V

c) 34V

图4-24 不同峰值电压情况下的焊缝表面和截面

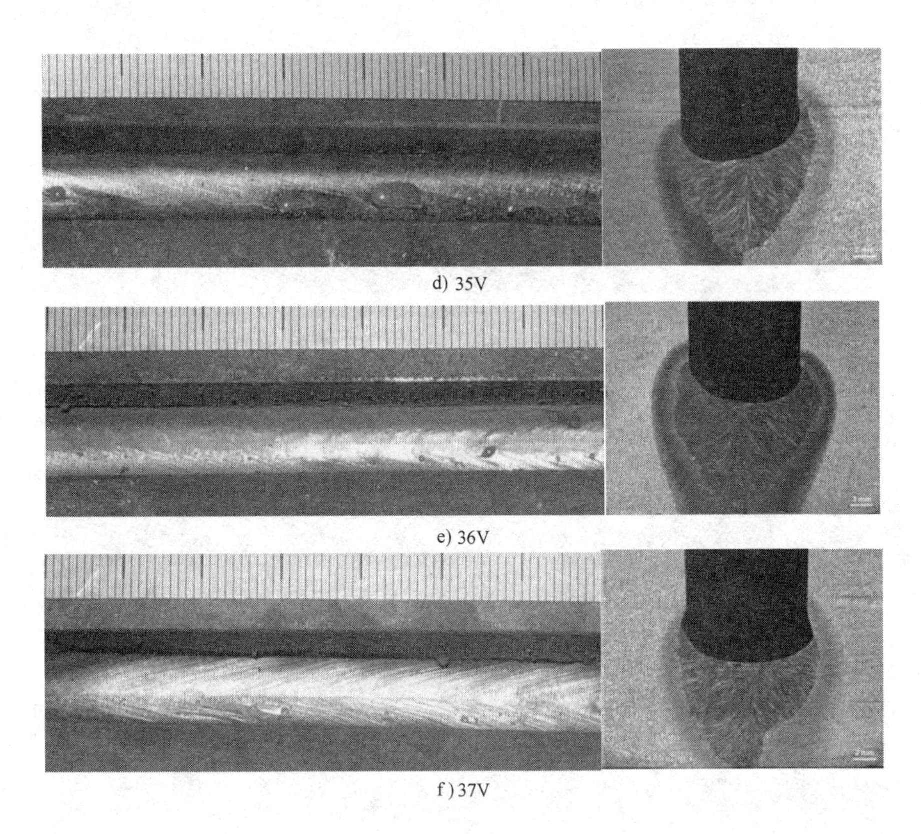

d) 35V

e) 36V

f) 37V

图 4-24　不同峰值电压情况下的焊缝表面和截面（续）

峰值电压的升高有利于实现稳定的焊接，电压过高容易造成咬边，电压过低形成短路过渡飞溅较大，焊接过程不稳定还容易出现侧壁未熔合缺陷。合理的峰值电压范围为 33～36V。

5. 不同送丝速度

图 4-25 所示为不同送丝速度情况下的焊缝成形，焊接参数设置为前后焊丝间距 7mm，焊接速度 450mm/min，脉冲频率 210Hz，峰值电压 34V，基值电流 60A，脉冲时间 2.6ms。

a) 7m/min

图 4-25　不同送丝速度下的焊缝成形

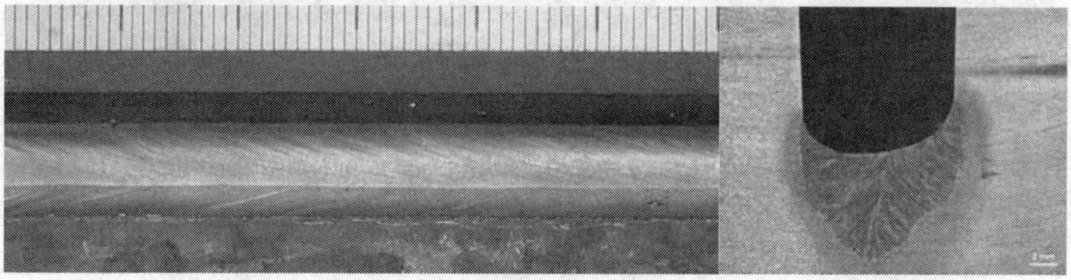

b) 9m/min

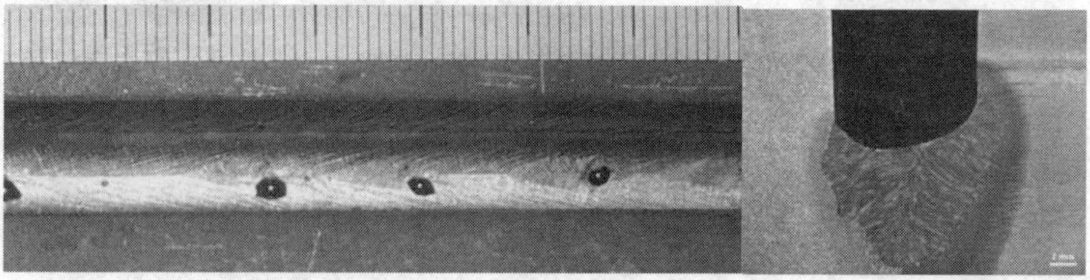

c) 10m/min

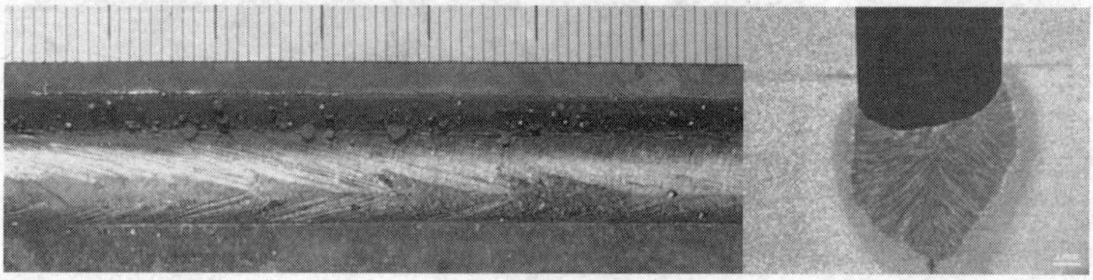

d) 12m/min

e) 13m/min

图 4-25　不同送丝速度下的焊缝成形（续）

可以看出，送丝速度在 9~12m/min 之间时，焊缝表面成形良好，波纹细腻，焊接过程飞溅较小。当送丝速度达到 13m/min 时，飞溅很大，焊缝表面粗糙。送丝速度小于 8m/min 时，保护效果不好，焊缝表面沉积金属灰尘，没有金属光泽。

表 4-10 列出了不同送丝速度下焊缝截面尺寸。送丝速度对于焊缝熔深的影响是正相关的，随着送丝速度的增加，焊缝熔深不断增大。送丝速度对熔宽和侧壁熔深的影响则不明显。

表 4-10 不同送丝速度下焊缝截面尺寸

送丝速度/(m/min)	焊缝熔宽/mm	焊缝熔深/mm	侧壁熔深/mm	下凹量/mm
13	12.5	9.9	1.10	2.5
12	11.9	9.2	0.76	2.6
11	12.4	8.8	1.17	3.8
10	13.5	8.5	1.5	3.2
9	11.7	7.4	0.80	3.1
8	12.8	6.9	1.42	3.3
7	12.8	5.6	0.91	3.0

6. 焊接速度对焊缝成形的影响

分别以焊接速度 270mm/min、360mm/min、495mm/min、720mm/min 和 900mm/min 进行焊接，得到的焊缝表面和焊缝截面如图 4-26 所示。焊接参数设置为前后焊丝间距 7mm，峰值电压 34V，基值电流 60A，送丝速度 10m/min，脉冲频率 210Hz，脉冲时间 2.6ms。

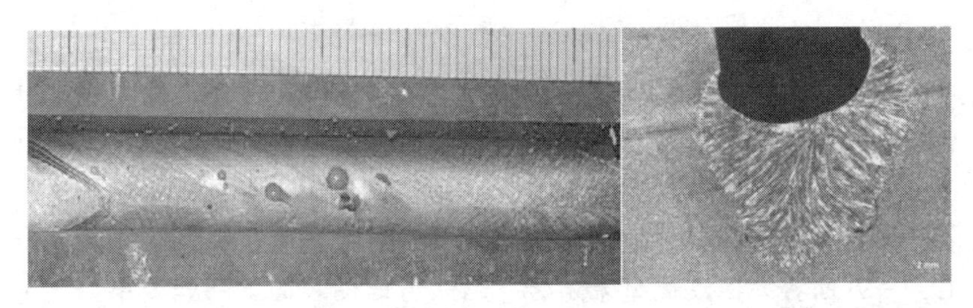

a) 270mm/min

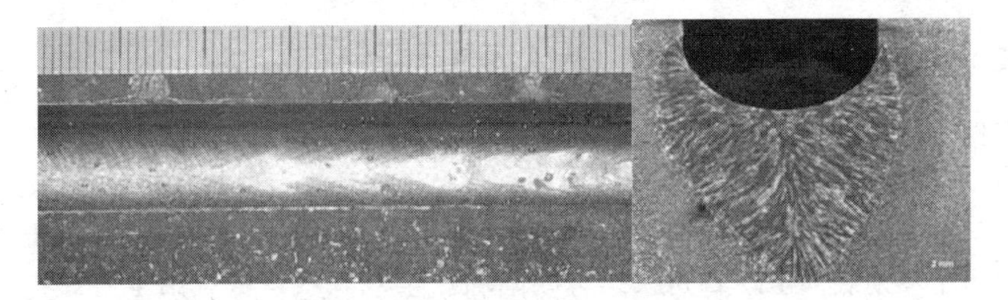

b) 360mm/min

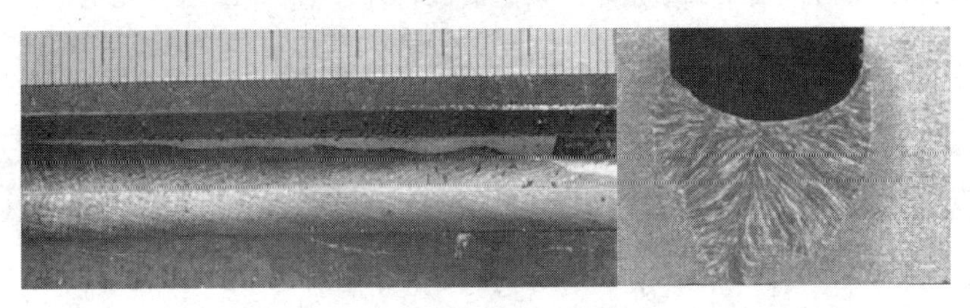

c) 495mm/min

图 4-26 不同焊接速度下的焊缝成形

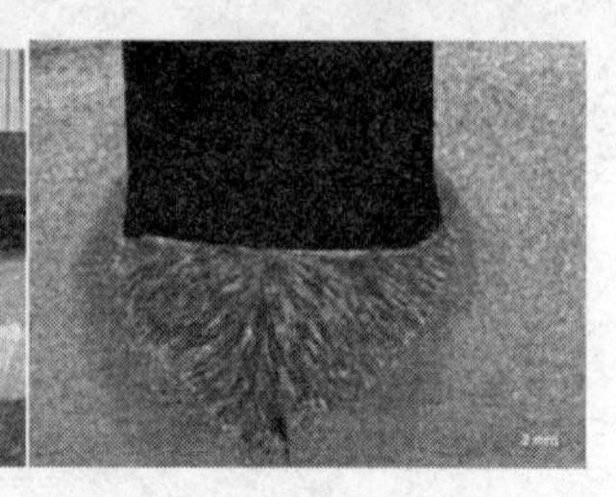

d) 720mm/min

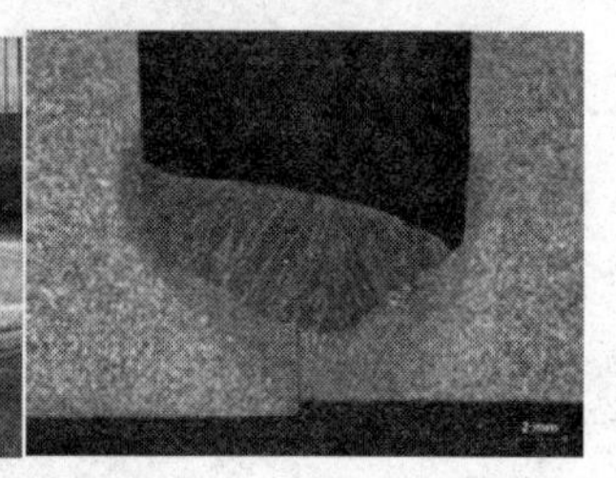

e) 900mm/min

图 4-26　不同焊接速度下的焊缝成形（续）

电弧为柔性导体，焊接速度过快，会对电弧产生拖拽作用，影响焊接过程的稳定性。所以随着焊接速度的增大，焊接飞溅也增多，过程变得不稳定，焊接速度在270~720mm/min之间时焊接飞溅很小。焊接速度大于720mm/min时，由于单位长度焊缝金属填充不足，容易产生咬边缺陷，同时焊接速度过快，热输入过低，侧壁熔深不足，一方面容易出现侧壁未熔合，另一方面使表面下凹程度小，甚至出现凸起的焊缝。合适的焊接速度区间为360~720mm/min。

4.3.2　单道多层双丝窄间隙 GMA 焊工艺

根据单道单层焊工艺研究结果设计了如图 4-27 所示的单道多层焊工艺试验坡口，坡口深为60mm，底部间隙为14mm，考虑到变形收缩顶部宽度加工为16mm。

双丝窄间隙 GMA 焊中由于共熔池的存在使得每一层的焊接规范和单层焊基本相似。为了不使底部出现直角未熔合缺陷和产生双峰状熔深，第 1 层焊接速度为400mm/min，焊缝表面下凹量适中，侧壁润湿较好，第 2~10 层采用的焊接速度为360mm/min。60mm 深双丝窄间隙多层单道 GMA 焊的焊接参数见表 4-11。

表 4-11　多层单道双丝窄间隙 GMA 焊的焊接参数

层数	送丝速度/(m/min)	峰值电压/V	基值电流/A	脉冲时间/ms	焊接速度/(mm/min)	双丝间距/mm	保护气/(L/min)	弯曲角度/(°)
1	10	34	60	2.6	400	5	50	10
2~10	10	34	60	2.6	360	5	50	10
11	10	34	60	2.6	450	5	50	10

60mm 深窄间隙坡口单道多层焊的焊缝截面如图 4-28 所示，焊缝表面成形良好，波纹细腻，焊缝截面未出现任何宏观缺陷，达到了预期效果。

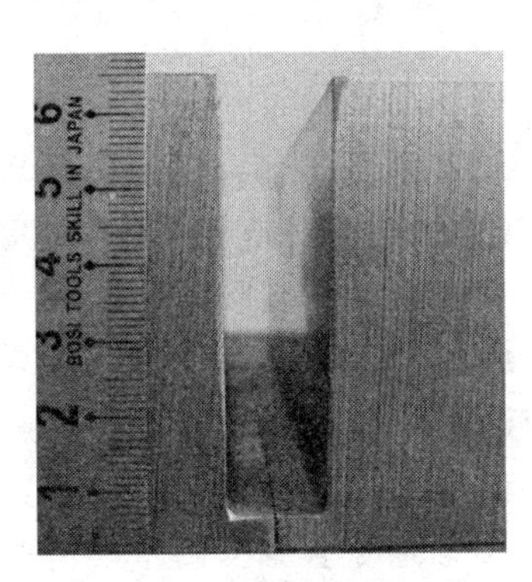

图 4-27　单道多层焊工艺试验坡口

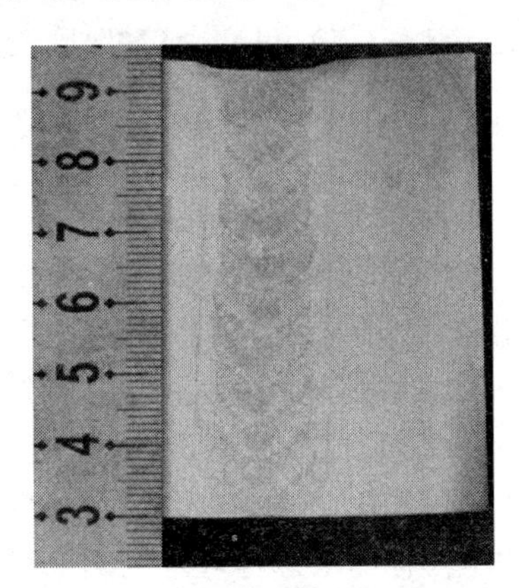

图 4-28　60mm 深窄间隙坡口单道多层焊的焊缝截面

4.3.3　双丝窄间隙 GMA 焊特点分析

双丝窄间隙 GMA 焊和其他单丝窄间隙 GMA 焊方法相比具有以下几方面的特点：

（1）稳定焊接规范区间较大　与旋转电弧窄间隙 GMA 焊相比，双丝窄间隙焊的稳定焊接参数区间较大，峰值电压从 33V 到 36V 均能获得稳定焊接。

（2）坡口适应性好　双丝窄间隙焊对坡口尺寸变化不敏感，对宽度为 10~16mm 的坡口进行焊接时均能得到符合要求的焊缝，这在实际焊接生产中具有重要意义。在其他窄间隙焊接方法对坡口装配精度要求比较高的情况下，双丝窄间隙焊这一特点使其更容易在生产中得到应用推广。

（3）焊接速度快　焊接速度可以达到 720mm/min。单丝窄间隙焊的焊接速度一般为 300mm/min 左右，由此可见，双丝窄间隙焊能够显著提高焊接效率。

（4）焊接热输入低　双丝焊中两个电弧对两根焊丝加热，这样使得双丝焊过程中电弧热量散失较单丝焊要少。另外双丝窄间隙焊较单丝窄间隙焊可以获得更高的焊接速度，最佳焊接速度区间为 360~720mm/min，一般焊接速度为 600mm/min 时，其焊接热输入为 13kJ/cm，而单丝窄间隙焊接热输入一般为 17kJ/cm。

（5）可焊板厚较大　双丝窄间隙焊采用弯曲导电嘴的形式保证侧壁熔合，可以焊接的板厚较大。

4.4　双丝窄间隙共熔池 GMA 立焊工艺

立焊时焊接规范区间较窄，合适的焊接参数范围小，操作难度大，对于焊接过程稳定性要求高。在重力的影响下，立焊时生成的熔池金属会自然流淌，而这种流淌趋势对于最终的焊缝成形具有决定性作用，所以如何匹配相应参数，如焊速、送丝速度、脉冲峰值电压、脉冲时间与频率等，成为需要解决的实际问题。

4.4.1 向下立焊共熔池行为

共熔池形成过程如图 4-29 所示，当双弧引燃后，焊丝端部金属熔化并开始向母材过渡，窄间隙坡口底部母材在电弧和过渡金属的加热下开始熔化并各自生成较小尺寸的熔池（239.0ms），随着熔滴逐渐向熔池中过渡，熔池体积增大，从丝熔池金属开始受重力作用下淌，与下方的主丝熔池接触，即 342.5ms 时虚线圈内所示的“金属流”，此时两熔池在理论上就成了共熔池。随着主从丝的熔池进一步长大，从丝过渡的金属在重力和其电弧力的作用下流入下方的主丝熔池中，而这就是共熔池不对称的来源；两熔池之间的“金属流”逐渐增宽直到与两个熔池相近的宽度（354.5~412ms），到此共熔池就完全形成了（845.5ms）。

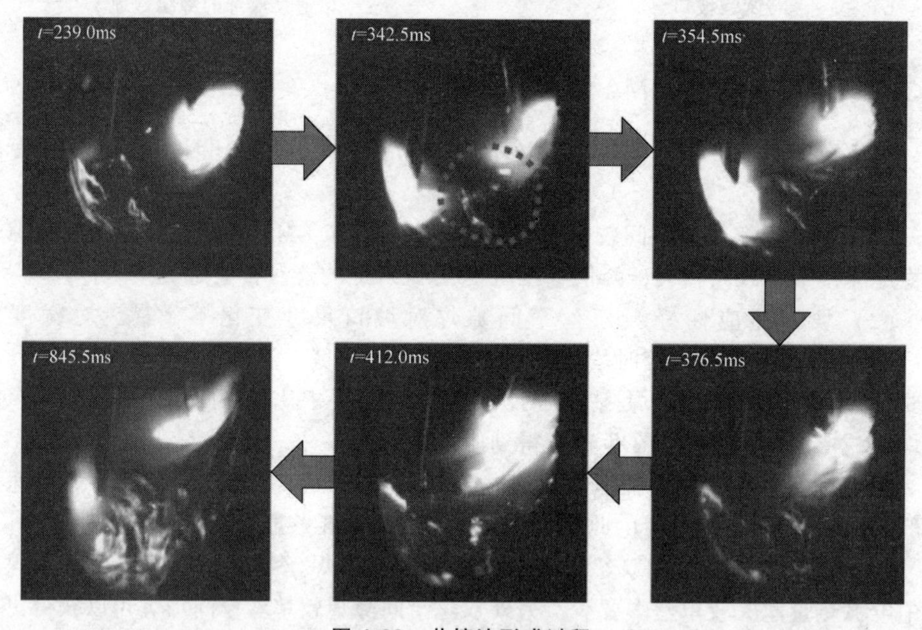

图 4-29 共熔池形成过程

双丝前后布置造成的不对称共熔池是向下立焊成形不对称焊缝的起因，当双丝间距在 6mm 以上时，熔敷金属基本偏向于主丝一侧。共熔池不对称性如图 4-30 所示，图中虚线是熔池表面轮廓的描迹。在各丝起弧后到两熔池初步相接触时，共熔池就表现出非对称性（431.0ms），随着时间推移，两丝向熔池中过渡金属并且母材也在熔化，共熔池尾部金属凝固量小于金属向熔池过渡的量，即共熔池呈长大趋势；由于双丝间距较大，共熔池在竖直方向上长度增加，熔池整体表面积也增大，从丝过渡的金属仍然要向下方流去，使得主丝正对的熔池表面升高，主丝端部离熔池越来越近（从837.0ms到1323.0ms），此时共熔池体积仍然在生长过程中；当到1751.5ms时，共熔池基本保持这个形态一直进行下去，这就是说外部金属进入熔池和熔池尾部金属凝固达到了平衡。最终，在这种极其不对称的共熔池作用下形成了熔敷金属严重偏向于主丝一侧的焊缝，如图4-31所示。

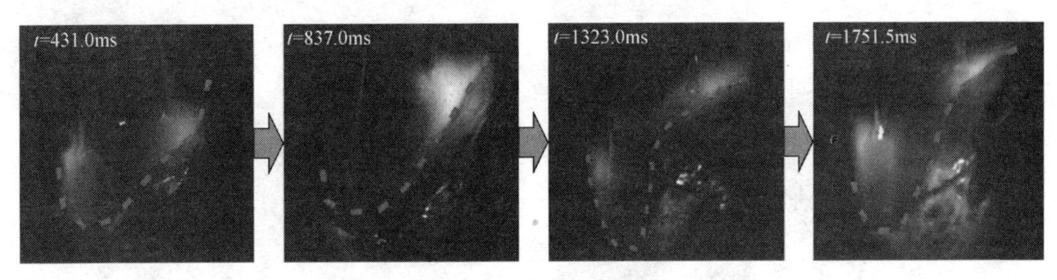

图4-30 共熔池不对称性

由于双丝纵列布置并且各指向一侧侧壁的形式在立焊条件下生成了不对称的共熔池，工艺试验中通过减小双丝间距以减弱这种不对称程度，的确得到了成形较为改善的焊缝，但是其截面熔合情况仍然遗传了这种不对称的信息，即主从丝各自侧壁熔深的差异、咬边现象集中发生于从丝一侧、下凹量的差异都与熔池的不对称性相关。共熔池金属偏集于主丝一侧并覆盖了主丝侧壁大部分，主丝电弧对其侧壁无法直接加热，而是隔着熔池金属向其导热。相反，由于从丝一侧的熔池金属较少，从丝电弧能直接对其侧壁加热，促进侧壁的熔化，而当熔池偏向严重时也易发生咬边。

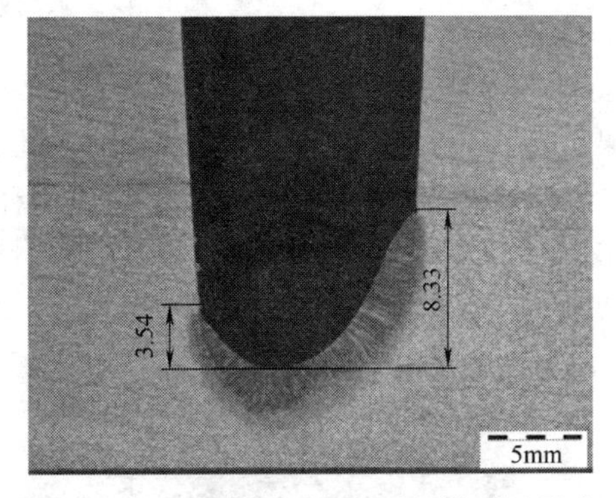

图4-31 共熔池不对称性对焊缝成形影响

4.4.2 立焊焊接规范区间确定

1. 双丝间距

不同双丝间距下焊缝成形如图4-32所示，双丝间距在3~5mm时才能保证合适的焊缝成形，双丝间距一旦超过6mm时，焊缝填充金属完全偏向位于下方的主丝一侧，而上方的从丝一侧填充金属严重不足，甚至发生了咬边现象。

主丝在前，从丝在后，两导电嘴弯曲分别指向左右侧壁。与单丝焊熔池形态比较，这种弯曲电极所生成的共熔池也不是以焊缝方向为对称轴分布于坡口中央。立焊位置由于重力和从丝电弧力的作用，从丝过渡的金属向下方主丝一侧流动，最终成形表现出金属堆积在主丝一侧，而从丝一侧熔敷量偏少。

双丝间距越大，生成的共熔池在竖直方向上越长，这种不对称性越强。理想状

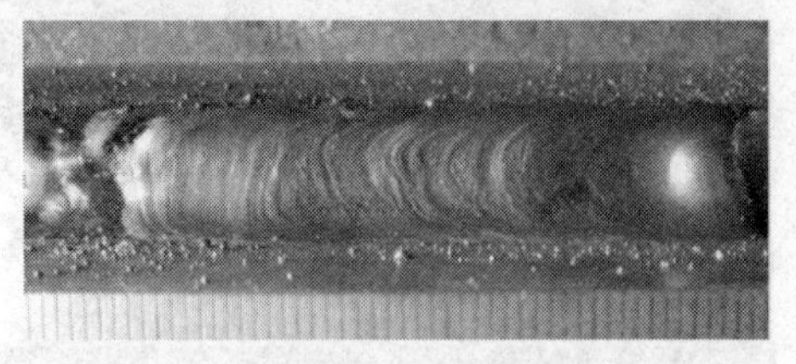
a) 4mm

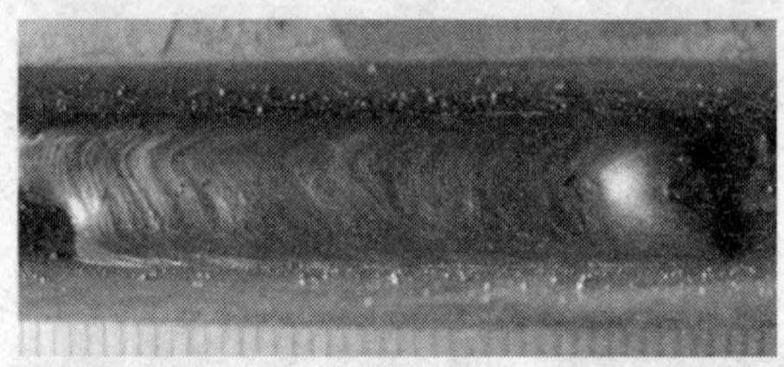
b) 5mm

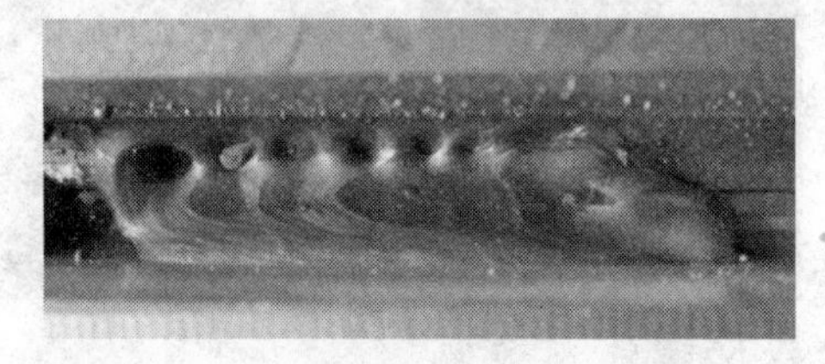
c) 6mm

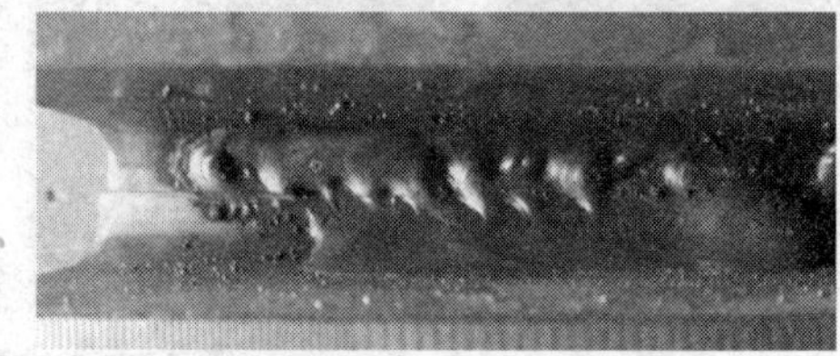
d) 8mm

图 4-32　不同双丝间距下焊缝成形

态下，双丝端部应该并列，而不是前后放置。基于这一准则并结合实际焊接试验结果，双丝间距越小，这种非对称的趋势也就越弱，得到的焊缝成形越为对称，焊缝截面熔合效果如图 4-33 所示，但是这种不对称趋势并不能彻底消除。为了尽可能得到成形对称的焊缝，并考虑双丝焊时两个电弧的相互干扰，立焊时可将双丝间距值定为 4mm。

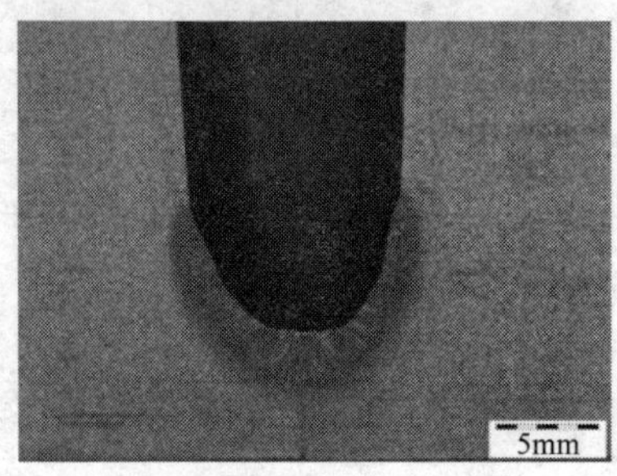

a) 4mm

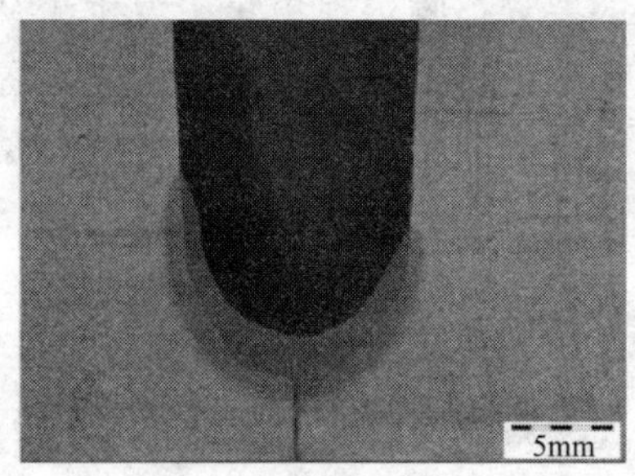

b) 5mm

图 4-33　焊缝截面熔合效果

2. 导电嘴弯曲角度

不同导电嘴弯曲角度下的焊缝截面如图 4-34 所示，各弯曲角度下焊缝截面尺寸见表 4-12。焊接参数设定为送丝速度 10m/min，峰值电压 35V，基值电流 60A，脉冲频率 220Hz，脉冲时间 2. 0ms，焊接速度 900mm/min。随着弯曲角度增大，熔深在减小，而侧壁熔深呈上升趋势，当弯曲角度为 10°时，出现了咬边现象，并且在坡口底部呈现出双峰状的熔深。在较大的导电嘴弯曲角度下，电弧在较高的侧壁位置处燃烧，对于坡口底部的加热稍欠缺，故而熔深呈降低的趋势，侧壁母材直接在电弧的加热下而熔化，但是过渡的金属不能填充到侧壁较高处，形成了咬边现象。综合实验结果，导电嘴弯曲角度可定在 7°。

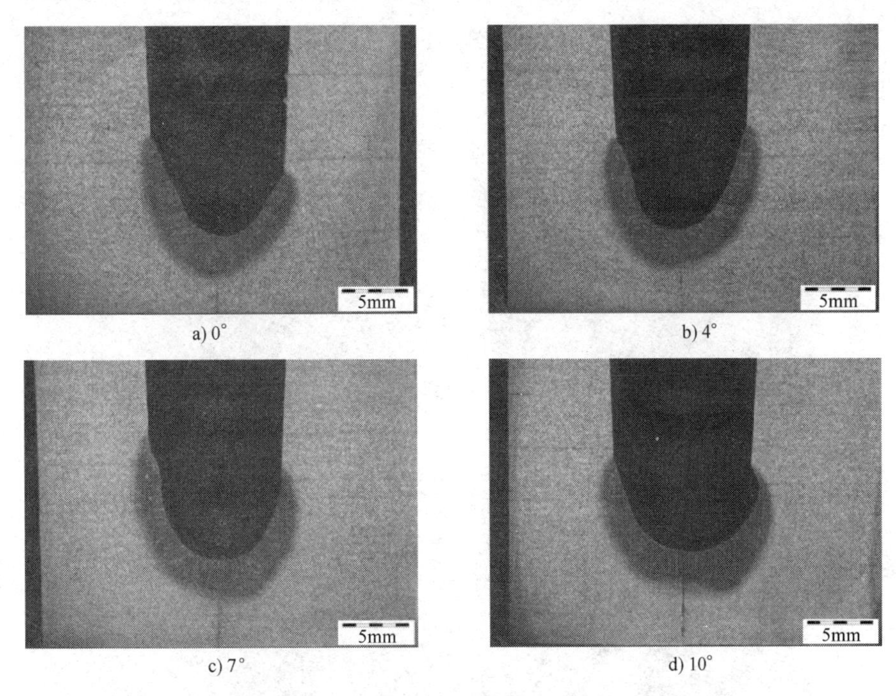

a) 0°　b) 4°　c) 7°　d) 10°

图 4-34 不同导电嘴弯曲角度下的焊缝截面

表 4-12 各弯曲角度下焊缝截面尺寸

弯曲角度 /(°)	焊缝熔宽 /mm	焊缝熔深 /mm	主丝侧壁熔深 /mm	从丝侧壁熔深 /mm	主丝侧下凹量 /mm	从丝侧下凹量 /mm
0	10.2	2.7	0.21	0.21	7.0	4.3
4	9.5	2.4	0.28	0.32	7.6	6.5
7	10.4	2.1	0.34	0.43	8.1	6.2
10	11.2	2.0	0.31	0.39	6.8	5.0

3. 主从丝送丝速度

双丝间距对于共熔池向下立焊焊缝成形有着决定作用，除了减小两丝间距以“减缓”这种熔池的不对称性，另外也从主从丝各自规范上来进行实验。焊接参数设定为峰值电压 35V，基值电流 60A，脉冲频率 220Hz，脉冲时间 2.0ms，焊接速度 900mm/min。

不同送丝速度下的焊缝截面如图 4-35 所示，当上方的从丝送丝速度大于主丝时，焊缝成形极不对称。从丝的送丝速度越大时，其电弧作用力将其过渡的金属吹向下方的作用更加强烈。当从丝送丝速度小于主丝时，通过减弱这种电弧力作用，焊缝对称性得到一定改善。实际生产中为了减小工艺复杂性，一般将主从丝送丝速度设为一致。

送丝速度于 9.5~11.5m/min 范围内变化，由图 4-36 及表 4-13 所得的焊缝截面尺寸可以见到在这个区间内焊缝成形良好，侧壁熔深随着送丝速度增加而逐渐增大，这是由于送丝速度决定了焊缝的热输入。结合试验过程，送丝速度在 9.5～10.5m/min 内焊接过程较为稳定。

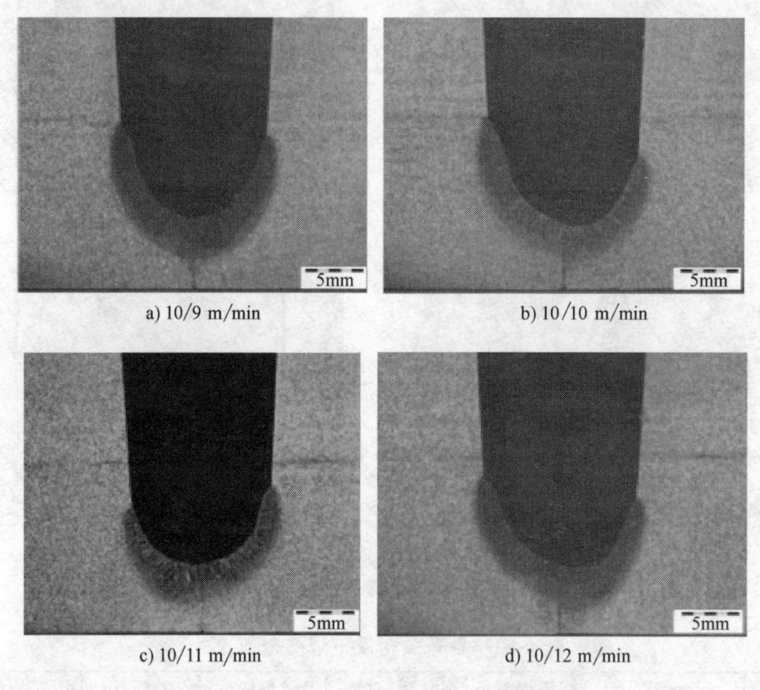

a) 10/9 m/min　b) 10/10 m/min

c) 10/11 m/min　d) 10/12 m/min

图 4-35　不同主/从丝送丝速度匹配下焊缝成形

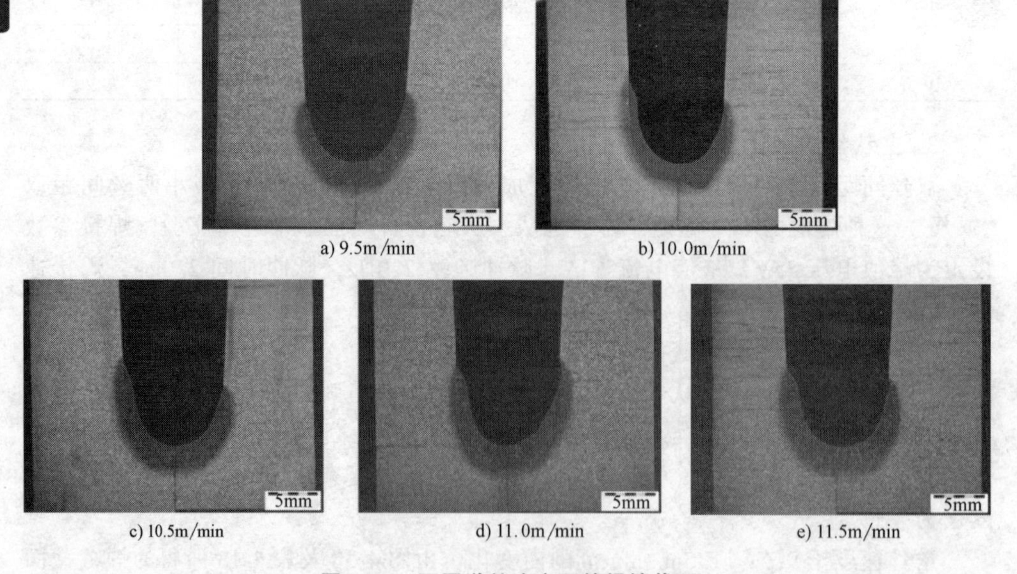

a) 9.5m/min　b) 10.0m/min

c) 10.5m/min　d) 11.0m/min　e) 11.5m/min

图 4-36　不同送丝速度下的焊缝截面

表 4-13 各送丝速度下焊缝截面尺寸

送丝速度/(m/min)	熔深/mm	从丝侧壁熔深/mm	主丝侧壁熔深/mm	从丝侧下凹量/mm	主丝侧下凹量/mm
9.5	2.1	0.31	0.20	7.6	8.4
10.0	2.1	0.35	0.17	7.7	10.0
10.5	1.8	0.25	0.24	7.4	9.8
11.0	2.0	0.42	0.30	9.1	10.0
11.5	1.8	0.54	0.42	8.2	9.4

4. 焊接速度

向下立焊时，熔池受重力作用而向下运动，为避免熔池失衡流淌，焊接速度有一个合理区间。在 10m/min 的送丝速度下，焊速低于 800mm/min 则熔池下淌；当焊速高于 1200mm/min 时，焊缝无法成形并在焊接过程中也发生了金属液流淌。这两种流淌在本质上是不一样的。

焊速过低，共熔池生长到一定体积，以致坡口和侧壁的表面张力无法承托其重量而发生整体金属失衡；焊速过高，双丝金属过渡后无法形成一定宽度的熔池，并且从丝金属过渡后即流向下方主丝一侧，熔池金属过多集中于主丝一侧，这样承托熔池的表面张力只能由主丝一侧的侧壁提供，最终也引起失衡流淌。而从丝电弧在高焊速下直接对从丝一侧的母材加热熔化，却缺少金属液填充，形成咬边缺陷。

合适的焊接速度在 800~1000mm/min 之间，如图 4-37 所示，焊缝成形良好并有一定的侧壁熔深量。

5. 脉冲峰值电压

通过熔滴过渡分析可知，不同峰值电压对应不同的熔滴过渡形式，32V 时为短路过渡，35V 时为一脉一滴过渡，而 38V 时电弧燃烧于侧壁上部，已经不能有效地对坡口底部加热。所以结合熔滴过渡的试验结果进行试验设计，评价不同脉冲峰值电压下的实际焊缝成形。

设定工艺试验电压变化范围为 33~37V，如图 4-38 所示的焊缝成形，脉冲峰值电压为 35V 时波纹较为规则，焊接过程中飞溅适中，未出现咬边现象，由此可以认为脉冲峰值电压设定为 35V，上下浮动 1V 可以得到较好的焊缝成形。

4.4.3 共熔池向下立焊单道多层焊

对 30mm 厚的 U 形坡口进行单道多层焊试验。打底焊时是在 U 形坡口上进行试验，而焊后所得焊缝下凹，依旧保持一种 U 形特征，下一道就可认为是在 U 形坡口里进行焊接，故每层焊接参数相近。多层焊试验参数见表 4-14。共熔池向下立焊多层焊的焊缝成形如图 4-39 所示，成形美观。焊缝截面如图 4-40 所示，无宏观缺陷。

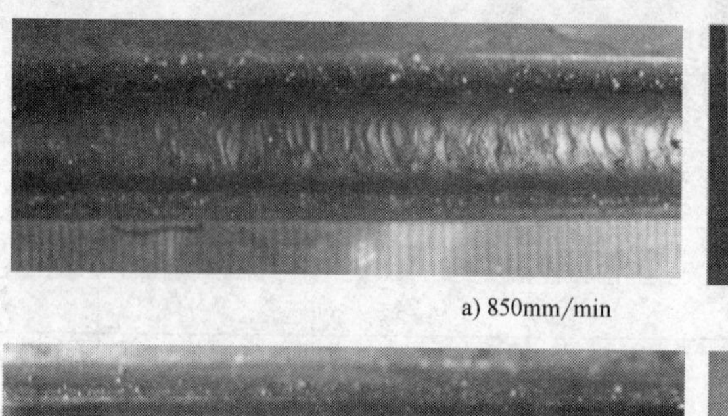

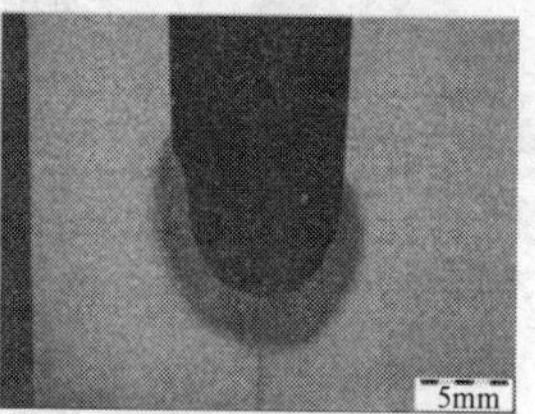

a) 850mm/min

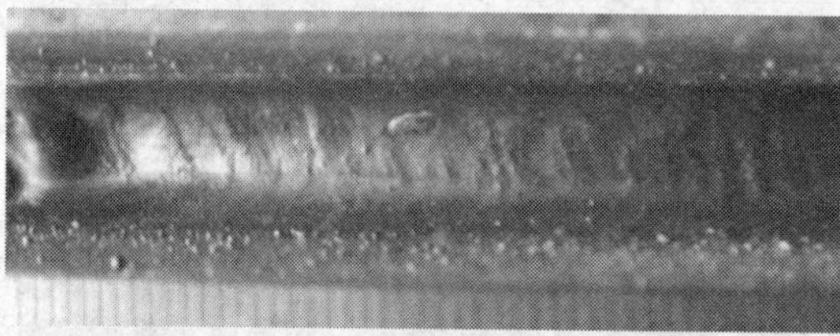

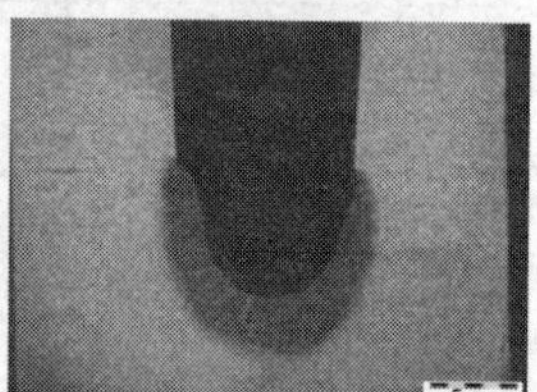

b) 900mm/min

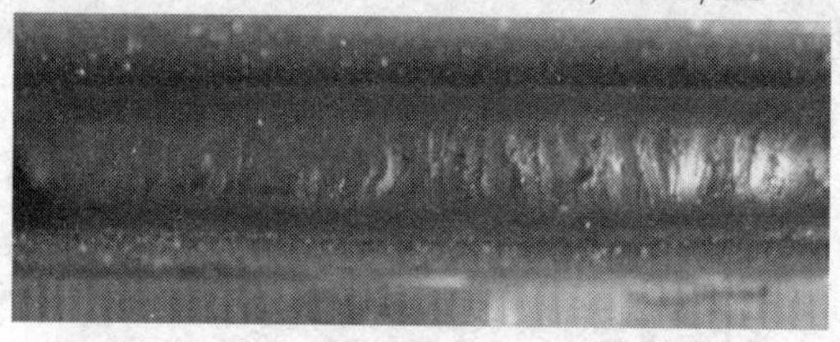

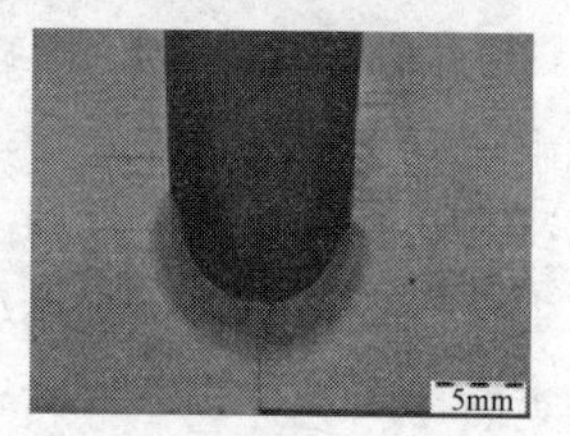

c) 1000mm/min

图 4-37　不同焊接速度下的焊缝成形

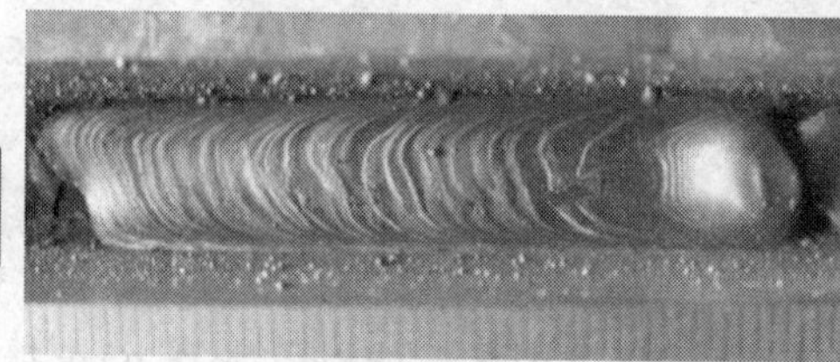

a) 33V

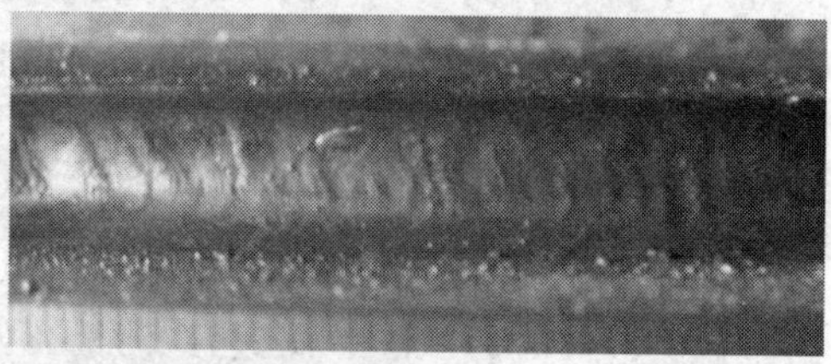

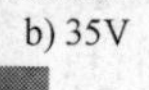

b) 35V

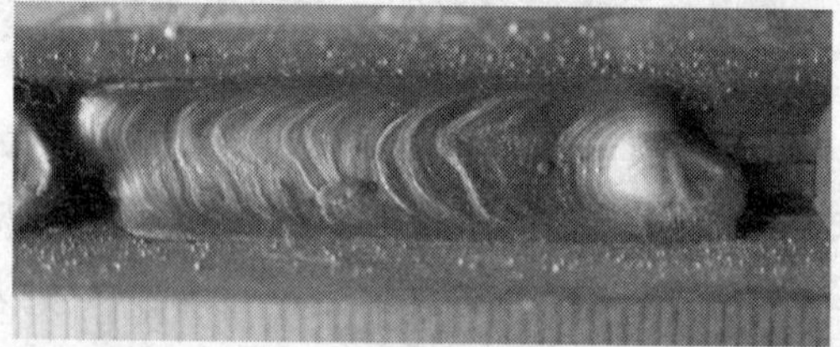

c) 37V

图 4-38　不同脉冲峰值电压下的焊缝成形

表 4-14　多层焊试验参数

层数	送丝速度/(m/min)	峰值电压/V	基值电流/A	脉冲频率/Hz	脉冲时间/ms	焊接速度/(mm/min)
1~16	10	35	60	220	2.2	900
17	9	34	60	220	2.2	900

a) 第1层

b) 第3层

c) 第17层

图 4-39 共熔池向下立焊多层焊的焊缝成形

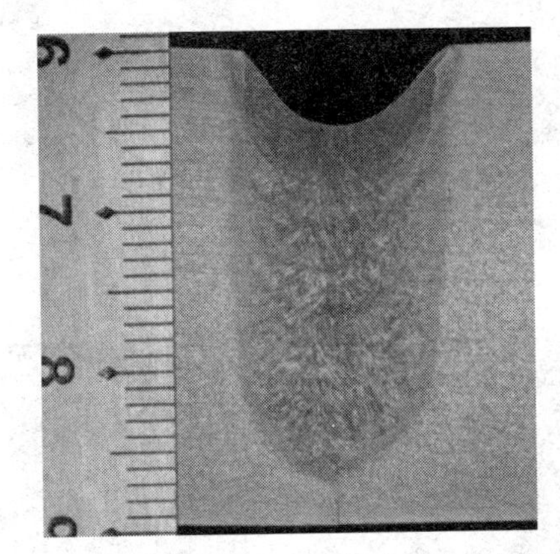

图 4-40 共熔池向下立焊多层焊的焊缝截面

4.5 双丝窄间隙非共熔池 GMA 立焊工艺

双丝窄间隙共熔池向下立焊时，因共熔池的特点而导致一系列问题，影响到焊接过程的稳定性，针对共熔池体积过大及其整体不对称性，将共熔池分化成各自的熔池，即采用非共熔池焊接，减小熔池体积，避免立焊条件下共熔池所产生的问题，简化研究对象的复杂性，并且保留弯曲导电嘴的特点，降低焊速，以期达到增加热输入、增大侧壁熔深量和提升熔敷效率的目的。

从双丝窄间隙平焊工艺研究中得到，当主从丝相距 30mm 以上是双熔池状态，且两电弧由于相距较远，之间的电磁干扰已大为减弱，几乎互不影响。两丝可使用独立模式，也就无主从之分，而是前后之分。另外独立模式的运用，也可以使每根丝的脉冲参数调节范围增大，可以更好地控制其熔滴过渡形式。随着双丝间距大幅度增加，之前共熔池焊接所用的喷嘴已经不能满足气体保护要求，采用非共熔池焊接的双气体通道喷嘴，以达到气体保护的要求。

4.5.1 焊接参数对焊缝成形的影响规律

1. 送丝速度的影响

非共熔池条件下的两个熔池是上下分布，并各自偏向一侧，前后两电弧所面对的母材坡口形式是不一样的：前弧是直接在U形坡口内生成偏向一侧的体积较小的熔池，后弧是在前丝生成的焊道和另一侧坡口母材上进行焊接。考虑到两根丝焊完后最终焊缝的成形状态，在非共熔池条件下，将后丝的规范减小。图4-41所示为不同送丝速度下的焊缝截面。

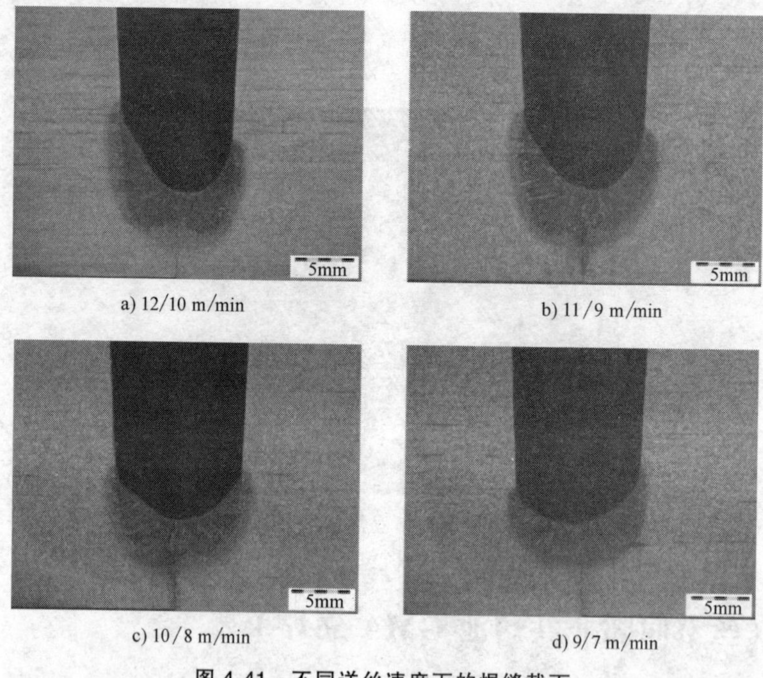

a) 12/10 m/min　b) 11/9 m/min

c) 10/8 m/min　d) 9/7 m/min

图4-41　不同送丝速度下的焊缝截面

如图4-41所示，前丝与后丝于10/8m/min和9/7m/min的组合下焊缝对称性较好。由于焊速较共熔池时大为降低，热输入增大，熔敷量增加，熔深也得到了提高。

2. 焊接速度的影响

非共熔池焊接一个显著的特点就是焊速降低，相比于同条件下的共熔池焊接能够增大热输入，延长电弧对侧壁的加热时间和熔池凝固时间，促进熔合等优点，需要得出优化的焊速区间，兼顾焊接过程的稳定性和实际生产效率。图4-42所示为不同焊接速度下的焊缝截面。

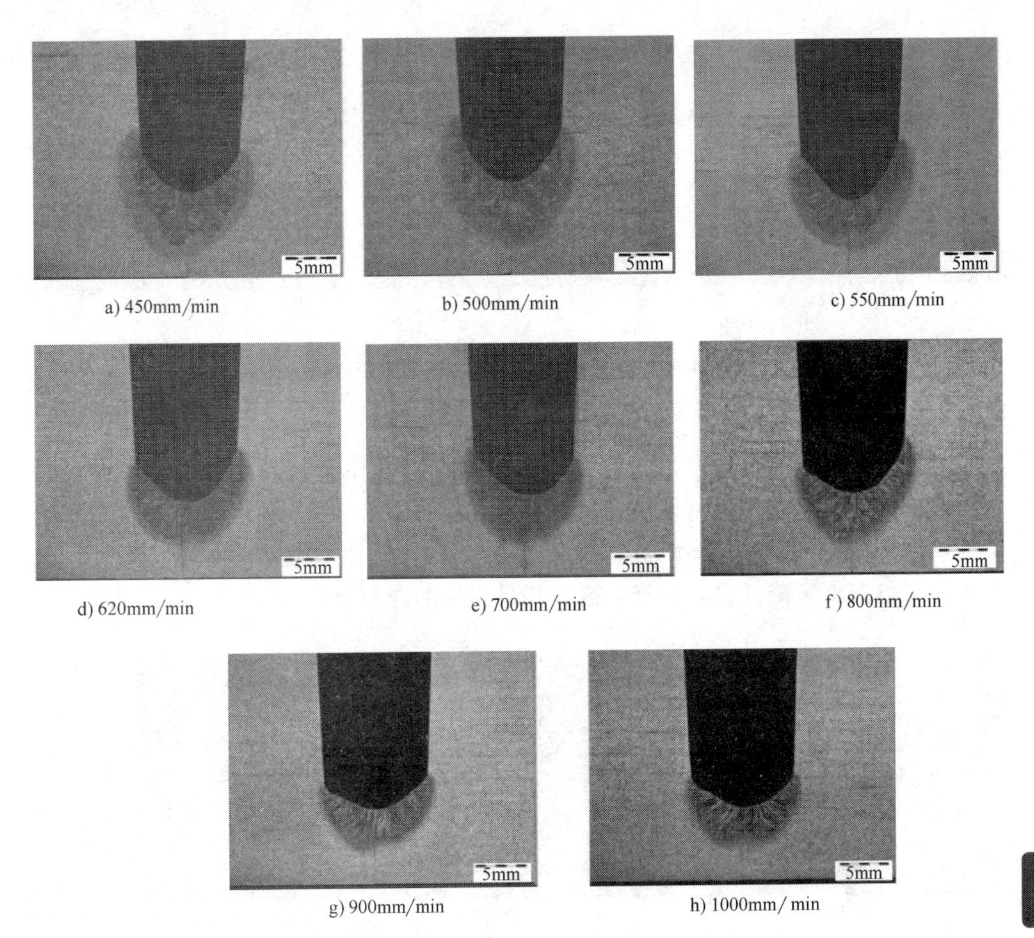

a) 450mm/min　b) 500mm/min　c) 550mm/min

d) 620mm/min　e) 700mm/min　f) 800mm/min

g) 900mm/min　h) 1000mm/min

图 4-42　不同焊接速度下的焊缝截面

450mm/min 焊速下在收弧操作时发生熔池失衡下淌，而其他条件下均能成形。观察各自的熔合情况，发现后丝侧的侧壁熔深大于前丝侧的侧壁熔深，这可能是前丝生成焊缝的预热作用所致。在焊接过程中，焊速在 500mm/min 以下时飞溅严重，这是由于焊速偏低导致熔池液面离焊丝端部较近，易发生接触短路引起液滴爆破；焊速在 550～700mm/min 之间的焊接过程飞溅较小，熔滴过渡顺畅，过程稳定；700mm/min 以上时，焊速整体而言还是偏高。总体来说，向下立焊条件下，非共熔池焊接的熔合质量和焊接效率优于共熔池焊接。

3. 峰值电压的影响

同共熔池焊接规律相似，在低电压焊接过程中，熔滴过渡形式不良，短路爆破引起飞溅，侧壁上会附着大量颗粒物；当电压提高到 34V 时，焊接飞溅明显减弱，并且成形良好，焊缝表面有金属光泽；继续提高电压至 36V 时则产生了咬边缺陷，各脉冲峰值电压下的焊缝截面如图 4-43 所示。

a) 32V

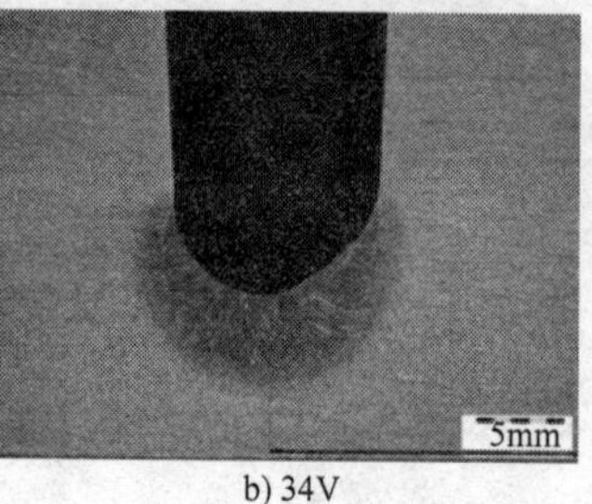

b) 34V

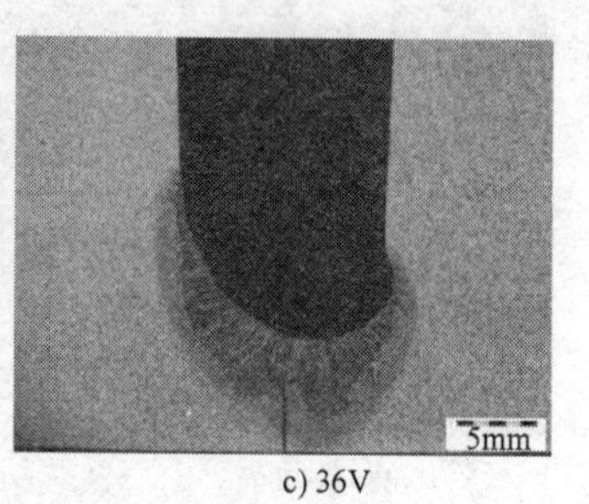

c) 36V

图 4-43　不同脉冲峰值电压下的焊缝截面

4. 双丝间距的影响

虽然是非共熔池焊接，但是双丝间距仍然可以看作是两丝热量集中程度的体现，双丝间距值对于焊缝整体熔合质量仍会有影响。图 4-44 所示为不同双丝间距下的焊缝截面，不同双丝间距对接焊缝尺寸见表 4-15，发现随着双丝间距增大，熔深和侧壁熔深都呈降低趋势，符合这种热量集中的作用效果。

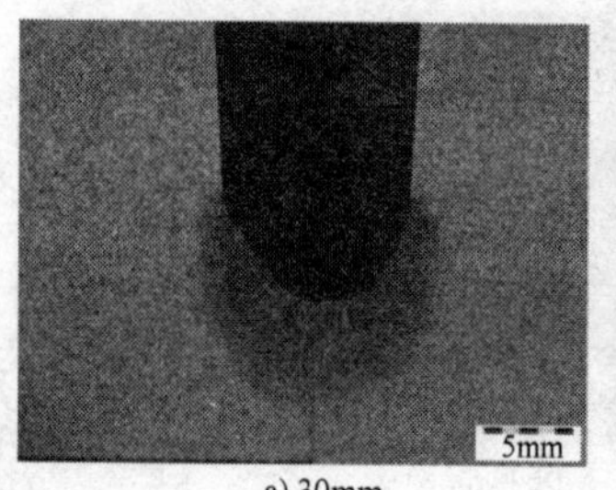
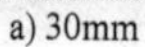

a) 30mm

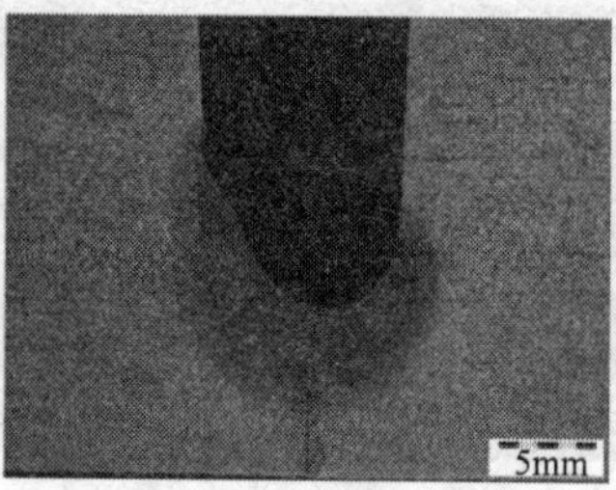

b) 35mm

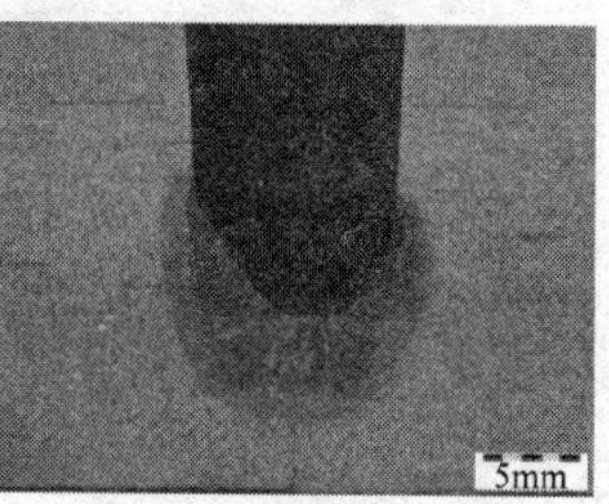

c) 40mm

图 4-44　不同双丝间距下的焊缝截面

表 4-15　不同双丝间距对接焊缝尺寸

双丝间距/mm	焊缝熔深/mm	前丝侧壁熔深/mm	后丝侧壁熔深/mm
30	4.2	0.53	0.64
35	3.9	0.52	0.57
40	3.7	0.47	0.47

4.5.2　非共熔池向下立焊多层焊

对 30mm 厚窄间隙坡口进行向下立焊多层焊试验，其参数见表 4-16。多层焊的焊缝成形及焊缝截面如图 4-45、图 4-46 所示，送丝速度与共熔池条件下相近，由于焊速降低，单次焊接的熔敷量大为增加，最终只用 7 层即将坡口填充完，并且外观成形和气体保护效果良好，接头熔合无宏观缺陷。

表 4-16　多层焊试验参数

层数	送丝速度/(m/min)	峰值电压/V	脉冲频率/Hz	脉冲时间/ms	双丝间距/mm	弯曲角度/(°)	焊接速度/(mm/min)
1~6	10/9	35	220/200	2.5	35	7	550~600
7	9/8	34	200/180	2.5	35	7	600

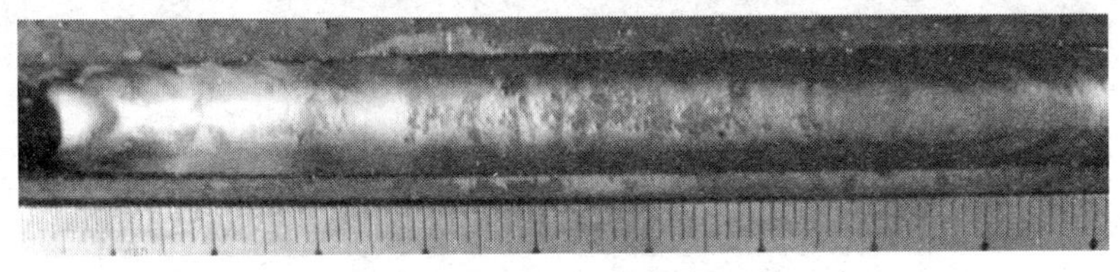

图 4-45　第 7 层焊缝成形

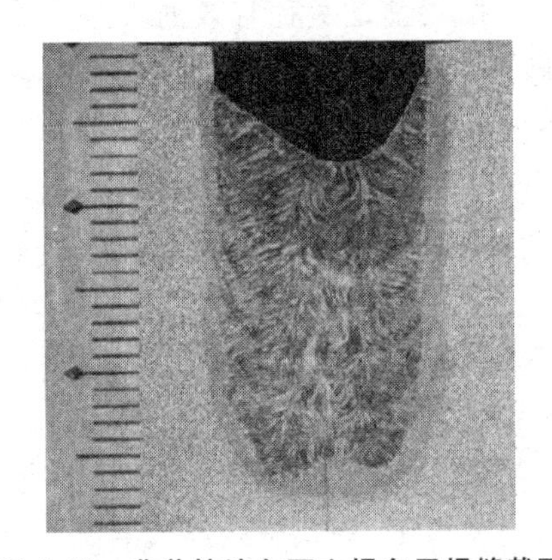

图 4-46　非共熔池向下立焊多层焊缝截面

非共熔池条件下各熔池体积较共熔池条件下大为减小，焊接过程对于各熔池控制的难度也有所降低，并且熔合质量明显改善，单次熔敷量增大。两丝在送丝速度约为 10m/min 时，在与其他参数配合的条件下，非共熔池法焊接的侧壁熔深达到 0.5mm 左右，而共熔池法焊接的熔深通常在 0.2~0.3mm，并且焊接过程中飞溅较共熔池法大为减弱。

第5章　多元保护气体窄间隙GMA焊

电弧焊中，保护气体电离形成电弧等离子体，保护气体的物理特性能够决定焊接电弧的特性，而电弧特性的改变将直接影响金属熔化行为，因此通过优化保护气体来改善焊接过程、提升焊接质量是一种有效的方式。厚板低合金钢材的窄间隙GMA焊中常用的保护气体为Ar-CO_2二元气体，He气具有高热导率、高电离能等特殊性质，在保护气体中加入He气会提升电弧能量，增加金属的熔化效率。本章将He气应用到窄间隙GMA焊接中，利用Ar-CO_2-He三元保护气体进行厚板窄间隙GMA焊，通过He气的加入来保证侧壁熔深。

5.1　优化焊接保护气体的必要性

保证窄间隙GMA焊侧壁熔合，主要从以下三个方面进行：

（1）增加焊接热输入　在GMA焊接中，焊接电流与送丝速度相匹配，提升焊接电流势必就要增加焊丝送进速度，若此时焊接速度加快，焊接热输入又没有得到提升；若焊接速度不变，焊接热输入增加，但是此时焊道的厚度就要增加，若焊道过厚，就会影响下一道焊接时电弧对侧壁和坡口底部的加热，影响层与层之间的熔合质量，易形成未熔合缺陷。

（2）增加电弧对侧壁的传热　若为了提升侧壁熔深而过多地缩小电弧与侧壁的距离，则电弧大部分作用在坡口侧壁上，这将导致侧壁金属熔化过多，若过渡金属过渡到坡口中后向坡口底部流动而没有及时填充到侧壁上，这就容易导致咬边缺陷的产生。另外，若电弧更多地在侧壁上燃烧，而减少了对坡口底部的加热，这就容易造成焊缝纵向熔深不足，这种情况下容易产生层间未熔合的缺陷。

（3）改善保护气成分　焊接电弧决定了焊接过程的传热与传质过程，而焊接电弧由保护气电离而形成，通过优化保护气成分来改善焊接电弧对工件的加热应是进一步提升窄间隙GMA焊接质量的可行方法。He气与其他保护气相比具有它独有的特性优势。首先，He气为惰性气体，能够良好地保护焊接熔池，不会对材料中的合金元素造成额外的烧损；其次，He 气为单原子分子，焊接过程中不存在受热分解等过程；同时，保护气中应用 He 气可以提升电弧能量，且因为 He 气具有较高的热导率，可使电弧热量更均匀地分布，在窄间隙 GMA 焊中 He 气的应用会有利于热量向侧壁上的传输，进而提升侧壁熔深。

5.2 三元保护气体窄间隙 GMA 焊电弧特性

5.2.1 三元保护气体窄间隙 GMA 焊电弧形态

为了更加准确地考察电弧在窄间隙坡口中燃烧时的形态，选择利用恒压模式，送丝速度设置为 9m/min，使熔滴过渡保持为射流过渡，这时焊丝端部为“铅笔尖”状，电弧燃烧时形态较为稳定，试验过程中可以更为清晰地观察电弧形态。另外，恒压模式下电弧电压和电流较为稳定，波动较小，这有利于分析电弧的电特性。恒压射流过渡焊接参数见表 5-1 所示，单丝焊中仍使焊丝弯曲指向侧壁。在窄间隙坡口中，将电弧指向侧壁，可使电弧一部分在侧壁上燃烧，这样电弧产生的热量一部分传输到坡口底部，一部分传输到侧壁上，由此可以在保证层间熔合的基础上保证侧壁熔深。

表 5-1 恒压射流过渡焊接参数

焊接电压 /V	送丝速度 /(m/min)	焊接速度 /(mm/min)	焊丝伸出长度 /mm	丝-壁距离 /mm	焊丝弯曲角 /(°)
26	9	580	18	2	7

1. 不同 He 含量对电弧形态的影响

不同 He 含量下窄间隙 GMA 焊电弧形态（10%CO_2）如图 5-1 所示。对比不同 He 含量下的电弧可以看到随着 He 含量的增加，电弧长度有所下降；He 含量的变化更主要影响了电弧弧心的角度，随着 He 含量的增加，电弧的弧心扩宽，弧心角度逐渐增加。通过图中可以看出，弧心的扩展使得电弧高温的中心区域更多地分布在坡口底部和侧壁上，这有利于促进母材的熔化进而保证焊缝的纵向熔深以及侧壁熔深。

2. 不同 CO_2 含量对电弧形态的影响

图 5-2 所示为不同 CO_2 含量下窄间隙 GMA 焊电弧形态（5%He）。CO_2 含量主要影响电弧长度，随着 CO_2 含量增加，电弧长度显著降低，当 CO_2 含量为 5%时，电弧长度 L_a 较长，大部分弧根作用在侧壁上，使得侧壁熔化；然而熔化的焊丝金属沿着电弧轴向过渡到熔池中，由于侧壁上部较多的母材被电弧加热熔化，而金属不能够填充到上部，使得焊缝出现咬边缺陷；当 CO_2 含量为 10%时电弧形态较为良好，电弧根部在坡口底部与侧壁之间分布均匀；当 CO_2 含量超过 15%之后，由

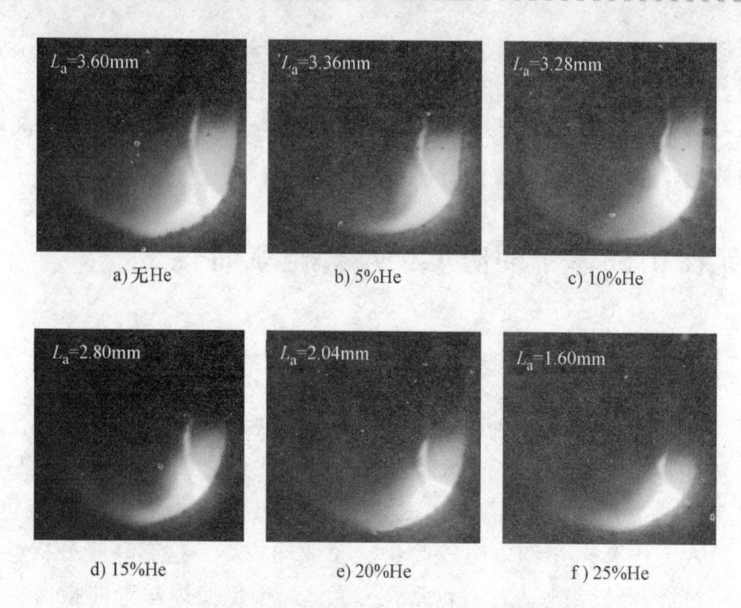

a) 无He　b) 5%He　c) 10%He　d) 15%He　e) 20%He　f) 25%He

图 5-1　不同 He 含量下窄间隙 GMA 焊电弧形态（10%CO_2）

于电弧长度的急剧减少，电弧体积很小，此时弧根集中在 U 形坡口的圆角处，不利于电弧对工件的加热。

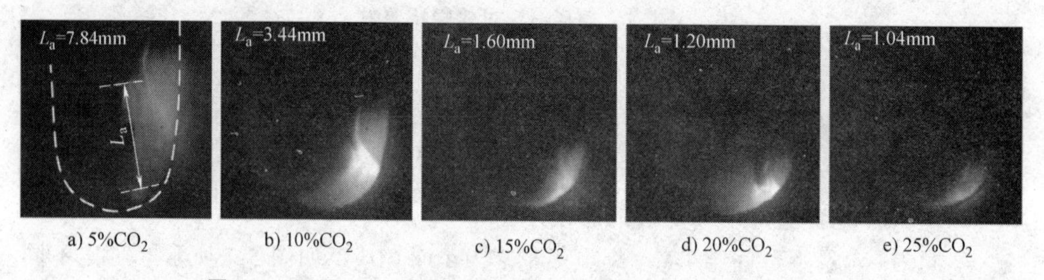

a) 5%CO_2　b) 10%CO_2　c) 15%CO_2　d) 20%CO_2　e) 25%CO_2

图 5-2　不同 CO_2 含量下窄间隙 GMA 焊电弧形态（5%He）

3. 电弧形态特征对坡口的加热效果

图 5-3 所示为窄间隙坡口中电弧形态分布的几何模型，通过几何关系推导，可得到电弧在坡口上弧根的大小，其由电弧锥角 θ 和电弧长度 L_a 共同决定。

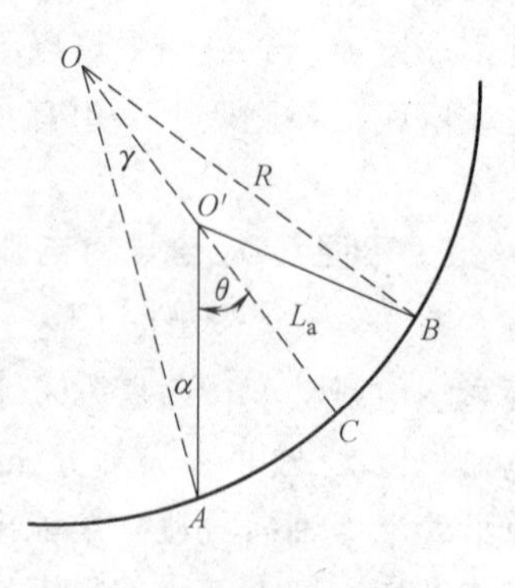

图 5-3　窄间隙坡口中电弧形态分布的几何模型

坡口底部为半径为 R 的圆弧，在三角形 AOO'中，由正弦定理可得

$$\frac{R}{\sin(180°-\theta)}=\frac{R-L_a}{\sin\alpha} \tag{5-1}$$

式中　R——坡口圆弧半径；

θ——电弧锥角部分；

L_a——电弧长度。

由三角形角度之间的关系可得

$$\theta=\gamma+\alpha \tag{5-2}$$

由圆弧长公式可得

$$AC=\frac{\pi R}{180}\gamma \tag{5-3}$$

综合式（5-1）~式（5-3）可得

$$AC=\frac{\pi R}{180}\left[\theta-\arcsin\left[\frac{R-L_a}{R}\sin(180°-\theta)\right]\right] \tag{5-4}$$

同理可以得到 BC 长度，进而得到 AB 长度。

通过推导结果可以看出，部分电弧作用区域 AC 的大小由电弧长度 L_a 以及电弧锥角 θ 共同决定。当保护气中 He 含量增加后电弧角度增加，但由于弧长降低，弧根作用于窄间隙坡口上的面积可能会减少。若弧长降低使得电弧作用面积减小的程度大于电弧角度增加使得电弧作用面积增加的程度，则电弧对坡口的加热面积将会减少，因此并不是一味地增加保护气中的 He 含量就能够使侧壁熔深持续增加，还需要考虑电弧长度的变化带来的负面影响。

5.2.2 三元保护气体窄间隙脉冲 GMA 焊电弧行为

在钢材的 GMA 焊接过程中通常选用脉冲焊接模式，其主要特点为焊接电流呈现周期性的脉冲变化，可以在平均热输入较低的情况下获得良好的熔滴过渡过程，使得焊接过程稳定，进而得到良好的焊接质量。本节讨论脉冲焊接模式下的电弧行为以及与其相对应的熔滴过渡过程，考察不同保护气比例对焊接过程的影响。脉冲 GMA 焊焊接参数见表 5-2。

表 5-2 脉冲 GMA 焊焊接参数

送丝速度 /(m/min)	脉冲频率 /Hz	脉冲周期 /ms	峰值电压 /V	基值电流 /A	焊接速度 /(mm/min)
10	220	2.0	34	60	580

利用高速摄像机拍摄脉冲电弧在焊接电流“基值-峰值-基值”的循环过程中的电弧形态。高速摄像拍摄频率为 2000 帧/s，曝光时间为 1μs，EDR 0.5μs。

图 5-4 所示为不同 He 含量下脉冲电弧行为（10%CO_2），其由基值向峰值进行过渡，对比可以发现，在脉冲焊过程中，不同保护气比例下脉冲电弧形态的变化规律同恒压焊过程中的相似，峰值电弧锥角随着 He 含量的增加而增大，弧长随着 He 含量的增加而有所降低。

图 5-5 所示为不同 CO_2 含量下脉冲电弧行为（5%He），可见在窄间隙 GMA 脉冲焊过程中，CO_2 的含量仍然主要影响焊接电弧的长度，CO_2 含量的增加使得焊接电弧长度明显地减少。当 CO_2 含量达到 20%后，电弧长度很短。

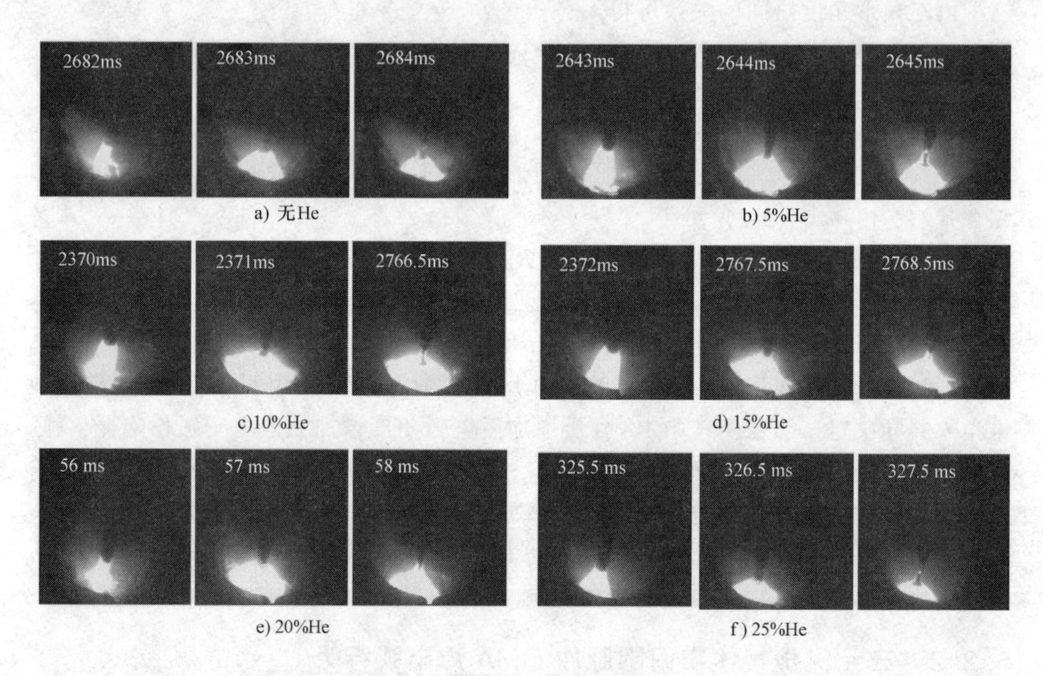

图 5-4 不同 He 含量下脉冲电弧行为（10% CO_2）

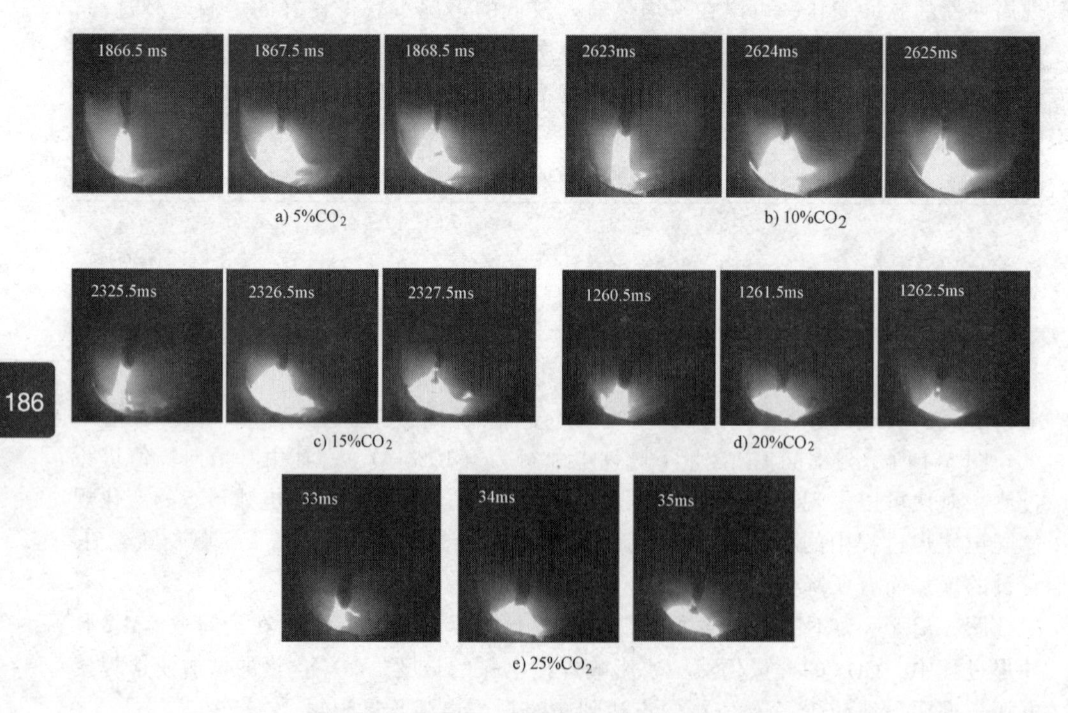

图 5-5 不同 CO_2 含量下脉冲电弧行为（5%He）

5.3 三元保护气体窄间隙 GMA 焊熔滴过渡规律

5.3.1 单丝焊的熔滴过渡

1. 不同 He 含量下

利用高速摄像拍摄不同保护气体比例下的窄间隙脉冲 GMA 焊接中熔滴过渡过程。

选取一个脉冲周期的高速摄像图片观察熔滴的过渡行为，图 5-6 所示为窄间隙 GMA 焊不同 He 含量下的熔滴过渡过程（10%CO_2）。可以看到，当保护气中 He 含量较少时（<10%），电流处在脉冲峰值时，焊丝端部熔化，熔滴长大，在脉冲峰值结束时，熔滴脱离焊丝端部，但是在熔滴与焊丝端部之间存在一段金属液柱，此时熔滴是以脉冲射流的方式过渡的。当增加保护气中的 He 含量，如 He 含量为 15%时，通过 830.5ms 与 831.0ms 的图像可以看到，在熔滴脱离焊丝端部后，熔滴与焊丝端部之间连续的液柱在表面张力与重力的拉扯作用下逐渐分离成多个小熔

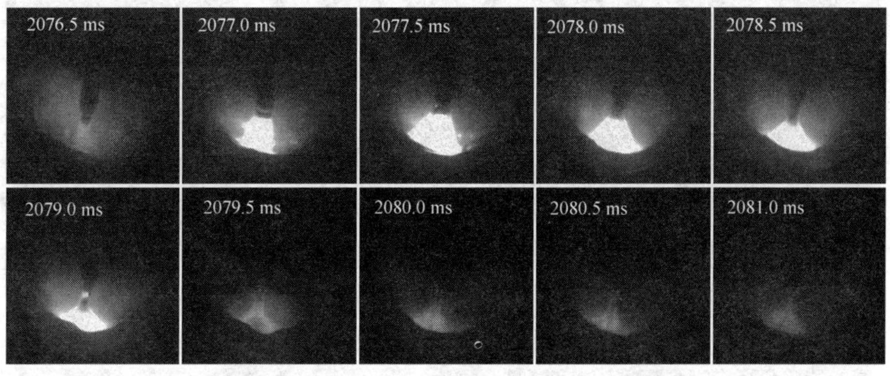

a) 无He

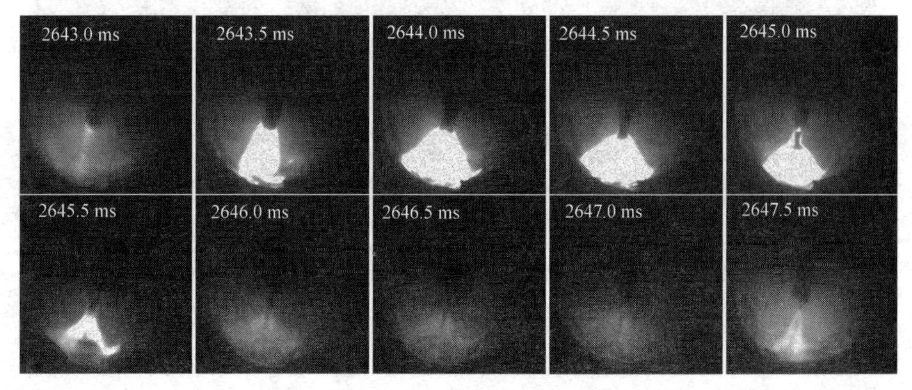

b) 5%He

图 5-6 窄间隙 GMA 焊不同 He 含量下的熔滴过渡过程（10%CO_2）

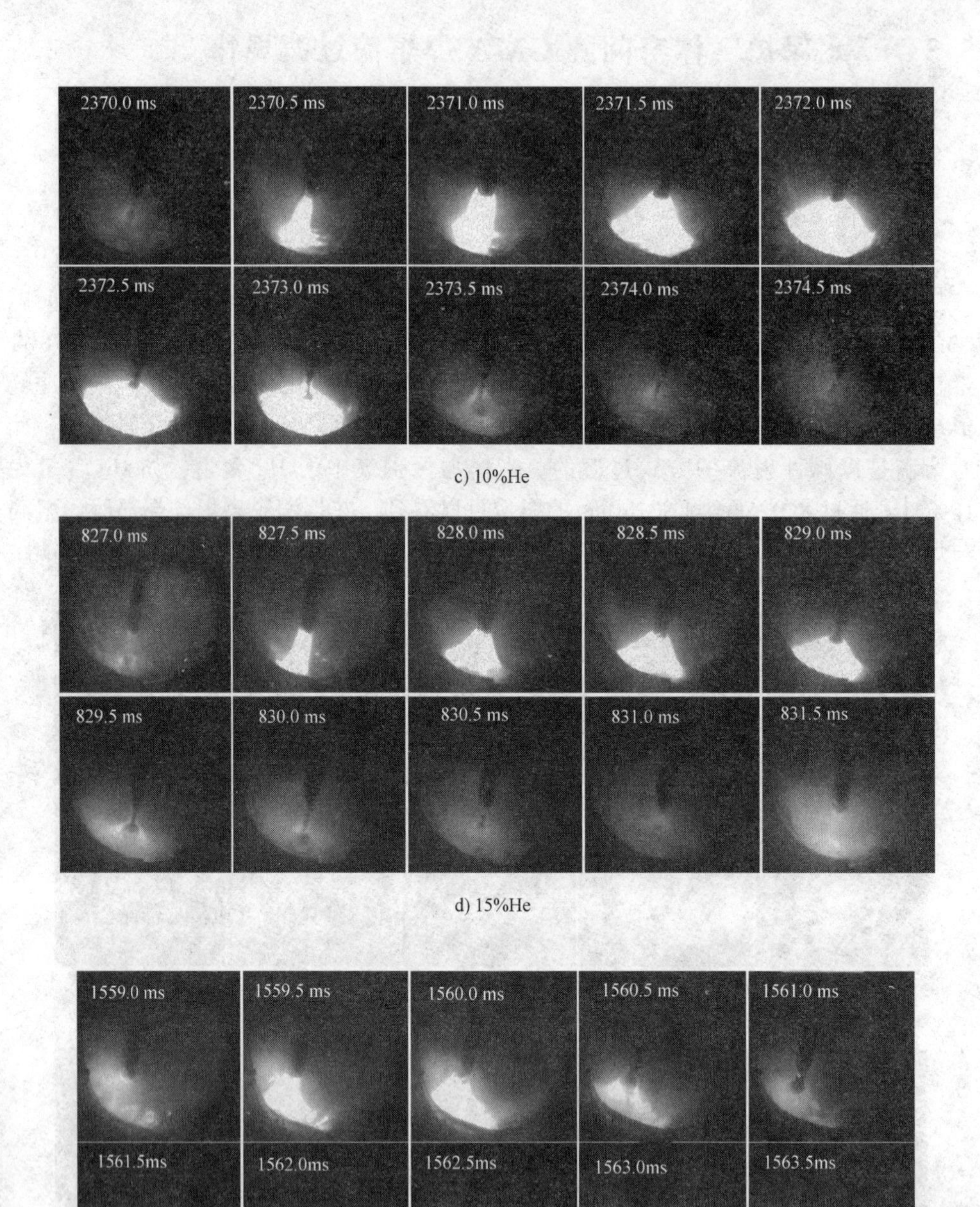

图 5-6　窄间隙 GMA 焊不同 He 含量下的熔滴过渡过程（10%CO_2）（续）

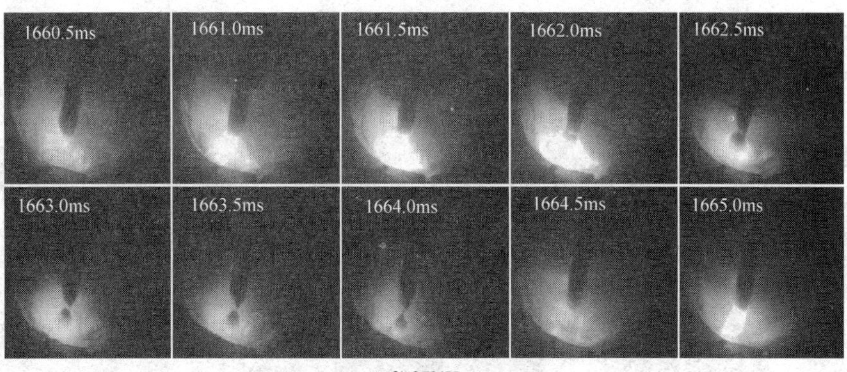

f) 25%He

图 5-6　窄间隙 GMA 焊不同 He 含量下的熔滴过渡过程（10%CO_2）（续）

滴，此时熔滴的过渡形式为脉冲射滴过渡，具体为一脉多滴。继续增加保护气中 He 含量到 20%以上时，熔滴过渡形式则转变为一脉一滴，熔滴在脱离焊丝端部之后不再附带着多余的液柱，在脉冲峰值结束时，熔滴直接脱离焊丝端部过渡到熔池中。

可见，随着保护气中 He 含量的增加，脉冲焊中熔滴过渡形式发生了改变，由脉冲射流过渡向一脉多滴最终为一脉一滴过渡形式转变，可以说熔滴过渡的频率降低了。这与平板 GMA 堆焊中的试验结果相似，且变化的机制还是由于三元保护气中 He 气比例的增加使得焊接电弧中的电流密度增加，导致了促进熔滴过渡的电磁力逐渐减小，使得熔滴过渡频率降低。

2. 不同 CO_2 含量下

窄间隙 GMA 焊不同 CO_2 含量下的熔滴过渡过程（5%He）如图 5-7 所示，可以看到，当 CO_2 含量为 10%时，熔滴过渡形式为脉冲射流过渡；当 CO_2 含量增加到 15%时，熔滴过渡形式转变为一脉多滴；当 CO_2 含量为 25%时，熔滴过渡形式转变为一脉一滴。熔滴过渡的频率随着 CO_2 含量的增加而下降。特别应该提出的是，当 CO_2 含量达到 20%以上时，焊接过程中偶尔会出现短路过渡现象。

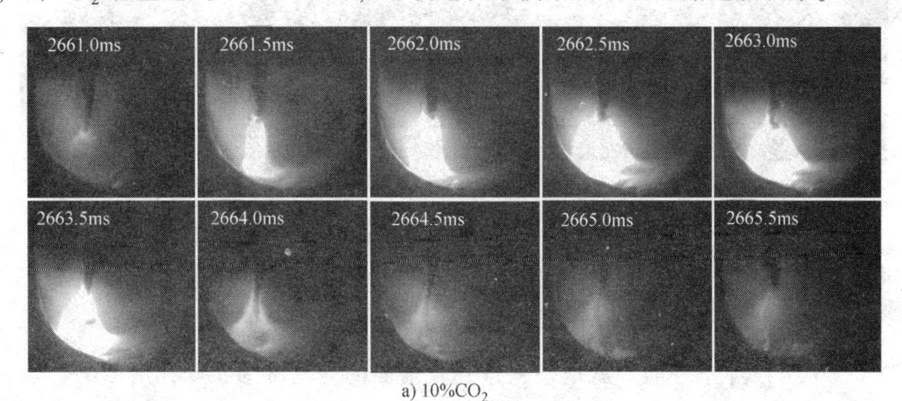

a) 10%CO_2

图 5-7　窄间隙 GMA 焊不同 CO_2 含量下的熔滴过渡过程（5%He）

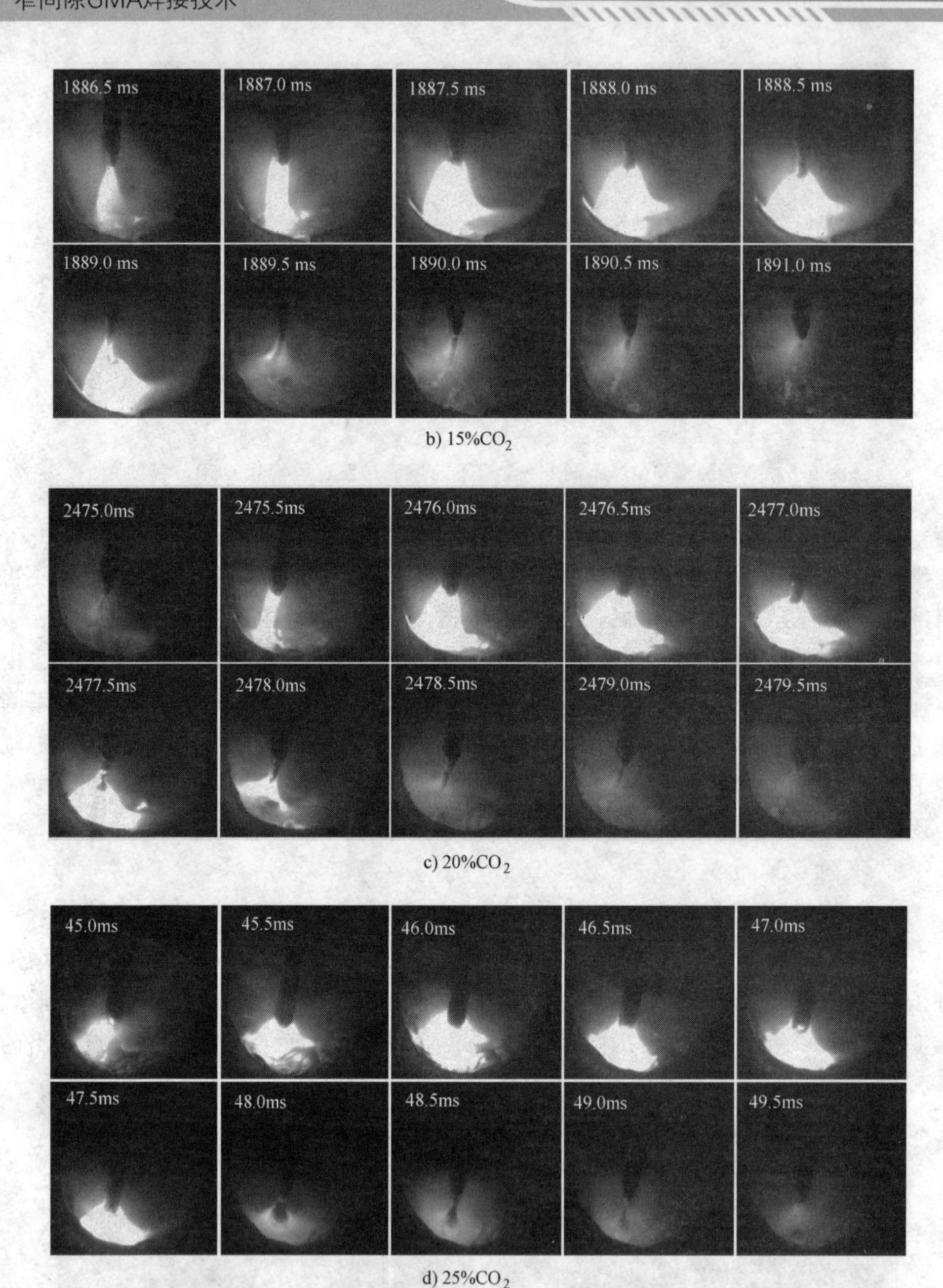

b) 15%CO_2

c) 20%CO_2

d) 25%CO_2

图 5-7 窄间隙 GMA 焊不同 CO_2 含量下的熔滴过渡过程（5%He）（续）

5.3.2 双丝焊的熔滴过渡

试验中两根焊丝一前一后地串列排列，前面的焊丝称为主丝，后面的焊丝称为从丝，两根焊丝分别经过两个独立的弯曲导电嘴而分别指向两个坡口侧壁。

与单丝焊相比，双丝焊由于两个电弧之间存在着相互影响，其焊丝熔化特性与熔滴过渡行为与单丝会有所不同。其一，在双丝焊时，从丝电弧部分作用在由主丝先形成的熔池表面上，而主丝电弧主要作用在未熔化的母材上；其二，由于主弧的预热作用后丝所处的氛围温度更高。

为减少焊接过程中双弧之间的相互影响，焊接过程中双弧脉冲选择交替脉冲的形式，在一个电弧处于脉冲峰值时另一个电弧处于脉冲基值。焊机选用 U/I 模式，该模式下脉冲峰值电压与脉冲基值电流保持恒定，双丝窄间隙 GMA 焊焊接参数见表 5-3。为分析双丝焊中两电弧在相同条件下的不同特性，试验中选用两电弧的焊接参数相同。利用高速摄像与电信号同步采集系统获取双丝窄间隙 GMA 焊过程中的熔滴过渡过程，由于双丝之间弧光的相互干扰，在高速摄像图片中较难观察到熔滴过渡的完整过程，需要分别通过观察每个电弧在脉冲峰值结束时的熔滴形态来分析熔滴的过渡形式。试验中，双丝距离为 8mm，焊接时两个电弧熔化工件形成的熔池融合为一个熔池，两个电弧在同一个熔池中工作，为双丝共熔池焊接模式。

表 5-3　双丝窄间隙 GMA 焊焊接参数

送丝速度 /(m/min)	脉冲频率 /Hz	脉冲周期 /ms	峰值电压 /V	基值电流 /A	焊接速度 /(mm/min)
8/8	220	2.0	34	60	300

1. 双丝窄间隙 GMA 焊熔滴过渡特点分析

在双丝窄间隙 GMA 焊中，两个电弧交替燃烧，其中的一个电弧会对另一根焊丝有加热作用，加之两根焊丝串列排列的方式，使得两个焊接电弧的电特性不同，两根焊丝的熔化特点以及熔滴过渡形式也会有所不同。

选取一个熔滴过渡周期的熔滴过渡过程以及与其同步的焊接电信号，图 5-8 所示为保护气比例为 90%Ar-5%CO_2-5%He 时的熔滴过渡与电信号。其中，高速摄像图中左侧焊丝为主丝，右侧为从丝。可见当其中一个电弧处于脉冲峰值时，另一个电弧处于脉冲基值。从图中可以看出，当 CO_2 含量为 5%时，主丝与从丝的熔滴过渡完全不同，主丝的熔滴过渡形式为一脉一滴的射滴过渡，而从丝则为射流过渡。对比两电弧的脉冲峰值电流可以看出，当从弧的脉冲峰值来临时，其焊接电流急剧的增加，最大电流值能达到约 600A，而主弧的峰值电流则几乎保持不变，稳定在 450A 左右。当主弧处于脉冲峰值时（t=0~1.5ms），焊丝熔化形成熔滴并且熔滴逐渐长大，在焊丝末端与熔滴形成缩颈，在脉冲峰值结束后，在重力的作用下熔滴脱离焊丝端部，穿过电弧空间过渡到焊接熔池中。在此过程中，电弧阳极稳定地工作在缩颈处，电弧长度基本保持不变，电弧稳定地在焊丝端部与母材之间燃烧。当从弧处于脉冲峰值时（t=1.5~3.0ms），从丝熔化形成熔滴并逐渐长大，从丝的过渡形式为射流过渡，在熔滴与焊丝端部之间存在着一段金属液柱，且随着焊丝的熔化和熔滴的向下过渡，金属液柱被拉长，由于电弧阳极工作在熔滴与液柱的连接

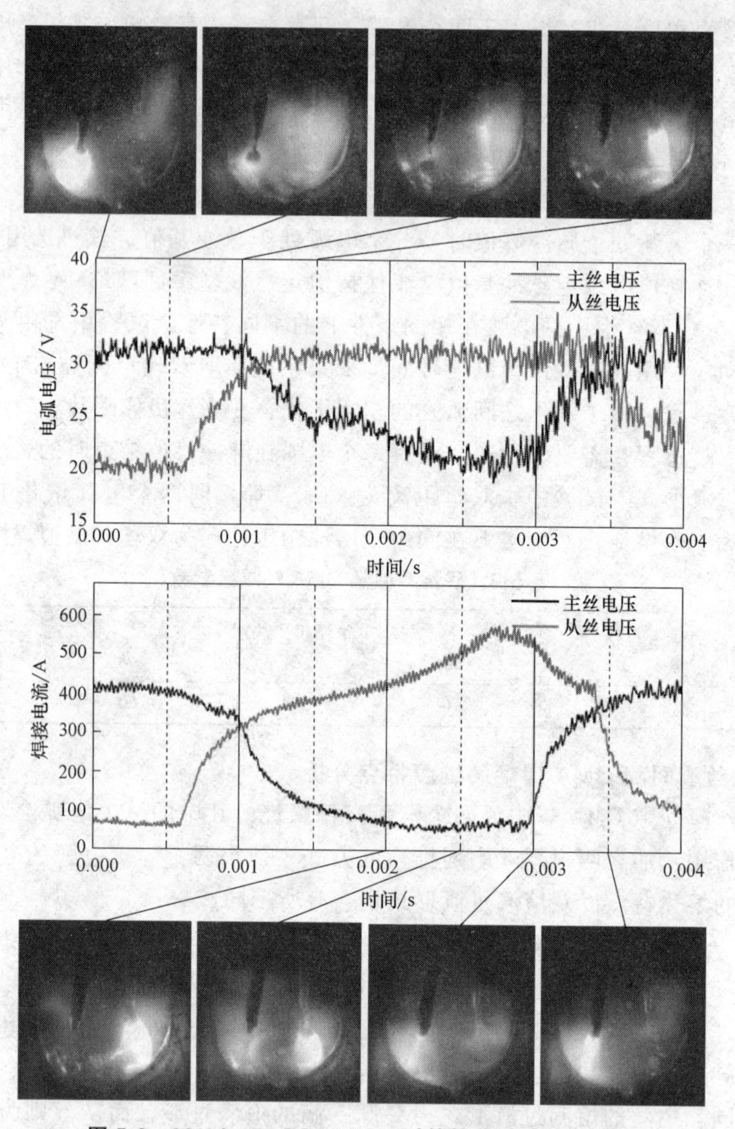

图 5-8　90%Ar-5%CO_2-5%He 时的熔滴过渡与电信号

处，随着液柱的拉长而电弧的长度随之逐渐减小，在电压不变的条件下，电弧长度的减小使得焊接电流增加。在脉冲峰值结束时（t=3.0ms），熔滴带着金属液柱与焊丝端部分离，电弧阳极重新回到焊丝端部，电弧重新在焊丝端部与熔池表面之间燃烧，弧长增加到原来的长度，电流也随着下降恢复到正常数值，之后熔化的金属过渡到熔池中去。

当 CO_2 含量达到 20%时，从弧的脉冲峰值电流下降很多，同时从丝熔滴过渡形式由射流过渡变为一脉一滴的形式。75%Ar-20%CO_2-5%He 时的熔滴过渡与电信号如图 5-9 中所示，在从弧的脉冲峰值期间，电流值基本不变，这是由于从丝的熔滴过渡从射流变为一脉一滴形式，从弧的燃烧特性与主弧相似，由于射滴过渡而使得弧长较为稳定，从而电弧脉冲峰值较为平稳。

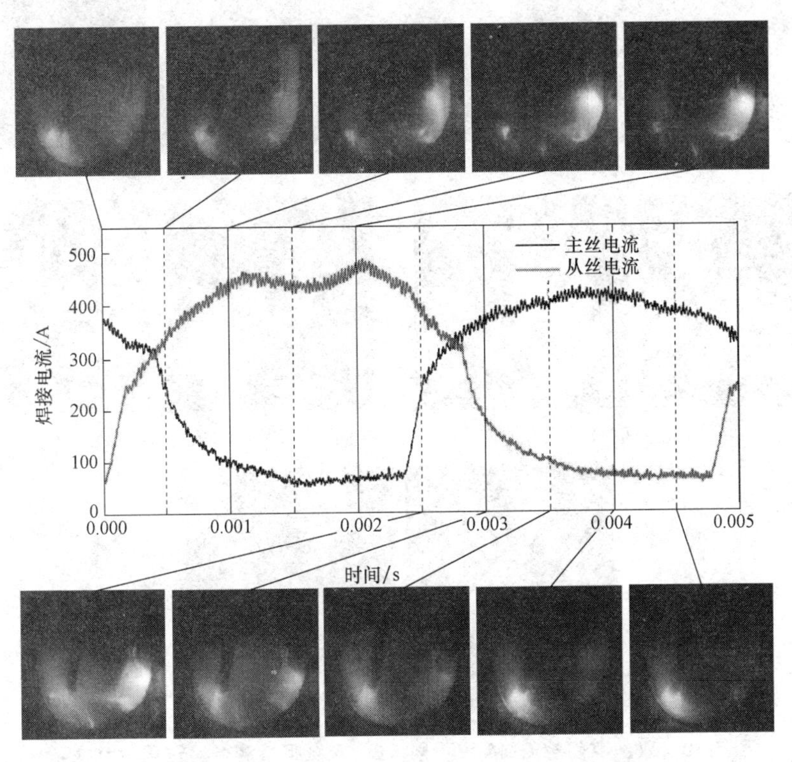

图 5-9 75%Ar-20%CO_2-5%He 时的熔滴过渡与电信号

2. CO_2 含量对双丝窄间隙 GMA 焊熔滴过渡的影响

图 5-10 所示为双丝窄间隙 GMA 焊不同 CO_2 含量下熔滴过渡过程（5%He）。图中左侧为主丝，右侧为从丝。可以看到，电弧长度随着 CO_2 的增加而逐渐减小。保护气中 CO_2 含量为 5%与 10%时，主丝为一脉一滴的过渡形式，脉冲峰值时焊丝端部在电弧加热的作用下熔化形成熔滴，并逐渐长大，在脉冲峰值即将结束时，熔滴在自身重力和惯性力的作用下脱离焊丝端部过渡到熔池中。而从丝的熔滴在脱离焊丝端部后附带着一段金属液柱，熔滴过渡形式为射流过渡。随着增加保护气中 CO_2 的含量到 15%，主丝仍保持一脉一滴的过渡形式，从丝熔滴过渡呈现出向一脉多滴形式转变的趋势，当脉冲峰值结束熔滴离开焊丝端部向熔池中过渡时，焊丝端部还有少许熔化的液态金属，在基值电弧的加热作用下其悬在焊丝端部下方，最后在重力和表面张力的作用下，这部分液态金属被拉扯成几个小颗粒熔滴，最终以滴状形式过渡到熔池中。

继续提升保护气中 CO_2 含量，当达到 20%时，弧长进一步降低，主丝的熔滴过渡形式仍为一脉一滴，但此时从丝的熔滴过渡形式也转变为一脉一滴。由于此时

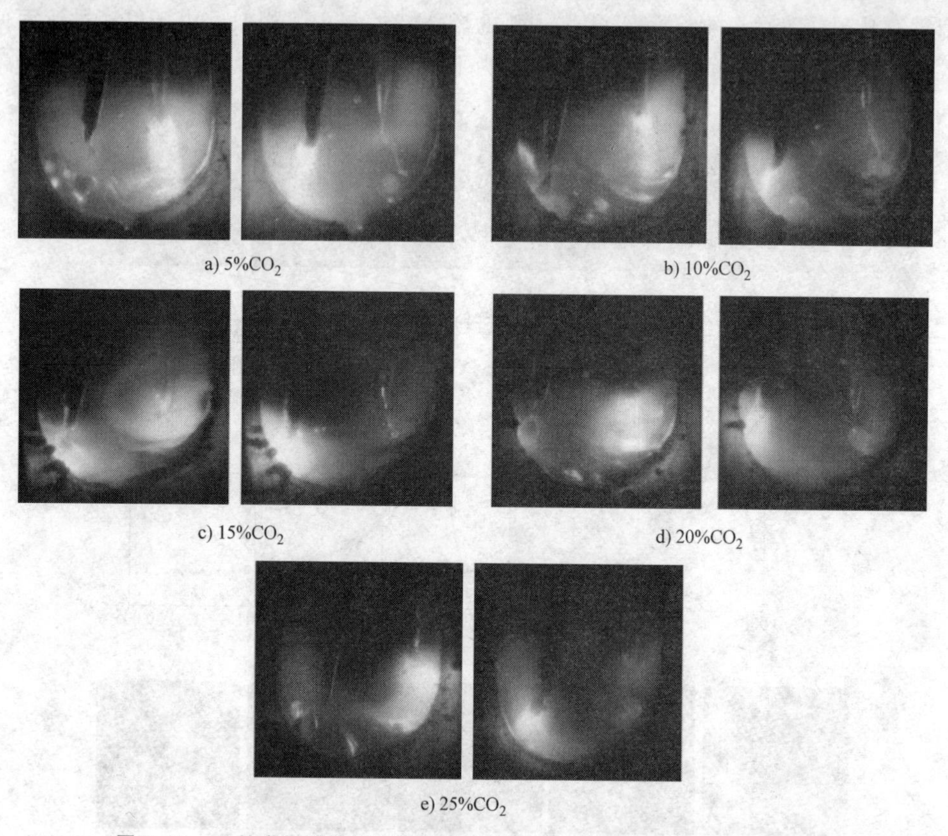

a) 5%CO_2　b) 10%CO_2　c) 15%CO_2　d) 20%CO_2　e) 25%CO_2

图 5-10　双丝窄间隙 GMA 焊不同 CO_2 含量下熔滴过渡过程（5%He）

的电弧长度较短，偶尔会伴随着短路过渡的出现：在熔滴长大即将脱离焊丝端部的时候，两者之间出现了缩颈，在缩颈断开之前熔滴与熔池接触发生短路，此时电流值突然上升，缩颈处在熔池表面张力和电磁收缩力的作用下迅速断开，熔滴过渡到熔池中。最后，将 CO_2 含量增加到 25%，此时主弧长度极短，焊丝端部为斜尖状，熔滴过渡形式为一脉一滴的形式，同时还会频繁出现短路过渡形式。从丝的过渡形式为大滴过渡，由于此时的气氛中 CO_2 含量较高，熔滴下方受到斑点力的作用增加，熔滴受到一定的排斥作用，过渡变得不稳定。同时，在焊接过程中偶尔焊丝端部熔化的熔滴难以过渡，进而使得熔滴尺寸逐步增加，熔滴尺寸继续增大，最后与熔池接触发生短路爆破，使得焊接过程中产生的飞溅较为严重。

综合上述分析，在窄间隙坡口中 CO_2 含量对双丝窄间隙 GMA 焊熔滴过渡的影响规律与单丝窄间隙 GMA 焊中的规律大致相似，CO_2 含量的增加会使得熔滴过渡的频率降低。随着保护气中 CO_2 含量的增加，主丝的熔滴过渡形式保持一脉一滴不变，从丝的熔滴过渡形式逐渐由射流过渡向一脉多滴再到一脉一滴转变。当 CO_2 含量达到 20%时，过渡形式完全为一脉一滴。随着 CO_2 含量的增加，电弧长度逐渐降低，当含量达到 25%时，电弧长度极低，熔滴过渡会出现短路过渡，且过渡过程很不稳定，会发生爆破现象，同时焊接飞溅较大。

为了更加准确地分析熔滴过渡行为，采用同步焊接电信号采集来进一步分析。表 5-4 列出了不同 CO_2 含量下主从丝的电流电压（5%He）。由表可以看出，随着 CO_2 含量的增加，主丝和从丝的平均焊接电压基本保持不变，主弧与从弧的焊接电流大体上都呈减小的趋势，这与之前分析的 CO_2 含量增加使电弧弧长降低进而焊接电流下降的现象相对应。另外，由于 CO_2 在高温下会发生分解反应吸热，焊接电弧的温度降低会使得保护气氛中的电离度降低，从而带电粒子数减少，在电压设置不变条件下，焊接电流减小。将两个电弧对比来看，焊接电压相差不大，而焊接电流则是从弧的电流高于主弧电流，不同 CO_2 含量下主从丝电流如图 5-11 所示。由于焊接过程中两根焊丝采用纵向排列，从弧在主弧后面燃烧，所以从丝处于更高温度的氛围里，从弧所处的氛围中保护气的电离度更高，在相等的电压下，焊接电流相应地就会增加。

表 5-4 不同 CO_2 含量下主从丝的电流电压（5%He）

CO_2(体数分数,%)	主丝电压/V	从丝电压/V	主丝电流/A	从丝电流/A
5	27.5	26.8	274.6	291.3
10	28.2	26.9	269	291.2
15	28.1	27.3	259	271.3
20	28.0	27.5	264.3	273.4
25	27.7	28.0	250.1	271.8

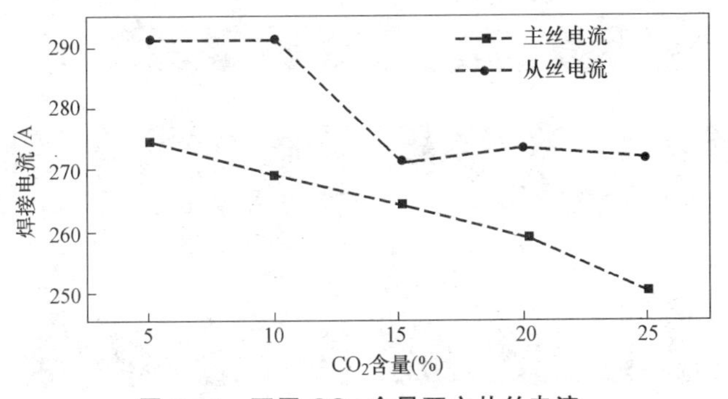

图 5-11 不同 CO_2 含量下主从丝电流

3. He 含量对双丝窄间隙 GMA 焊熔滴过渡的影响

图 5-12 所示为双丝窄间隙 GMA 焊不同 He 含量下主、从丝的熔滴过渡过程（10%CO_2），可见与单丝窄间隙 GMA 焊相比，双丝窄间隙 GMA 焊中 He 气含量对熔滴过渡形式的影响与之完全不同。当保护气中 He 气的含量为 0 或 5%时，主丝的熔滴过渡形式为一脉一滴的射滴过渡，而从丝的熔滴过渡形式为脉冲射流过渡。将 He 含量增加到 10%后，此时主丝的熔滴过渡为脉冲射流过渡形式，而从丝的熔滴过渡仍为脉冲射流过渡。可以看出随着保护气中 He 含量的增加，主丝的熔滴过

渡形式由一脉一滴的脉冲射滴过渡向脉冲射流过渡转变，从丝的熔滴过渡形式保持脉冲射流过渡不变。在单丝窄间隙 GMA 焊中，随着保护气中 He 含量的增加，熔滴尺寸增加，熔滴过渡频率降低，而在双丝窄间隙 GMA 焊中，熔滴的过渡频率却随着 He 含量的增加而增加。分析认为这与 He 气特殊的物理特性、窄间隙坡口特殊的散热性以及坡口内两弧之间的相互作用有关，由于窄间隙坡口的拘束，散热条件差，再加以两个电弧同时工作在一个坡口内，使得双丝窄间隙 GMA 中坡口内部积累的热量比单丝窄间隙 GMA 焊的都要多。He 具有较高的电离能，当 He 含量增多时，电弧氛围整体的热量增多，同时 He 具有更高的热导率，一个电弧产热后就会有较多的热量向外传输，双丝在一个熔池中工作，其距离较近，一个丝上产热会向另一根丝传输，两根焊丝相互加热，使得电弧氛围内温度会随 He 含量的增加而增加，这就导致了在脉冲峰值期间，焊丝熔化的速度更快。而且由于坡口内的温度升高，使得焊接保护气的电离程度增加，同时，随着 He 含量的增加，保护气在高温下的电导率也随之增加，这就使得电弧整体的导电性增加，原本聚集分布的电流逐渐发散，电磁力产生更多向下的分力促进熔滴过渡，所以熔滴过渡形式发生改变，由脉冲射滴过渡向脉冲射流过渡转变，熔滴过渡频率随 He 含量的增加而加

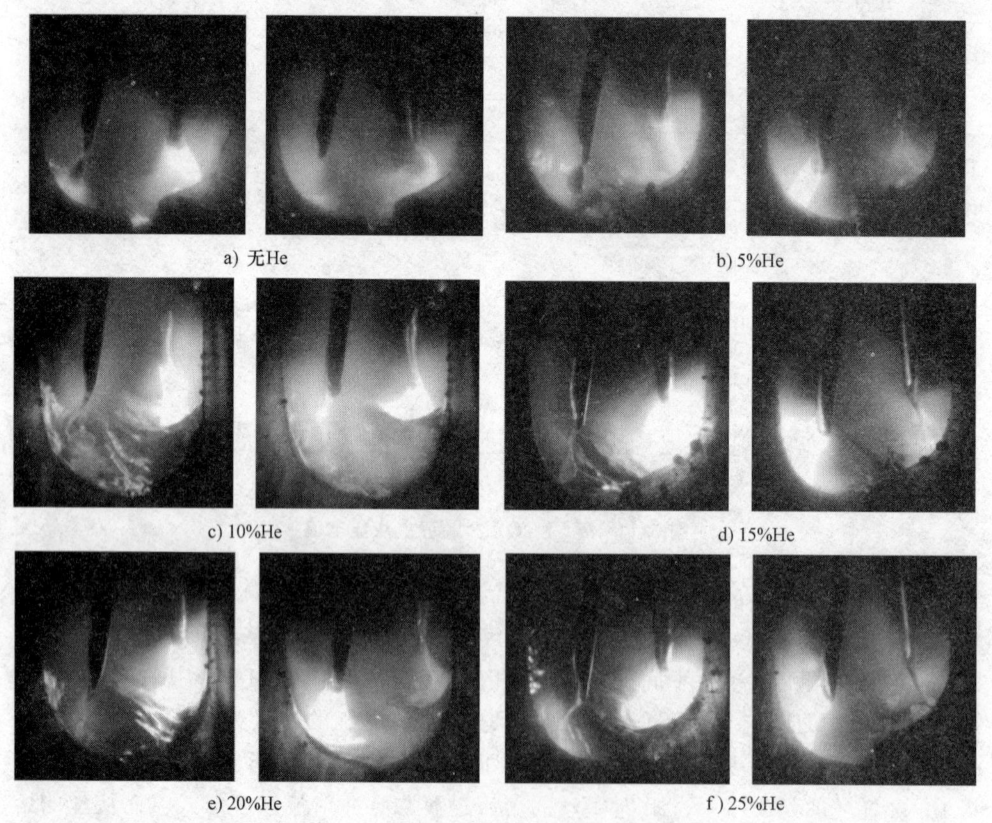

a) 无He　b) 5%He　c) 10%He　d) 15%He　e) 20%He　f) 25%He

图 5-12　双丝窄间隙 GMA 焊不同 He 含量下主、从丝的熔滴过渡过程（10% CO_2）

快。熔滴的过渡形式将决定熔滴对熔池的冲击作用，射流过渡中由于熔滴过渡速度快，其对熔池的冲击作用强，加以窄间隙坡口中焊丝指向侧壁，所以熔滴过渡形式转变为射流过渡将会提升侧壁熔深。

采集不同 He 含量下主从丝的电流与电压（10% CO_2），求得平均值见表 5-5。可以看出焊接电压基本保持不变，而两电弧的电流随着保护气中 He 含量的增加而发生变化，双丝窄间隙 GMA 焊不同 He 含量下的电流（10% CO_2）如图 5-13 所示，He 含量在 20%以下时，平均电流随保护气中 He 含量的增加而增加，在 He 含量 20%以后，电流随着 He 含量的增加而下降。由于双丝双弧之间的相互加热作用，使得电弧氛围温度较单丝焊接时的空间温度高，保护气尤其是 He 电离得更充分，在电压较为恒定时，电流值随着 He 含量的增加而相应地升高。

在 He 含量为 20%以下时，平均焊接电流整体呈上升阶段，而当 He 含量达到 25%时，电流明显下降，此时焊接电弧长度极短，偶尔出现短路熄弧的现象，短路瞬间电流值极大而熄弧时焊接电流几乎降为 0，所以统计此时的电流值变化不能代表真实的变化趋势。

表 5-5　不同 He 含量下主从丝的电流电压（10% CO_2）

He 含量(体积分数,%)	主丝电压/V	从丝电压/V	主丝电流/A	从丝电流/A
0	28.3	27.5	260.2	277.7
5	27.9	27.6	271.1	315.6
10	27	26.5	276.7	306.9
15	27.5	27.2	282.2	327.0
20	27.1	26.7	286.8	332.5
25	29	27.7	263.6	307.8

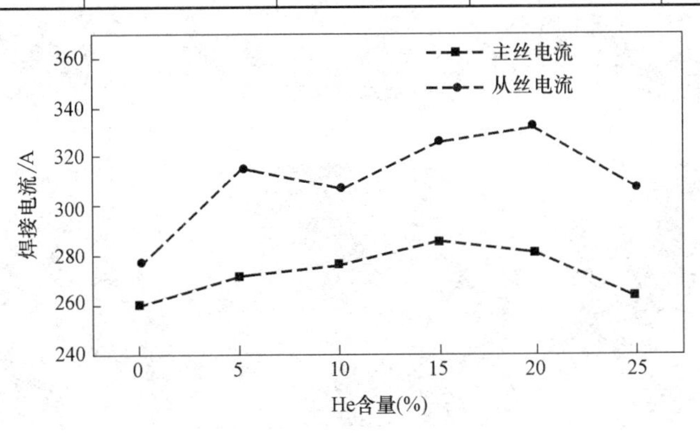

图 5-13　双丝窄间隙 GMA 焊不同 He 含量下的电流（10% CO_2）

5.4　三元保护气体窄间隙 GMA 焊的焊缝成形

本节结合前述得到的试验规律与影响机制，进一步分析了三元保护气体比例对窄间隙 GMA 焊缝成形的影响，针对性地讨论了不同 He 含量和 CO_2 含量的变化，尤其是 He 的加入对窄间隙 GMA 焊接侧壁熔深的影响。

5.4.1 单丝焊焊缝成形特点

为了考察焊缝成形规律，突出保护气比例对窄间隙坡口受热熔化以及侧壁熔深的影响。研究中选择先利用单丝焊通过单层双道焊得到完整的窄间隙 GMA 焊焊缝，两道焊接过程的焊接参数选择一致，将得到的焊缝沿横向切开研磨、抛光及腐蚀，在光学显微镜下观察焊缝宏观形貌。

1. 窄间隙恒压 GMA 焊焊缝成形

图 5-14 所示为不同 He 含量下三元保护气体窄间隙 GMA 焊焊缝成形，可见在相同的焊接参数下，随着保护气中 He 含量的增加，焊缝形貌由“指状”向“碗状”逐渐转变。当保护气中 He 含量为 0 时，焊缝中心深度较深，这与 5.2 节中分析的电弧形态相吻合。当 He 含量较少时，由于电弧中心高温区的存在，热量更多地集中在电弧中心，使得熔池中心受热更多且受到熔滴的冲击作用，而电弧边缘对熔池周边加热较少，最终使得焊缝形貌为“指状”，热量向侧壁传输得较少，使得焊缝侧壁熔深较浅。随着 He 含量的增加，电弧中心的高温区扩展，这使得电弧热量更多地向电弧四周传播，使得侧壁熔化量增加，进而侧壁熔深增加。

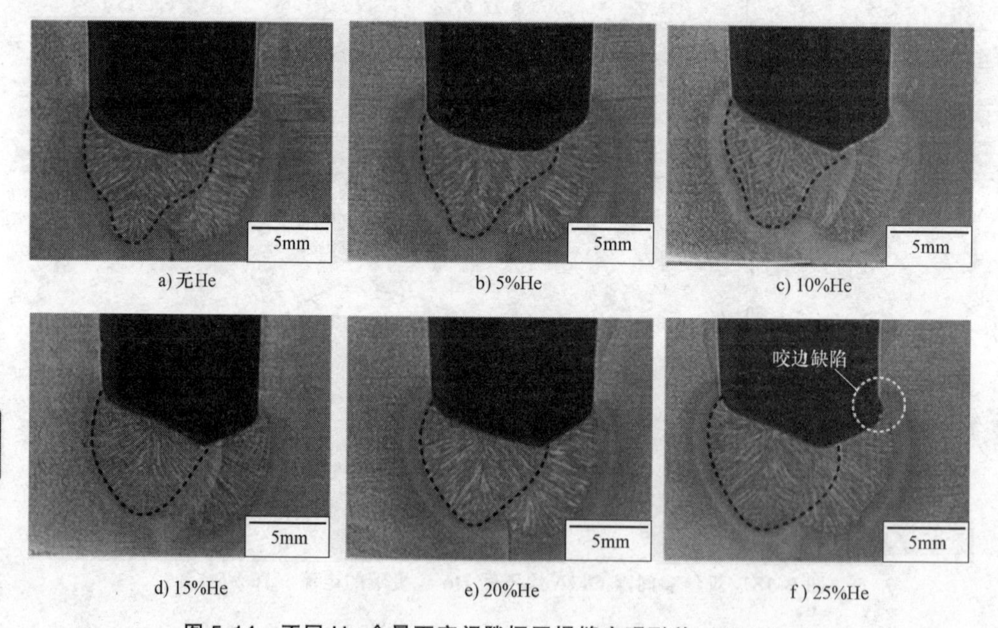

a) 无He　b) 5%He　c) 10%He

d) 15%He　e) 20%He　f) 25%He

图 5-14 不同 He 含量下窄间隙恒压焊缝宏观形貌（10% CO_2）

图 5-15 所示为三元保护气体中的 CO_2 含量对窄间隙 GMA 焊的焊缝成形的影响规律，当 CO_2 含量为 10%时，焊缝形状为“指状”；同样的，随着保护气中 CO_2 含量的增加，焊缝形状转变为“碗状”。

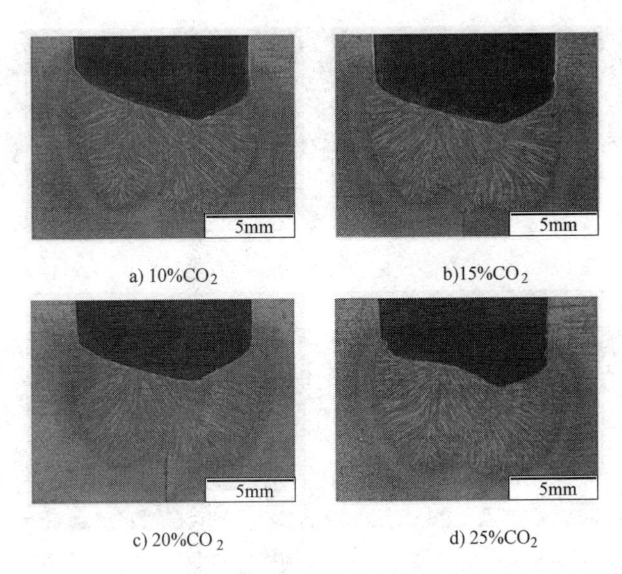

图 5-15 不同 CO_2 含量下窄间隙恒压焊缝宏观形貌（5%He）

测量两侧侧壁熔深，将两侧熔深取平均值统计，统计如图 5-16 所示。可见，随着保护气中 He 或 CO_2 含量的增加，侧壁熔深逐渐增加，但 He 对侧壁熔深的提升效果更为明显，在保护气中加入少量的 He 气，即可起到显著增加侧壁熔深的效果。当保护气中 He 含量为 10%时，其侧壁熔深较没有加入 He 时提升了约 40%。

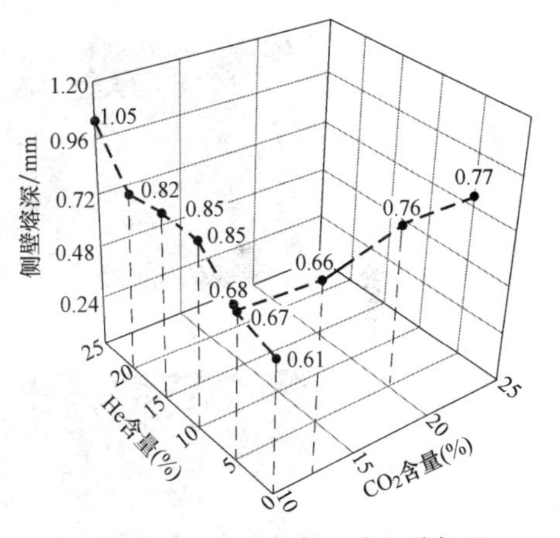

图 5-16 不同保护气下窄间隙恒压 GMA 焊侧壁熔深

2. 窄间隙脉冲 GMA 焊焊缝成形

图 5-17、图 5-18 所示分别为不同 He 与 CO_2 含量下脉冲窄间隙 GMA 焊焊缝形貌，测量侧壁熔深，不同保护气下脉冲 GMA 焊侧壁熔深如图 5-19 所示。可见当保护气成分为 80%Ar-10%CO_2-10%He 时，焊缝侧壁熔深最深，与没有加入 He 时相比，侧壁熔深提升了约 60%。由于脉冲峰值电弧较恒压电弧形态更为扩展，导致了脉冲电弧对焊缝侧壁的加热更为均匀，所以脉冲焊焊缝成形没有像恒压焊焊缝成形那样明显地由“指状”向“碗状”转变。

在窄间隙 GMA 焊中，保护气中 He 或 CO_2 含量的增加，会造成电弧弧长的降低，当电弧弧长降低过多时，将导致电弧弧根面积减小，导致传递给侧壁的电弧热量减少，最终焊缝的侧壁熔深减小。随着保护气中 He 含量的增加，焊缝侧壁熔深先增加后减少，当保护气中 He 含量为 15%时，焊缝侧壁熔深有所下降。继续增加

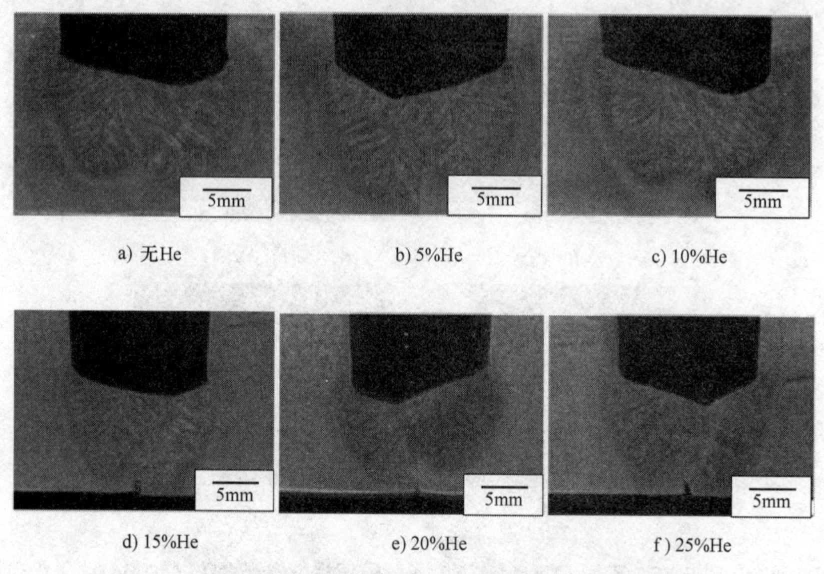

图 5-17　不同 He 含量下窄间隙脉冲 GMA 焊缝宏观形貌（10%CO_2）

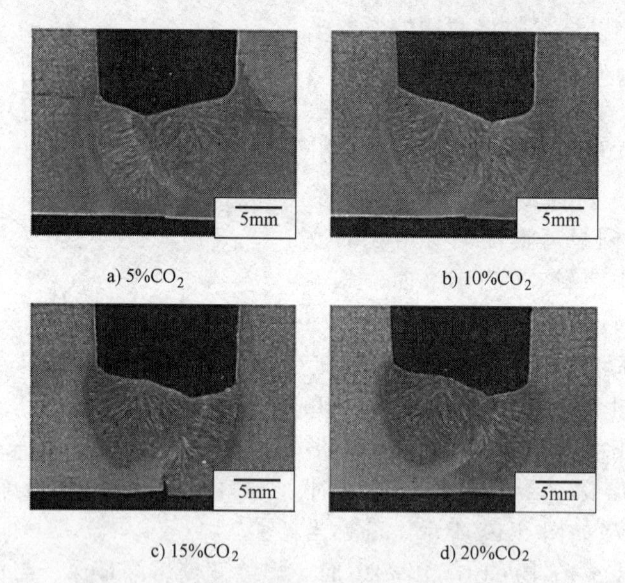

图 5-18　不同 CO_2 含量下窄间隙脉冲 GMA 焊缝宏观形貌（5%He）

He 含量使得侧壁熔深继续增加，因为此时弧长随 He 含量增加而变化不大，侧壁熔深主要靠电弧传热特性决定。同样的，保护气中 CO_2 含量的增加，使得电弧的长度减小的幅度比较大，这将导致侧壁熔深减小。

5.4.2　双丝焊焊缝成形特点

利用双丝窄间隙 GMA 焊参数在不同的三元保护气比例下焊接试板，得到的焊

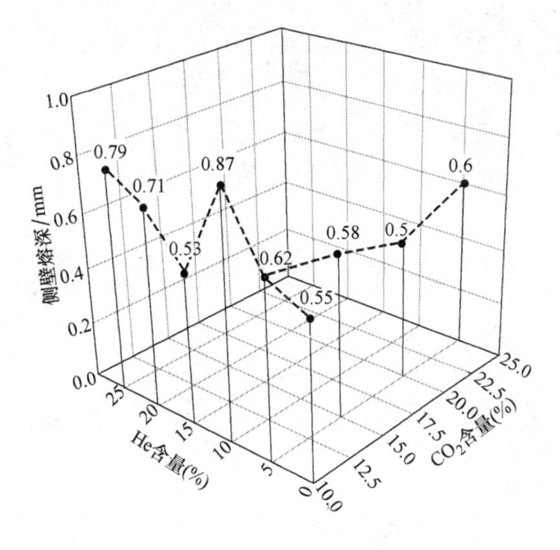

图 5-19　不同保护气下窄间隙脉冲 GMA 焊侧壁熔深

缝成形如图 5-20 和图 5-21 所示，双丝窄间隙 GMA 焊接所用试验参数见表 5-6。在双丝 GMA 焊接过程中，焊缝成形两侧具有不对称性，主丝侧的侧壁熔深较大，而从丝侧的侧壁熔深较小。这是由于主弧先作用于坡口表面，熔化工件，且熔滴冲击刚刚形成的熔池表面促进高温液体向焊缝深度方向流动；而从弧是作用在先前形成的熔池表面与侧壁上，电弧的热量没有直接地输入到工件上，而且熔滴过渡到先形成的熔池表面，先形成的熔池在一定程度上起到了阻碍后熔池中热传输的负面作用，这就导致了焊缝左右的不对称性。

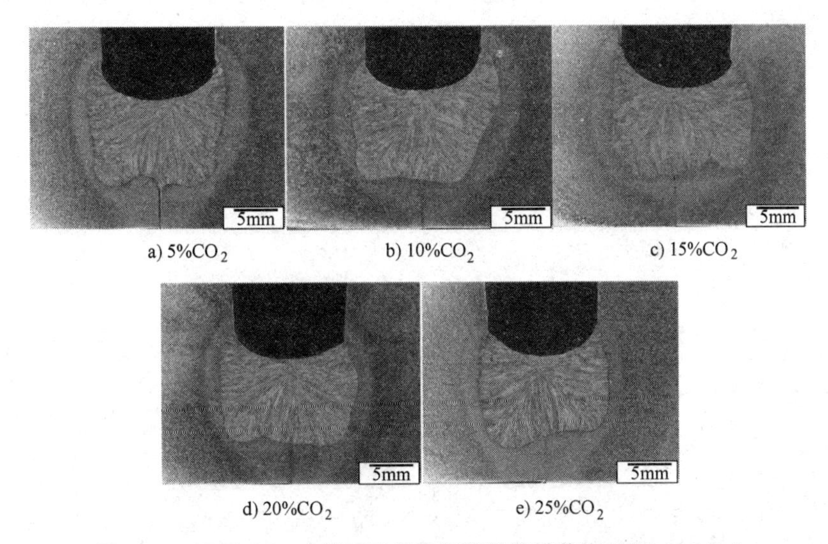

a) 5%CO_2　b) 10%CO_2　c) 15%CO_2

d) 20%CO_2　e) 25%CO_2

图 5-20　不同 CO_2 含量下双丝窄间隙焊缝横截面形貌（5%He）

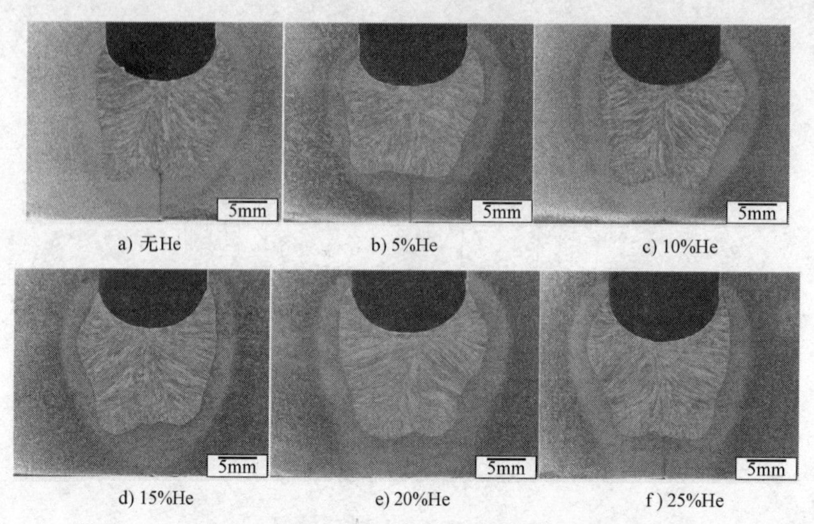

a) 无He　b) 5%He　c) 10%He　d) 15%He　e) 20%He　f) 25%He

图 5-21　不同 He 含量下双丝窄间隙焊缝横截面形貌（10%CO_2）

表 5-6　双丝窄间隙 GMA 焊接所用试验参数

焊接速度/(mm/min)	送丝速度/(m/min)	焊接电压/V	弯曲角/(°)	脉冲频率/Hz	脉冲时间/ms
300	10/10	25	7	220	2

统计双丝窄间隙 GMA 焊的焊缝熔宽，不同保护气下的焊缝熔宽如图 5-22 所示，当保护气成分中 He 或 CO_2 含量增加时，焊缝熔宽先增加后减小。CO_2 对弧长的影响尤为明显，当 CO_2 含量超过 10%以后，熔宽降低；而 He 含量超过 15%以后电弧长度有所降低，而后 He 含量继续增加弧长变化较小。当 He 含量继续增加到 20%后，由于 He 含量增加使得保护气的热导率增加，更多的热量向电弧周围传输使得侧壁受热增加进而熔宽又继续增加。可见在双丝窄间隙脉冲 GMA 焊中，不同保护气对焊缝侧壁熔深的影响规律与单丝窄间隙 GMA 中的规律相似。另外，由于保护气比例变化使熔滴过渡形式发生变化，双丝焊中随 He 含量的增加，熔滴过渡由射滴过渡向射流过渡转变，熔滴对熔池的冲击作用增强，加上焊丝指向侧壁，会使得侧壁熔深进一步提升。

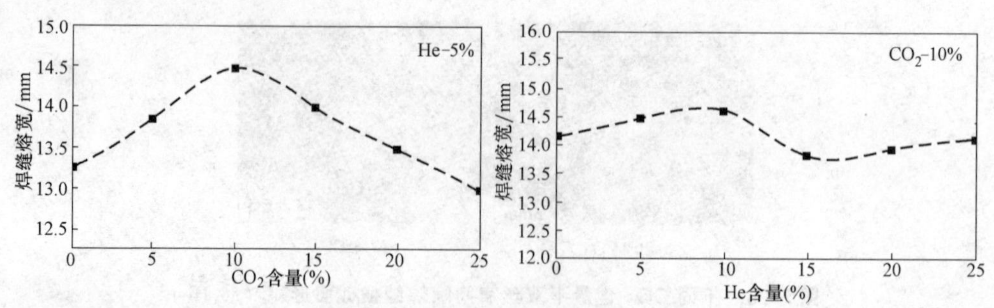

图 5-22　不同保护气下的焊缝熔宽

第6章 窄间隙GMA焊工程应用

本章介绍典型的旋转电弧、摆动电弧以及双丝窄间隙 GMA 焊接在厚板焊接中的应用实例。包括具体焊接工艺、焊接接头组织特征以及焊后接头力学性能，为窄间隙 GMA 焊接在实际生产中的应用提供参考。

6.1 10CrNi3MoV 高强度钢旋转电弧窄间隙 GMA 焊

经过对旋转电弧窄间隙 GMA 焊的电弧特征、熔滴过渡、熔池行为及焊接成形的研究后，此焊接工艺的实际应用具备了一定的理论基础。本节将阐述 32mm 厚的 10CrNi3MoV 高强度钢旋转电弧窄间隙 GMA 焊的工艺与接头组织性能。

6.1.1 焊接工艺及焊缝成形

图 6-1 所示为焊接坡口的装配，焊接坡口底部宽度为 8mm，顶部宽度 12mm，坡口深度为 32mm。坡口背面采用陶瓷衬垫。试件反面焊接约束块进行约束，同时

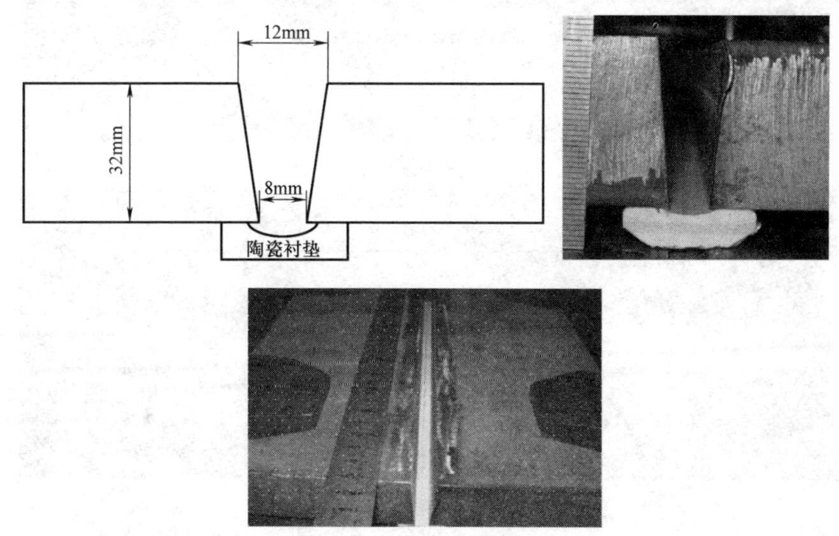

图 6-1 焊接坡口的装配

焊前预置 2°~3°反变形以弥补焊接角变形，保证焊后工件变形量小。选用直径为 1.2mm 的 WM960S 焊丝，保护气为 80%Ar-20%CO_2，主要焊接参数见表 6-1。

表 6-1 主要焊接参数

层数	送丝速度/(m/min)	焊接电压/V	旋转频率/Hz	焊接速度/(mm/min)
1	6.5	28.5	30	120
2	7.0	29	30	200
3	7.0	30	30	200
4	7.5	30.5	30	200
5	7.5	31	30	200
6	7.5	32	30	200
7	7.5	32	30	200

焊缝成形如图 6-2 所示，焊缝正反面表面成形良好。图 6-3 所示为焊接接头横截面，侧壁充分熔合，无宏观缺陷。焊接热影响区约为 3mm，焊缝熔宽为 9~12mm。

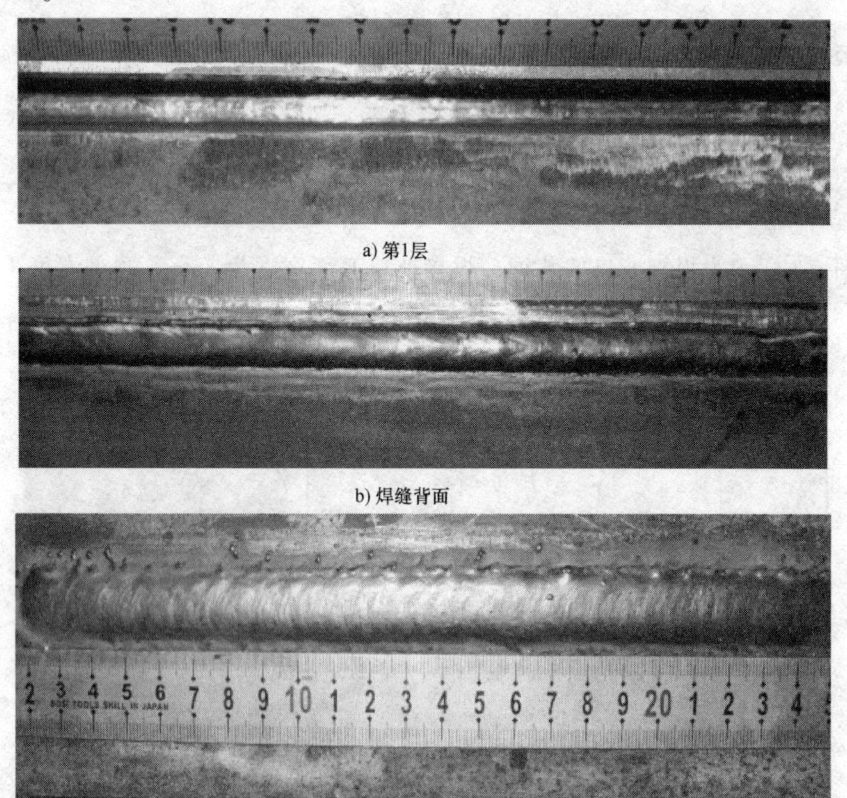

a) 第1层

b) 焊缝背面

c) 第7层

图 6-2 焊缝成形

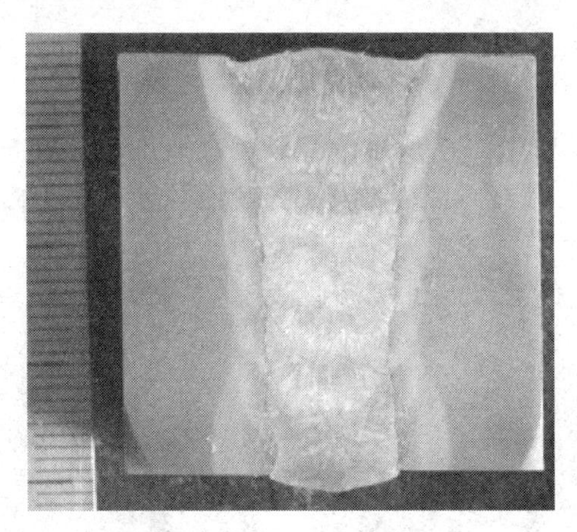

图 6-3　焊接接头横截面

6.1.2　焊接接头组织特征

焊接接头总体上分为母材、热影响区和焊缝区。其中热影响区可以细分为过热区、正火区和不完全正火区。焊接过程中，距离电弧位置不同受到焊接热循环的作用也就不同，因此不同区域呈现出不同的微观组织。

图 6-4　母材微观组织

10CrNi3MoV 钢板材（焊接母材）经淬火加高温回火热处理供货。图 6-4 所示为母材微观组织，母材可以看出许多板状的结构，界面上有析出物，因此该组织为回火索氏体，同时还可以看见成分偏析带。图 6-5a 为过热区微观组织，其微观组织以板条状马氏体及粒状贝氏体为主，还有少部分的残留奥氏体。过热区由于距离焊缝最近，受焊接热循环的影响最大，峰值温度很高，因此晶粒尺寸较母材要粗大。正火区的微观组织如图 6-5b 所示，正火区峰值温度较过热区要低，奥氏体晶粒来不及长大，冷却后形成细小马氏体和粒状贝氏体。不完全正火区（见图 6-5c）在焊接加热过程中，铁素体基本不发生变化，只有珠光体等转变为奥氏体，所以在随后的冷却过程中，奥氏体转变为马氏体，而铁素体有所长大，因此该区组织主要为马氏体和铁素体。图 6-5d 为焊缝区微观组织，由此可见，焊缝金属中存在大量粒状贝氏体，中间白色长条状及块状为铁素体。

6.1.3　焊接接头力学性能

1. 拉伸性能

沿焊接接头厚度方向，分别从上、中、下部截取拉伸试样进行拉伸测试，

图 6-6 所示为焊接接头拉伸试样，其断裂位置均处于母材处，焊缝焊接接头的平均抗拉强度为 671MPa。

拉伸试样断口形貌如图 6-7 所示，断裂处缩颈明显，断口周围被剪切唇包围，中部几乎全是纤维区，其纤维区为韧窝，这说明拉伸试件为典型的延性断裂。

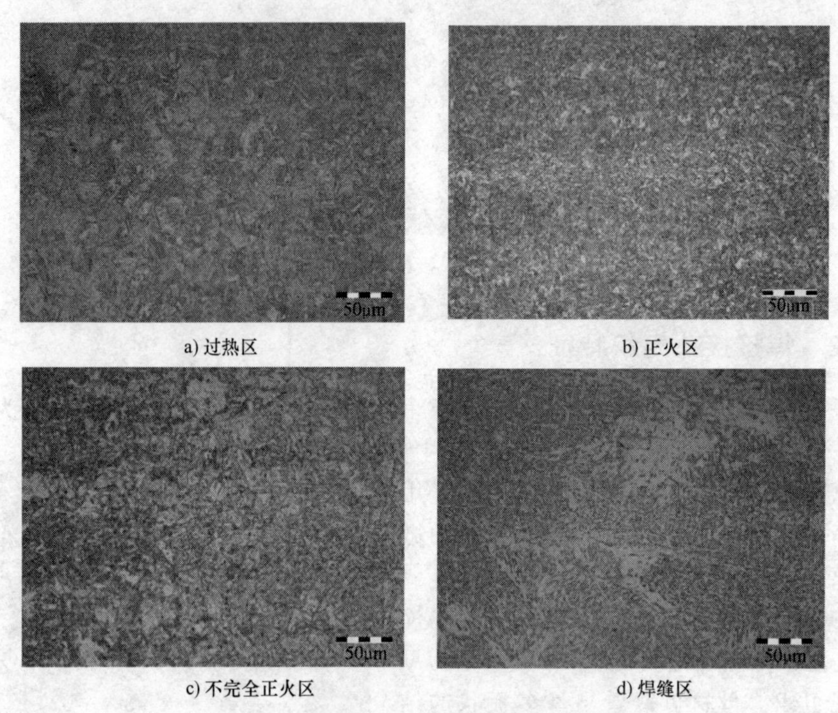

a) 过热区　b) 正火区

c) 不完全正火区　d) 焊缝区

图 6-5　焊接接头热影响区和焊缝区组织

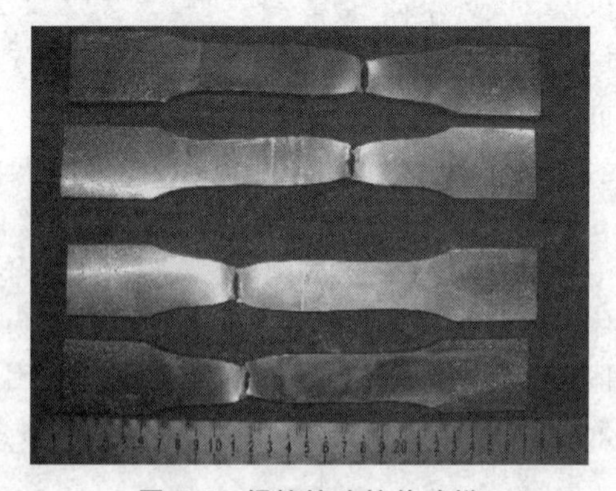

图 6-6　焊接接头拉伸试样

2. 低温冲击韧性

在-50℃温度下对焊接接头进行了夏比 V 型缺口冲击试验，旋转电弧窄间隙 GMA 焊接头冲击韧性见表 6-2。

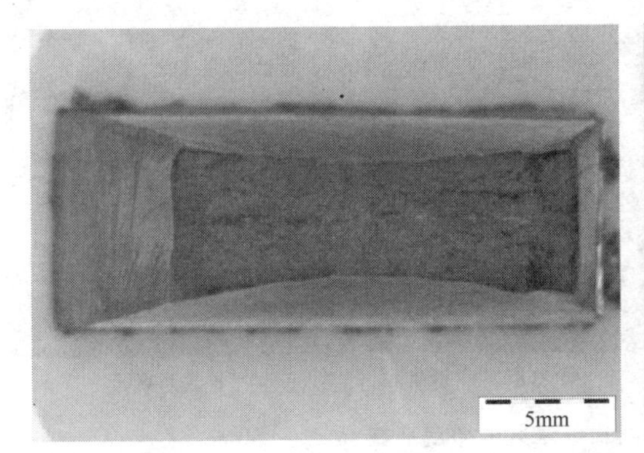

a) 拉伸断口宏观形貌

b) 拉伸断口纤维区显微形貌

图 6-7 拉伸试样断口形貌

表 6-2 旋转电弧窄间隙 GMA 焊接头冲击韧性

试样编号	冲击吸收能量(-50℃)/J			平均冲击吸收能量/J	断口位置
1,2,3	261	271	265	266	母材
4,5,6	50	57	60	56	焊缝中心
7,8,9	60	61	63	61	熔合线
10,11,12	247	262	243	251	热影响区

冲击试验结果表明，在-50℃环境下母材的平均冲击吸收能量为 266J，焊缝金属和热影响区的平均冲击吸收能量分别为 56J 和 251J。母材的冲击吸收能量最高，其冲击韧性最好，其次是热影响区，焊缝金属的冲击吸收能量最低。与母材相比，热影响区的冲击韧性没有显著下降，其平均冲击吸收能量只比母材下降了 5.6%。

冲击试样断口的宏观形貌如图 6-8 所示，冲击断口纤维区的微观形貌如图 6-9 所示。从断口宏观形貌可以看出，断口宏观形貌由剪切唇和纤维区组成。由图 6-9 可见，断口表面覆盖大量韧窝。

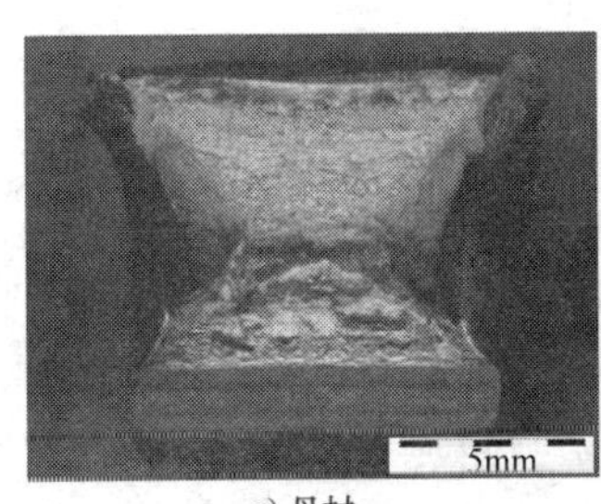

a) 母材

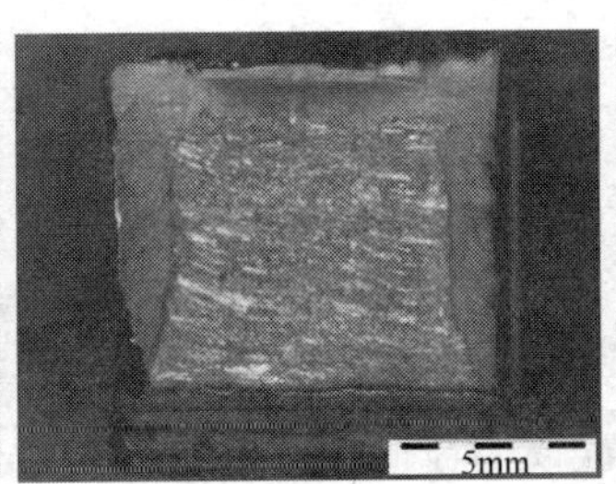

b) 焊缝区

c) 热影响区

图 6-8 冲击试样断口的宏观形貌

3. 硬度分布

焊接接头硬度分布如图 6-10 所示，母材的平均硬度为 218HV，焊缝金属平均

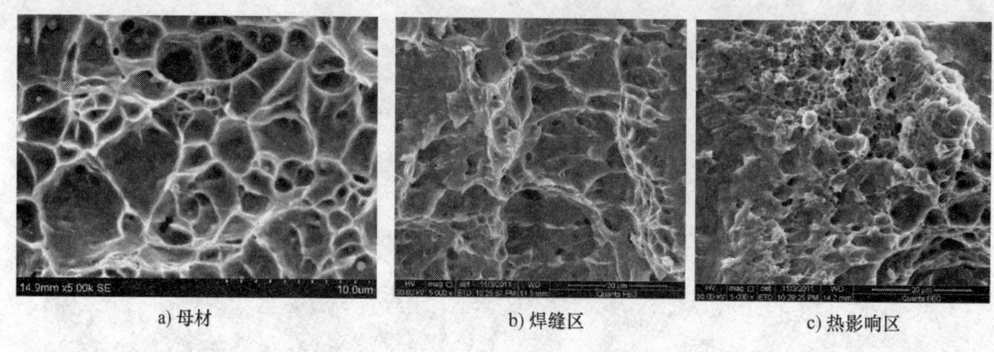

a) 母材　　b) 焊缝区　　c) 热影响区

图 6-9　冲击断口纤维区的微观形貌

硬度为 234HV，热影响区的平均硬度为 266HV。焊缝硬度略高于母材硬度。在整个焊接接头中，热影响区的硬度最高，其中峰值硬度为 329HV，出现在过热区。

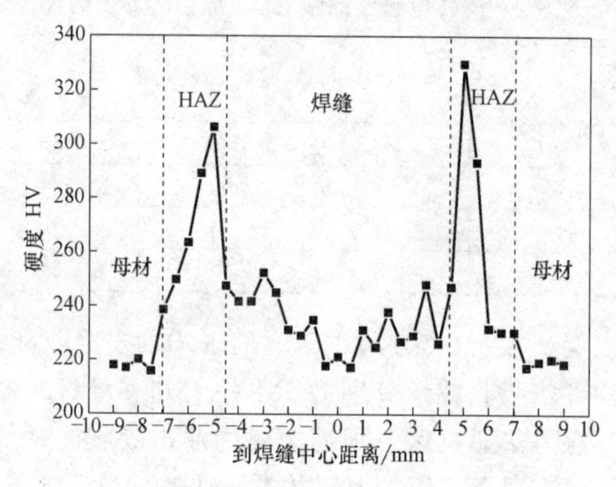

图 6-10　焊接接头硬度分布

6.2　12Ni3CrMoV 高强度钢旋转电弧窄间隙 GMA 横焊

经过对旋转电弧窄间隙 GMA 横焊特性的研究可知，旋转电弧对熔池的控制作用使得其适用于窄间隙 GMA 横向焊接，本节将旋转电弧窄间隙 GMA 焊工艺应用于 35mm 厚的 12Ni3CrMoV 高强度钢板横向焊接中。

6.2.1　焊接工艺及焊缝成形

要得到成形良好无内部缺陷的横向多层单道焊接接头，需要对层间进行清渣，选择合适的坡口尺寸和焊枪位置。多层焊工艺应注意：

（1）坡口宽度　坡口宽度控制在 8~10mm 之间可以既保证两侧壁受到较大的热输入，也会保证电弧稳定的燃烧，有利于消除未熔合。

（2）焊枪位置　旋转电弧的旋转中心相对于坡口中心应下调不超过 1mm，可以保证下侧壁得到较多的热输入，有利于消除未熔合。

（3）层间清渣 如果可能，应该尽量采用层间清渣工艺，这样可以消除焊缝内部夹渣缺陷。

对35mm厚12Ni3CrMoV钢板进行旋转电弧窄间隙横向焊接，多层单道焊接坡口如图6-11所示，焊丝直径为1.2mm，采用90%Ar+10%CO_2混合气作为保护气，流量为20L/min。多层单道焊接参数见表6-3。

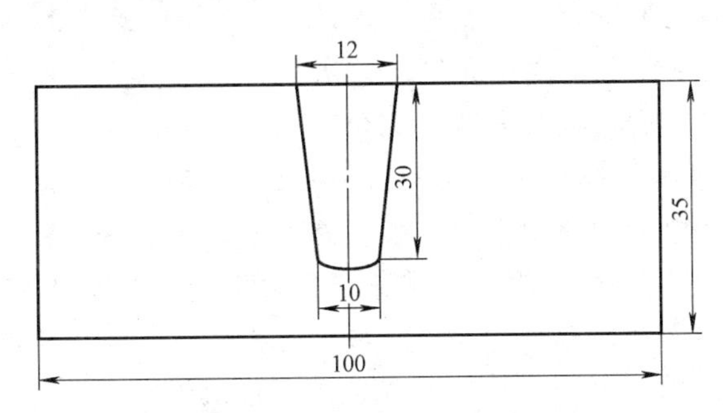

图6-11 多层单道焊接坡口

表6-3 多层单道焊接参数

层数	电压/V	电流/A	焊接速度/(mm/min)	旋转速度/(r/min)	旋转半径/mm	送丝速度/(m/min)
1层	28	210	230	300	2.5	7.5
2层	28	220	230	300	2.5	7
3层	28	235	230	300	2.5	7
4层	28	245	230	300	2.5	7
5层	28	260	230	300	2.5	7

图6-12所示为焊接过程，可以看到焊接过程电弧稳定，飞溅量较小。

采用上述工艺，得到的无缺陷的旋转电弧横向焊接接头如图6-13所示。

图6-12 焊接过程

6.2.2 焊接接头组织特征

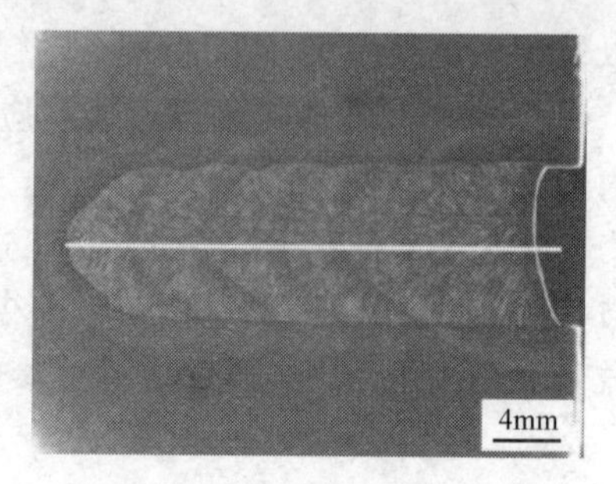

图 6-13 无缺陷的旋转电弧横向焊接接头

焊接接头横截面宏观形态以及各区微观组织如图 6-14 所示。从图中可以看出，接头宏观上可以分为 3 个区域：母材区、热影响区、焊缝区。母材区主要是回火索氏体组织，未受到焊接热循环的影响。热影响区由于受到焊接热循环影响的不同，分成不完全淬火区、淬火细晶区、淬火粗晶区。图 6-14c 所示为不完全淬火区，该区内并不是所有组织均发生了奥氏体化，只有在原有组织边缘发生了奥氏体化，使得溶碳量增加，并且在快速冷却过程形成了马氏体组织，所以该区域的组织主要是马氏体和未发生奥氏体转化的贝氏体组织；图 6-14d 所示为淬火细晶区，与过热区相比所受的焊接热循环较小，原有的回火索氏体发生了完全奥氏体化，经过再结晶过程形成了较母材组织细小的贝氏体和马氏体组织；图 6-14e 所示为过热区，最靠近焊缝，受到焊接热循环很大的影响，

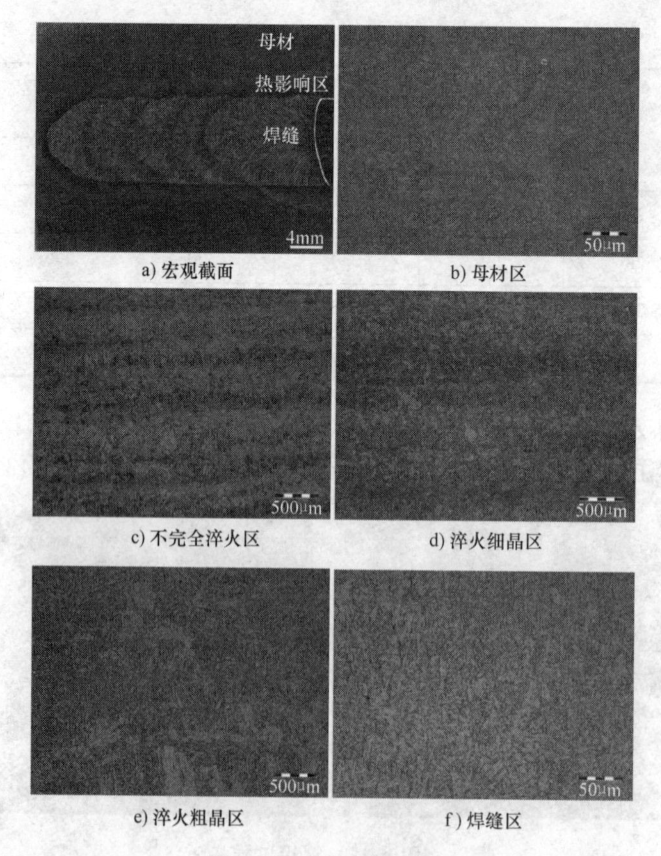

a) 宏观截面　b) 母材区　c) 不完全淬火区　d) 淬火细晶区　e) 淬火粗晶区　f) 焊缝区

图 6-14 接头组织形貌

形成了以贝氏体为主加少量马氏体的粗大组织。焊缝区主要以柱状晶组织为主，组织主要为粒状贝氏体以及针状铁素体。

6.2.3　焊接接头力学性能

1. 拉伸测试

在试件厚度方向的上、中、下不同部位，以及整体接头进行了拉伸试验，拉伸试样断裂位置如图 6-15 所示。试样均断裂于母材区。这表明焊接接头不存在强度弱化区，焊缝与热影响区的平均强度均高于母材。母材拉伸断口宏观形貌如图 6-16a 所示，断裂处缩颈明显，表现为典型的延性断裂。对母材常温拉伸试样断口进行微观扫描观察，如图 6-16b 所示，发现断口周围被剪切唇包围，中部几乎全是纤维区，呈现出韧窝状断口。

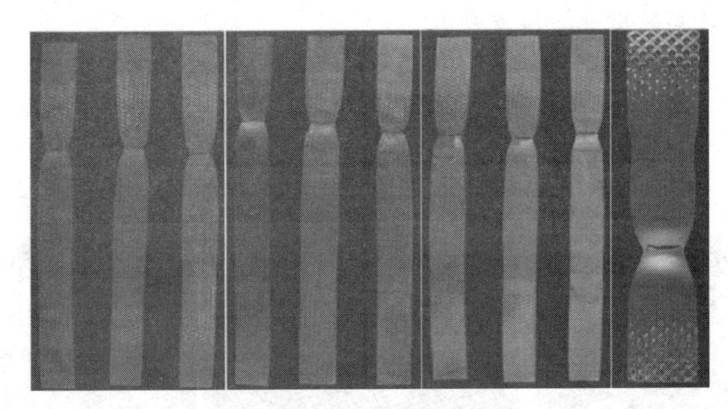

图 6-15　拉伸试样断裂位置

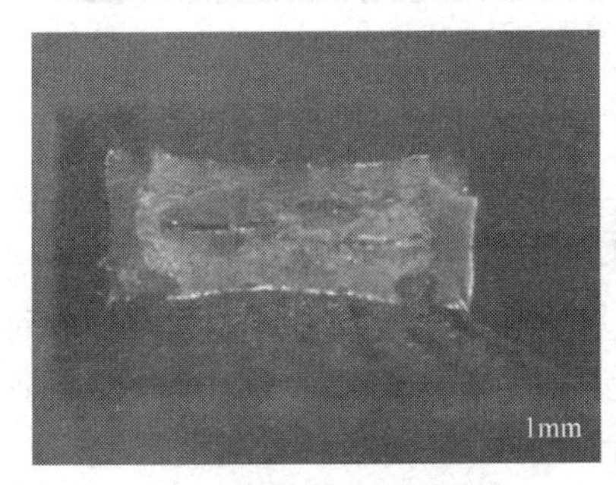

a) 拉伸断口宏观形貌

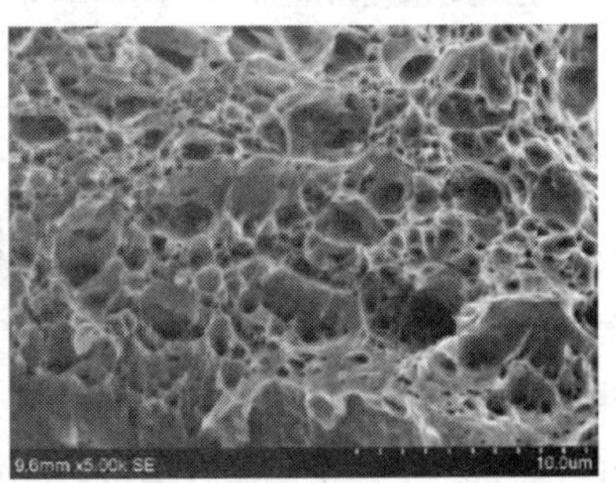

b) 拉伸断口微观形貌

图 6-16　拉伸断口形貌

2. 显微硬度测试

图 6-17 所示为焊接头硬度分布。从图中可以看出，焊接接头中热影响区硬度最高，最大值为 283HV，出现在粗晶区。焊缝区和热影响区的硬度均高于母材，这说明不存在接头软化的问题。这一结果与拉伸试验中断口均位于母材区相吻合。

3. 冲击韧性测试

0℃试验温度下母材的平均冲击吸收能量为236J，热影响区和焊缝金属的平均冲击吸收能量分别为212.2J和115.4J，母材冲击韧性最高。与母材相比，热影响区的韧性没有显著降低，其平均冲击吸收能量仅比母材下降了10.2%，这说明旋转电弧窄间隙GMA横向焊接条件下的焊接热循环对母材的损伤很小。

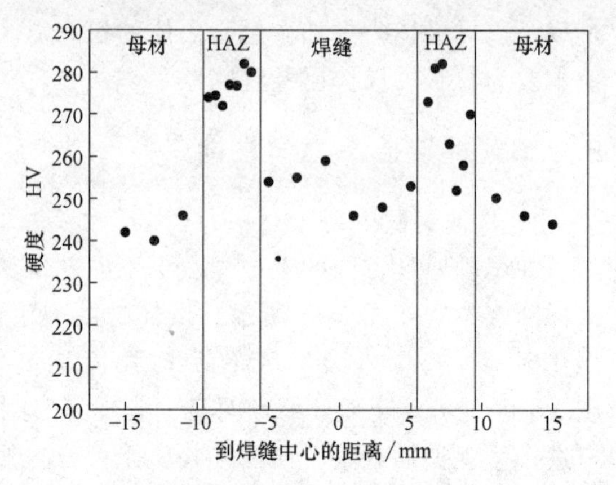

图6-17 焊接接头硬度分布

冲击断口宏观形貌如图6-18所示，母材冲击试样宏观断口由剪切唇、纤维区两部分组成；热影响区冲击断口的宏观形貌也由剪切唇、纤维区两部分组成；焊缝区冲击断口的宏观形貌由剪切唇、纤维区和放射区三部分组成。纤维区形貌凹凸不平，看上去很不规则，无金属光泽，有明显的塑性变形，呈暗灰色纤维状；放射区无明显的塑性变形，表面平整，呈现出金属光泽的晶状颗粒。

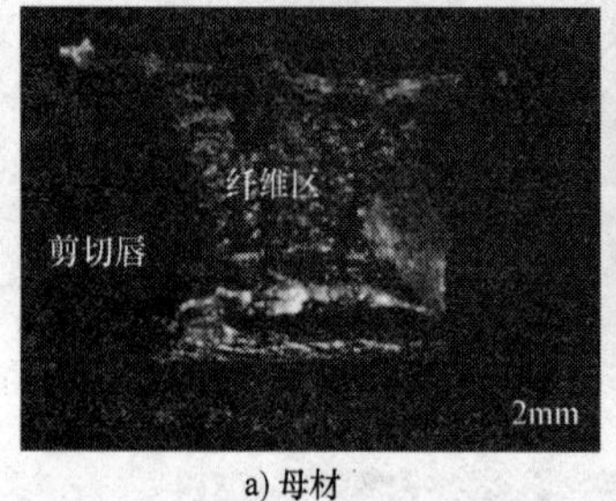

a) 母材

b) 热影响区

c) 焊缝区

图6-18 冲击断口宏观形貌

母材冲击断口纤维区微观形貌如图6-19所示，可以看到有大量韧窝覆盖在断面上，韧窝底部含有大量圆形夹杂物，其平均直径小于1μm。由于局部塑性变形使夹杂物界面上首先形成微裂纹并不断扩展，在夹杂物与基体金属之间局部区域产生“内缩颈”，当缩颈的尺寸达到一定程度后被撕裂或剪切断裂而使空洞连接，形成韧窝断口形貌。母材0℃冲击呈韧窝塑性断口，证实了该材料的低温韧性良好。

热影响区冲击断口纤维区微观形貌如图6-20所示，从中可以看到热影响区断口是典型的韧窝特征，韧窝大小不一，很不均匀，这是因为断口处包含淬火粗晶区、淬火细晶区和回火区部分。热影响区断口上的韧窝与母材断口上的韧窝相比大而且浅。韧窝尺寸的大小和均匀性反映了试样冲击吸收能量的多少，验证了热影响区韧性低于母材韧性。在韧窝的底部有大量颗粒状质点，这些质点的形貌是圆球形。

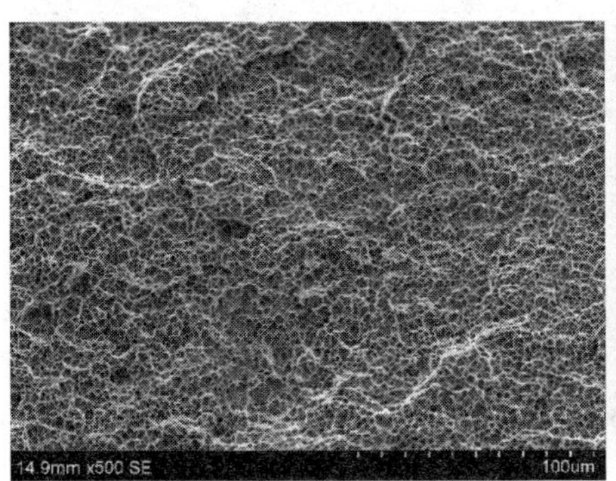

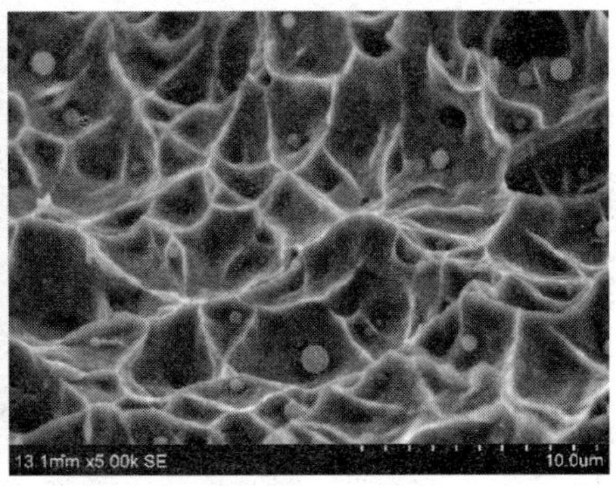

图 6-19　母材冲击断口纤维区微观形貌

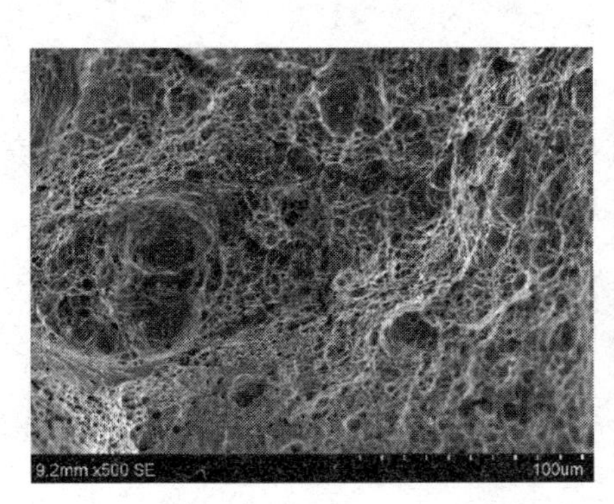

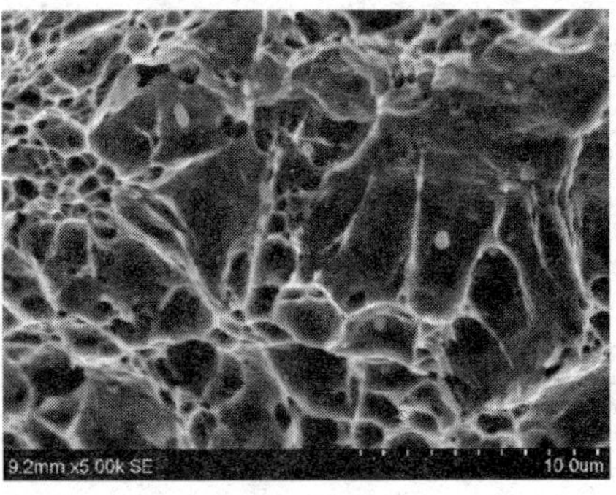

图 6-20　热影响区冲击断口纤维区微观形貌

对熔敷金属冲击断口进行微观扫描分析，焊缝冲击断口微观形貌如图 6-21 所示。图 6-21a 所示为纤维区的扫描图，从中可以看到是典型的韧窝特征，韧窝大小均匀，最大直径小于 8μm。另外，在韧窝的底部有大量颗粒状质点，这些质点的形貌是圆球形，尺寸都较小，一般都是纳米级的。图 6-21b 所示为放射区的扫描图，从中可以看到是典型的准解理断口形貌，如河流花样、扇形花样、解理台阶和撕裂棱等。在局部地方能看到存在一些延性脊，这些延性脊由韧窝组成，在冲断过程中能延缓裂纹的扩展，提高韧性。

热影响区韧性较高，主要是由于以下原因：

1）热影响区的组织主要是板条马氏体，另外含有少量的粒状贝氏体。板条马氏体具有相当高的韧性。板条马氏体中碳含量低，可以发生“自回火”，且碳化物分布均匀；其次，胞状位错亚结构中位错分布不均匀，存在低密度位错区，为位错提供了活动余地，由于位错运动能缓和局部应力集中，延缓裂纹形核及消减已有裂纹尖端的应力峰，对韧性有利。此外，淬火应力小，不存在显微裂纹，裂纹通过马氏体条也不易扩展。粒状贝氏体组织中，在颗粒状或针状铁素体基体中分布着许多小岛。粒状贝氏体的强度和韧性取决于铁素体上分布的岛状物的组成、形态和颗粒

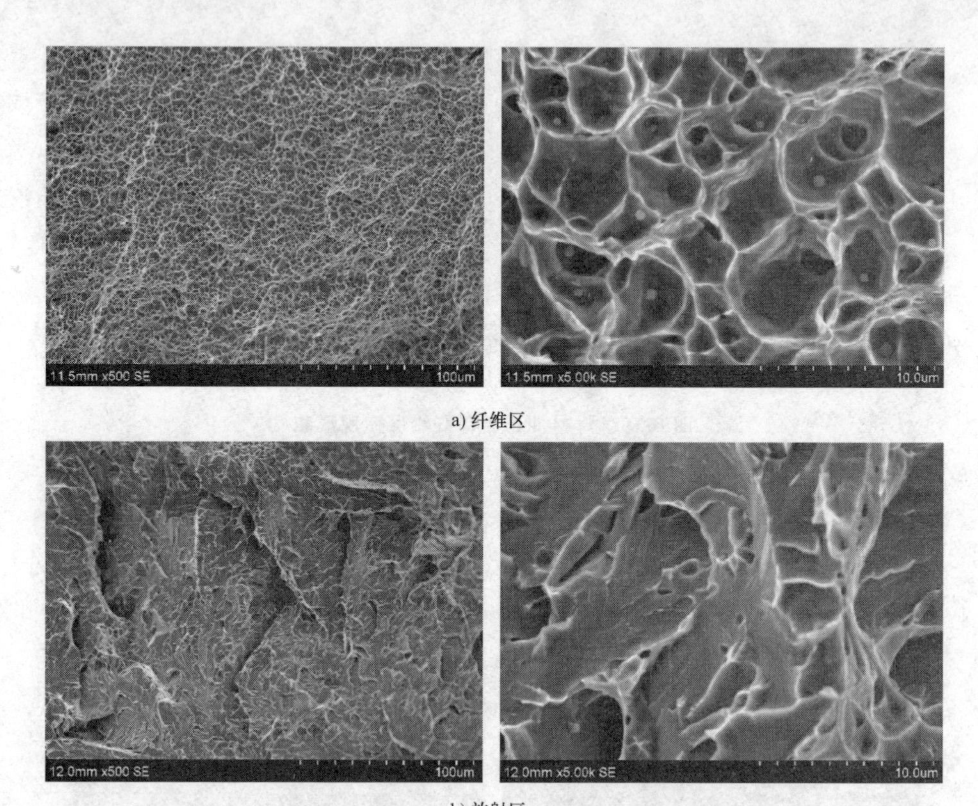

a) 纤维区

b) 放射区

图 6-21　焊缝冲击断口微观形貌

大小。第二相小岛的颗粒越细小，越有利于改善韧性。粗晶区中的板条马氏体和粒状贝氏体如图 6-22 所示，从中可以看出，小岛的颗粒非常细小，最大直径小于 5μm。这些小岛无论是残留奥氏体、马氏体，还是奥氏体的分解产物都可以起到复相强化作用，使热影响区具有较好的韧性。

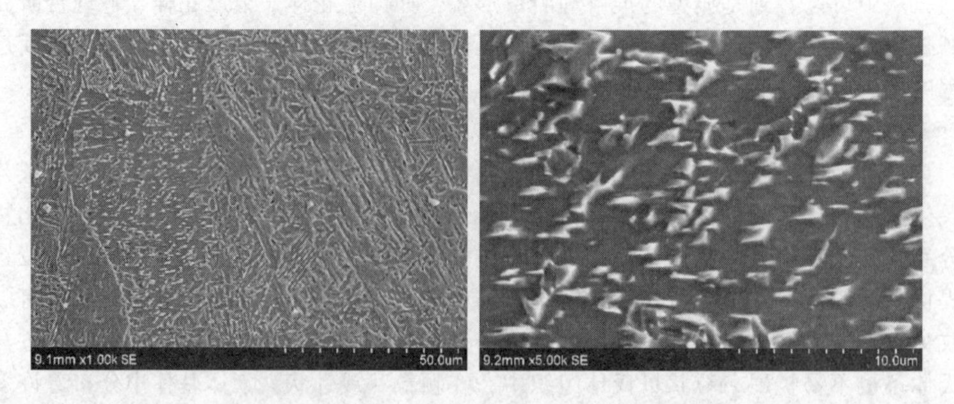

图 6-22　粗晶区中的板条马氏体和粒状贝氏体

2）热影响区粗晶区很窄。焊接热影响区的冲击韧性受显微组织状态和冲击试样缺口位置的影响，要精确地测定该区域的冲击韧度是很困难的。所测得的热影响区的冲击吸收能量实际上包含淬火粗晶区、淬火细晶区和回火区部分。其中淬火细晶区和回火区相对于母材韧性有所提高。淬火粗晶区由于晶粒长大而脆化，粗晶区很窄，最宽位置也只有0.5mm左右。按试验中确定的V型缺口位置进行冲击试验，所得冲击吸收能量是综合性的，其反映的是热影响区的整体韧性。

3）二次热循环能细化晶粒。窄间隙焊接采用多层单道焊，在多层焊时，后焊焊道对前焊焊道有退火作用，使前焊焊道的组织和晶粒细化。30mm厚12Ni3CrMoV钢一般需焊接5~6道，焊缝总体以受退火作用的焊道构成，性能优于单道焊焊缝。

6.3　10CrNi3MoV高强度钢摆动电弧窄间隙GMA焊

摆动电弧窄间隙GMA焊的熔滴过渡、熔池行为研究及焊接成形优化为这一焊接工艺的实际应用奠定了理论基础。在理论研究的基础上，利用摆动电弧窄间隙GMA焊对50mm厚船用10CrNi3MoV高强钢度板进行焊接。

图6-23　焊接坡口设计

6.3.1　焊接工艺及焊缝成形

焊接坡口设计如图6-23所示，为了保证焊缝背部成形，在坡口根部使用陶瓷衬垫支撑。保护气为92%Ar-8%CO_2，焊丝为直径1.2mm的WM960S。

表6-4列出了主要的焊接参数，50mm板厚焊接层数为13层，其中第1层为打底层，第2~12层为填充层，第13层为盖面层。得到的焊缝成形如图6-24、图6-25所示，可见焊缝成形良好，热影响区约为3mm，这比传统大坡口多层多道焊接方法要小得多。焊缝熔宽为9~12mm，焊层厚度为3~5mm，侧壁熔深为1~2mm。

表6-4　主要的焊接参数

层数	送丝速度/(m/min)	电压/V	摆动速度/(rad/s)	焊接速度/(mm/min)	摆动角度/(°)	侧壁停留时间/ms
1	6	27	—	160	—	—
2、3	6	27	1.4	160	34	300
4~12	7	28.5	1.4	160	34	300
13	6.5	27.7	1.4	160	34	300

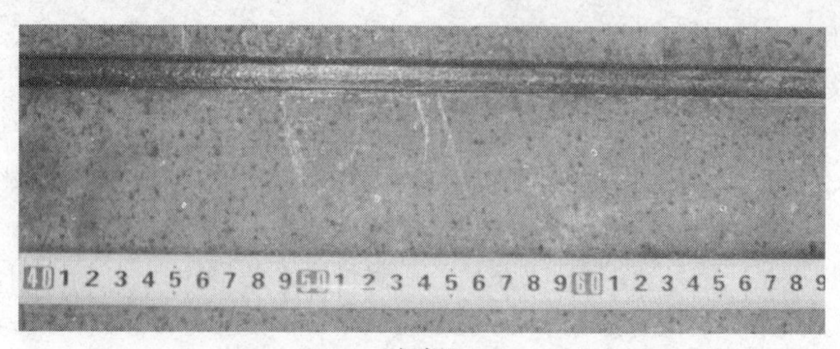

a) 打底层

b) 填充层

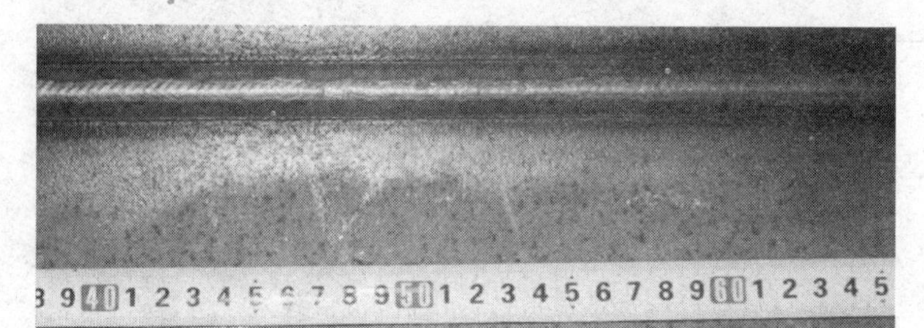

c) 盖面层

图 6-24　焊缝成形

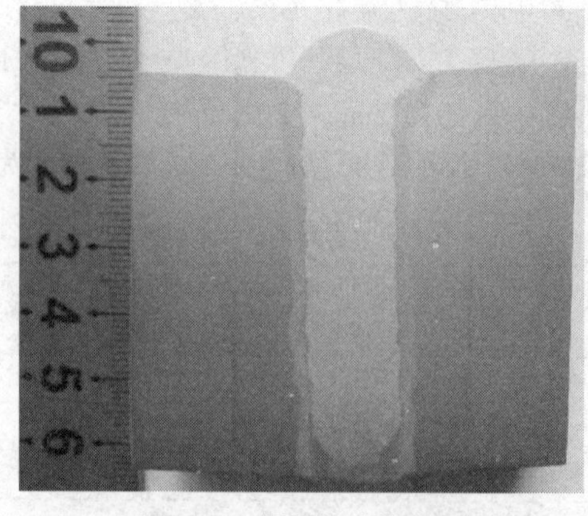

图 6-25　焊接接头横截面

6.3.2　焊接接头组织特征

焊接接头主要包含母材、热影响区和焊缝区。焊接接头热影响区和焊缝区微观组织如图6-26所示，其中热影响区可以细分为过热区、正火区和不完全正火区。图6-26a为过热区组织，其以板条状马氏体及粒状贝氏体为主，还有少部分的残留奥氏体。过热区距离焊缝近，峰值温度高，因此晶粒尺寸较粗大。正火区的微观组织如图6-26b所示，正火区峰值温度较过热区要低，奥氏体晶粒来不及长大，冷却后形成细小马氏体和粒状贝氏体。不完全正火区（见图6-26c）在焊接加热过程中，由于焊接加热母材回火索氏体组织至Ac_1以上时，铁素体基本不发生变化，珠光体转变为奥氏体，在随后的冷却过程中，奥氏体转变为马氏体，而铁素体有所长大，因此该区组织主要为马氏体和铁素体。图6-26d中焊缝的组织以针状铁素体为主，含有少量的粒状贝氏体。

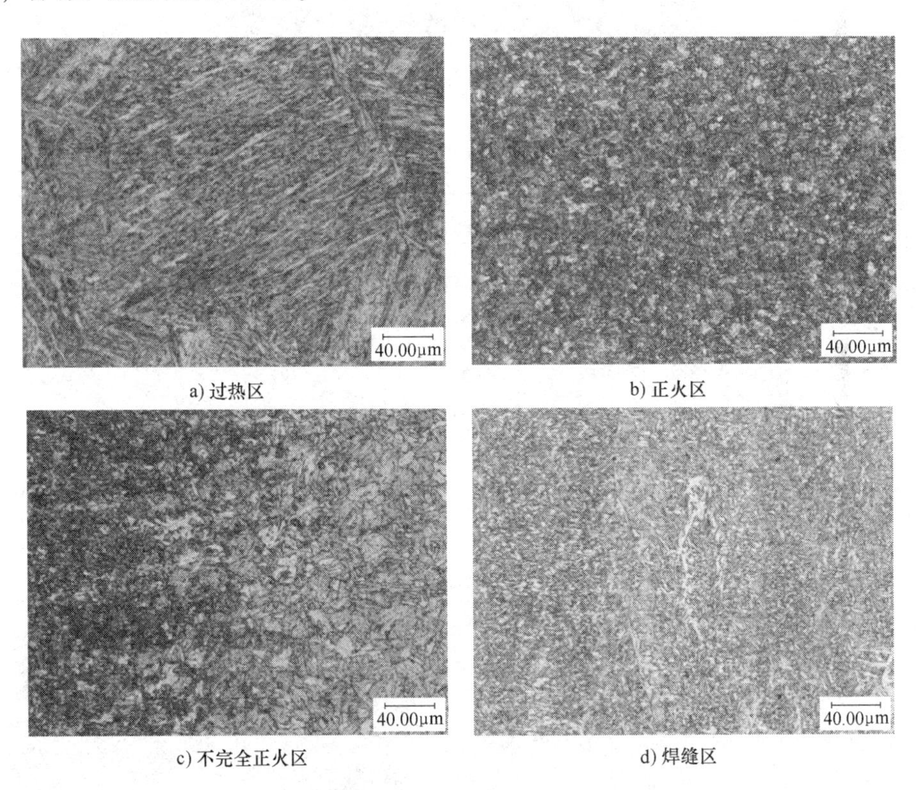

a) 过热区　b) 正火区　c) 不完全正火区　d) 焊缝区

图6-26　焊接接头热影响区和焊缝区微观组织

6.3.3　焊接接头力学性能

1. 拉伸性能

对10CrNiMoV高强度钢摆动电弧窄间隙GMA焊接接头进行拉伸试验。分别沿板厚方向从上、中、下部截取拉伸试件。焊接接头拉伸试样测试结果如图 6-27 所示，试样均断于母材区，整个焊接接头的平均抗拉强度为 687MPa。这说明焊接接头不存在弱化区域，焊缝区域强度高于母材强度。

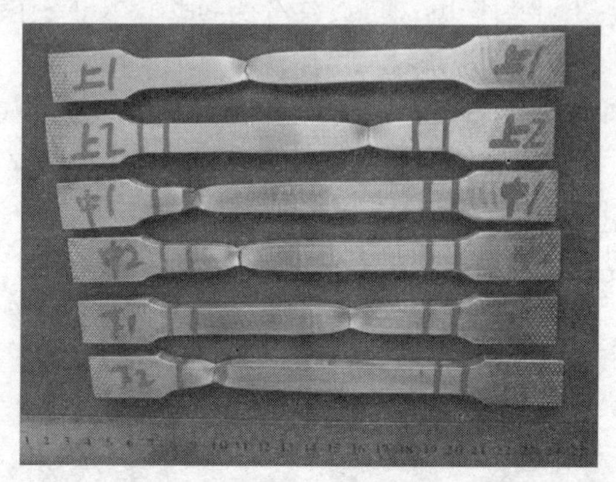

图 6-27　焊接接头拉伸试样测试结果

2. 低温冲击韧性

在-50℃温度下，对接头进行了夏比 V 型缺口冲击试验，接头冲击韧性见表 6-5。

表 6-5　接头冲击韧性

试件号	冲击吸收能量(-50℃)/J			平均冲击吸收能量/J	断口位置
1,2,3	132.76	142.77	178.76	151.43	焊缝
4,5,6	170.16	160.44	163.02	164.54	熔合线
7,8,9	212.4	210.32	212.31	211.67	热影响区
10,11,12	197.67	261.50	266.20	241.77	母材

冲击试验结果表明，在-50℃环境下母材的平均冲击吸收能量为 241J，焊缝金属和热影响区的平均冲击吸收能量分别为 151J 和 211J。母材的冲击吸收能量最高，其冲击韧性最好，其次是热影响区，焊缝金属的冲击吸收能量最低。与母材相比，热影响区的冲击韧性没有显著下降，其平均冲击吸收能量只比母材下降了 3%。这说明摆动电弧窄间隙 GMA 焊接方法对母材的冲击韧性的损伤很小，这与低热输入有关。

焊缝区冲击断口宏观形貌如图 6-28 所示，其主要是由剪切唇、纤维区和放射区三部分组成的。

图 6-28　焊缝区冲击断口宏观形貌

焊缝区冲击断口微观形貌如图 6-29 所

示。图 6-29a 所示为纤维区的扫描图，可以看到是典型的韧窝特征，韧窝大小均匀。图 6-29b 所示为放射区的扫描图，可以看到典型的准解理断口形貌特征如河流花样、扇形花样、解理台阶和撕裂棱等。在局部地方能看到存在一些延性脊，这些延性脊是由韧窝组成的，在冲断过程中能延缓裂纹的扩展，提高韧性。

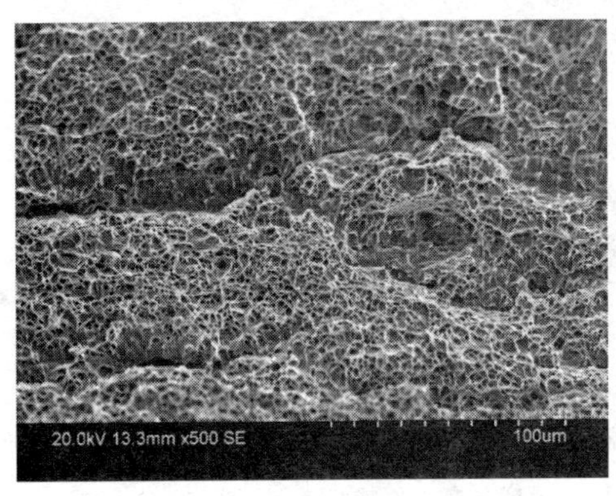

a) 纤维区

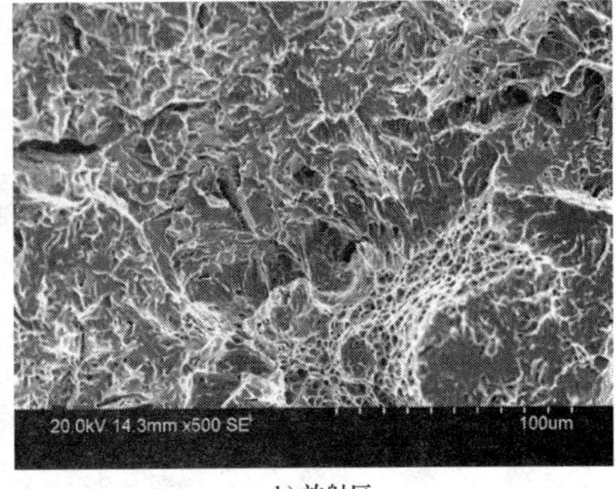

b) 放射区

图 6-29 焊缝区冲击断口微观形貌

图 6-30 所示为热影响区冲击断口的宏观形貌，其主要是由剪切唇、纤维区两部分组成，从图 6-31 中可以看到断口是典型的韧窝特征，但韧窝大小不一，很不均匀，这是因为断口处包含有热影响区（过热区、正火区和不完全正火区）部分。

图 6-30 热影响区冲击断口的宏观形貌

3. 硬度分布

焊接接头硬度分布如图 6-32 所示，母材的平均硬度为 240HV，焊缝金属平均硬度为 279HV，热影响区的平均硬度为 299HV。焊缝硬度略高于母材硬度。在整个焊接接头

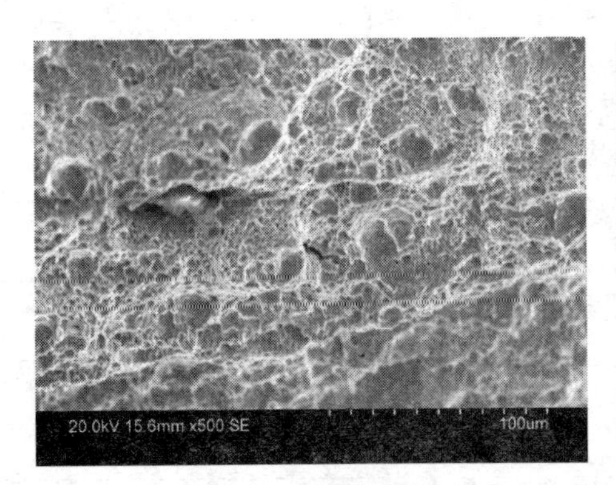

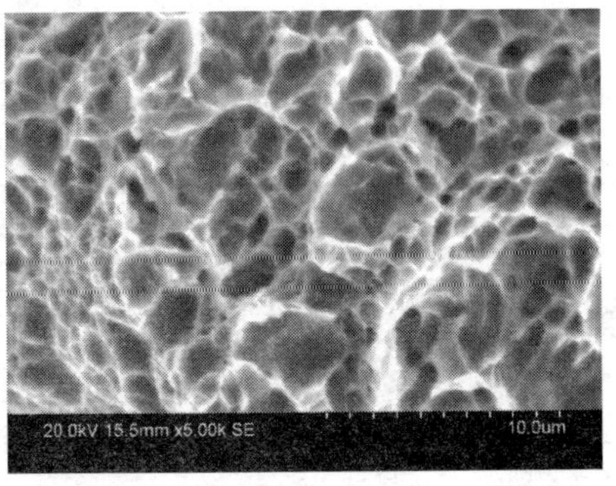

图 6-31 热影响区冲击断口纤维区微观形貌

中，热影响区的硬度最高，其中峰值硬度为344HV，出现在过热区。焊缝区和热影响区的硬度均高于母材，这说明10CrNiMoV高强度钢在摆动电弧窄间隙GMA焊接时不存在接头软化的问题。

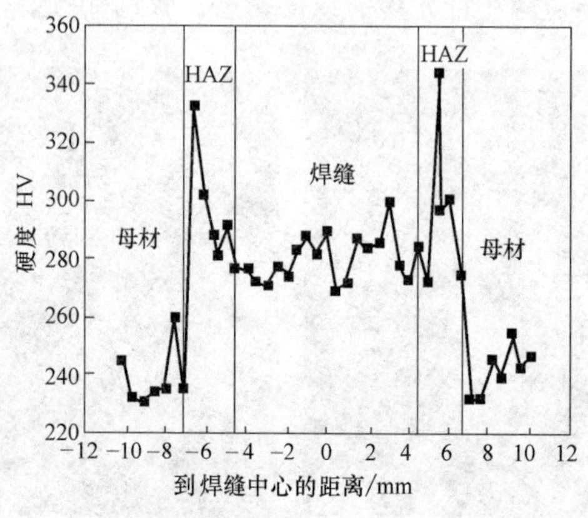

图 6-32　焊接接头硬度分布

6.4　厚壁管道全位置摆动电弧窄间隙GMA焊

摆动电弧焊接方法可以降低焊接热输入、提高散热能力从而对焊接熔池起到控制作用，在非平焊位置时可以保证侧壁熔化的同时还能够抑制熔池流淌。在理论研究的基础上，将摆动电弧窄间隙GMA焊工艺应用于直径1190mm、壁厚22mm的X80厚壁管道全位置焊接。

6.4.1　焊接工艺及焊缝成形

管道全位置焊接有向下立焊工艺和向上立焊工艺之分。向下立焊是0°~180°区间位置的焊接，而向上立焊是180°~360°位置的焊接。在实际焊接中发现，采用初始优化得到的参数进行焊接时，不同焊接位置得到的焊缝高度相差很大，造成焊接过程中焊丝伸出长度波动很大，无法实现全位置多层焊。为了使焊缝高度分布较为均一，需要保持送丝速度和焊接速度比值的恒定。根据这一要求，最后确定的焊接参数见表6-6。

表 6-6　焊接参数

焊接位置/(°)	送丝速度/(m/min)	焊接速度/(mm/min)	侧壁停留时间/ms	摆动角度/(°)
0	8	300	200	55
30	7.9	297	234	50
60	7.8	292	300	55
90	7.7	289	300	55
120	7.7	289	300	60
150	7	272	200	65
180	5.8	123	300	65

（续）

焊接位置/(°)	送丝速度/(m/min)	焊接速度/(mm/min)	侧壁停留时间/ms	摆动角度/(°)
210	5.5	117	395	63
240	4.9	104	227	65
270	4.7	100	222	65
300	5.2	110	275	64
330	5.8	123	300	65

试验采用的焊丝为ER80S-G，直径1.2mm。X80管道坡口如图6-33所示，图6-34所示为管道坡口实物，采用管道专用的坡口机加工而成。92%Ar-8%CO_2混合气作为保护气，流量为30L/min。坡口加工好后，利用管道对中设备将两节管道对中，并将其固定。焊接前先将焊接小车轨道安装在管道外面并紧固，然后将焊接小车安装到轨道上，并装配好窄间隙焊枪。焊接小车上有位置传感器，能够识别焊枪所处的空间位置，控制系统根据反馈的空间位置信号调用表6-6所示的焊接参数，从而实现全位置焊接。

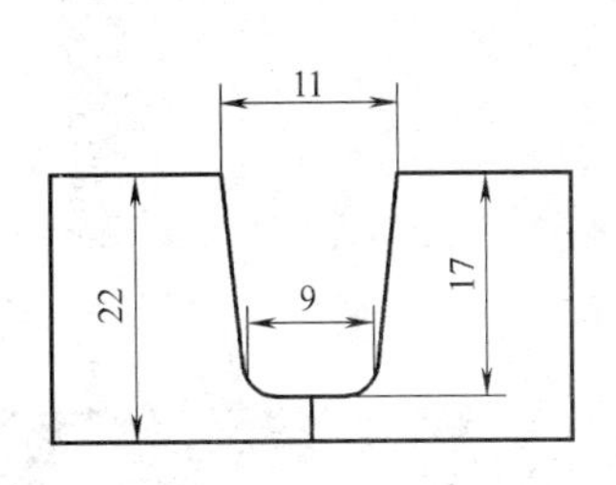

图6-33 X80管道坡口

图6-34 管道坡口实物

图6-35所示为焊前准备阶段，图6-36所示为焊接过程。焊接过程电弧稳定，稍有飞溅，在焊接参数变换的位置会出现短时间的较大飞溅，整个过程未见熔池流淌现象发生。

最后得到的填充焊缝成形如图6-37所示，各个位置的焊缝成形良好，焊缝表面平整，波纹细腻。图6-38所示为平焊、向下立焊、仰焊和向上立焊位置的焊缝横截面，未见层间未熔合和侧壁未熔合等宏观缺陷发生。

6.4.2 管道接头组织特征

在得到良好焊缝成形的基础上，对X80管道环焊缝几个典型位置的显微组织和力学性能进行分析。

图6-39所示分别为X80钢的光学显微镜下的组织形貌和扫描电镜下的显微组织。可以看出，母材以多边形铁素体和针状铁素体居多，其间夹杂些许粒状铁素体。这种变形的铁素体组织对其强度和韧性均是有利的，因此X80钢表现出较好的综合力学性能。

图 6-35　焊前准备阶段

图 6-36　焊接过程

图 6-37　得到的填充焊缝成形

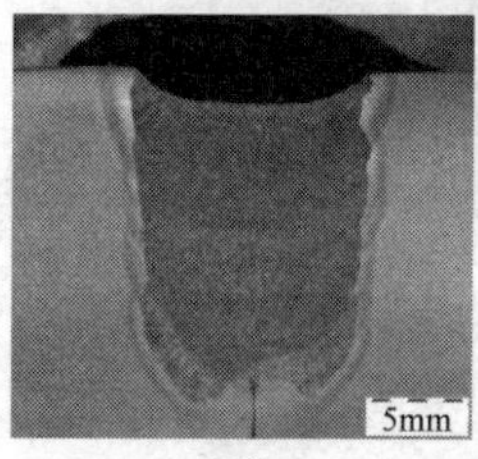

a) 0°

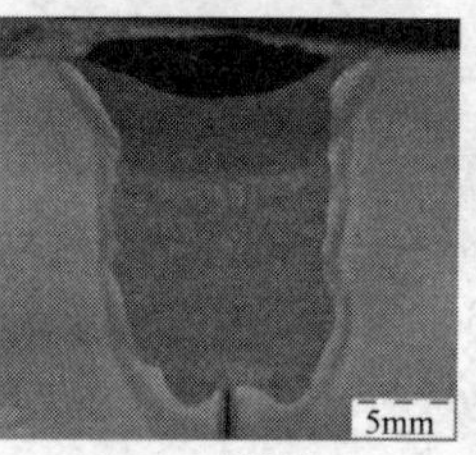

b) 90°

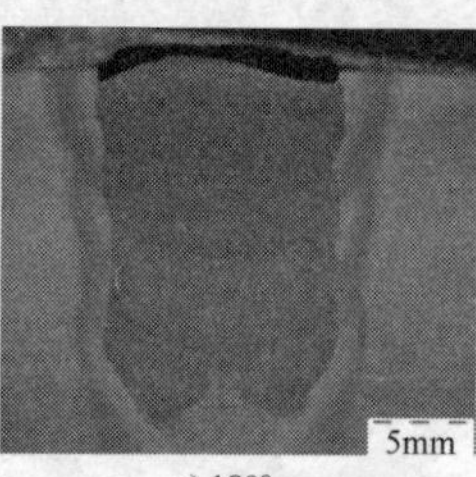

c) 180°

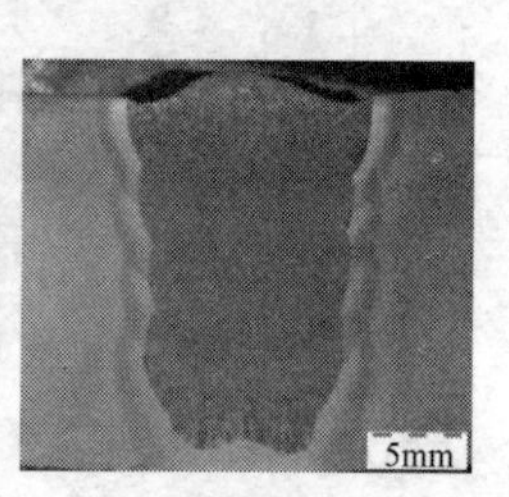

d) 270°

图 6-38　不同焊接位置的焊缝横截面

a) 光镜图

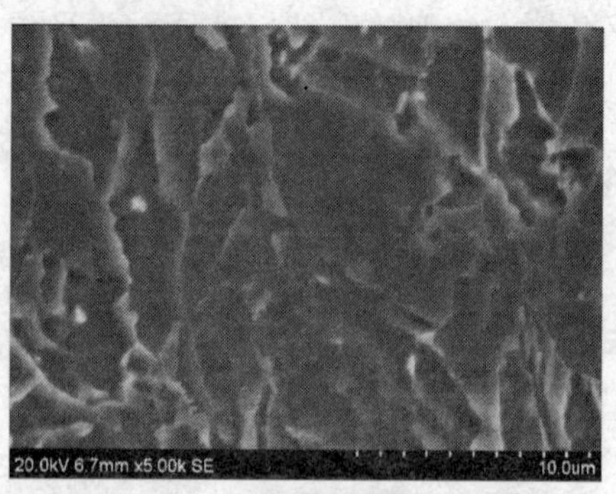

b) 扫描电镜图

图 6-39　X80 钢显微组织

图 6-40 所示为 0°焊接位置的焊接接头显微组织。整个焊接接头由三个区域组成，即焊缝、热影响区（HAZ）和母材。热影响区根据晶粒的形态又可以细分为粗晶区和细晶区。

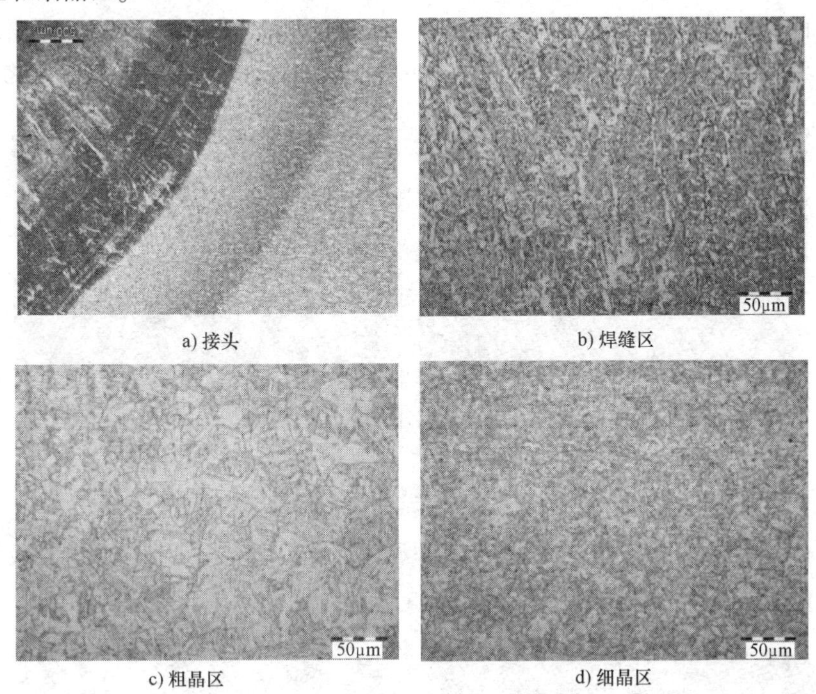

a) 接头　b) 焊缝区

c) 粗晶区　d) 细晶区

图 6-40　0°焊接位置焊接接头显微组织

图 6-41 所示为 0°焊接位置焊缝金属扫描电镜下的显微组织。焊缝金属中组织形态细长，分布均匀，主要以细长铁素体和多边形铁素体为主，其中也有少许的粒状铁素体。与母材相比，焊缝组织具有明显的等轴晶特征，且尺寸分布均匀。

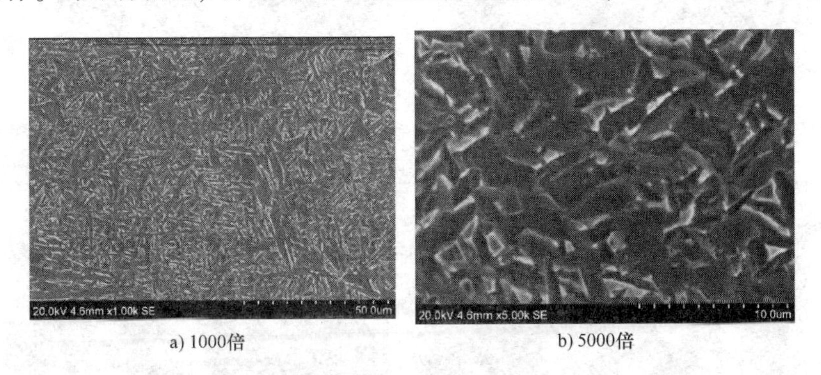

a) 1000倍　b) 5000倍

图 6-41　0°焊接位置焊缝金属扫描电镜下的显微组织

热影响区的粗晶区晶粒粗大。这是由于其距离电弧较近，所经历热循环的高温停留时间较长，峰值温度较高，使该区域的晶粒有足够的时间长大。从扫描电镜照片（见图 6-42）中均可以看出，粗晶区的组织呈现块状的多边形特征，为块状铁素体，及部分板条状贝氏体。由于该区域的晶粒粗大，可能造成接头韧性下降。

细晶区在热影响区靠近母材一侧，该区域由于距离电弧较远，高温停留时间较短，峰值温度也就较低，因此晶粒比粗晶区细小很多。但是此处的组织较母材组织形状要均匀些，条形的组织形貌不明显，主要为小尺寸的块状铁素体和粒状碳化物。

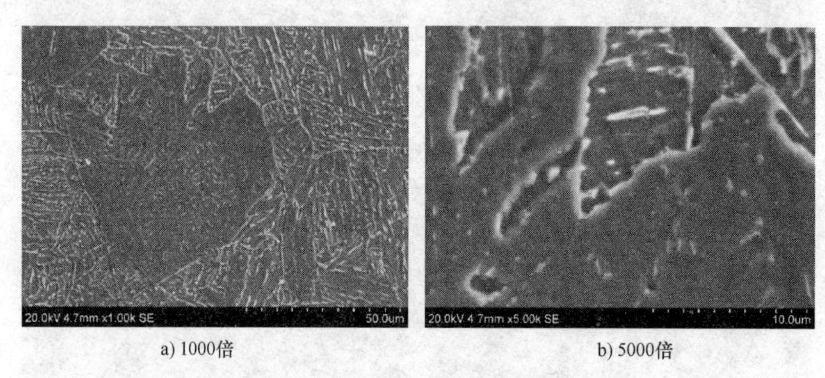

a) 1000倍　　b) 5000倍

图 6-42　0°焊接位置粗晶区扫描电镜组织

图 6-43 所示为 90°焊接位置焊接接头显微组织，图 6-44 所示为 90°焊接位置焊缝金属在扫描电镜下的显微组织。90°焊接位置的焊缝金属及热影响区组织与 0°焊

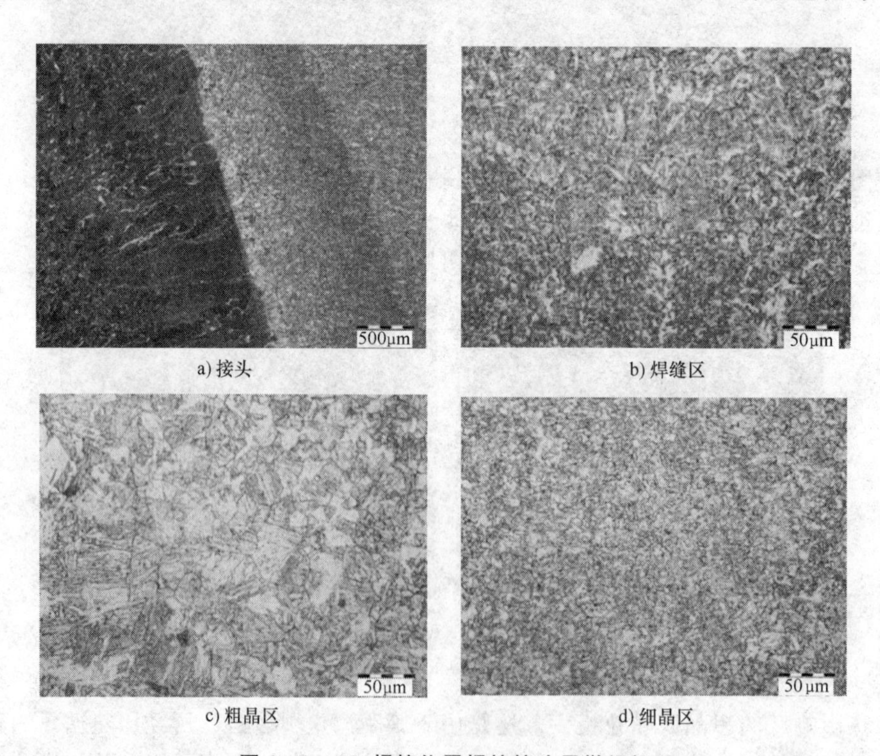

a) 接头　　b) 焊缝区

c) 粗晶区　　d) 细晶区

图 6-43　90°焊接位置焊接接头显微组织

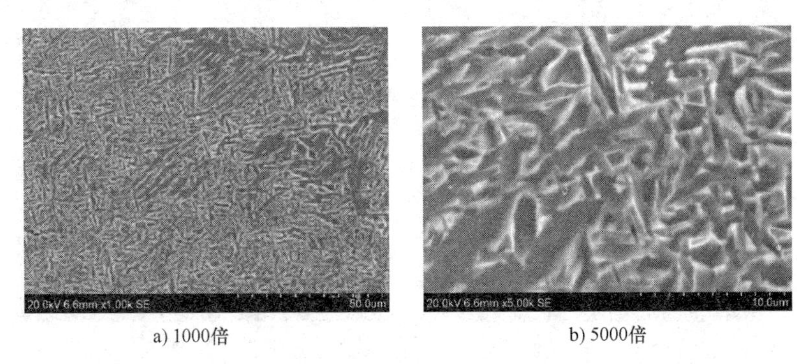

a) 1000倍 b) 5000倍

图 6-44 90°焊接位置焊缝金属扫描电镜下的显微组织

接位置的对应区域的组织基本相似。焊缝金属的组织以针状铁素体及多边形铁素体主。粗晶区的晶粒尺寸在整个接头中最大，其组织为块状的多边形铁素体及板条状贝氏体。细晶区组织细小、均匀，由小块的铁素体和粒状碳化物组成。

图 6-45 所示为 180°焊接位置焊接接头在光学显微镜下的显微组织，图 6-46 所示为焊缝金属在扫描电镜下的显微组织。

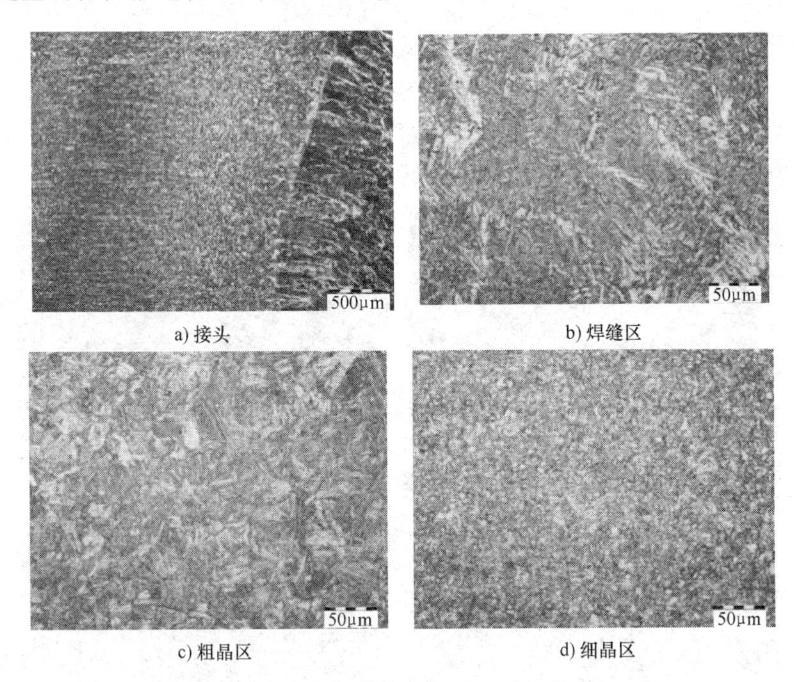

a) 接头 b) 焊缝区 c) 粗晶区 d) 细晶区

图 6-45 180°焊接位置焊接接头显微组织

180°焊接位置属于向上立焊区间，其采用了向上立焊的优化焊接参数。向上立焊工艺采用的是小送丝速度、小焊接速度的焊接参数，但是其热输入要比大送丝速度、大焊接速度的向下立焊工艺的热输入高。由于热输入较大，因此熔池及热影响区的高温停留时间较长，故晶粒容易长大。在组织形貌上的表现为，向上立焊工艺

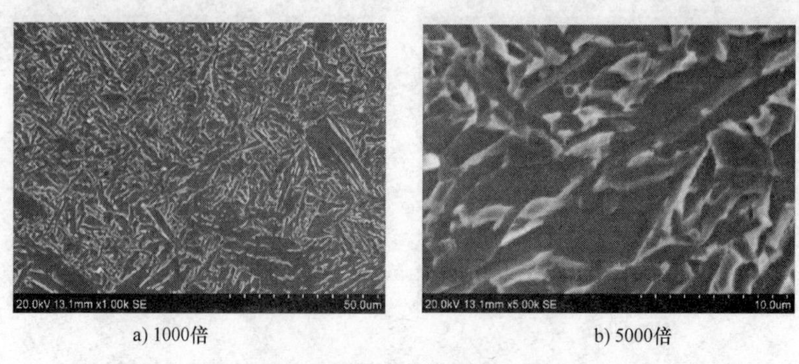

a) 1000倍　　b) 5000倍

图 6-46　180°焊接位置焊缝金属扫描电镜下的显微组织

的接头组织粗大，粗晶区区域宽。焊缝金属以粗大的条状铁素体为主，组织相互交错。粗晶区以粗大块状多边形铁素体为主，及板条状贝氏体，也有少许的细条状铁素体。细晶区组织分布均匀，以小块状铁素体和粒状铁素体为主。

图 6-47 所示为 270°焊接位置焊接接头显微组织，图 6-48 所示为 270°焊接位置焊缝金属扫描电镜下的显微组织。与 180°焊接位置焊缝的显微组织相比，270°焊接位置焊缝的显微组织中块状的多边形铁素体含量较多，并且块状铁素体与条状的铁素体相互交错，组织分布不是十分均匀。粗晶区晶粒粗大，中间有许多的先共析铁素体生成，并分布在块状的多边形铁素体上。大晶粒组织被许多的小块状铁素体团相互隔开，因此没有形成连续的粗晶区域。细晶区的组织细小，分布均匀，但是

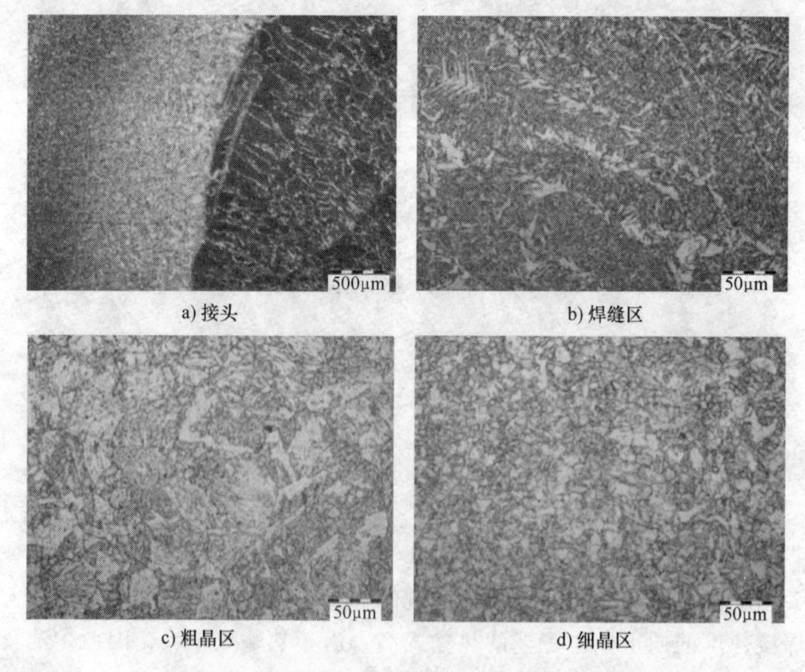

a) 接头　　b) 焊缝区

c) 粗晶区　　d) 细晶区

图 6-47　270°焊接位置焊接接头显微组织

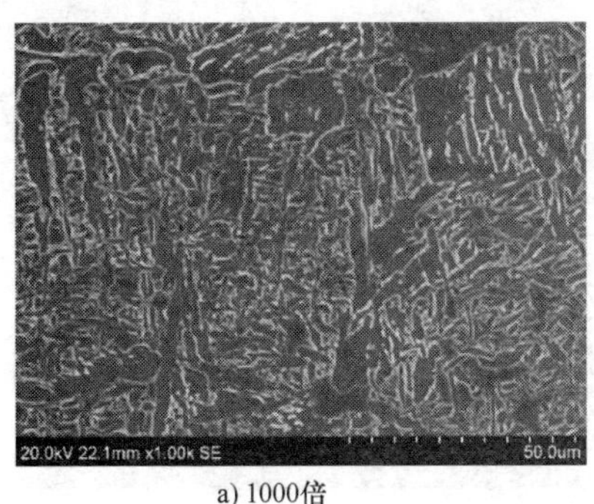

a) 1000倍

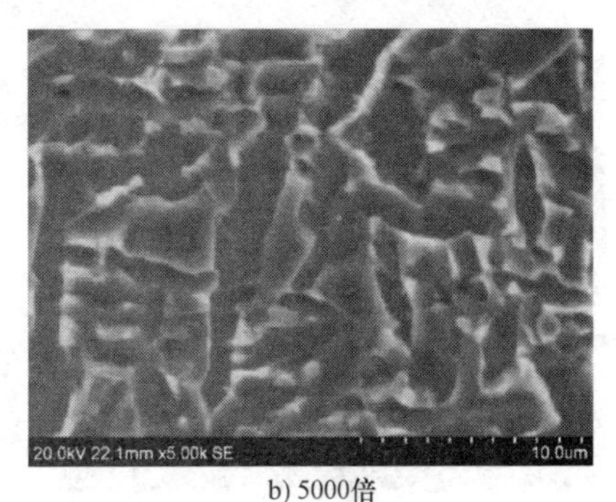

b) 5000倍

图 6-48 270°焊接位置焊缝金属扫描电镜下的显微组织

较 180°焊接位置细晶区组织，270°焊接位置细晶区组织尺寸偏大，但是依然是焊接接头中最细小的区域。

6.4.3 管道接头力学性能

对焊接接头进行拉伸试验，分别在 0°、90°、180°和 270°焊接位置截取 3 个拉伸试件，为拉伸试验结果见表 6-7。拉伸试件全部断于焊缝位置，这说明焊缝的抗拉强度小于母材强度。对四个位置接头抗拉强度进行比较发现，向下立焊工艺得到的接头抗拉强度要大于向上立焊工艺得到的焊缝抗拉强度，其中平焊位置的接头抗拉强度最高。根据油气管道焊接标准，当接头断于焊缝时，除了要保证接头强度不小于管材的最小抗拉强度（625MPa）外，还需要确定断口处无缺陷。图 6-49 所示为四个位置的拉伸试件断口的宏观形貌及微观形貌。可以看出断口表面未见宏观缺陷，断裂处收缩明显，表现为延性断裂。断口周围被剪切唇包围，中部为纤维区，可见断裂韧窝。

表 6-7 拉伸试验结果

焊接位置	试件编号	抗拉强度/MPa	断裂位置
0°	1	700	焊缝
	2	700	焊缝
	3	695	焊缝
90°	4	690	焊缝
	5	690	焊缝
	6	695	焊缝
180°	7	665	焊缝
	8	670	焊缝
	9	670	焊缝
270°	10	645	焊缝
	11	650	焊缝
	12	645	焊缝

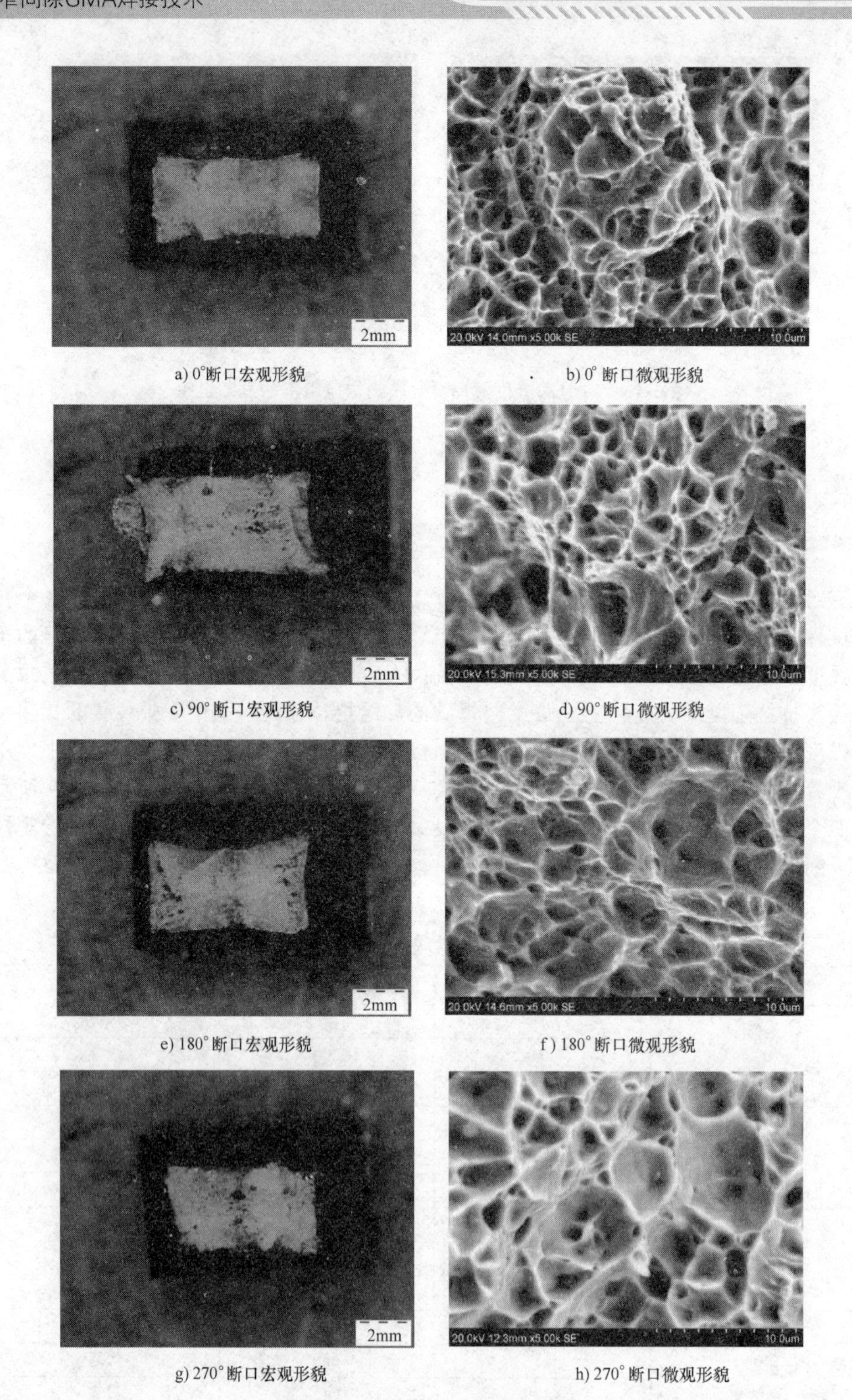

a) 0°断口宏观形貌　　b) 0°断口微观形貌

c) 90°断口宏观形貌　　d) 90°断口微观形貌

e) 180°断口宏观形貌　　f) 180°断口微观形貌

g) 270°断口宏观形貌　　h) 270°断口微观形貌

图 6-49　管道接头拉伸断口形貌

图 6-50 所示为接头的硬度分布。从中可以看出，接头硬度最高区域为热影响区，最高值为 259HV。摆动电弧能够增加热源移动速度，降低单位电弧移动轨迹长度上的能量输入，因此热影响区宽度较窄，表现硬度最高的区域较窄，且硬度峰值也较小。母材硬度为 230HV，略低于热影响区。热影响区向母材过渡区域未见明显的软化区间，只有 180°位置很窄区域的硬度值略低于母材。在向下立焊工艺中，焊缝的硬度值与母材相等，而向上立焊工艺中焊缝硬度值略低于母材，这一现象与焊缝组织的形态是相关的，同时也与其抗拉强度形成了对应。

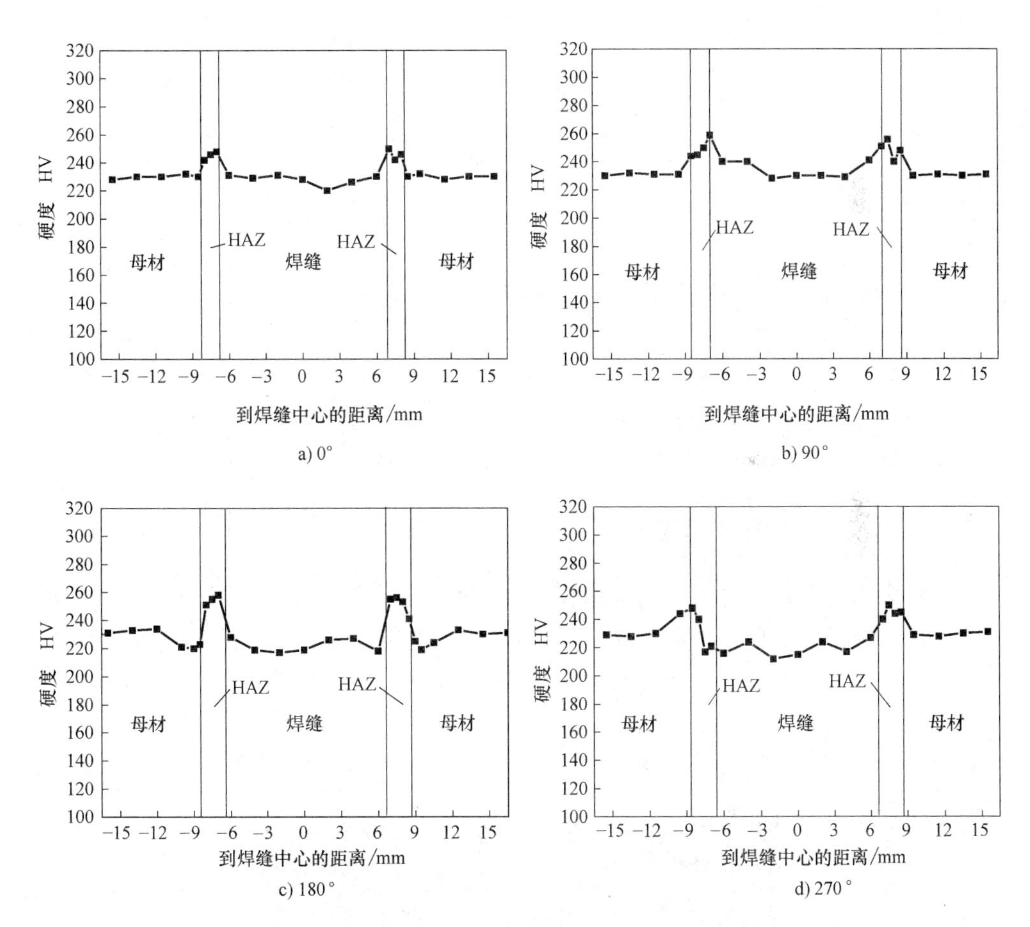

图 6-50 接头的硬度分布

V 型缺口夏比冲击试验中，低温（-10℃）冲击试验结果见表 6-8。母材在低温下的冲击吸收能量为 233J。焊缝的冲击韧性最低，其韧性最差，90°位置的焊缝冲击韧性最低为 118J。但是 180°位置和 270°位置焊缝韧性要优于 0°位置和 90°位置焊缝韧性。

表 6-8 低温（-10℃）冲击试验结果

焊接位置	试件编号	冲击吸收能量/J			平均值/J	缺口位置
0°	A-1,-2,-3	131	120	139	130	焊缝
	A-4,-5,-6	154	171	163	163	热影响区
	A-7,-8,-9	241	223	235	233	母材
90°	B-1,-2,-3	100	129	125	118	焊缝
	B-4,-5,-6	161	138	154	151	热影响区
180°	C-1,-2,-3	134	153	135	141	焊缝
	C-4,-5,-6	157	171	166	165	热影响区
270°	D-1,-2,-3	159	130	148	146	焊缝
	D-4,-5,-6	174	142	153	156	热影响区

上述实验结果表明，摆动电弧窄间隙全位置 GMA 焊接工艺稳定、可靠，全位置焊接接头的组织与力学性能均满足使用标准，该工艺可以用于大型厚壁结构的全位置焊接。

6.5 2219 铝合金摆动电弧窄间隙 GMA 立焊

由于铝合金轻质、耐蚀等特点，广泛地应用于化工、航天航空、军工等领域，对于铝合金厚板结构，也可以利用窄间隙 GMA 焊接。针对 102mm 厚 2219 铝合金板，利用摆动电弧窄间隙 GMA 焊接技术进行向下立焊。

6.5.1 焊接工艺及焊缝成形

铝合金由于表面存在致密的氧化膜，将影响焊接质量，所以多层焊接时，在每一道焊接之前进行层间氧化膜清理。将小型钢丝刷通过加长杆安装在电钻工具上，每焊完一层，对表面进行打磨清理，直至露出光亮的金属基体。图 6-51 所示为厚板铝合金窄间隙焊接坡口，板厚为 102mm，坡口底部间隙为 12mm，顶部间隙为 18mm，坡口深度为 100mm，表 6-9 列出了铝合金摆动电弧焊窄间隙 GMA 焊接参数。

图 6-51 厚板铝合金窄间隙焊接坡口

表 6-9　铝合金摆动电弧窄间隙 GMA 焊接参数

层数	送丝速度/(m/min)	焊接速度/(mm/min)	摆动频率/Hz	侧壁停留时间/ms	摆动角度/(°)
1	7.4	240	1.4	200	83.5
2~5	7.5	240	1.4	200	86.4
6~10	7.6	240	1.4	200	87.8
11~15	7.7	240	1.4	200	89.3
16~20	7.6	240	1.4	200	87.8
21~26	7.6	240	1.4	200	86.4

焊缝表面成形如图 6-52 所示，焊接接头横截面形貌如图 6-53 所示，可以看出，焊缝成形良好，无层间未熔合缺陷，焊缝内部存在少量气孔。

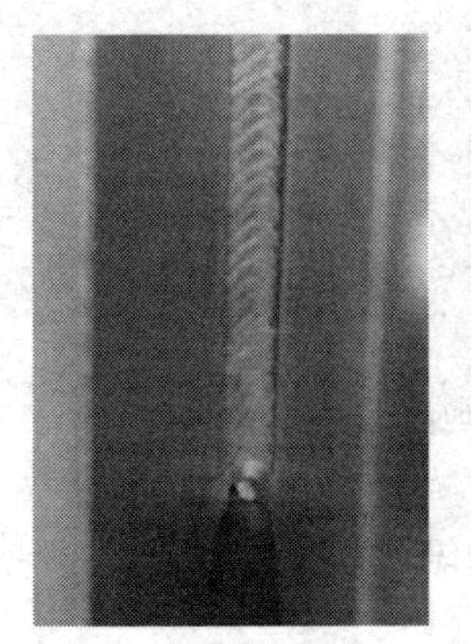

a) 打底层

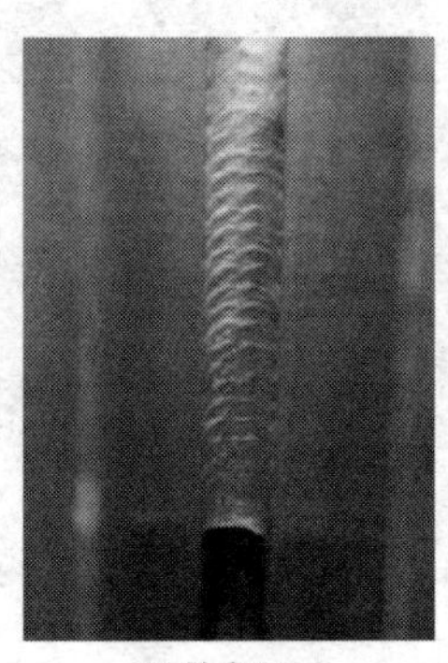

b) 填充层

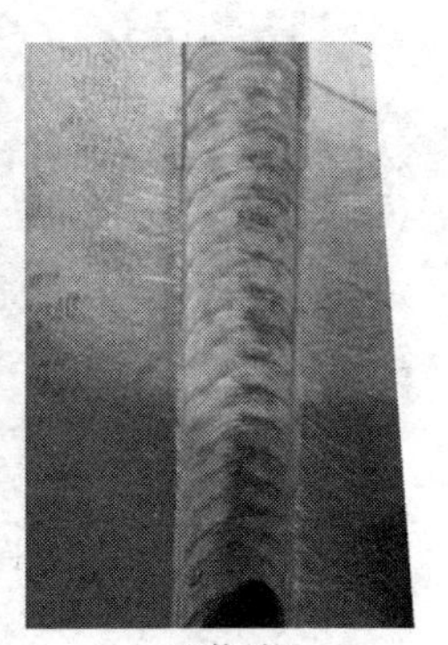

c) 盖面层

图 6-52　焊缝表面成形

6.5.2　焊接接头组织特征

焊缝区微观组织如图 6-54 所示，焊缝中心处的组织沿焊缝厚度方向变化不大，均为细小的等轴晶。这是因为在焊接过程中，采用的焊接平均电流较小，降低了焊接的热输入，同时焊接速度较快，减小了高温停留时间，电弧的摆动还可以增加对熔池的搅动，有利于细小等轴晶的形成。

图 6-55 所示为沿焊缝厚度方向不同位置的热影响区微观组织，可以看出热影响区晶粒大小无明显差异。图 6-56 所示为熔合区微观组织，可以看出熔合区宽度均匀一致，熔合区附近的焊缝区处形成了较为粗大的柱状晶，这是因为电弧在侧

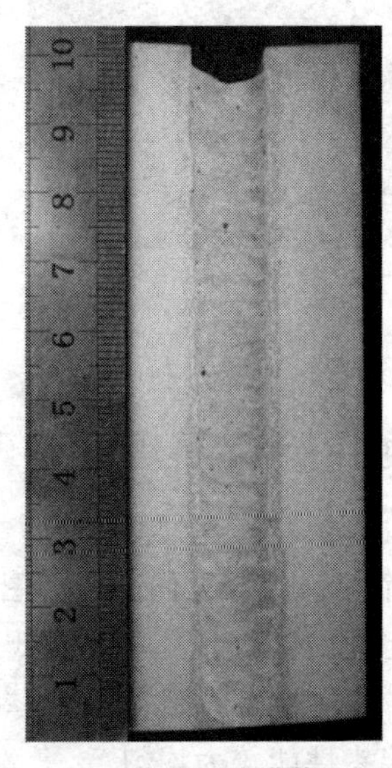

图 6-53　焊接接头横截面形貌

壁停留时，对侧壁的热输入较大，同时电弧对熔池的搅动作用不明显，促进了柱状晶的形成。

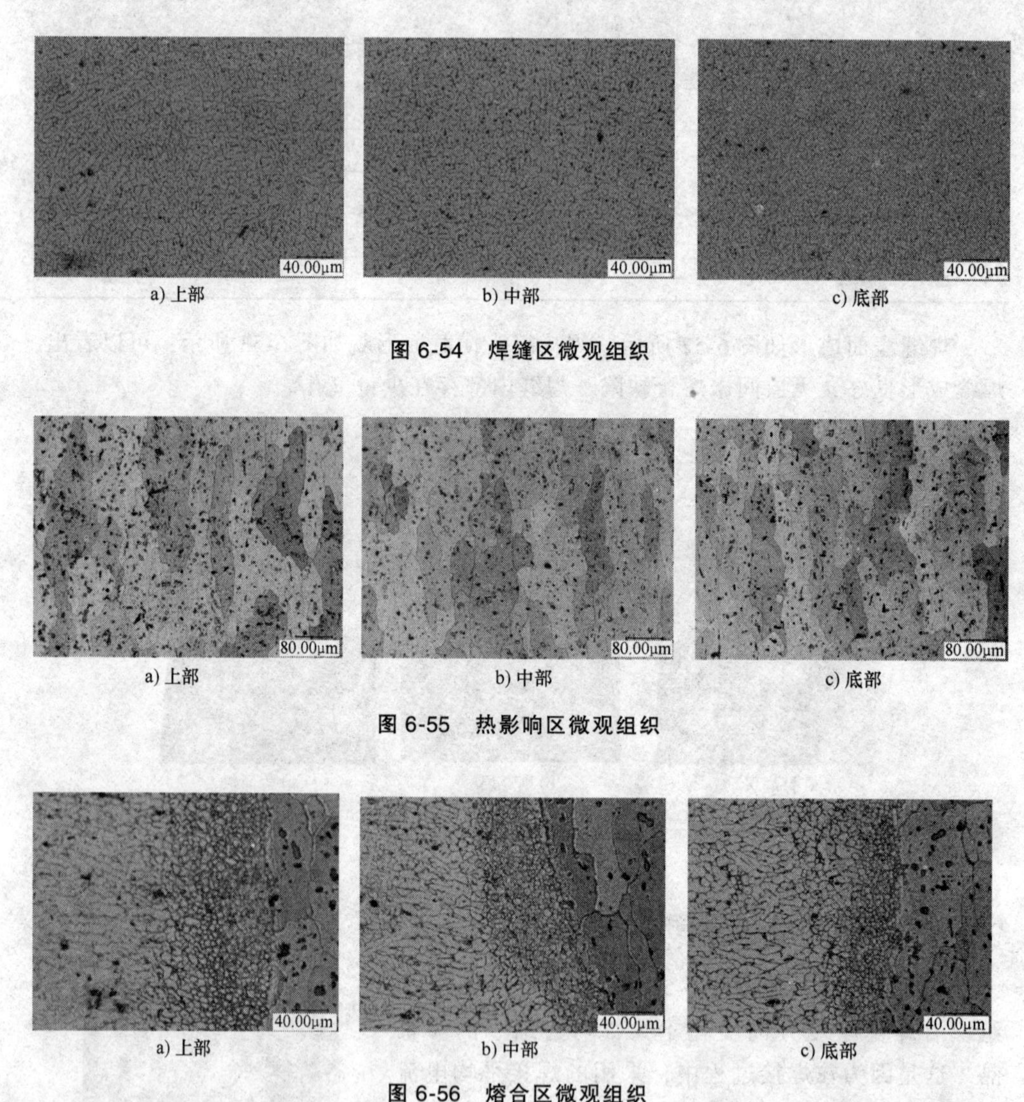

a) 上部　　b) 中部　　c) 底部

图 6-54　焊缝区微观组织

a) 上部　　b) 中部　　c) 底部

图 6-55　热影响区微观组织

a) 上部　　b) 中部　　c) 底部

图 6-56　熔合区微观组织

6.5.3　接头抗拉强度

沿焊缝厚度方向取 5 个不同位置的拉伸试样，同一厚度上取 3 个试样，共计 15 个拉伸件。拉伸试样如图 6-57 所示，试样都在熔合区附近断裂，由于此处形成了粗大的柱状晶，强度降低。图 6-58 所示为沿着焊缝厚度方向不同焊缝的抗拉强度，焊缝的抗拉强度在沿厚度方向的不同位置有所差异，但总体差异不大，说明焊接接头性能较为均匀。

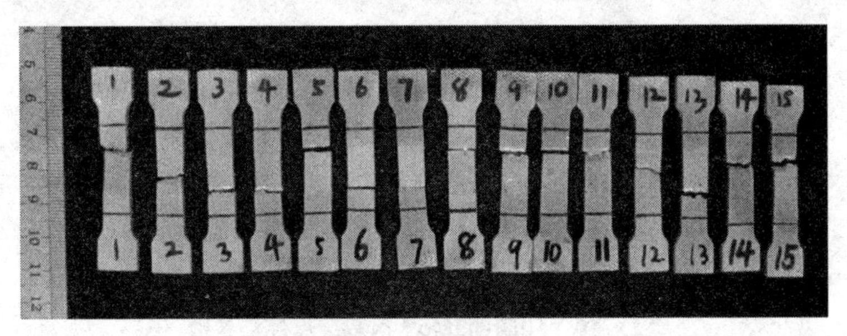

图 6-57 拉伸试样

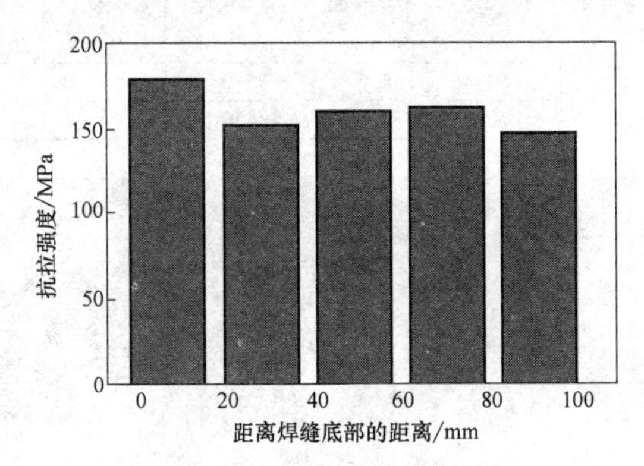

图 6-58 不同焊缝的抗拉强度

6.6 10CrNi3MoV 钢双丝窄间隙 GMA 焊

6.6.1 焊接工艺及焊缝成形

厚度为 32mm 的 10CrNi3MoV 钢板的焊接坡口形态及焊接工况如图 6-59 所示。底部间隙为 6mm，顶部宽度 14mm，为了保证焊缝背部成形，在坡口底部使用了陶瓷衬垫。

a) 坡口形态

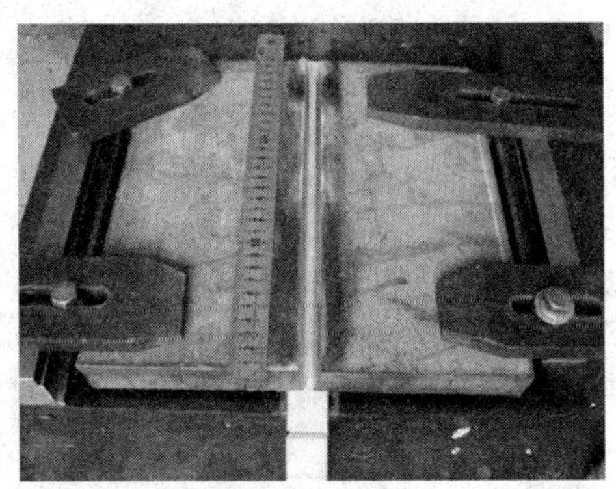

b) 焊接工况

图 6-59 坡口形态及焊接工况

10CrNi3MoV 钢多层焊焊接参数见表 6-10。焊丝采用 WM960S，直径为 1.2mm。第 1~3 层坡口间隙均较小，为了不产生过大的熔深和严重的咬边现象，将焊接速度增大至 540mm/min；第 3~6 层坡口宽度增大，为了保证足够的熔敷金属焊接速度降低至 450mm/min，同时峰值电压增加到 36V。最终得到了焊缝表面成形良好，无任何宏观缺陷的 10CrNi3MoV 钢多层单道焊缝，图 6-60 所示为焊缝表面和背面成形，图 6-61 所示为接头横截面。

表 6-10　10CrNi3MoV 钢多层焊焊接参数

层数	送丝速度 /(m/min)	峰值电压 /V	基值电流 /A	脉冲时间 /ms	焊接速度 /(mm/min)	双丝间距 /mm	保护气 /(L/min)	导电嘴弯曲角度 /(°)
1~3	10	34	60	2.6	540	6	50	10
4~6	10	36	60	2.6	450	6	50	10

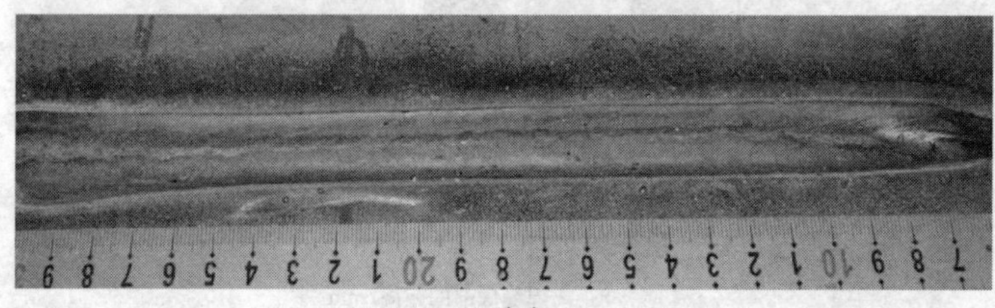

a) 正面

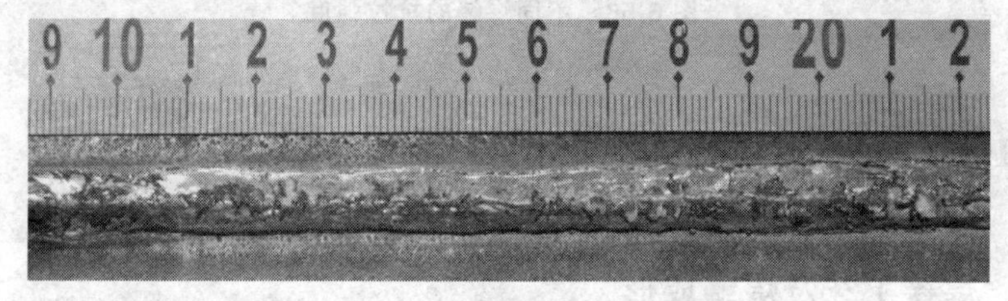

b) 背面

图 6-60　焊缝表面和背面成形

6.6.2　焊接接头组织特征

双丝窄间隙焊接时焊接热输入较低，热影响宽度很小，为 2mm 左右，侧壁熔深为 1~2mm。焊接接头总体上分为母材、热影响区和焊缝。其中热影响区可以细分为细晶区、粗晶区和不完全正火区。焊接过程中，距离电弧位置不同受到焊接热循环的作用也就不同，因此不同区域呈现不同的微观组织。

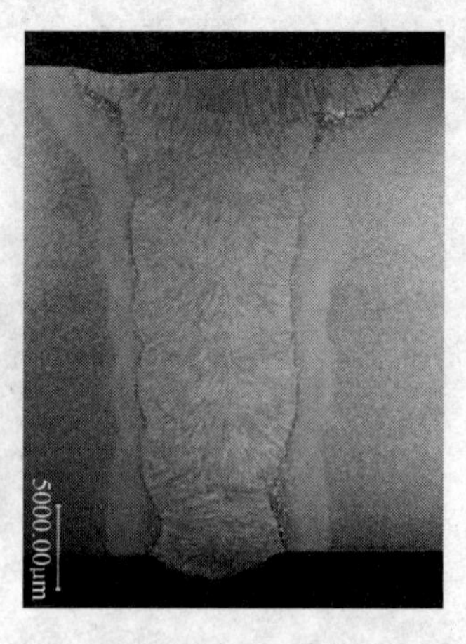

图 6-61　接头横截面

焊接接头各区微观组织如图 6-62 所示，粗晶区由于该区金属在焊接过程中经历的奥氏体化，冷却后形成了粗大的马氏体组织。细晶区由于高温时间相对于粗晶区短，冷却后得到的是细小的马氏体。不完全正火区在焊接加热过程中只有部分奥氏体化了，快冷过程中形成了马氏体、铁素体等混合组织。

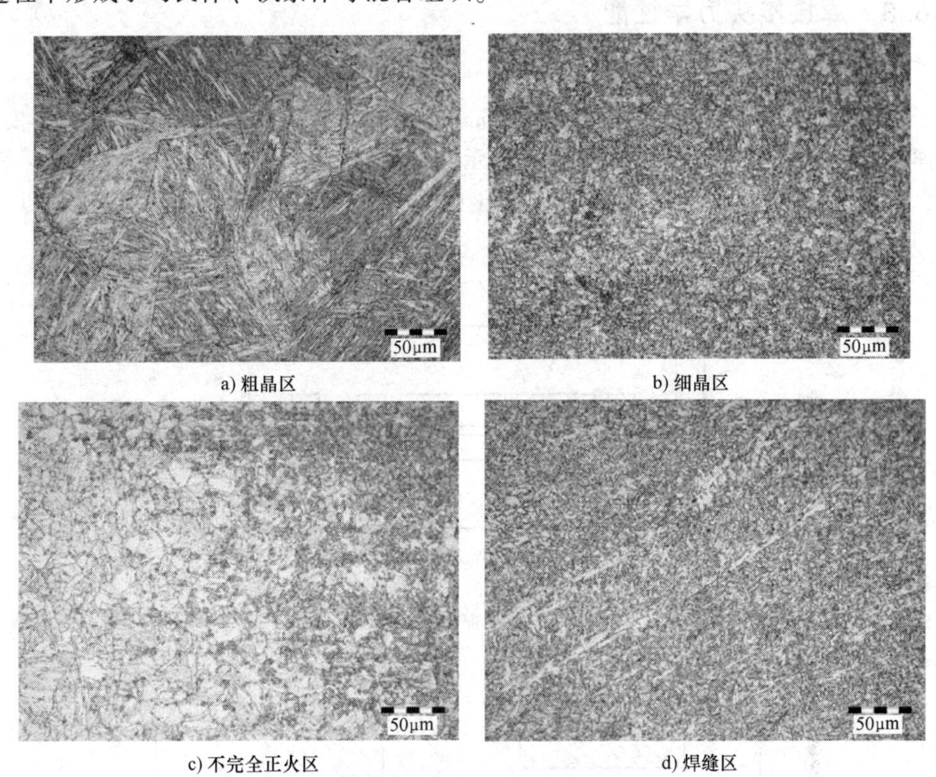

a) 粗晶区　b) 细晶区　c) 不完全正火区　d) 焊缝区

图 6-62　焊接接头各区微观组织

多层焊时，二次热循环会对焊接接头微观组织形貌产生影响，对粗晶区的影响最为显著。图 6-63 所示为表层焊缝粗晶区和经过二次热循环的粗晶区微观组织，

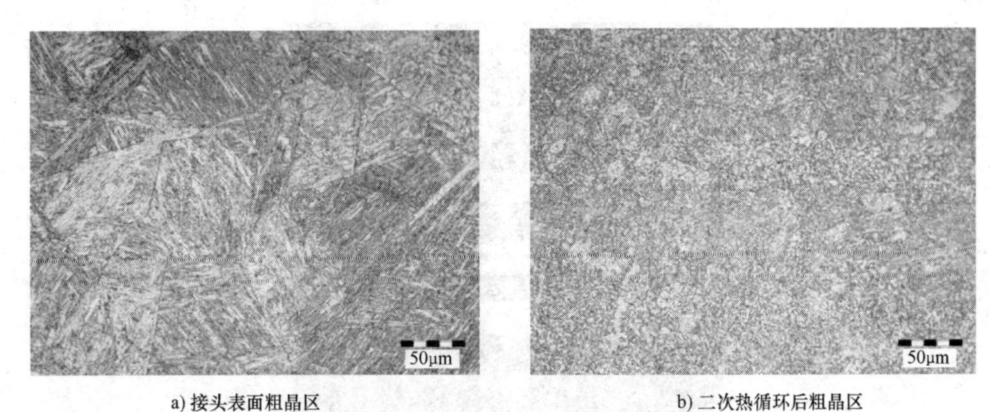

a) 接头表面粗晶区　b) 二次热循环后粗晶区

图 6-63　二次热循环对粗晶区的细化作用

从中可以发现经二次热循环后，粗晶区的晶粒明显细化，这显然有利于提高焊接接头的力学性能。

6.6.3 焊接接头力学性能

1. 拉伸性能

在接头厚度方向上取两个厚度为 20mm 的试样，让其覆盖整个焊接接头厚度，试样截取位置如图 6-64 所示。图 6-65 所示为焊接接头拉伸试样。拉伸试验结果表明，双丝窄间隙焊接接头不存在强度弱化区域，分层拉伸均断于远离焊缝的母材上，焊接接头平均抗拉强度为 710MP。

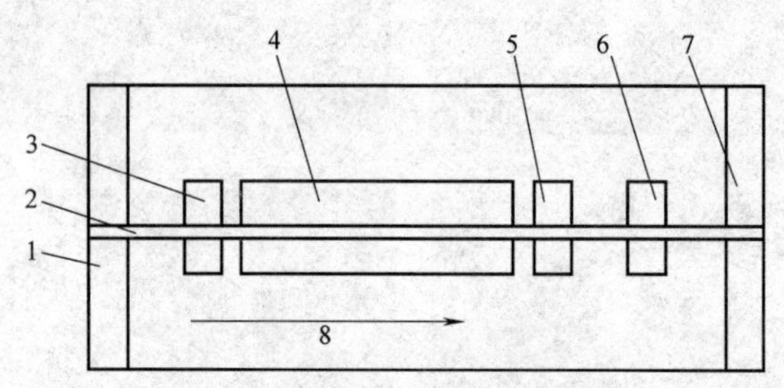

a) 试样沿焊缝方向截取位置

1、7—去除 25mm　2—焊缝　3—该部位：一个拉伸试样；一个弯曲试样　4—该部位：有要求时，冲击和附加试样　5—该部位：一个拉伸试样；一个弯曲试样　6—该部位：一个金相试样；一个硬度试样　8—焊接方向

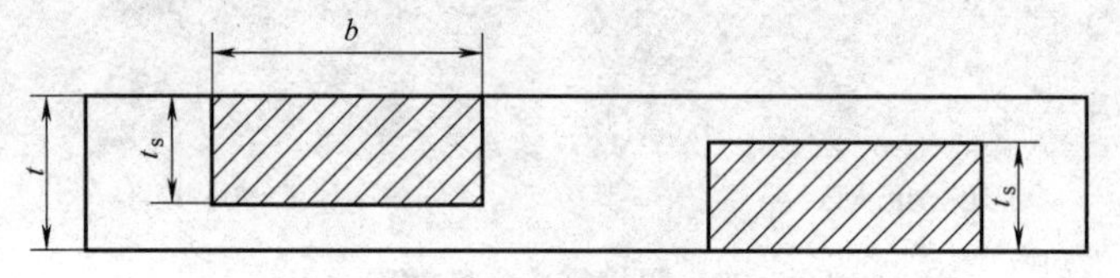

b) 拉伸试样在焊缝截面截取位置

t—母材厚度　b—拉伸试件宽度　t_s—拉伸试件厚度

图 6-64　试样截取位置

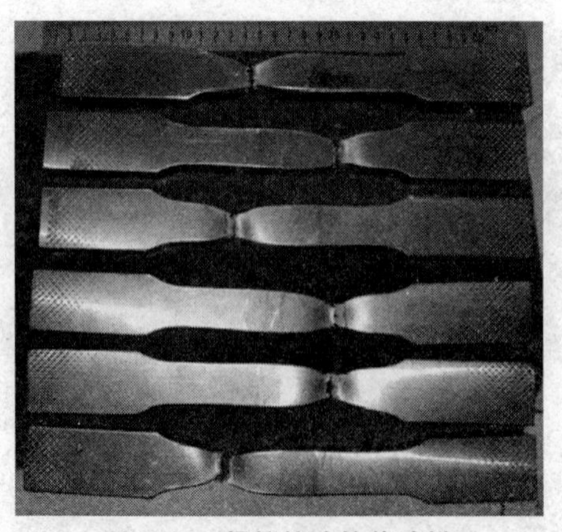

图 6-65　焊接接头拉伸试样

2. 硬度分布

图 6-66 所示为焊接接头的硬度分布。焊接接头的最高硬度为 340HV，出现在热影响区内。热影响区硬度最高，平均硬度达到 317HV；焊缝硬度大于母材硬度，焊缝平均硬度为 306HV，母材为 270HV，这再次证明此焊接方法焊接高强度钢时不会造成焊接接头强度软化。

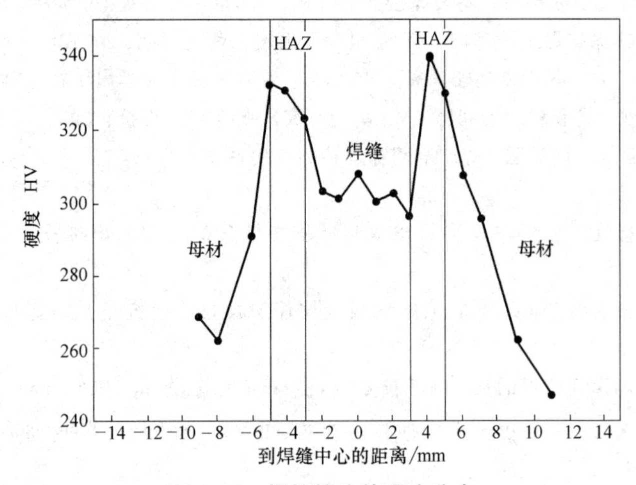

图 6-66 焊接接头的硬度分布

参考文献

[1] 日本焊接学会方法委员会. 窄间隙焊接 [M]. 尹士科, 王振家, 译. 北京: 机械工业出版社, 1988.

[2] 林三宝, 范成磊, 杨春利. 高效焊接方法 [M]. 北京: 机械工业出版社, 2011.

[3] 殷树言. 气体保护焊工艺基础 [M]. 北京: 机械工业出版社, 2007.

[4] 杨春利, 林三宝. 电弧焊基础 [M]. 哈尔滨: 哈尔滨工业大学出版社, 2003.

[5] 赵博, 范成磊, 杨春利. 窄间隙 GMAW 的研究进展 [J]. 焊接, 2008, (2): 11-15.

[6] 周方明, 王江超, 周涌明, 等. 窄间隙焊接的应用现状及发展趋势 [J]. 焊接技术, 2007, 36 (4): 4-7.

[7] 胡存银, 张富巨. 窄间隙焊接的技术与经济特性分析 [J]. 焊接技术, 2001, 30 (2): 47-48.

[8] 姚舜, 钱伟方, 秦笑梅. 窄间隙熔化极气体保护焊技术研究 [J]. 焊接技术, 2002, 31 (S1): 43-45.

[9] 陈登丰. 英国窄间隙焊的现状及其前景 [J]. 石油化工设备, 1985, (6): 40-45.

[10] MALIN V Y. The state-of-the-art of narrow gap welding [J]. Welding Journal, 1983, 62 (4): 22-30.

[11] 中村照美, 平岡和雄. GMA 溶接におけるワイヤ突出し部の非定常熱伝導解析 [J]. 溶接学会論文集, 2002, 20 (1): 53-62.

[12] ASAI S, TAKI K. Using narrow-gap GTAW for power-generation equipment techniques and applications [J]. Practical Welding Today, 2003, 7 (2): 26-29.

[13] 唐识. 核电站主管道窄间隙脉冲 TIG 自动焊工艺 [J]. 工艺与新技术, 2010, 39 (5): 27-32.

[14] 王海东, 任伟, 裴月梅, 等. 压水堆核电站主回路管道窄间隙自动焊工艺研究 [J]. 电焊机, 2010, 40 (8): 21-27.

[15] 孙松年. 潜艇壳体的窄间隙气保护焊 [J]. 造船技术, 1991 (8): 36-38.

[16] 郑韶先, 朱亮, 张旭磊, 等. 焊剂带约束电弧超窄间隙焊接的气保护方法 [J]. 兰州理工大学学报, 2007, 33 (5): 25-28.

[17] 张富巨, 马丹, 张国栋, 等. BHW35 钢超窄间隙熔化极气体保护自动焊接 [J]. 电焊机, 2006, 36 (6): 59-62.

[18] 白钢, 朱余荣. 窄间隙焊采用脉冲旋转喷射过渡焊技术的开发 [J]. 焊接技术, 1998, 27 (1): 2-4.

[19] 张富巨, 卜旦霞, 张国栋. 980 钢超窄间隙熔化极气体保护焊研究 [J]. 电焊机, 2006, 36 (5): 51-54.

[20] 赵博, 范成磊, 杨春利. 高速旋转电弧窄间隙 MAG 焊焊缝成形的分析 [J]. 焊接学报, 2008, 29 (9): 109-112.

[21] 郭宁. 旋转电弧窄间隙横向焊接熔池行为与控制研究 [D]. 哈尔滨: 哈尔滨工业大学, 2009.

[22] 张亚奇. 旋转电弧窄间隙横向 MAG 焊工艺的研究 [D]. 哈尔滨: 哈尔滨工业大学, 2008.

[23] 高超. 12Ni3CrMoV 钢旋转电弧窄间隙 MAG 横向焊接工艺研究 [D]. 哈尔滨: 哈尔滨工业大学, 2009.

[24] 张霖. 40mm 10CrNi5MoV 钢窄间隙横向 MAG 焊工艺研究 [D]. 哈尔滨: 哈尔滨工业大学, 2010.

[25] 玉昆. 空间多位置旋转电弧窄间隙焊接技术研究 [D]. 哈尔滨: 哈尔滨工业大学, 2012.

[26] 王加友, 国宏斌, 杨峰. 新型高速旋转电弧窄间隙 MAG 焊接 [J]. 焊接学报, 2005, 26 (10): 65-67.

[27] ZHAO B, FAN C L, YANG C L. Characteristics of the electrode melting phenomena in narrow gap MAG high-rotating-speed arc welding [J]. Rare Metals, 2007, 26 (SI): 291-295.

[28] WANG J Y, REN Y S, YANG F, et al. Novel rotation arc system for narrow gap MAG welding [J]. Science and Technology of Welding and Joining, 2007, 12 (6): 505-507.

[29] GUO N, LIN S B, ZHANG L, et al. Metal transfer characteristics of rotating arc narrow gap horizontal GMAW [J]. Science and Technology of Welding and Joining, 2009, 14 (8): 760-764.

[30] GUO N, WANG M R, GUO W, et al. Effect of rotating arc process on molten pool control in horizontal welding [J]. Science and Technology of Welding and Joining, 2014, 19 (5): 385-391.

[31] YANG C L, GUO N, LIN S B, et al. Application of rotating arc system to horizontal narrow gap welding [J]. Science and Technology of Welding and Joining, 2009, 14 (2), 172-177.

[32] IWATA S, MURAYAMA M, KOJIMA Y. Application of narrow gap welding process with high speed rotating arc to box column joints of heavy thick plates [J]. JFE Technical Report, 2009 (14): 16-21.

[33] WANG J Y, REN Y S, YANG F, et al. Novel rotation arc system for narrow gap MAG welding [J]. Science and Technology of Welding and Joining, 2007, 12 (6): 505-507.

[34] 杨春利, 赵博, 孙清洁. 旋转电弧窄间隙焊炬: CN200710144746. X [P]. 2008-06-18.

[35] DING M, TANG X H, LU F G, et al. Welding of quenched and tempered steels with high-spin arc narrow gap MAG system [J]. International Journal of Advanced Manufacturing Technology, 2011, 55 (5-8): 527-533.

[36] 赵博. 窄间隙 MAG 焊电弧行为研究 [D]. 哈尔滨: 哈尔滨工业大学, 2009: 34-39.

[37] SUGITANI Y, KOBAYASHI Y, MURAYAMA M. Development and application of automatic high speed rotation arc welding [J]. Welding International, 1991, 5 (7): 577-583.

[38] 徐望辉. 空间多位置摆动电弧窄间隙 MAG 焊熔滴过渡与焊缝成形研究 [D]. 哈尔滨: 哈尔滨工业大学, 2015.

[39] 倪志达. EH40 钢窄间隙 MAG 焊缝成形及组织转变研究 [D]. 哈尔滨: 哈尔滨工业大学, 2019.

[40] 秦笑梅, 姚舜, 项峰, 等. 基于 PC 控制的焊丝弯曲机构 [J]. 焊接技术, 2002, 31 (3): 35-36.

[41] 冈泽尔曼 KH. 借助摆动电极的窄间隙埋弧焊接方法：CN200680029220.0 [P]. 2008-11-19.

[42] 王加友，杨峰，韩伟，等. 摇动电弧窄间隙熔化极气体保护焊接方法及焊炬：CN200810236274.5 [P]. 2009-04-22.

[43] WANG J Y, ZHU J, FU P, et al. A swing arc system for narrow gap GMA welding [J]. Isij International, 2012, 52 (1): 110-114.

[44] KANG Y H, NA S J. Characteristics of welding and arc signal in narrow groove gas metal arc welding [J]. Welding Journal, 2003, 82 (5): 93S-99S.

[45] XU W H, LIN S B, FAN C L, et al. Statistical modelling of weld bead geometry in oscillating arc narrow gap all-position GMA welding [J]. International Journal of Advanced Manufacturing Technology, 2012, 72 (9-12): 1750-1716.

[46] 何旌，黄康健，余淑荣，等. 窄间隙电弧摆动焊接方法研究现状 [J]. 热加工工艺，2017, 46 (23): 5-9+14.

[47] CUI H C, JIANG Z D, TANG X H, et al. Research on narrow-gap GMA welding with swing arc system in horizontal position [J]. International Journal of Advanced Manufacturing Technology, 2014, 74 (1-4): 297-305.

[48] XU W H, LIN S B, FAN C L, et al. Prediction and optimization of weld bead geometry in oscillating arc narrow gap all-position GMA welding [J]. International Journal of Advanced Manufacturing Technology, 2015, 79 (1-4): 183-196.

[49] XU W H, LIN S B, FAN C L, et al. Evaluation on microstructure and mechanical properties of high-strength low-alloy steel joints with oscillating arc narrow gap GMA welding [J]. International Journal of Advanced Manufacturing Technology, 2014, 75 (9-12): 1439-1446.

[50] Wang J Y, Zhu J, Zhang C, et al. Effect of arc swing parameters on narrow gap vertical GMA weld formation [J]. ISIJ International, 2016, 56 (5): 844-850.

[51] XU W H, LIN S B, FAN C L, et al. Feasibility study on tandem narrow gap GMAW of 65mm thick steel plate [J]. China Welding, 2012, 21 (3): 7-11.

[52] 任志鹏. 电弧摆动式 NG-GMAW 焊枪及其工艺性能 [D]. 上海：上海交通大学，2013.

[53] 左振龙. 电弧摆动式窄间隙 GMAW 焊枪设计及研究 [D]. 上海：上海交通大学，2012.

[54] 武传松. 焊接热过程与熔池形态 [M]. 北京：机械工业出版社，2007.

[55] 方洪渊. 焊接结构学 [M]. 北京：机械工业出版社，2008.

[56] WU C S, SUN JS. Modelling the arc heat flux distribution in GMA welding [J]. Computational Materials Science, 1998, 9 (3): 397-402.

[57] KIM I S, BASU A. Mathematical model of heat transfer and fluid flow in the gas metal arc welding process [J]. Journal of Materials Processing Technology, 1998, 77 (1-3): 17-24.

[58] 孙俊生，魏星，李宁洋. GMAW 焊接熔池的流场及其对熔池形状的影响 [J]. 材料科学与工艺，1999, 7 (4): 82-86.

[59] 孙俊生，武传松. 熔池表面形状对电弧电流密度分布的影响 [J]. 物理学报，2000, 49 (12): 2427-2432.

[60] 孙俊生，武传松. 电磁力及其对 MIG 焊接熔池流场的影响 [J]. 物理学报，2001, 50

(2): 209-216.

[61] WANG Y, TSAI H L. Impingement of filler droplets and weld pool dynamics during gas metal arc welding process [J]. International Journal of Heat and Mass Transfer, 2001, 44 (11): 2067-2080.

[62] CHO D W, NA S J, CHO M H, et al. A study on V-groove GMAW for various welding positions [J]. Journal of Materials Processing Technology, 2013, 213 (9): 1640-1652.

[63] CHO D W, NA S J. Molten pool behaviors for second pass V-groove GMAW [J]. International Journal of Heat and Mass Transfer, 2015, 88 (9): 945-956.

[64] HU J, TSAI H L. Heat and mass transfer in gas metal arc welding. Part I: The arc [J]. International Journal of Heat and Mass Transfer, 2007, 50 (5-6): 833-846.

[65] HU J, TSAI H L. Heat and mass transfer in gas metal arc welding. Part II: The metal [J]. International Journal of Heat and Mass Transfer, 2007, 50 (5-6): 808-820.

[66] HU J, GUO H, TSAI H L. Weld pool dynamics and the formation of ripples in 3D gas metal arc welding [J]. International Journal of Heat and Mass Transfer, 2008, 51 (9-10): 2537-2552.

[67] HU J, TSAI H L. Modelling of transport phenomena in 3D GMAW of thick metals with V groove [J]. Journal of Physics D: Applied Physics, 2008, 41 (6): 065202.

[68] YANG M, YANG Z, CONG B, et al. A study on the surface depression of the molten pool with pulsed welding [J]. Welding Journal, 2014, 93 (8): 312s-319s.

[69] CHO D W, KIRAN D V, SONG W H, et al. Molten pool behavior in the tandem submerged arc welding process [J]. Journal of Materials Processing Technology, 2014, 214 (11): 2233-2247.

[70] KIRAN D V, CHO D W, SONG W H, et al. Arc interaction and molten pool behavior in the three wire submerged arc welding process [J]. International Journal of Heat and Mass Transfer, 2015, 87 (8): 327-340.

[71] CHEN J, SCHWENK C, WU C S, et al. Predicting the influence of groove angle on heat transfer and fluid flow for new gas metal arc welding processes [J]. International Journal of Heat and Mass Transfer, 2011, 55 (1-3): 102-111.

[72] LASSALINE E, ZAJACZKOWSKI T, NORTH T H. Narrow groove twin-wire GMAW of high-strength steel [J]. Welding Journal, 1989 68 (9): 53-58.

[73] 王恩喜, 王永岳, 方文德, 等. 小车型双丝窄间隙气保焊机研究 [J]. 电焊机, 1985 (2): 5-7.

[74] 徐望辉. 大厚板双丝窄间隙 GMAW 工艺技术研究 [D]. 哈尔滨: 哈尔滨工业大学, 2011.

[75] 张威. 双丝窄间隙 GMAW 熔滴过渡及立焊工艺研究 [D]. 哈尔滨: 哈尔滨工业大学, 2013.

[76] 王瑶伟. 窄间隙双丝 GMAW 焊枪优化及全位置焊接工艺研究 [D]. 哈尔滨: 哈尔滨工业大学, 2014.

[77] 巩金昊. 窄间隙双丝非共熔池 GMAW 熔池行为研究 [D]. 哈尔滨: 哈尔滨工业大学, 2015.

[78] 蔡东红，宁海峰，贺罡，等. 精密数字控制双丝窄间隙埋弧焊接系统 [J]. 电焊机，2010，40 (2)：16-21.
[79] 张良锋. 双丝窄间隙 GMAW 设备及工艺研究 [D]. 哈尔滨：哈尔滨工业大学，2007.
[80] 范成磊，孙清洁，赵博，等. 双丝窄间隙熔化极气体保护焊的焊接稳定性 [J]. 机械工程学报，2009，45 (7)：265-269.
[81] 王喜春，李颖. TANDEM 双丝焊系统的特点及应用 [J]. 焊接，2003，33 (5)：33-35.
[82] 葛卫清. 双丝脉冲 MIG 焊熔滴过渡分数阶控制的研究 [D]. 广州：华南理工大学，2012.
[83] UEYAMA T, OHNAWA T, TANAKA M, et al. Effect of welding current on high speed welding bead formation in tandem pulsed GMA welding process [J]. Quarterly Journal of the Japan Welding Society, 2005, 23 (3): 392-397.
[84] UEYAMA T, UEZONO T, ERA T, et al. Solution to problems of arc interruption and arc length control in tandem pulsed gas metal arc welding [J]. Science and Technology of Welding and Joining, 2009, 14 (4): 305-314.
[85] UEYAMA T, OHNAWA T, TANAKA M, et al. Occurrence of arc interaction in tandem pulsed gas metal arc welding [J]. Science and Technology of Welding and Joining, 2007, 12 (6): 523-529.
[86] SCOTTI A, MORAIS C O, VILARINHO L O. The effect of out-of-phase pulsing on metal transfer in twin-wire GMA welding at high current level [J]. Welding Journal, 2006, 85 (10): 225S-230S.
[87] 赵博，范成磊，杨春利，等. 双丝窄间隙焊接工艺参数对焊缝成形的影响 [J]. 焊接学报，2008，29 (06)：81-84，117.
[88] 徐望辉，林三宝，范成磊，等. 船用高强钢双丝窄间隙 GMAW 组织性能研究 [J]. 焊接，2012 (2)：50-55，71.
[89] 张富巨，肖荣清，张建强，等. CO_2 气体保护双丝短路过渡窄间隙全位置自动焊接设备：CN97109281.8 [P]. 1999-05-05.
[90] CHRISTENSEN K H, SORENSEN T, KRISTENSEN J K. Gas metal arc welding of butt joint with varying gap width based on neural networks [J]. Science and Technology of Welding and Joining, 2005, 10 (1): 32-43.
[91] 蔡笑宇. 三元保护气窄间隙 GMA 焊电弧特性及熔化行为的研究 [D]. 哈尔滨：哈尔滨工业大学，2018.
[92] 季相儒. 窄间隙双丝 GMAW 三元保护气成分优化 [D]. 哈尔滨：哈尔滨工业大学，2017.
[93] LIRATZIS T. Tandem gas metal arc pipeline welding [D]. Cranfield: Cranfield University, 2007.
[94] MODENESI P J. Statistical modelling of the narrow gap gas metal arc welding process [D]. Cranfield: Cranfield University, 2007.
[95] ZAHR J, FUSSEL U, HERTEL M, et al. Numerical and experimental studies of the influence of process gases in TIG welding [J]. Welding in the World, 2012, 56 (3-4): 85-92.
[96] URMSTON S A. Effect of shielding gas composition on transfer and fusion characteristics in P-GMAW of carbon steels [D]. Cranfield: Cranfield University, 1985.

[97] BRUN G. Welding of X80 and X100 high strength pipeline steels [D]. Cranfield: Cranfield University, 1996.

[98] TESKE M, MARTINS F. The influence of the shielding gas composition on GMA welding of ASTM A 516 steel [J]. Welding International, 2010, 24 (3): 222-230.

[99] 汪琼. 厚壁铝合金摆动电弧窄间隙 MIG 焊工艺技术研究 [D]. 哈尔滨: 哈尔滨工业大学, 2013.

[100] 刘准. 厚壁铝合金摆动电弧窄间隙 MIG 立向焊接工艺研究 [D]. 哈尔滨: 哈尔滨工业大学, 2015.